GOC / WB / GEF

CRESP

China Renewable Energy Scale-up Program

中国可再生能源规模化发展项目

inWent

Internationale Weiterbildung und Entwicklung gGmbH

Capacity Building International, Germany

中国可再生能源规模化发展项目（CRESP）以及德国国际继续教育与发展基金会（InWEnt）在本书的编撰过程中给予了大力支持，作者在此表示感谢。

西北工业大学出版基金资助项目

风力发电技术

廖明夫　R. Gasch　J. Twele　编著

西北工業大學出版社

【内容简介】 本书系统地介绍了风力发电技术的发展历史、现状，全面总结了风力机的设计概念、不同结构和特点，详细阐述和分析了风力发电技术所涉及的测风、风场评估、风力机的气动原理、风力机的设计、偏载计算、相似准则、结构动力学、规范和认证、电学基础、控制理论、方案比较、风电接网以及规划、运行和经济性分析等各个方面的知识，其中包括了作者多年来在风电领域研究、研发的实例和经验。特别是风力机的气动和结构设计、相似性原理、结构动力学、接网以及规划、运行等方面的内容，可直接成为工程师的设计指南。另外，书中包含大量的图、表和数据，与正文相得益彰，有助于读者理解和掌握。

本书可作为能源与动力专业的教材使用，也可供风电技术人员参考使用。

图书在版编目(CIP)数据

风力发电技术/廖明夫等编著. —西安：西北工业大学出版社，2009.3(2015.2 重印)

ISBN 978-7-5612-2538-7

Ⅰ. 风… Ⅱ. 廖… Ⅲ. 风力发电 Ⅳ. TM614

中国版本图书馆 CIP 数据核字(2009)第 040667 号

出版发行：西北工业大学出版社
通信地址：西安市友谊西路 127 号 **邮编**：710072
电 话：(029)88493844 88491757
网 址：www.nwpup.com
印 刷 者：陕西向阳印务有限公司
开 本：787 mm×1 092 mm 1/16
印 张：20.5
字 数：493 千字
版 次：2009 年 3 月第 1 版 2015 年 2 月第 4 次印刷
定 价：42.00 元

友军　摄

廖明夫教授(中),1960年出生,1995年获得西北工业大学和柏林工业大学联合培养博士学位,1996年晋升为西北工业大学动力与能源学院教授。研究领域为航空发动机设计、旋转机械故障诊断和风力发电技术。1997年开始从事风力发电技术的科研和教学工作,与德国国际继续教育与发展基金会合作,培养了数百名风电技术人员。主持研制的"旋转机械状态监测与故障诊断系统"在多家企业获得应用。

R. Gasch教授(右),1936年出生,1972年聘为柏林工业大学宇航研究所教授。研究领域为结构动力学、转子动力学和轨道机车动力学。自1984年开始,在柏林工业大学开设"风力发电技术"专业课程。在20多年的教学和科研中,培养了大批风电技术专业人才。所取得的科研成果被编写在若干教科书中。撰写的专著《风力发电技术》(Windkraftanlagen)于1991年出版后,对德国风电业产生了很大影响,是德国风电工程师人手一册的指导书。自此之后,不断把新的技术成果融入其中,改编出版了5版。其中第5版于2007年7月出版发行。

J. Twele教授(左),1958年出生,1990年获得柏林工业大学博士学位(学位论文:《风力泵的优化设计》)。1984年协助Gasch教授开设风力发电课程,并参与撰写《风力发电技术》专著。1993年创建风力发电机组制造公司——Suedwind,任总经理,设计制造了300～500 kW的风力机,并在印度、德国装机运行。他具有丰富的风力机设计、制造经验,曾任德国风电协会办公室主任。2005年受聘为德国柏林技术学院教授,专门从事风力发电和再生能源领域的教学和科研。

序

风能作为一种可再生能源受到全球越来越多的关注。风力发电技术的快速发展、风电装机容量的高速增长体现了国际社会应对气候变迁、环境恶化、资源短缺挑战的共识和行动。自2003年开始，德国国际继续教育与发展基金会(InWEnt)与中国西北工业大学合作，共同实施“中德风力发电技术”联合培训项目，旨在为中国风电业的发展提供人才支持。截至2008年，共培训中国风电技术人员400多人次，其中众多的学员已经成为中国风电行业的骨干，为中国风电业的发展做出了贡献。

本书的3位编者是培训的主要教师。在培训中，本书的内容是培训的基础教材。同时，在培训过程中，结合最新的技术发展和教学实践，编者对本书的内容进行了进一步的扩充和完善。

本书的特点：

(1)全面系统。风力发电技术涉及气象、气动、结构、材料、力学、电学、电力电子、控制、接网以及规划等多个学科领域。3位作者专业各有侧重，优势互补，而且都为多年从事风电的专家，因此，能够全面系统地介绍各个学科的相关知识。

(2) 学术水平高。本书不仅深入地阐述了风电技术相关的基础知识，而且还包含作者最新的研究成果。例如，Schmitz 理论与 Glauert 理论的比较、发电机的相似性准则、传动系统扭振的相似准则、风力机控制率等内容皆为新理论，目前在其他著作中未见表述。

(3)实际数据、实例和经验丰富。书中包含丰富的风电统计数据、风力机结构实例、设计实例、设计参数范围、不同实际机型的比较以及计算方法等，有助于读者理解知识和应用知识。

(4)图表并茂，运用恰当。本书共有插图约320幅，表格32个，配合正文，使读者更加易于理解、易于掌握。

本书系统地介绍了风力发电技术的发展历史、现状，全面总结了风力机的设计概念、不同结构和特点，详细阐述和分析了风力发电技术所涉及的测风、风场评估、风力机的气动原理、风力机的设计、偏载计算、相似准则、结构动力学、规范和认证、电学基础、控制理论、方案比较、风电接网以及规划、运行和经济性分析等各个方面的知识，其中包含了作者多年在风电领域研究、研发的实例和经验。特别是风力机的气动和结构设计、相似性原理、结构动力学、接网以及规划、运行等方面的内容可直接成为工程师的设计指南。本书章节相对独立，不仅可用做高校能源与动力专业的教材，而且也可作为风电工程师们的指导手册。

Klaus Knecht

德国国际继续教育与发展基金会(InWEnt)

2008年10月于柏林

前　言

在当今能源日渐短缺、气候急剧变化、环境日益恶化的全球背景下，风能作为可再生能源受到各国高度关注。近15年来，全球风电增长均持续超过25%。我国风能资源非常丰富，居世界第三位。从2001年起，我国就把风能作为主要的新能源形式，列入重点发展领域。自2001年以来，风电装机增长率持续超过48%，出现前所未有的快速发展。风力发电技术属于新兴的交叉学科领域。我国在风力发电技术的人才储备、技术和装备基础等方面较薄弱，出现了能力建设跟不上需求发展的困境。缺乏风电专业指导书和专业教材是风能利用领域能力建设的"瓶颈"之一。

为此，作者在长期从事风力发电技术人才培养和科学研究的基础上撰写了本书，旨在为风电专业人员提供指导书，为风电专业教育提供专业参考教材，以满足当前人才培养之急需。

本书共分15章。

第1章介绍风能利用和风电技术的发展现状。

第2章介绍风能利用的历史。

第3章引入风力机的基本原理。对不具备气体动力学专业基础的读者，掌握了本章的内容之后，就较容易理解诸如测风、风力机结构、发电机和控制等方面的知识。

第4章详细介绍了风力机的结构，比较了不同的设计方案，分析了叶片、轮毂、传动系统、塔架和地基等主要部件的结构类型、材料、工艺和经济性。本章可作为独立的章节，为风力机整体方案设计和结构设计提供参考。

第5章是测风和风场评估的基础。风电项目是否能取得成功的关键在于风况条件的优劣。因此，本章首先介绍风的形成和特性，描述了地面边界层、地形、地貌以及建筑物对风速的影响；然后引入确定风频分布和计算发电量的方法；最后介绍测风。

第6章介绍Betz和Schmitz的风机设计理论。分析了3种气动损失，讨论叶片实际设计中要考虑的因素，证明Schmitz理论和Glauert理论的一致性。

第7章介绍风力机偏载特性。以叶片基元法为基础计算风力机偏离设计点时的功率系数、推力系数和力矩系数。这是风力机载荷计算和控制的基础。在低叶尖速比和高叶尖速比区域，用基于叶片基元法的直接迭代计算难以确定风力机的偏载特性。这是因为此时简单迭代算法依据的线性动量定理不完全成立，另外，气动阻力需要加以考虑。本章利用Prandtl的翼型理论和Galuert的经验公式，建立了改进的偏载特性计算方法，其中考虑了阻力的影响。

第8章介绍风力机机型放大的相似准则。对于系列风力机的研制，成功的经验是以成熟机型作为原型机进行放大的，这有助于继承优点，积累经验，缩短研制周期。本章给出机型放大的相似准则，系统地分析相似放大之后风力机功率、载荷、振动模态等参数的变化规律，帮助设计师对放大之后的机型给出较准确的估计。

第9章介绍风力机的结构动力学。首先描述风力机激振源的类型、激振机理和激振频率；然后分析塔架-机舱系统、叶片和传动系统的振动，介绍风力机整机建模的原则、方法，并给出传动系统的几个动力学模型；最后讨论风力机整机动力学响应的数字仿真。这些基本知识是风力机动力学设计的基础。

第10章介绍风力发电机组设计和验证的标准与规范。首先列举出目前有关风力发电机组的国际规范和标准；然后重点介绍 IEC 61400－1关于风速分级和风电机组设计要求的内容，描述风力发电机组设计验证的要求、局部安全系数的概念、验证的内容和方法；最后给出塔架、轮毂和叶片设计验证的实例。

第11章为风力发电机组的电学基础。为使不直接从事电器设计的工程师也能够获得清晰的理解，本章从电磁感应的基础知识出发，系统地介绍同步和异步电机的原理和特性，描述大功率元件的功能和简单的整流电路，介绍变流器的原理和在风电机组中的应用。

第12章系统地介绍风力发电机组的控制和运行。首先提出控制系统的目标和任务，针对变桨变速风机的空载、偏载、额定载荷及在飓风时的切出，讨论了相应的控制策略；然后比较失速控制，包括主动失速控制(顺风变桨)和变桨控制(迎风变桨)的特点；最后介绍P－I和P－I－D控制器的性能及其在风电机组控制系统中的应用，特别是建立了风电机组偏载时的最优控制率，可直接应用在风力机的控制中。

第13章根据并网发电的要求，比较可变发电机转差型、直驱型以及双馈型风电机组的特点，给出三种实际机型的功率曲线和功率系数曲线比较实例。

第14章以德国的情况为基础，讨论风力发电机组在电网上的运行。首先从联合电网的角度出发，描述风力发电机组并网和在网上运行的问题，并且阐明电网和风力发电机组的界面；然后从电网可容性的视角来分析各种风力发电机组的优缺点。

第15章介绍风电项目实施的工作步骤与内容——规划、立项、建设与运行，分析在项目实施的每一阶段所涉及的技术方面、法规方面和经济方面的诸多因素，列举了一系列德国风电业的实例和数据，可作为风场规划、运行和经济性分析的借鉴和参考。

本书第1章由 R. Gasch，J. Twele 和廖明夫编写；第2章由 R. Gasch 和 M. Schubert 编写，廖明夫编译；第3章由 R. Gasch 和 M. Schubert 编写，廖明夫编译；第4章由 J. Twele，M. Schubert，C. Heilmann 编写，廖明夫编译；第5章由 W. Langreder，P. Bade 和廖明夫编写；第6章由 R. Gasch，J. Maurer，C. Heilmann 编写，廖明夫编译；第7章由 J. Maurer，K. Kaiser，C. Heilmann 和廖明夫编写；第8章由 R. Gasch 和廖明夫编写；第9章由 M. Kuehn，R. Gasch 和 B. Sundermann 编写，廖明夫编译；第10章由 A. Reuter 和廖明夫编写；第11章由 W. Conrad，R. Gasch 和廖明夫编写；第12章由 W. Conrad，R. Gasch 和 A. Stoffel 编写，廖明夫编译；第13章由 W. Conrad 和 R. Gasch 编写，廖明夫编译；第14章由 J. Twele 和 C. Heilmann 编写，廖明夫编译；第15章由 J. Twele 和 J. Liersch 编写，廖明夫编译。

在本书编写和出版过程中，得到德国国际继续教育与发展基金会(InWEnt)、中国可再生能源规模化发展项目(CRESP)以及西北工业大学的鼎力支持。西北工业大学的吴斌硕士复绘了书中的所有曲线图，施鹏飞教授提供了中国风电统计数据。作者在此一并致谢。

由于作者水平所限，书中不妥之处在所难免，诚请广大读者批评指正。

廖明夫

2008年12月

目　录

第 1 章　风力发电技术

气候变迁、环境恶化、资源短缺已经成为人类生存和发展的挑战，而发展包括风能在内的可再生能源则是应对挑战的重要策略。风力发电技术的快速发展和风电装机容量的高速增长体现了众多国家的共识和行动。本章将概括地介绍近年来风电的发展状况，从市场的急剧增加和风电机组单机容量的增大阐述风力发电的动因和由此所带来的效应。风能既是可再生能源，又是“政策性能源”，即风能利用的规模和水平取决于国家的宏观目标。本章将以中国、德国等国家为例，说明制定合适的政策、法规对风电的发展会起到决定性的推动作用。

1.1　风电的发展

如图 1.1 所示，在过去的 20 多年中，系列风力机的直径和额定功率快速增加。例如，在 1983 年，一台风力机的直径为 15 m，发电机功率为 55 kW；而到了 2004 年，直径为 90 m，功率为 2 500 kW 的风力机已成为成熟的批产机型；直径为 126 m，功率为 5 000 kW 的样机已在试运行之中。此时，风力机的可利用率达到了 97%，甚至更高。简而言之，在很短的时间之内，风力发电技术得到高速发展，并且获得了大规模的应用，形成了具有影响力的能源产业。

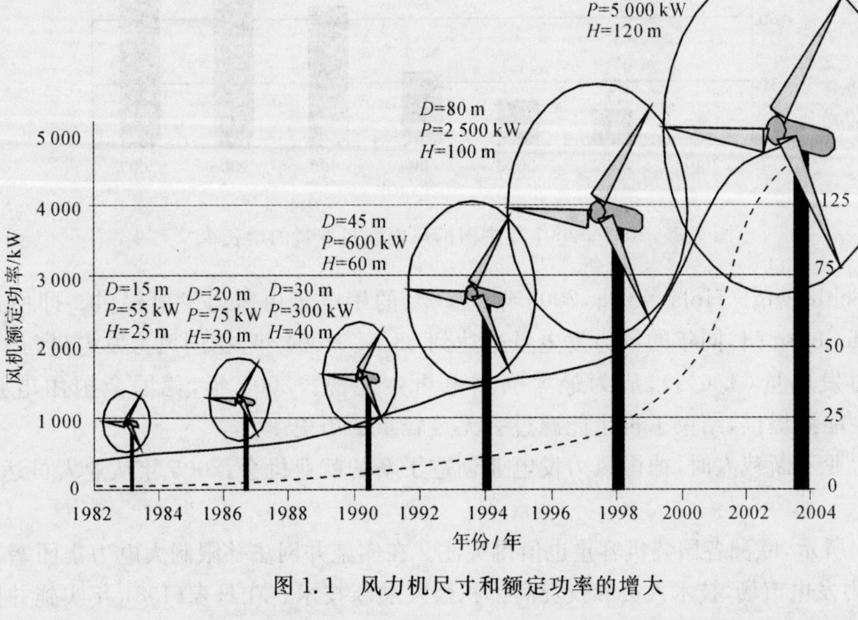

图 1.1　风力机尺寸和额定功率的增大

1986 年中国在山东荣成建成第一个风电场，安装了 3 台 55 kW 的风电机组。自此之后，在全国各地陆续建设了一批风电场。截至 2007 年底，共建成 158 个风电场，累计装机容量为

5 906 MW，最大单机容量为 2 MW。图 1.2 和图 1.3 分别表示自 2001 年以来中国的风电装机容量及其增长率。由图可见，进入本世纪之后，中国风电装机容量持续高增长，已经成为全球有影响的风电市场之一。通过一系列的国家支持计划、科技攻关和技术引进，目前，中国基本掌握了 1.5 MW 风电机组的制造技术，初步形成了生产叶片、齿轮箱、发电机和控制系统等主要部件的产业链。

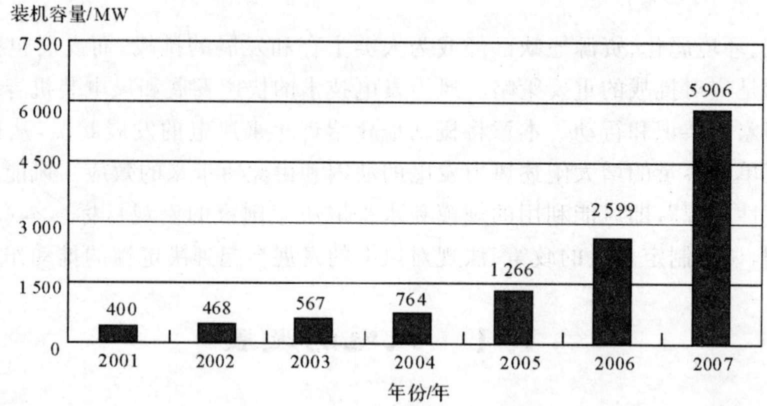

图 1.2　2001—2007 年中国的风电装机容量

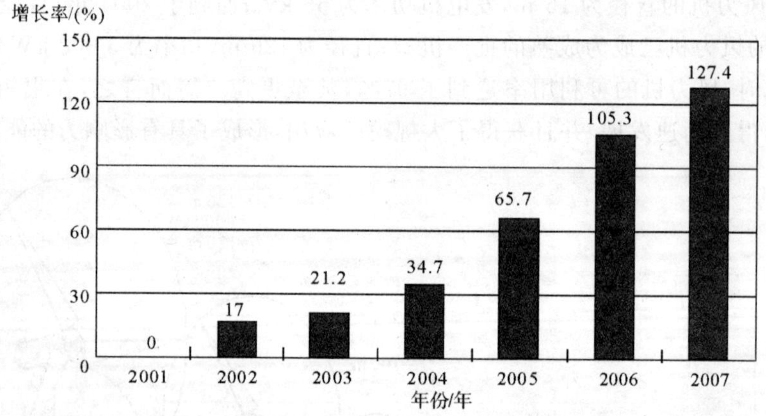

图 1.3　2001—2007 年中国的风电装机容量的增长率

在德国 Schleswig - Holstein 州，2006 年约 40％的用电量由风力发电提供。即便是地处内陆的 Brandenburg 州，同年的风力发电量也达到 35％。2004 年，德国风力发电量(4.1％)首次超过了水力发电量(3.6％)，成为最大的供电再生能源。2005 年，德国全国用电量的约 10.2％由再生能源提供，结束了再生能源过去无足轻重的历史[1]。

在其他行业不断裁人时，德国风力发电业创造了新的就业机会，2005 年从业人员达到约 6 万人[2]。

如图 1.4 所示，欧洲各国装机容量也值得关注。在实施并网法并限制大电力集团垄断的国家，开辟了风力发电市场，技术人员和投资商都积极发展新技术。在丹麦(1981 年实施并网法)、德国(1991 年实施并网法)和西班牙(1993 年实施并网法)，风力发电达到了供电量的可观份额，占到欧洲风电装机容量的 80％以上，他们建立了一个市场份额在不断增长的行业，引领着世界风电技术向前发展。近几年，中国和印度的风电市场异军突起，成为最具活力的增长点，如图 1.3

和图 1.5 所示。欧洲、美国、中国和印度在未来的若干年仍将是风能利用的最大市场。

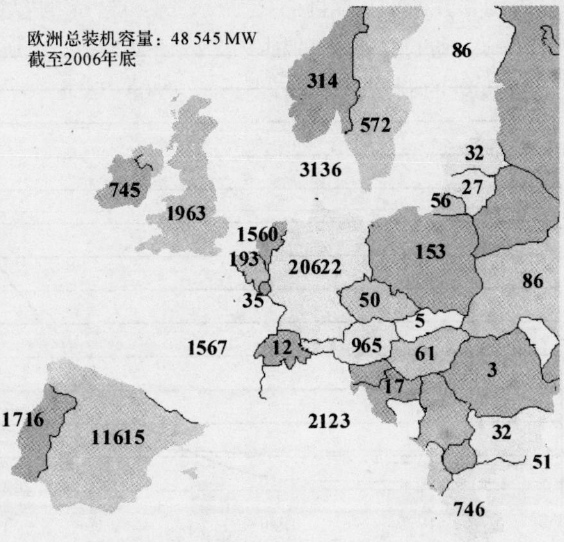

图 1.4　截至 2006 年底欧洲各国风力发电装机容量(单位:MW)

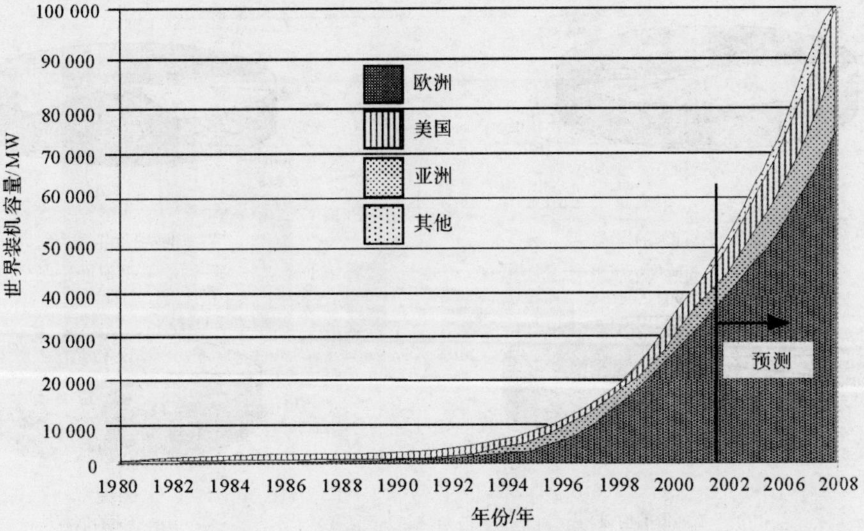

图 1.5　世界风力发电装机容量的增长[3]

在风能资源丰富的英国和法国，相比之下作为不大，因为缺乏有利于再生能源发展的政治愿望。这点将在 1.3 节详述。

1.2　能源和电力需求

图 1.6 表示近 100 年来世界人口和电力消耗的增长。能源需求的 75% 仍然得靠诸如煤、石油和天然气等化石能源，如图 1.7 所示。这些化石能源的燃烧释放大量的有害物质，其对环

境和气候的影响人类早已有所感受。

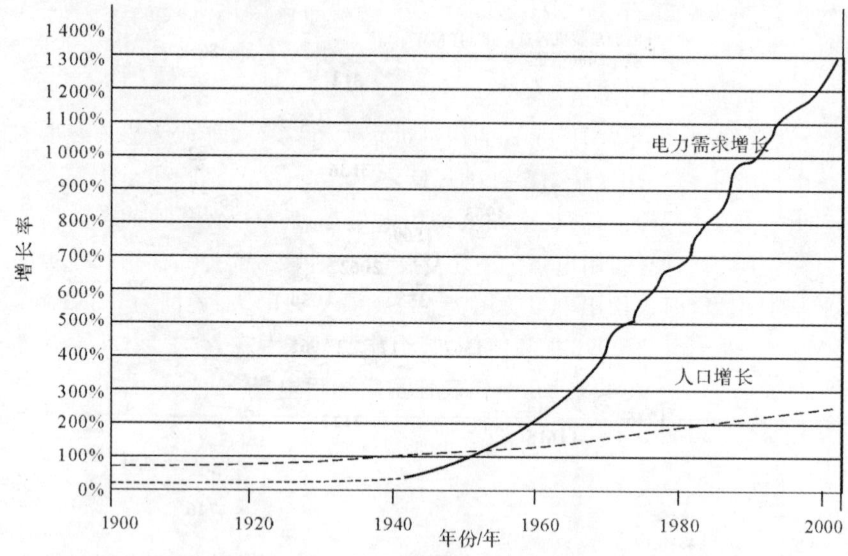

图 1.6　世界人口和电力需求的增长[4]

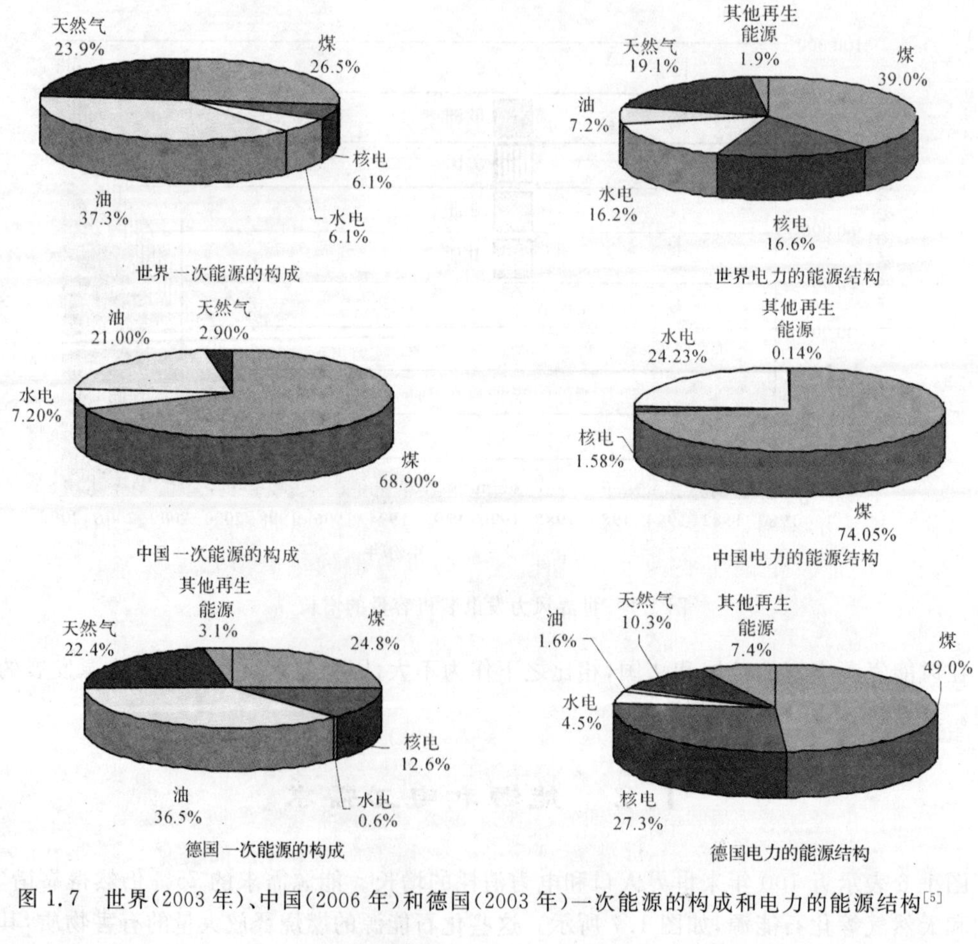

图 1.7　世界(2003 年)、中国(2006 年)和德国(2003 年)一次能源的构成和电力的能源结构[5]

即使核电，也是问题严重。核电设备运行 35 年以后，世界上没有什么地方能够满意地解决核垃圾的处理问题。1979 年美国 Harrisburg 核电站的核熔化；1986 年乌克兰切尔诺贝利的核事故；还有 2005 年英国 Sellafield 的二次净化设施出现灾难，200 kg 燃料泄漏。上述事件的发生说明，“一切可能发生的事情都会发生”。

另外，核电站就像 2001 年 9 月 11 日的纽约世贸大厦一样可能成为恐怖袭击的理想目标。政治家们和核电厂业主们处在这样一个新的风险之下。

表 1.1 列出了几个国家人口增长率和人均用电量。表 1.1 给出两点启示。首先，表中的数据驳斥了以往常听到的说法：用电量随着工业国家生活水平的提高而增长。美国、德国和丹麦的生活水平基本相当，但人均用电量美国为 13 512 kW・h/人；德国为 6 369 kW・h/人；丹麦为 6 574 kW・h/人。由此可见，提高能效，节约能源效果显著。

表 1.1　几个代表性国家的用电量[5,6]

国家	人口数量（2004 年）/ 10^6 人	消耗的总电量（2004 年）/ MW・h	平均每个居民消耗的电量 / kW・h/人	人口增长速度 / %	电量消耗的增长速度 / %
丹 麦	5.4	35.5	6 574	0.1	0.3
德 国	82.6	526.1	6 369	−0.2	0.2
美 国	293.6	3 967.2	13 512	0.6	0.9
中 国	1 300.1	1 686.0	1 297	0.6	15.5
印 度	1 086.6	417.5	384	1.7	2.4

美国占世界人口的 4.6%，却释放出 24% 的影响世界气候的温室气体；德国占世界人口的 1.3%，只释放 3.4% 的温室气体，与美国相比，德国排放量要少得多。仅在 2005 年，通过再生能源的利用，德国减少温室气体的排放量就达到 8 400 万 t。当年，德国总排放量为 83 000 万 t（人均约 10 t），减少 10%，为实现《京都议定书》承诺发挥了作用[1]。

另外，表 1.1 说明，发达国家利用再生能源的动机和印度、巴西、中国等发展中国家是不同的。在发达国家，人口几乎不增长，原则上现有的电力供应系统能够满足需求；但其已经老化，故运行效率不是很高，同时安全防护技术也已老化，耗费化石燃料会释放大量的二氧化碳。减少二氧化碳排放量，并且期望降低对来自政治不稳定地区的原油和天然气的依赖，是利用风力、水力和太阳能发电的主要动因。同时，这种高度分散的供电形式也减小了恐怖袭击的威胁。

而人口众多的发展中国家发展再生能源的动机却有另外的考虑。人均用电量低、持续十几年以年增长率 6%～9% 的高速增长以及还在不断增长的人口，使得电力供应紧张。因此，不论是化石能源、核能还是再生能源，都宜作为供电的能源形式。

发达国家曾经一直是发展中国家的榜样，因此，带头发展和利用再生能源很重要。如果中国和印度目前的能源结构和用量达到发达国家的水平，全球气候变暖、环境恶化就会更快加剧。表 1.2 给出了化石能和核能发电所排放的有害物质和温室气体的情况。

表 1.2　发电产生的不同有害物质排放量的比较(括号内的数值是在利用现代过滤技术后得到的)

能源形式		CO_2	SO_2	NO_x	粉尘	核垃圾
		$g\cdot(kW\cdot h)^{-1}$	$g\cdot(kW\cdot h)^{-1}$	$g\cdot(kW\cdot h)^{-1}$	$g\cdot(kW\cdot h)^{-1}$	$mg\cdot(kW\cdot h)^{-1}$
化石能源	煤炭	977①	5～9	3～6	25②	—
	(经过过滤器)	(977)	(0.8)①	(0.8)①	(0.1)①	—
	油	730	1～4.2③～12	2～5④	(0.1)	—
	(经过过滤器)	(730)	(0.8)①	. (0.8)		—
	气	419①	0.05	2～4④	(0.01)①	—
	(经过过滤器)	(419)	(0.01)①	(0.7)①		—
核能	原子	—	—	—	—	4

注：①DEWI[7]；②Strauss[8]；③1%硫含量；④Heitmann[9]。

能源结构向风能、太阳能、水能、生物能等再生能源转化得越快，稳定全球气候变迁的可能性就越大。

在人口密集的欧洲，发电所用的陆地面积是一个很重要的因素。表 1.3 给出了水、煤和风力发电所用面积的比较。

在表 1.3 中，对于褐煤发电，计算发电厂的功率和煤矿露天开采的面积。在德国，开采褐煤使得大小为 Saarland 州面积的地域荒漠化。对于水电站，以水库的面积来计算。而对于风力发电，为简单起见，则以叶轮的面积为基准。显而易见，叶轮面积要比风力机实际占的土地大得多(如地基)。

还值得关注的是，可再生能源发电装置需要运行多长时间能够把建造这些装置所耗费的电力回收回来，如表 1.4 所示。

与传统、集中的化石能源或者核能发电相比，分散在多个地域的分散式发电会为当地创造更多的就业机会。

如前所述，2005 年德国风电业就业人员约 6 万人。2005 年整个可再生能源领域从业人数为 17 万人[1]。

表 1.3　水、煤和风力发电所用面积的比较

类型	地点	数据	电能产量
水电	Itaipu 1985 (巴西)	12 600 MW $H=200$ m	6 W/m²
	Spiez 1986 (瑞士)	23 MW $H=65$ m	87 W/m²(每平方米地表面积)
褐煤发电	Schkopau 1996 (德国)	1 000 MW	8 W/m²
	Schwarze Pumpe 1998 (德国)	1 600 MW	16 W/m²
	Buschhaus 1985 (德国)	380 MW	31 W/m²(每平方米开采面积)
风电	德国	风速＝4.5～6.0 m/s	50～120 W/m²(每平方米叶轮面积；地基面积比叶轮面积小 10 倍)

表 1.4 可再生能源的能量回收时间[10]

类型	风			太阳(光伏发电)			水		
	4.5 m/s	5.5 m/s	6.5 m/s	单晶	多晶	非晶硅	大	小	微小
能量回收的时间/月	6～20	4～13	2～8	28～55	19～38	14～28	5～6	8～9	9～11

很自然，发电成本和成本的构成是经济性的最重要指标。成本的构成为投资(资金投入)、燃料、运行和维护。

图1.8所示是新建4种不同能源的发电厂的成本(单位符号€为欧元)的比较。值得关注的是，风电厂和核电站的成本结构很相似：初期投入很大，运行成本很低。如果一次性投资一个发电厂，一般情况下，7～12年之后，才能收回初期资本投入，才能较大地盈利。尽管设备维护费用随着时间增高，但业主仍然极力维持设备尽可能长的运行时间。因此，目前人们关注20世纪70年代所建核电站的剩余运行寿命问题。

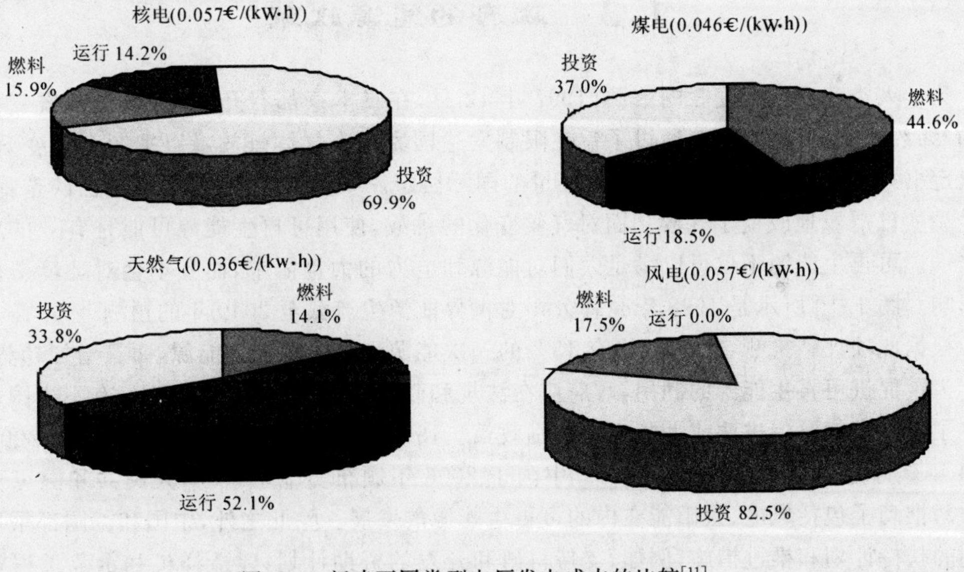

图1.8 新建不同类型电厂发电成本的比较[11]

20世纪90年代初，丹麦人首次在东海近海岸的海水中建了一个试验风场(Vindeby1991)。随着陆地上合适的风场越来越少，大众对密集分布的风力机接受度也在降低，考虑到海上风速的优势，近海风场就受到重视。但与陆地风力机相比，近海风力机的地基成本和联网成本要高得多，加之难以估算的维护成本，使得人们对近海风场谨慎有加。

当时，还没有商业意义上可运行的大型海上风场。两个大型海上风场的投资成本如图1.9所示。其中一个是Horns Rev风场，于2002年建成，装机容量为160 MW；另一个是Nysted风场，于2004年建成，装机容量为165 MW。从图中可以看出，尽管投资成本要比陆地高得多，但发电成本(0.06 €/(kW·h))与陆地轮毂高度风速6～7 m/s的风场几乎相同。当然，目前还缺乏长期维护和运行的经验。

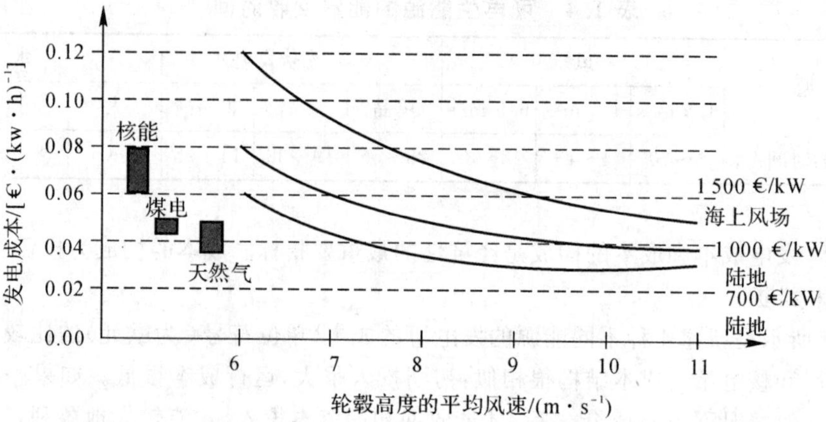

图 1.9　陆地和近海风力机发电费用与常规电源的比较(2000 年)[12]

1.3　政府的能源政策

为了人类免受气候变暖的威胁,1997 年 12 月,在日本京都召开的《联合国气候变化框架公约》缔约方第三次会议上,通过了旨在限制发达国家温室气体排放量以抑制全球变暖的《京都议定书》。这是第一个限制 CO_2 排放量的国际协定。事实上,这是人类不得已的选择,因为 CO_2 确实已严重地改变了气候。面对气候变化的挑战,使用可再生能源可能是有效的应对方案之一。可再生能源不仅可以满足人们对能源和电力的大量需求,而且不会对环境造成大幅度影响。图 1.10 所示是 1998 年壳牌公司对世界能源生产截至 2040 年的预测[13]。

根据此项评估推测,2010 年将有 13%的一次能源来自于可再生能源,而且增加趋势迅猛。

为了促进可再生能源的利用,政府应在法规和政策上予以扶持。事实上,有不少国家已经制定了可再生能源促进法或者相应的鼓励政策。1991 年德国颁布了《风电并网法》,2000 年和 2004 年修订为《可再生能源促进法》。中国于 2006 年颁布实施了《中华人民共和国可再生能源法》,推动了包括风电、太阳能在内的可再生能源的发展。除此之外,中国和德国都采取了一系列的扶持计划和推进措施,例如,支持科研和开发的资助计划;建造样机和示范工程资助计划;承担部分投资费用;保证每度电的上网电价(德国);低息投资贷款;税收优惠;等等。所有这些措施都为可再生能源开拓市场提供了非常大的帮助。但最重要的是规划的可信度,即让投资商能够估计出在设备 20 年寿命周期内的成本和收益。

前已述及,丹麦、德国和西班牙曾提倡,要为可再生能源提供一个市场,在这个市场里,保证每一个上网供电者在一定的年限内享有固定的上网电价。因此,这就给私人投资商提供了规划可信度保证。同时,这项法规也削弱了大电力集团的垄断。因为可再生能源生产"绿色"电力,具有优先权,电网企业必须始终接收,也就是说,少生产所谓的"黑色"电力,就会减少有害物质的排放。如上所述,在 2005 年德国有害物质排放量降低了 10%。

一些国家,如英国、法国(截至 2002 年)还要求新建的电厂必须生产一定比例的可再生能源。但是,如图 1.10 所示,其效果几乎为零。这也正是德国大电力集团赞同这项法规的原因。据此,可再生能源的生产就可能掌握在他们手中。

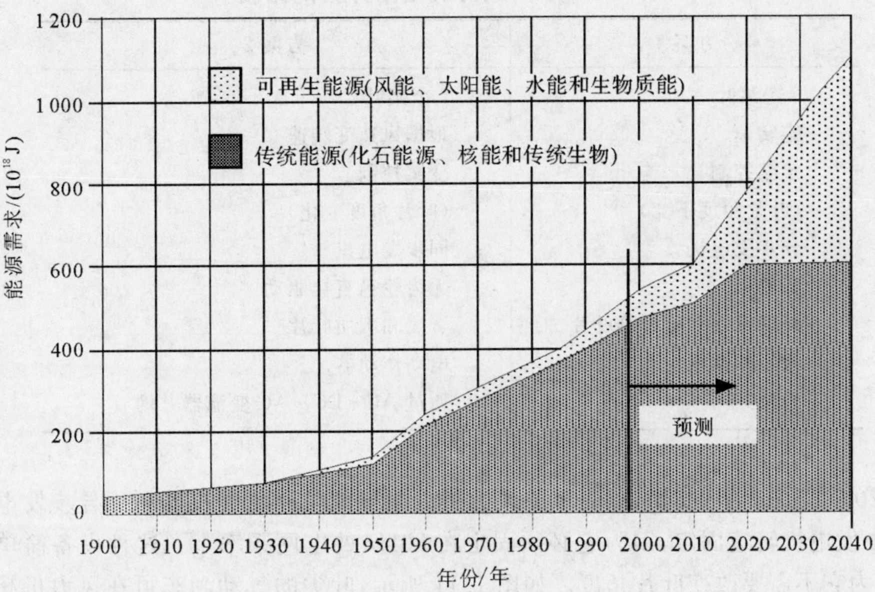

图 1.10　世界能源需求的预测[13]

在丹麦、德国、西班牙等成功发展了风电的国家，上网风电已占到相当大的比例。对于这些地区来说，电网扩容是非常必要的。首先涉及德国北部海岸地区。这里的电网在未来还要接入海上风场生产的风电。通过运用预报系统对上网的风电电量进行预测，可使维持发电量和电网负荷达到平衡所需要的调度量明显减小。随着并网电量中风电所占比重越来越大，一些如核电厂这样的供电大户会受到排挤。同时，更多的能够快速切换的电站如泵储电站或天然气和蒸汽发电站会投入运行，这些电站可在几分钟内进行切换。利用这些电厂，能够每分钟对上网电量进行调整。欧洲电力市场的自由化使这种效果更为明显。因为，对于电网运营商来说，没有计划的电量交易使得对电网负荷的预测增加了难度。

在供电过剩时，例如风电场和核电厂生产的电过剩时，则主要用泵储电站储能。随着 Goldistahl 泵储电厂(1 060 MW，2003 年)的投产运行，德国已拥有 5 700 MW 的容量可进行供储转换。在几分钟之内就可从用电(泵水)转换到供电(用水发电)。这些容量作为电网调度量有助于电网稳定。

在德国，电能中已经有相当大的一部分来自于风电，并通过电网进行传输。为此，在电力需求旺盛的地区需要对电网进行扩容。在电网扩建的一项研究(2005 年)中指出，到 2020 年需建 850 km 的高压传输电网(扩建容量大概是现有传输电网的 2.5%)[14]。

随着化石能源价格的增加、国家对化石能源补贴(煤补贴)的取消以及已经开始考虑的额外成本(CO_2 排放)，可再生能源的电力价格在未来市场经济环境下就会很有竞争力，而首当其冲的就是风电。

1.4　技术发展

表 1.5 描述了不同的风力机技术。这是过去 20 年人们对风力机技术发展讨论的焦点。

表 1.5 不同风力机技术方案的比较

方案 1	方案 2
3 个桨叶	2 个桨叶
定转速	根据风速变转速
定桨控制	变桨控制
(叶片角度不变)	(叶片角度变化)
异步发电机	同步发电机
齿轮箱	无齿轮箱直接驱动
玻璃纤维和碳纤维叶片	金属和木质叶片
液压作动器	电动作动器
直接并网	通过 AC－DC－AC 变流器并网

截至 20 世纪 90 年代初期，丹麦型的风力机占主导地位。此类机器利用异步发电机直接并网。异步发电机转速固定，因为它必须固定在 50Hz 的电网频率上。这种设备简单而且结实耐用，因为它不需要改变叶片角度。如图 1.11 所示，叶尖的气动刹车可在风力机超速时起到保护作用，例如电网突然断电。

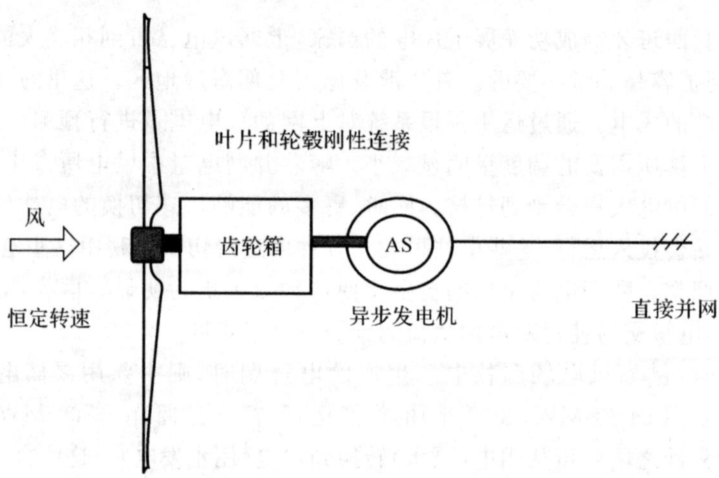

图 1.11 丹麦型风力机(定转速，异步发电机，直接并网)

20 世纪 90 年代中期，在兆瓦级风力机领域里，很快推出了由风速反馈的变速、变桨风力机。首先，该类风力机装备直驱的多极同步发电机(没有齿轮箱)，其交变电流通过 AC－DC－AC 变流装置整流成 50Hz 的电流后，输入电网，如图 1.12 所示。很快(1996 年)，带有变流技术的变转速双馈异步发电机开始获得应用。因为保留了齿轮箱，故发电机轻巧得多。因为变转速风力机可以更容易地适应不同地域、不同时间下的风力条件，故功率为 2MW 以上的风力机皆采用此方案。

长期以来，风电设备制造商们一般都拥有几百或几千职员的中型企业，通过对设备不断改进和研发，已经使叶轮直径达到 80～120 m。20 世纪 80 年代，航空、航天工业(MOD1，MOD2，Growian，Monopteros，等等)在此领域里却没能成功。

在过去的 20 年里，风力发电取得了成功的发展。其赖以发展的物理学、工程学基础和方法，我们将在后面的章节为读者进行系统的介绍。针对不同专业方向的必要基础知识，我们会分别向读者简介。

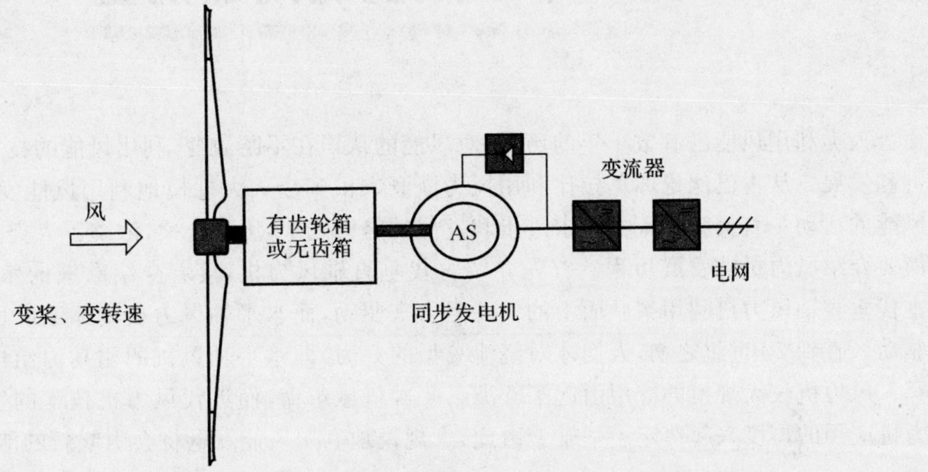

图 1.12　变速、变桨风力机（同步发电机，通过 AC－DC－AC 转换成 50Hz）

参 考 文 献

［1］ BMU. Arbeitsgruppe Erneuerbare Energien-Statistik (AGEE-Stat)［R］. Berlin：［s. n.］，2006.

［2］ Bundesverband WindEnergie e. V.［R/OL］. http://www.wind-energie.de.

［3］ BTM Consult. International Wind Energy Development［R］. Roskilde Denmark：［s. n.］，2005.

［4］ UNDP. Human Development Report［R］. New York：United Nations Development Programme，2004.

［5］ IEA. Key World Energy Statistics［R］.［S. l.］：International Energy Agency，2004.

［6］ EUROSTAT. Jahrbuch 2004［R］. Luxembourg：EUROSTAT，2004.

［7］ Hinsch C，Rehfeldt K. Die Windenergie in verschiedenen Energiemärkten［J］. DEWI Magazin，1997(11).

［8］ Strau　K. Kraftwerkstechnik［M］. 3rd ed. Berlin：Springer Verlag，1997.

［9］ Heitmann H G. Praxis der Kraftwerks-Chemie［M］. Essen：Vulkan Verlag，1997.

［10］ Quaschning V. Energieaufwand zur Herstellung regenerativer Anlagen［R］. 2002.

［11］ EWEA. Wind Energy — The Facts［R］.［S. l.］：The European Wind Energy Association，2004.

［12］ EWEA. G8［R］.［S. l.］：The European Wind Energy Association，2001.

［13］ Shell. Sustainable Development Report［R］.［S. l.］：Shell，1998.

［14］ Deutsche Energieagentur (dena). Energiewirtschaftliche Planung für die Netzintegration von Windenergie in Deutschland an Land und Offshore bis zum Jahr 2020［R/OL］. Berlin：［s. n.］，2005. http://www.dena.de.

［15］ Gasch R，Twele J. Windkraftanlagen［M］. 5th ed. Wiesbaden：Teuber，2007.

［16］ Gasch R，Twele J. Wind Power Plants［M］. Berlin：Solarpraxis，2002.

第2章 风能利用的历史

人类利用风能已有数千年的历史,对风能的认识在不断演变,利用风能的技术也在不断改进和发展。从古巴比伦苏莫拉比利用风力灌溉农田到今天大规模地利用风能发电,人类利用风能的活动一直贯穿在人类谋求进步和发展的努力之中,历经沧桑,浓缩了人类文明史。本章简要介绍风力机的发展历程。首先介绍古代垂直轴风力机,接着介绍欧洲的水平轴风力机。古代垂直轴风力机利用桨叶面上的气动阻力来驱动,而水平轴风力机则靠桨叶面上的升力来驱动。直到20世纪之初,人们才对绕流翼型的升力,即水平轴风机的驱动力给出理论上的解释。风力机较大规模的应用引起了欧洲第一次机械革命,而近代风力机技术的发展为当今风力机应用的再度兴起奠定了基础。由此,大规模地利用风能发电将会引起新的能源革命。

2.1 竖轴风机

根据历史学家的观点,最早利用风能的机器诞生在东方。哈莫拉比(Hammurabi)在公元前1700年曾用风轮灌溉美索不达米亚(今伊拉克)平原[1]。史料证实,风能在阿富汗很早就获得应用。公元7世纪的文字记载中表明,磨房建造工匠当时很受尊敬[1]。直到今天人们在伊朗和阿富汗还可以看到运行数百年的风磨遗迹(见图2.1)。

图2.1 阿富汗垂直轴风磨(1977年)[2]

世界上最古老的风车为竖轴风机,在其上固定苇席,迎风向挡风(阻力),由此靠风带动风机。波斯风磨则是用墙遮住半个叶轮,造成不对称,使风阻力变成风轮的驱动力,如图2.2(a)所示。

同样,古老的中国风机则是由帆席转回来时(迎风)的翻转造成不对称(见图2.2(b))而产生驱动力。中国这种阻力型风机大约自公元1000年传世,与波斯风机一样具有竖直轴,并用芦席作为“帆”。中国风机与波斯风机相比的优点是:不论风从哪个方向来都可运行。

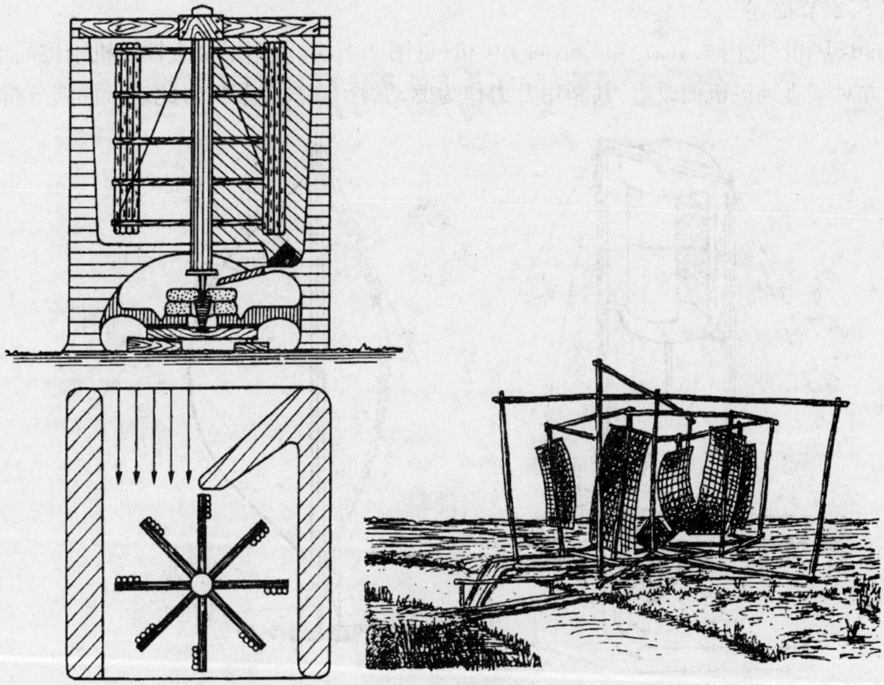

(a)　　　　　　　　　　　　(b)

图 2.2　较早时期的竖轴风机

(a)波斯风磨[3]；(b)带翻转席帆的中国风机[4]

图 2.3(a)表明了这种结构形式的简洁性。如图 2.3(a)所示，一个带可翻转桨叶的竖直轴风轮直接与石磨相连，中间无传动齿轮，旋转运动不换向。而近代的水平轴风磨，例如荷兰风磨，不仅要求把水平轴的旋转运动转换到垂直轴，而且还要有相当复杂的结构来支撑快速运转且很重的水平轴。

(a)　　　　　　　　　　　　(b)

图 2.3　较晚时期的垂直轴风机[4]

(a)叶片可翻转(1719 年，法国)；(b)阻力体(约 1600 年，意大利)

图 2.3(b)所示的 Veranzio 风机也属于慢速阻力型风机。杯式风速仪与此类似。其工作

原理将在 3.2 节描述。

Savonius 风机(见图 2.4(a))和 Darrieus 风机(见图 2.4(b))利用了竖直轴风机结构简单的优点，但作为西方对竖直轴风机的改进，其利用升力作为驱动力。在 3.3 节将对此进行详细分析。

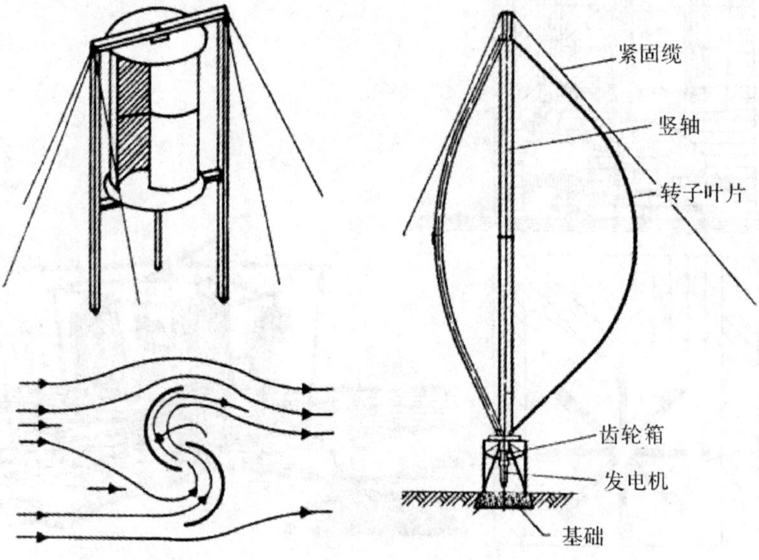

图 2.4 竖直轴风机的改进

(a)Savonius 风机(1924 年)[5]； (b)Darrieus 风机(1929 年)[6]

2.2 水平轴风机

2.2.1 从木马式风磨到美国风机

很晚以后，西方研制了完全不同的风磨类型。其明显的差别特征是叶轮轴为水平轴，与飞机的螺旋桨类似，桨叶在垂直于风向的平面上旋转。其驱动原理必然与阻力风机不同。阻力风机是利用桨叶面上的气动阻力来驱动的，而水平轴风机则是靠桨叶面上的气动升力来驱动。对于绕流翼型的升力，即水平轴风机的驱动力，直到 20 世纪之初才给出理论上的解释。几百年前的风磨制造者可能是把叶轮想象成一个螺旋盘(气螺栓)，气流流过时使它旋转。

最早利用升力原理的“水平轴”风机是木马式风磨。12 世纪英国的一本祈祷书中曾出现木马式风磨的插图(见图 2.5(a))。同一时期，在法国 Arles 市的法规中也曾提及木马式风磨。除水轮机之外，木马式风磨作为最重要的动力机械从英国、法国传到荷兰、德国(13 世纪)和波兰，然后传到俄罗斯(14 世纪)。关于谁发明了这种风磨，它从什么地方起源，在历史学家之间还存在争议。然而似乎已形成共识，“十字军东征时不是在叙利亚发现了风磨(过去曾有此说法)，而是把风磨传到了此地”[13]。

木马式风磨是一个箱式的磨房。磨房可绕安装在木马上的轴颈旋转，如图 2.5(b)所示。磨房与叶轮一起可由一个操纵杆转到风向上。叶轮的主轴几乎水平放置。主轴上的木齿轮通过一个柱齿轮(木制)驱动石磨的垂直轴。到 19 世纪，叶轮的主轴可通过 2 个木齿轮驱动两盘石磨。木马式风磨只是用于磨面。但在荷兰，15 世纪就出现围海造田的商机。人们尝试用风能来驱动水泵。为此，必须对木马式风磨进行改造，以便用获取的风能来驱动位置很低的水泵。木马式风机经过不断的改进，在诞生约 300 年后，出现了专门用于泵水的摇臂式风机。

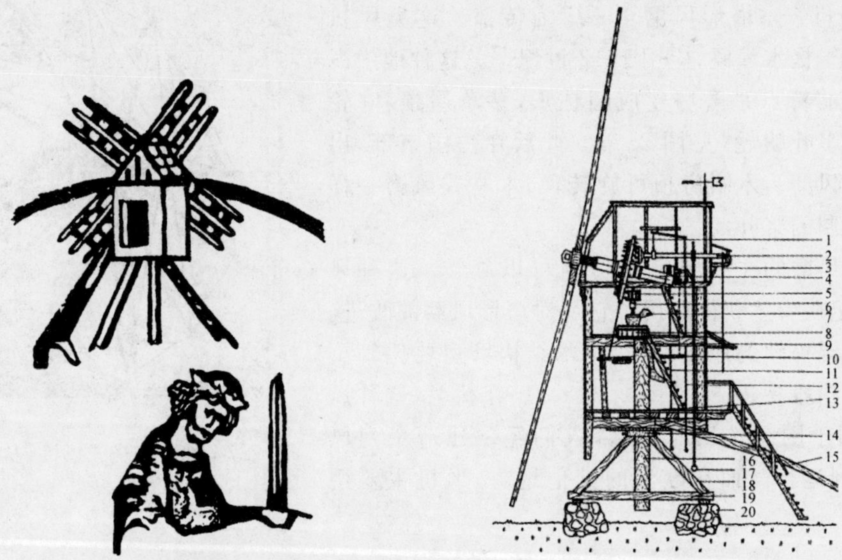

(a)　　　　　　　　(b)

图 2.5　木马式风磨

(a)木马式风磨的插图；（b)木马式风磨的结构

1—带刹车的木齿轮；2—提升谷物袋的轴；3—手提绳；4—叶轮轴；5—柱齿轮；6—磨轴；7—上料斗；8—石磨；9—大梁；10—刹车杆；11—刹车绳；12—启动提升轴；13—磨房地面；14—鞍枕；15—偏航杆；16—房柱；17—谷物提升；18—支撑斜梁；19—十字枕木；20—基础

在摇臂式风机可旋转的机房里只有一对传动齿轮。原来的石磨换成水轮。为此驱动轴必须要从木马传出去(见图 2.6)。这可谓当时造房工匠们的艺术。

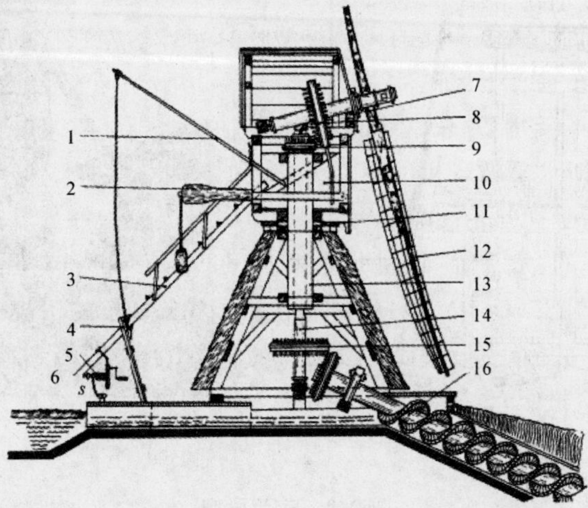

图 2.6　摇臂式风机的结构[7]

1—摇臂；2—刹车杆；3—偏航杆；4—Schrick；5—偏航卷扬机；6—地锚；7—枕石；8—木齿轮；9—传动齿轮；10—上机房；11—滑环；12—桨叶；13—空心立柱；14—驱动轴；15—传动轮；16—螺旋水泵

后来，也根据这个原理来造风磨。因为石磨放在地面上的优点是，重物（石磨和谷物）无须向磨房高处搬运。

木马式风磨在南欧未能获得应用。而另外一种类型的磨机——塔形风磨——广为传播。这类风机初期是用于提水灌溉，应用于13世纪[1]。这种地中海古式风机的特点是磨房建成圆柱形，茅草屋顶，叶轮为8叶或多叶帆轮（见图2.7）。此后在法国南部，出现改进的风磨。木制房顶可旋转，与木马式风磨一样有4个木制的桨叶。

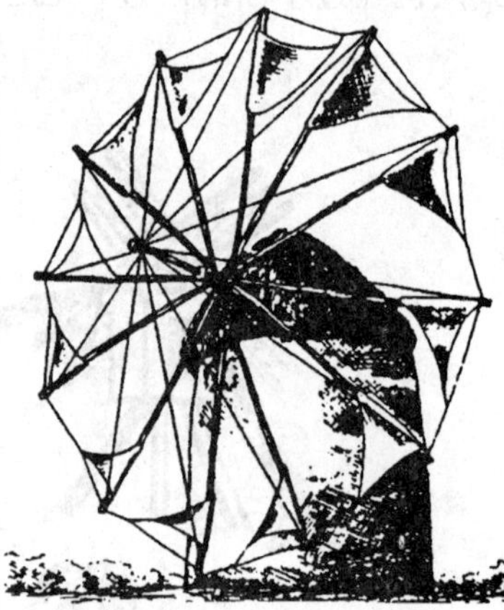

图2.7　地中海塔式风机（多叶帆轮）[8]

荷兰风磨的主要特征是房顶可以旋转。这种风磨16世纪在荷兰获得应用。它是对塔形风磨的改进。在荷兰潮湿松软的地面上，八角木结构磨房要比笨重的石头结构容易建造（见图2.8(a)）。在荷兰，这种风机主要用于围海造田时抽水，人们经常建造一列风机，排成列运行。而在欧洲的其他地方，风机主要用于磨面。

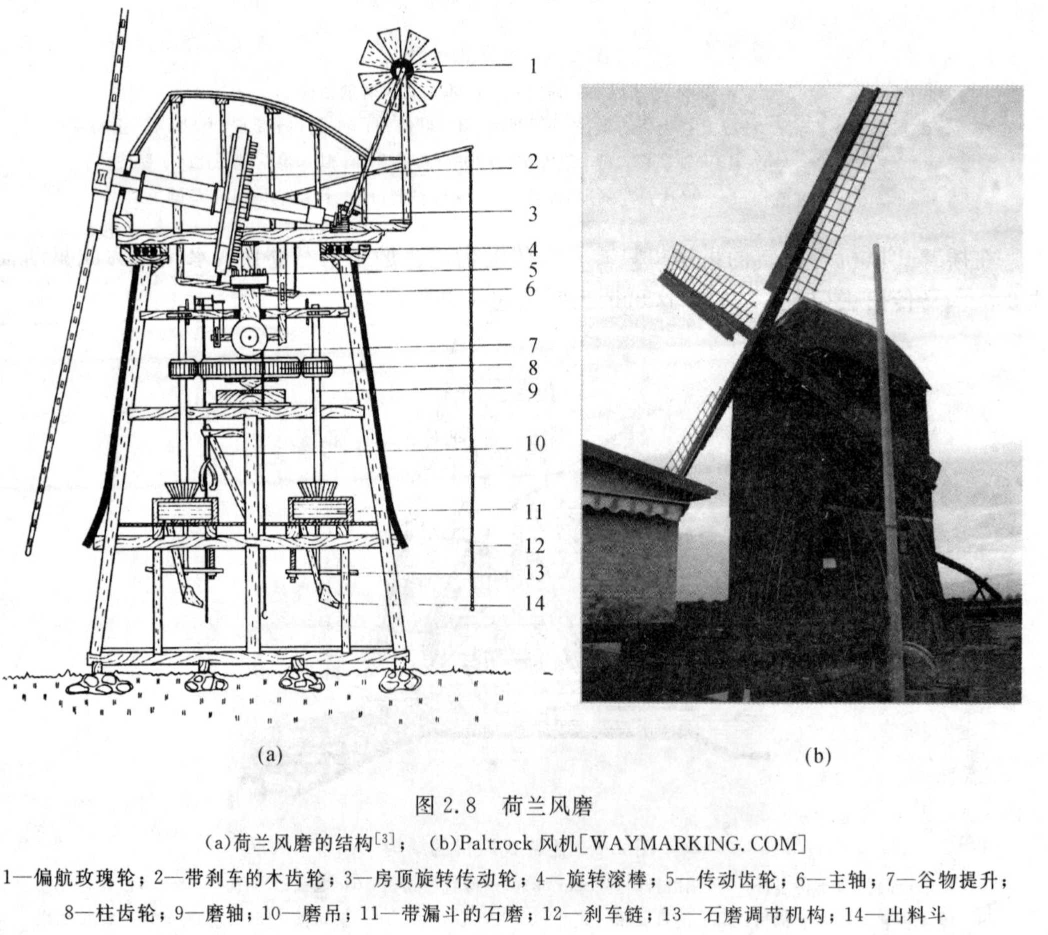

图2.8　荷兰风磨

(a)荷兰风磨的结构[3]；(b)Paltrock风机[WAYMARKING.COM]

1—偏航玫瑰轮；2—带刹车的木齿轮；3—房顶旋转传动轮；4—旋转滚棒；5—传动齿轮；6—主轴；7—谷物提升；8—柱齿轮；9—磨轴；10—磨吊；11—带漏斗的石磨；12—刹车链；13—石磨调节机构；14—出料斗

17 世纪的 Paltrock 风磨(1850 年左右建造，1894 年在德国 Harsum 附近仿造，见图 2.8(b))表明，风力可广泛地用做动力。Paltrock 风磨整个磨房(所有的机器，例如锯木间)全部安放在一个旋转的圆环上。

17，18 世纪荷兰经历了风能利用的高潮。人们制造了数以千台的风机。大量的制造促成了当时风机结构的标准化。虽然出现了诸如多层楼阁式风磨(见图 2.9)，但仍然以荷兰风机为基本类型。

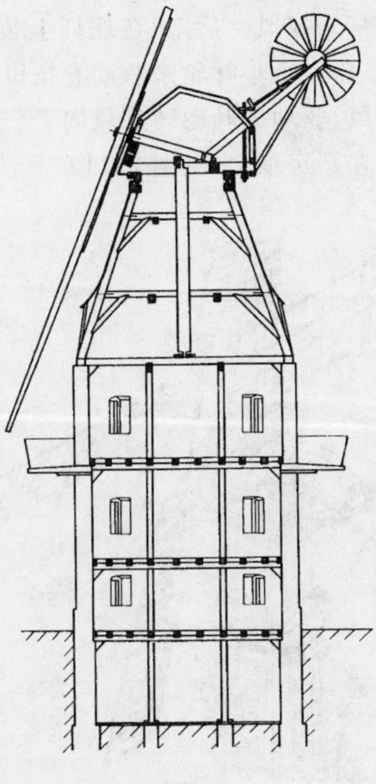

图 2.9　多层楼阁式风磨[9]

美国风机约于 19 世纪中叶研制，主要在北美用于供给饮用水和灌溉用水。另外也为西部铁路机车供水。这种风机的特征是：桁架式塔架，约 20 个铁皮桨叶构成花瓣形叶轮，叶轮直径为 3～5 m，通过一个竖直轴驱动一个活塞泵(见图 2.10)。

图 2.10　美国泵水风机[10]

美国风机首次实现了偏航和暴风保护的自动调节(见本书第 12 章)。因此,美国风机直到今天还可视做一个“先进”的风机。在澳大利亚、阿根廷和美国曾有上万台美国风机投入运行。

2.2.2 技术创新

与现代风力发电机不同,过去老式风磨必须始终要由磨主来照料。磨主不仅要负责磨面,而且还得保证磨机安全运行。磨机操作的两个主要任务是找风和调节功率。在飓风来时要及时刹车。直到美国风机产生时,才实现了“无人”运行。

早期,由磨主或毛驴拉动舵杆来找风。后来,在舵杆上装上卷扬机,通过固定桩拉动舵杆来找风,如图 2.6 所示。再后来,用一个小叶轮来驱动卷扬机。小叶轮轴与大叶轮垂直。当风侧吹大叶轮时,小叶轮获得正向风,驱动大叶轮转到风向上。这种自动偏航机构在荷兰风磨上很容易实现,可直接将小叶轮装在磨房顶上(见图 2.11)。

图 2.11 带偏航玫瑰轮和百叶窗桨叶的大型风磨[10]

对于磨主来说,风磨的功率提取与风速的匹配非常关键。为此,有的风磨叶片结构为栅格式的叶片框架上裹蒙帆布,调整帆布遮蒙的面积,就可以调整功率。但问题是,若磨主估计的风速低,而强风或者暴风突然来临,则磨机有失控的危险。磨主必须尽快停机、缩帆。为此,用木制的制动块在木齿轮上刹车。由于木质制动块与木质齿轮摩擦发热起火,很多磨房因此付之一炬。

一个很重要的解决方案是采用百叶窗式叶片(自 17 世纪开始),可由一个操作杆来调节开、合(见图 2.11)。即使暴风来临,磨房主也可制动磨机,因为在磨房就可把叶片百叶窗完全打开,使风从百叶窗流过。

桨叶带扭是关于风机效率的一个重要发现。这项创新是 John Smeaton 的研究成果。他于 1759 年在英国皇家协会介绍了风机实验结果[1]。他利用一个设计得很巧妙的实验装置(见图 2.12),检验了适用于他那个时代的风机制造规范,并进行了改进。他建议,桨叶的安装角在轮毂处与叶轮面角度为 18°，而叶尖处与叶轮面角度为 7°。这样的结果使得叶片沿径向是扭转的。

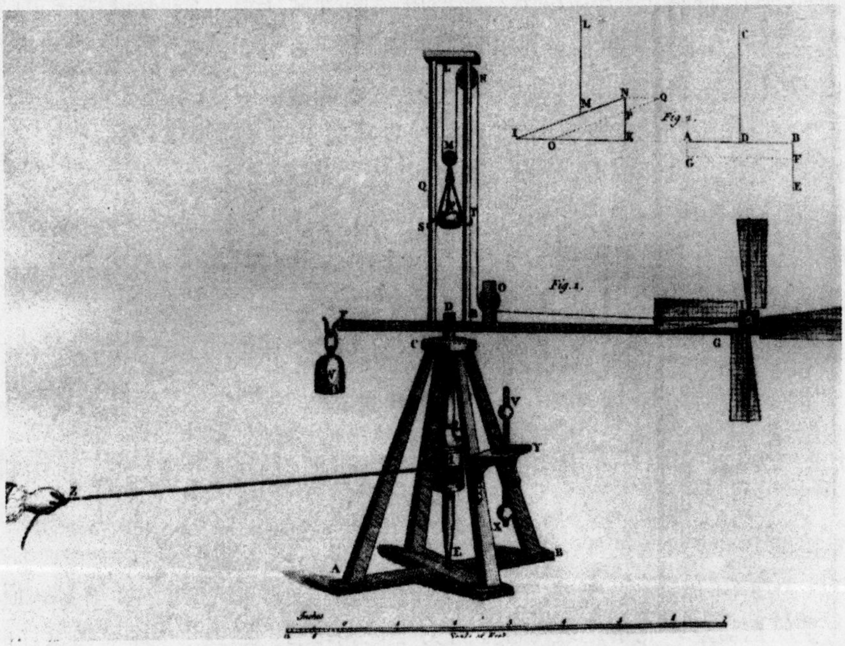

图 2.12　Smeaton 测量风磨叶轮功率特性的实验装置[12]

另外，他还发现，对于给定的直径，叶片帆面积超过某一定值之后再增大，功率不会增大。

对当时英国和荷兰的风磨，Smeaton 确定了功率和叶尖速比（叶尖速比为叶尖切向速度与风速之比）。叶尖速比在 2.2～4.3 之间。

19 世纪美国风机的诞生标志着风能利用的一个新时代的开始。它也反映了工业化的历史。

美国风机不仅是首次系列化工业生产的风机，全由金属制造，而且也是全自动化“无人”操纵的风机。偏航和暴风保护均由一个巧妙的风舵来完成（本书第 12 章还要讨论）。因此，这种风机曾独立地运行在广袤的沙柳平原上。它距风机发电已为期不远。在 1890 年美国就曾试验过风力发电[20]。

丹麦阿斯考夫（Askov）技术学院的鲍尔拉克尔（Paul LaCour）教授于 1891 年系统地研究了风力发电的可能性，并很快发现，由于其慢速特性，美国风机不适合发电。他研制了一种能够自调节的 4 叶片直流发电风机，用于单个农家（见图 2.13）。在第一次世界大战期间（1914—1918 年）有超过 250 台这种风机在丹麦运行。这种 LaCour 风机生产了 50 多年[21]。

图 2.13　Paul LaCour 教授 1891 年建造的 4 叶片直流发电风机[21]

2.2.3 西方国家风能利用的始末

从12世纪到19世纪，水力和风力是当时唯一的机械能源。Braudel描述道："11，12，13世纪，西方国家经历了第一次机械革命。所谓的机械革命，就是水轮机和风力机的增多所引起的社会变化。尽管这些初级的动力机械功率很有限（水轮机功率一般为2～5马力①；风力机为5～10马力），但在能源供应落后的时代，却代表着动力的显著增大，为欧洲的第一次繁荣发挥了决定作用。"[13]

19世纪，蒸汽机和内燃机开始取代风力机和水轮机。然而，1895年德国工会的统计表明，第二次动力机械革命进展还是很缓慢的[7]。其中当年运行的机器数：风力机为18 362台，水轮机为54 529台，蒸汽机为58 530台，内燃机为21 350台。

可见，蒸汽机发明130年后，仍有近半数的动力机械为传统的风力机和水轮机。

2.2.4 第一次世界大战后至20世纪60年代末

第一次世界大战后，基于军用和民用螺旋桨飞机的设计经验，出现了风力机研发的新热潮。

1920年德国Betz把"激盘理论"应用于风力机，得出最大功率系数为59%的结论[18]，即最大可获得风含功率的59%。在他之前，英国的Lanchester已得到这一结果。但Betz继续研究。1926年他把动量和能量定理与叶型升力理论相结合，建立了叶片最优设计的理论。在稍作改进后，今天仍然以Betz理论为叶片设计的基础。

在新的透平理论基础上，又产生了一系列对应的现代风力机理论。例如法国、德国的Bilau，Kleinhenz-MAN，Honeff和俄罗斯的Sabinin，Yurieff等。在雅尔塔的克里米亚半岛，WIME D-30风机从1931年运行至1942年。风机叶轮直径为30 m，功率为100kW[23]，并接在一个20MW的电网上。

德国发动的第二次世界大战使这一发展停顿。二战期间，只有在美国，风机的研制还在持续进行。工程师Palmer C. Putnam和水轮机制造商Smith一起研制了第一台大型的并网风机（直径D=53 m，功率P=1 250 kW）。若干有名的科学家都参与了他们的设计（见图2.14(d)）。这台风机1941年投入运行，一直工作到1945年，运行约计1 000 h，作为一个兆瓦级实验风机，相当成功。但运行的成本核算表明，其发电成本要比传统的发电成本高出约50%。因此，Putnam所提出的改进方案未再实施。

在战后重建的过程中，欧洲各国也曾意识到煤储量将逐步枯竭。20世纪50年代风能利用再次受到关注，欧洲经济合作组织第二工作组曾组织英国的Golding、丹麦的Juul、德国的Huetter以及法国的Vadot等风机专家聚会交流风机研制的经验。

德国的Huetter和"风力研究会"提出了一个非常先进的方案，于1958年建造了W34风机（直径D=34 m，功率P=100 kW）。风机叶片由玻璃纤维制造，电液调桨，同步发电机发出50 Hz的电流，如图2.14(c)所示。风机叶轮为2叶片叶轮，通过可倾轮毂来减小动载。这台风机断断续续运行到1968年。

丹麦的Johannes Juul则走的是另外一条路线。他的目标是设计简单、可靠的并网风机。

① 1马力=735.498 75 W（准确值）。

在 Askov 他师从 Paul LaCour，学习“风电”。后来，他成为 Sjaeland 电力公司 SEAS 电网的主管(Linje-mester)。在 SEAS 公司，他建造了著名的 Gedser 风机(直径 $D=24$ m，功率 $P=200$ kW)，如图 2.14(a)所示。这台风机从 1957 年一直运行到 1962 年，并网工作数千小时。他的风机发电原理很有创意。叶轮驱动异步电动机，工作在超同步转速范围就成为发电机，而无须同步措施。叶轮结构很简单，木叶型固定在钢制梁上。但气动设计很巧妙，强风时，气流产生分离，由此被动地限制功率输出。在紧急情况下，由离心力控制的叶尖刹车发挥作用。

(a)　(b)　(c)　(d)

图 2.14　早期风力发电机组样机

(a)Gedser 风力机($P=200$ kW，$D=24$ m，丹麦，1957 年)；(b)Tvind 风力机($P=2000$ kW，$D=54$ m，丹麦，1977 年)；(c)Huetter 风力机($P=100$ kW，$D=34$ m，德国，1958 年)；(d)Smith-Putnam 风力机($P=1250$ kW，$D=53$ m，美国，1941 年)

20 世纪 60 年代初，中东廉价的石油进入欧洲。根据 Juul 自己的计算，风电与化石能源所产的电相比太贵。因此，风机研制再次停顿。

2.2.5 1980 年后的风能复兴

1973 年和 1978 年两次石油危机的震憾，使人们再次审视未来的能源供应问题。作为科研实验，Juul 的 Gedser 风机于 1977 年重新修复，又再次并网。

风能复兴初期遇到了严重的挫折。美国、德国、瑞典以及其他几个国家的航空、航天工业在国家的资助下，研制了大型的风机。运行了仅百余小时后，几乎所有机型全部夭折，原因是太快、太大、太贵。

但 Maglarp 风机，WTS－3(直径 D=78 m，功率 P=3 000 kW)是个例外。它并网运行了 20 000 h。还有“Amateuren”制造的风机 Tvind，如图 2.14(b)所示，直到今天还在运行，只是功率仅能达到设计值的 2/3。

与此相反，20 世纪 80 年代初期，丹麦的小型农机制造商(Vestas，Bonus，Nordtank 以及 WindWorld 等)成功地制造出了直径为 12～15 m 的系列风机。风机为 Juul 风机结构，采用异步发电机；风机叶片却采用了 Huetter 的设计，为玻璃纤维所制；功率为 30 kW，55 kW 或 75 kW，技术上和经济上都很成功，因为国家规定了合适的上网电价。由此诞生了一个小的风电市场。经过 20 年持续的研发，当年这些“小公司”制造出了直径 80～120 m 的风机。而那些“大公司”当年尽遭失败。

参 考 文 献

[1] Golding E W. The Generation of Electricity by Windpower[M]. London: E. &F. N. Spon Ltd., 1976.

[2] Rieseberg H J. Mühlen in Berlin[M]. Berlin-Wien: Medusa Verlagsges., 1983.

[3] Bennert W, Werner U J. Windenergie[M]. Berlin: VEB Verlag Technik, 1989.

[4] König F v. Windenergie in praktischer Nutzung[M]. München: Udo Pfriemer Verlag, 1976.

[5] Le Gouriérès D. Wind Power Plants, Theory and Design[M]. Frankfurt: Pergamon Press GmbH, 1982.

[6] Dornier. Firmenprospekt[R]. Lindau: Dornier, c1986.

[7] Mager J. Mühlenflügel und Wasserrad[M]. Leipzig: VEB-Fachbuchverlag, 1986.

[8] Natur. Im Windschatten der Anderen[J]. Heft, 1985(1).

[9] Herzberg H, Rieseberg H J. Mühlen und Müller in Berlin[M]. Düsseldorf: Werner-Verlag, 1987.

[10] Reynolds J. Windmills and Watermills[M]. London: Hugh Evelyn, 1974.

[11] DGM. Prospekt des Internationalen Wind-und Wassermühlenmuseums Gifhorn[R]. Petershagen-Frille: Deutsche Gesellschaft für Mühlenkunde und Mühlenerhaltung (DGM) e. V., c1978.

[12] Varchmin J, Radkau J. Kraft, Energie und Arbeit[M]. Reinbek: Rowohlt Taschenbuch Verlag, 1981.

[13] Braudel F. Sozialgeschichte des 15. bis 18. Jahrhunderts, Band 1: Der Alltag, Deut-

sche Ausgabe[M]. München：Kindler-Verlag，1985.
[14] Betz A. Windenergie und ihre Ausnutzung durch Windmühlen[M]. [S. l.]:Ökobuch Verlag，1994.
[15] Glauert H. Windmills and Fans[R]. Berlin：Springer，1935.
[16] Schrenck. Über die Trägheitsfehler des Schalenkreuzanemometers bei schwankender Windstärke[J]. Zeitschrift technische Physik，1929(10)：57-66.
[17] Allen J E. Aerodynamik－eine allgemeine moderne Darstellung[M]. München：H. Reich Verlag，1970.
[18] Betz A. Das Maximum der theoretisch möglichen Ausnutzung des Windes durch Windmotoren[J]. Zeitschrift f. d. gesamte Turbinenwesen，1920，17.
[19] Lanchester F W. A Contribution to the theory of propulsion and the screw propeller [J]. Trans. Inst. Naval Arch. ，1915，57.
[20] Hills R L. Power from the Wind－A history of windmill technology[M]. London：Cambridge University Press，1996.
[21] Petersen F，Thorndahl J. Som vinden blaeser[M]. Elmuseet：[s. n.]，1993.
[22] Gasch R，Twele J. Windkraftanlagen[M]. 5th ed. Wiesbaden：Teuber，2007.
[23] Gasch R，Twele J. Wind Power Plants[M]. Berlin：Solarpraxis，2002.

第3章 风力机的基本理论

如第2章所述，风能利用虽然已有数千年的历史，但直到20世纪初才逐步从理论上给出完备的解释。本章介绍风力机的基本原理，从风功率入手，引入Betz的最大功率系数，以第2章介绍的古式风机为例，描述风阻力和升力，比较阻力风机和升力风机，为后续的章节奠定基础。

3.1 风功率

速度为 v 的风流过面积为 f 的流面时，风中所蕴含的功率为

$$P=\frac{1}{2}\rho f v^3 \tag{3.1}$$

由式(3.1)可见，风功率与空气密度 ρ，流面面积 f 以及风速 v 的三次方成正比。当把风功率理解为一定时间内流过流面的空气质量所具有的动能时，如图3.1所示，功率与风速的三次方关系就得以证明。

动能

$$E=\frac{1}{2}mv^2 \tag{3.2}$$

而空气流量

$$q_m=f\rho\frac{\mathrm{d}x}{\mathrm{d}t}=f\rho v \tag{3.3}$$

与风速成正比。由此可得功率（单位时间的能量）为

$$P=\dot{E}=\frac{1}{2}q_m v^2=\frac{1}{2}\rho f v^3 \tag{3.4}$$

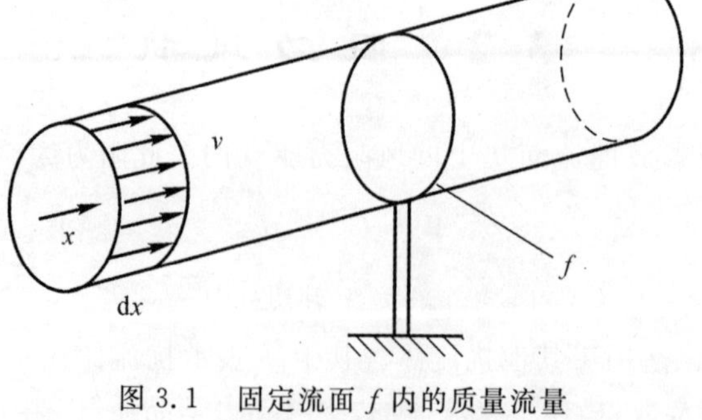

图3.1 固定流面 f 内的质量流量

假设 $f=1\ \mathrm{m^2}$，$\rho=1.2\ \mathrm{kg/m^3}$，$v=10\ \mathrm{m/s}$，则

$$P=\frac{1}{2}\times1.2\times1\times10^3=500\times1.2=600\ \mathrm{W}$$

如果要增大功率，就需要增大面积 f。

风轮将通过对空气的迟滞把风功率转换成风机转子的机械功率。然而风轮并不能把风功率完全吸收，即若流过流面的空气被完全阻滞，则对后续的来流风形成"堵塞"，流量为零，故功率为零。

若对流过流面的风不加任何阻滞，流入的能量等于流出能量，当然也就得不到功率。因此必须在这两种极端情况之间，选择一个最佳状态，通过阻滞风速获得最大风能。

Betz 和 Glauert 在 1926 年发现，对于自由运行(无罩)的风机，当来流风速 v_1 在远离风轮之后被阻滞到 $v_3=\frac{v_1}{3}$ 时，获得的功率最大。而在叶轮面，风速则为 $v_2=\frac{2v_1}{3}$(见图 3.2)。在这种情况下，理论上可获得的最大功率为

$$P_{\max}=\frac{1}{2}\rho f v^3 C_{P.\max} \tag{3.5}$$

式中，$C_{P.\max}$ 为功率系数，$C_{P.\max}=\frac{16}{27}\approx 0.59$。可见，在完全没有损失的理想情况下，风能的最高利用率为 59%。

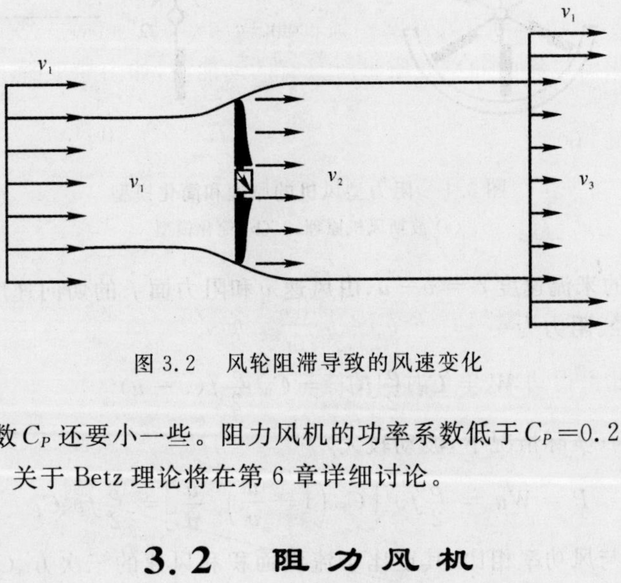

图 3.2　风轮阻滞导致的风速变化

实际的功率系数 C_P 还要小一些。阻力风机的功率系数低于 $C_P=0.2$，而叶型好的升力风机可达到 $C_P=0.5$。关于 Betz 理论将在第 6 章详细讨论。

3.2　阻力风机

阻力风机是靠迎风横放的流面 f 上的风阻力驱动的。此阻力为

$$W=C_W\frac{\rho}{2}fv^2 \tag{3.6}$$

它与流面面积 f，空气密度 ρ 以及风速 v 的二次方成正比。

上述风阻力公式，也适用于其他扰流体。其中 f 表示扰流体在垂直风向上的投影面积。阻力系数 C_W 作为比例常数，描述了扰流体的"空气动力学品质"。阻力系数越小，扰流体的阻力就越小(见图 3.3)。

将图 3.4(a) 所示的风机用图 3.4(b) 所示的模型来替代，并简单地假设所产生的转矩是相同的，这样，古时波斯(或中国) 阻力风机(垂直轴) 的转矩、转速以及功率就很容易估计。

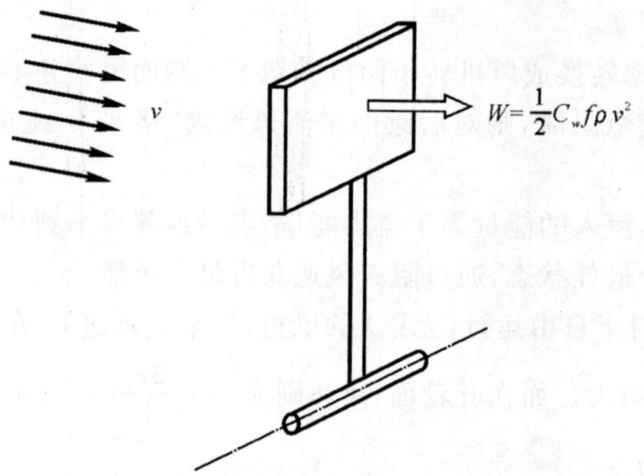

C_W	扰流体
1.11	圆板
1.10	方板
0.34	背风球壳
1.33	迎风球壳

图 3.3　风阻力作为驱动力的实例

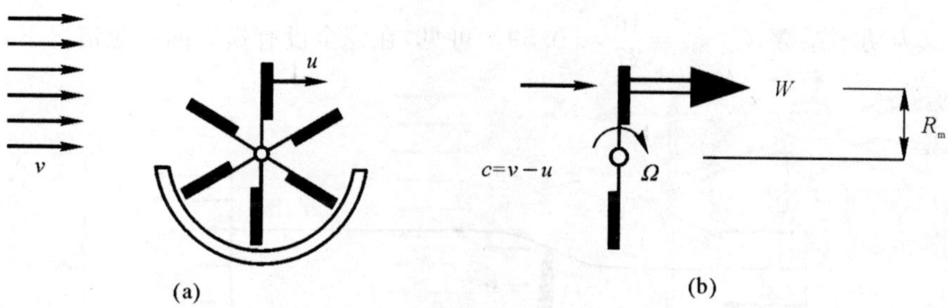

图 3.4　阻力型风机的原理和简化模型

(a) 波斯风机原理；(b) 简化模型

作用在平板上的来流速度 $c=v-u$，由风速 v 和阻力面 f 的切向速度 $u=\Omega R_m$ 合成。R_m 是阻力面的平均半径。阻力为

$$W=C_W\frac{\rho}{2}fC^2=C_W\frac{\rho}{2}f(v-u)^2 \tag{3.7}$$

平均驱动功率为(实际情况下，波动较大)

$$P=Wu=\frac{\rho}{2}fv^3\left[C_W\left(1-\frac{u}{v}\right)^2\frac{u}{v}\right]=\frac{\rho}{2}fv^3C_P \tag{3.8}$$

可见，驱动功率与风功率相比，其正比于流面面积和风速的三次方。C_P 表示功率系数(气动效率)，它说明多少风功率被转换成了机械功率。这个系数要比 Betz 给出的最大系数小，它取决于切向速度 u 和风速 v 的比，即我们引入的风速比 λ。

对于给定的风速 v，功率系数 $C_P(\lambda)=C_P(\Omega R_m/v)$。图 3.5 给出了在一定切向速度 u 或转速 Ω 下，风中所含功率有多少可被利用。图 3.5 为针对方板作为阻力流面的功率系数图($C_W=1.1$，见图 3.3 中的表)。风机静止时($\lambda=0$)，不产生功率；风机空转时($\lambda=\lambda_{leer}=1$)，同样不产生功率，因为阻力流面以与风速相同的速度运动。在其之间，当 $\lambda_{opt}=0.33$ 时，功率系数达到最佳值 $C_{P,max}=0.16$，即风中所蕴含功率的 16% 可被转换成机械功率。

圆壳的风能利用率比波斯风机还差。背风壳以迎风速度 $c=v+u$ 运动，由此造成附加的损失，如图 3.6 所示。

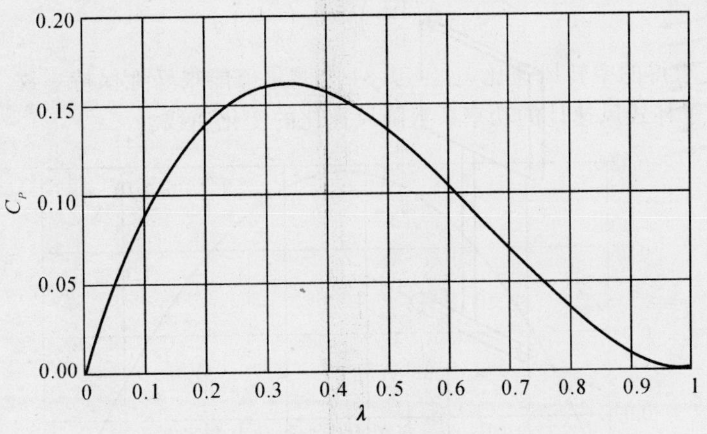

图 3.5　波斯风机的功率系数随风速比的变化曲线(近似)

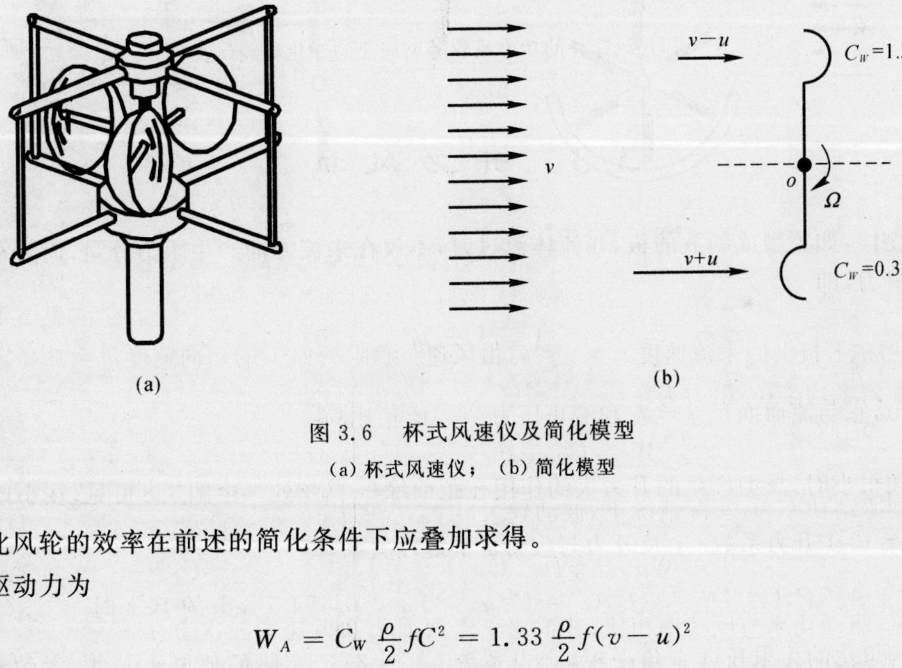

图 3.6　杯式风速仪及简化模型

(a) 杯式风速仪；(b) 简化模型

此风轮的效率在前述的简化条件下应叠加求得。

驱动力为

$$W_A = C_W \frac{\rho}{2} f C^2 = 1.33 \frac{\rho}{2} f(v-u)^2 \tag{3.9}$$

制动力为

$$W_B = 0.33 \frac{\rho}{2} f(v+u)^2 \tag{3.10}$$

由此得到功率为

$$P = (W_A - W_B)u = \frac{\rho}{2} f v^3 [\lambda(1-3.32\lambda+\lambda^2)] \tag{3.11}$$

式中，$[\lambda(1-3.32\lambda+\lambda^2)]$ 为功率系数 $C_P(\lambda)$，其最大值还要更低，仅为 $C_{P.\max} = 0.08(\lambda_{opt} = 0.16)$，例如波斯风机即属此类。因此人们把这种风轮不作为产能风机。它只是在空转时被用做风速测量仪。空转时风速比 $\lambda_{leer} = 0.34$，考虑到 $\lambda = \Omega R_m / v = 2\pi R_m n / v$，可直接获得转速和风速之间的比例系数。

$$v=\Omega\left(\frac{R_m}{\lambda_{leer}}\right)=2\pi\left(\frac{R_m}{\lambda_{leer}}\right)n \tag{3.12}$$

由式(3.11)求得的空转风速比 $\lambda_{leer}=0.34$ 与测量值能很好地保持一致。

图 3.7 表示了杯式风速计的功率系数随风速比的变化曲线。

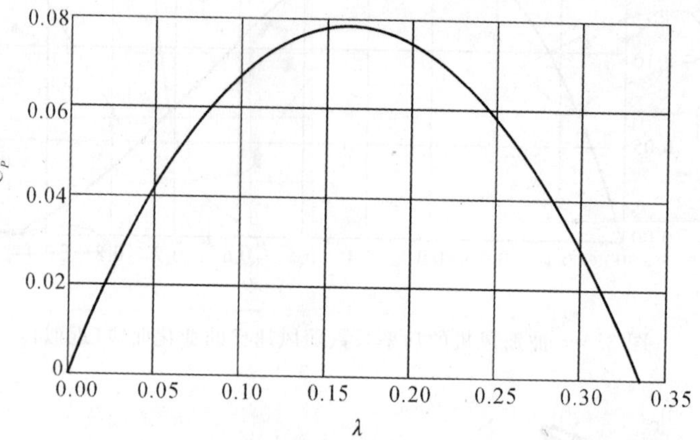

图 3.7　杯式风速计的功率系数随风速比的变化曲线(近似)

3.3　升力风机

许多物体,如翼型或斜放的板,当流体流过时,不仅在来流方向产生阻力分量,而且在垂直方向产生升力,即

$$A=C_A\frac{\rho}{2}fv^2 \tag{3.13}$$

与阻力类似,它与流面面积 $f=tb$ 和滞止压力 $\frac{\rho}{2}v^2$ 成正比。

当攻角很小时,翼型产生的升力大约作用在距前缘 $\frac{1}{4}$ 翼弦处。由图 3.8 可见,在小攻角区域(大约 $\alpha=10°$) 升力系数 C_A 及升力与攻角 α 呈线性关系,即

$$A=C_A(\alpha)\frac{\rho}{2}fv^2,\quad C_A(\alpha)=C'_A\alpha\quad 当\ \alpha<0.174\,5\ \text{rad}(约\ 10°)时 \tag{3.14}$$

对于理想化的无限长薄直角平板,升力系数 $C'_A=2\pi$。实际的值要小一些,大约 $C'_A=5.5$。当然,还要产生阻力 W。但对气动性能好的翼型,在小攻角时阻力很小($C_W=(\frac{1}{20}\sim\frac{1}{100})C_A$)。攻角从 $\alpha=15°$ 开始增加时,阻力逐渐增加,如图 3.8 所示。

升力风机就是以升力作为驱动力的风能转化装置,为说明其与上节讨论的阻力风机的区别,不妨以 Darrieus 风机为例阐明其原理。Darrieus 风机作为升力风机,但却以适应于阻力风机的垂直轴旋转(比较图 3.9 与图 3.10)。Darrieus 风机的风速比,即切向速度与风速之比远高于前面讨论的阻力风机(其风速比最大只为 $\lambda_{max}=1$)。对于图 3.9 中所分析的两个翼型,气流从其前缘流入,由此产生的升力要比阻力大很多倍,转子的驱动力也就大得多。根据定义,升力与桨叶来流方向垂直并通过偏距 h 产生所需要的转矩。

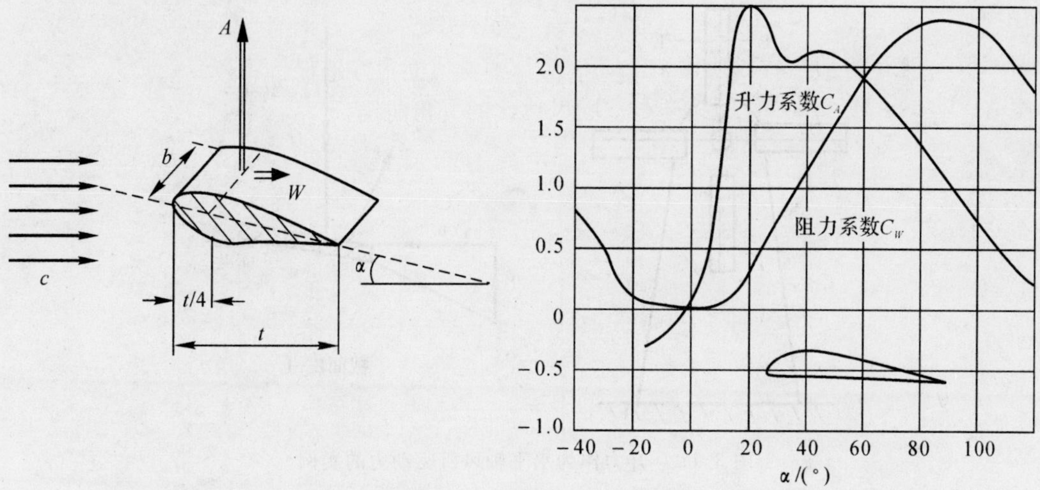

图 3.8　机翼升力 A 和阻力 W 及其升力系数 C_A 和阻力系数 C_W 同攻角 α 的变化曲线

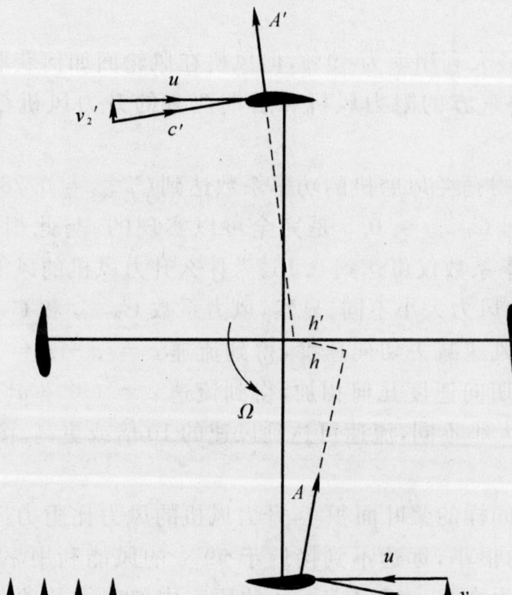

图 3.9　Darrieus 风机的驱动原理

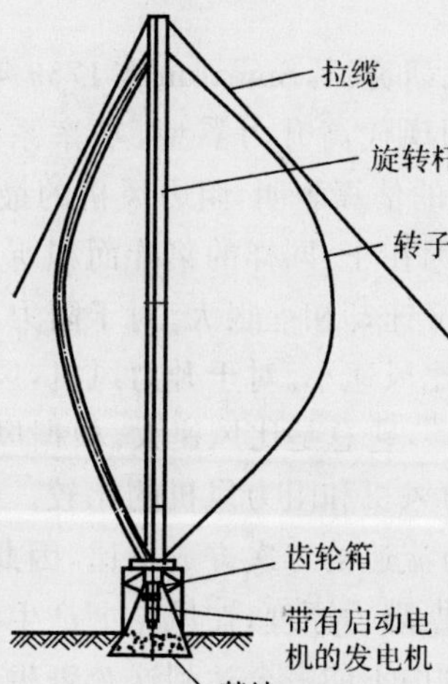

图 3.10　Darrieus 风机

例如，木马式风磨、荷兰风磨或者地中海国家的帆式风磨等所有的水平轴风机（见图 3.11），都是根据升力原理运行的。它们所达到的效率大约为 $C_{P.\max}=0.25$。可见，明显比阻力风机高。现代水平轴风机所装的叶片翼型品质相当高（阻力系数很小），功率系数可达到 $C_{P.\max}=0.5$。与 Betz 和 Glauert 所得到的边界值 $C_{P.\max}=\frac{16}{27}=0.59$ 已很接近。

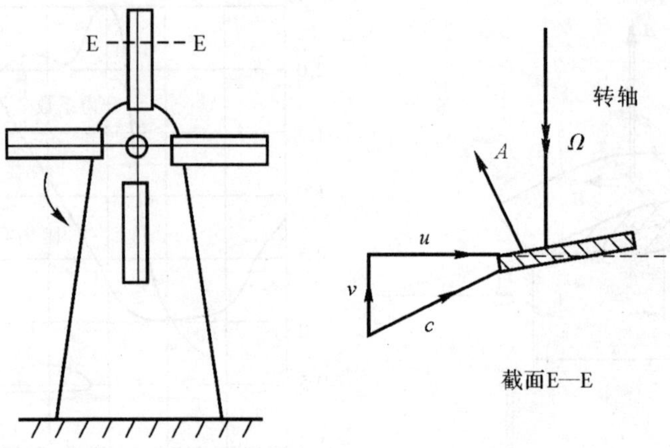

图 3.11　升力作为水平轴风机驱动力的实例

3.4　阻力风机与升力风机的比较

根据Betz和Glauert的理论，风功率的最大利用率为59%，但风机在风轮面如何获取功率却是要研究的问题。从研究的角度看，早期东方的阻力风机和后期西方的升力风机都同样重要。

但深入研究后，Smeaton在1759年就测得荷兰风磨机的功率系数达到$C_{P.\max}=0.28$，而今天通过使用现代高升力翼型，功率系数达到$C_{P.\max}=0.5$是完全可以实现的。与此相反，在3.1.2节中的估算表明，阻力风机的最大功率系数仅可达到0.16。为什么升力风机的风能利用率高呢?原因在于，同样的桨叶面积所产生的风力大小不同。显然，风力系数$C_{W.\max}$和$C_{A.\max}$大致相同，但流速却相差很大。对于阻力风机，风速减去切向速度，得到流速$c=v-u=v(1-\lambda)$，它总是比风速小。对于升力风机，风速和切向速度几何相加，得到流速$c=(v^2+u^2)^{1/2}=v^2(1+\lambda^2)^{1/2}$，它总是比风速大。根据风速比大小不同，流速可达到风速的10倍或更高。图3.12给出了升力风机和阻力风机的比较。

风力与流速的二次方成正比，因此对于同样的桨叶面积f，升力风机的风力比阻力风机大很多倍。根据阻力原理，在风轮上产生的风力很小，远达不到接近于59%的风能利用率。即便是升力风机也不能完全达到这个理想值，因为在Betz和Glauert的研究中忽略了几项对流动有影响的损失(参见第6章)。

令人惊异的是，从木马式风磨到西方风机，人们把所有的水平轴风机赖以运行的升力原理有效地应用了700年之久，但却没有从理论上加以解释。1889年Otto Lilienthal写道:"技术手册中关于空气阻力(Lilienthal的概念对于升力和空气力都适用)的公式，大部分来自理论研究，所要求的先决条件在现实中不可能存在。"

物理学家关于流体升力机理的想象是错的(例如1725年Newton,1876年瑞利，见图3.13)。Lilienthal根据鸟翼的观察和实验所得到的估计，给出了小攻角时平放和斜放的板所受到的升力。

在Lilienthal滑翔之后的很长时间并在莱特兄弟首次成功的机动飞行4年之后，即1907年，Joukowski才根据势能理论对物理学家、风机及飞机制造者的成就给出了较为充分的理论解释。

阻力风机		升力风机	
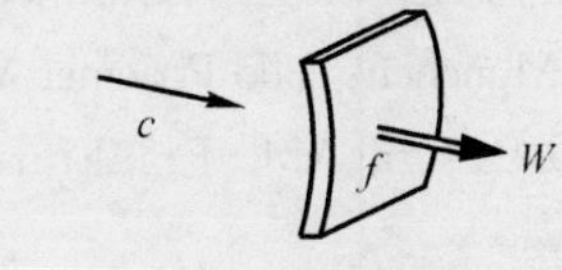 $W=\frac{\rho}{2}c^2 fC_W$		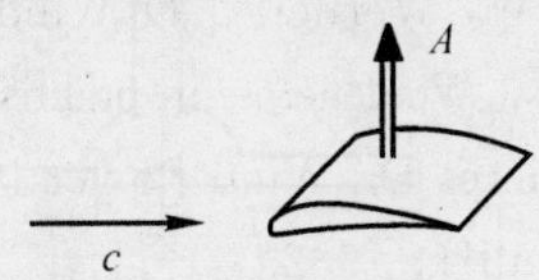 $A=\frac{\rho}{2}c^2 fC_A$	
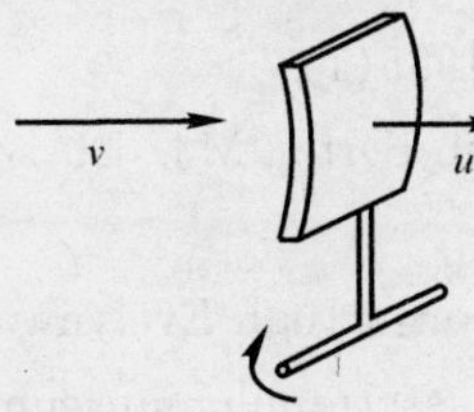 $c=v-u=v(1-\lambda)$		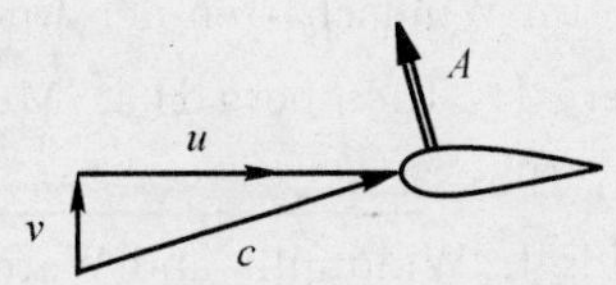 $c=\sqrt{v^2+u^2}=v\sqrt{1+\lambda^2}$	
$\lambda<1$		$\lambda=1\sim15$	
拱形板(10%)		NACA4415	
$C_{W.\max}\approx1.2$	$C_{A.\max}\approx1.2$	$C_{W.\max}\approx1.2$	$C_{A.\max}\approx1.4$
$\lambda=\frac{u}{v}$			

图 3.12　升力风机和阻力风机的比较

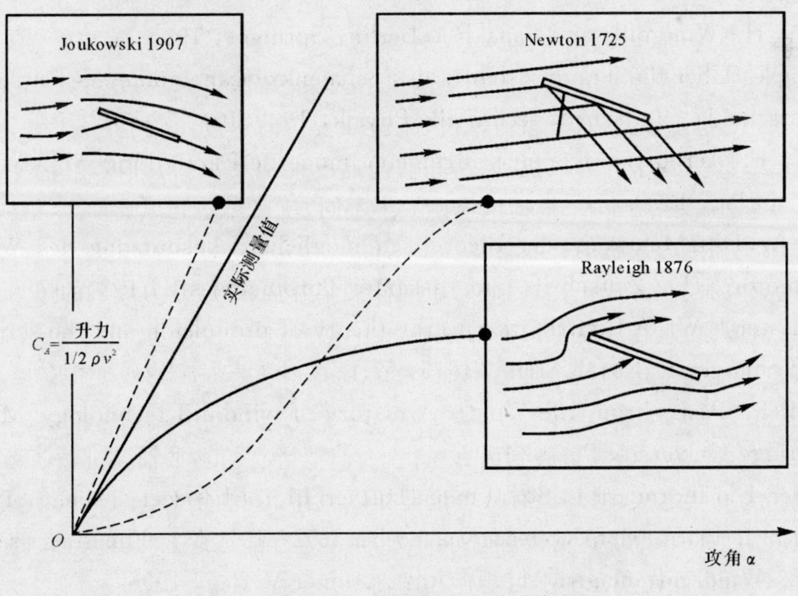

图 3.13　历史上的空气动力学升力理论

参考文献

[1]　Golding E W. The Generation of Electricity by Windpower[M]. London: E. &F. N. Spon Ltd., 1976.

[2] Rieseberg H J. Mühlen in Berlin[M]. Berlin-Wien: Medusa Verlagsges. , 1983.
[3] Bennert W, Werner U J. Windenergie[M]. Berlin: VEB Verlag Technik, 1989.
[4] König F v. Windenergie in praktischer Nutzung[M]. München: Udo Pfriemer Verlag, 1976.
[5] Le Gouriérès D. Wind Power Plants, Theory and Design[M]. Frankfurt: Pergamon Press GmbH, 1982.
[6] Dornier. Firmenprospekt[R]. Lindau: Dornier, c1986.
[7] Mager J. Mühlenflügel und Wasserrad[M]. Leipzig: VEB-Fachbuchverlag, 1986.
[8] Natur. Im Windschatten der Anderen[J]. Heft, 1985(1).
[9] Herzberg H, Rieseberg H J. Mühlen und Müller in Berlin[M]. Düsseldorf: Werner-Verlag, 1987.
[10] Reynolds J. Windmills and Watermills[M]. London: Hugh Evelyn, 1974.
[11] DGM. Prospekt des Internationalen Wind- und Wassermühlenmuseums Gifhorn[R]. Petershagen-Frille: Deutsche Gesellschaft für Mühlenkunde und Mühlenerhaltung (DGM) e. V. , c1978.
[12] Varchmin J, Radkau J. Kraft, Energie und Arbeit[M]. Reinbek: Rowohlt Taschenbuch Verlag, 1981.
[13] Braudel F. Sozialgeschichte des 15. bis 18. Jahrhunderts, Band 1: Der Alltag, Deutsche Ausgabe[M]. München: Kindler-Verlag, 1985.
[14] Betz A. Windenergie und ihre Ausnutzung durch Windmühlen[M]. [S. l.]: Ökobuch Verlag, 1994.
[15] Glauert H. Windmills and Fans[R]. Berlin: Springer, 1935.
[16] Schrenck. Über die Trägheitsfehler des Schalenkreuzanemometers bei schwankender Windstärke[J]. Zeitschrift technische Physik, 1929(10): 57-66.
[17] Allen J E. Aerodynamik—eine allgemeine moderne Darstellung[M]. München: H. Reich Verlag, 1970.
[18] Betz A. Das Maximum der theoretisch möglichen Ausnutzung des Windes durch Windmotoren[J]. Zeitschrift f. d. gesamte Turbinenwesen, 1920, 17.
[19] Lanchester F W. A Contribution to the theory of propulsion and the screw propeller [J]. Trans. Inst. Naval Arch. , 1915, 57.
[20] Hills R L. Power from the Wind—A history of windmill technology[M]. London: Cambridge University Press, 1996.
[21] Petersen F, Thorndahl J. Som vinden blaeser[M]. Elmuseet: [s. n.], 1993.
[22] Thorndahl J. Danske elproducerende vindmoeller 1892—1962[M]. Elmuseet: [s. n.], 1996.
[23] Hau E. Windkraftanlagen[M]. Berlin: Springer Verlag, 1996.
[24] Gasch R, Twele J. Windkraftanlagen[M]. 5th ed. Wiesbaden: Teuber, 2007.
[25] Gasch R, Twele J. Wind Power Plants[M]. Berlin: Solarpraxis, 2002.

第 4 章　风力发电机组的结构设计

风力发电机组是一种能量转换装置。如第 3 章所述，不论是何种应用、何种类型，还是何种结构，所有风机都是把气流流动的能量转换成旋转的机械能。为此，可运用两种不同的空气动力学原理：升力原理和阻力原理，如图 4.1 所示。阻力风机的功率系数低，除用于测风仪之外，当今几乎已无应用价值。在升力风机中，分类的首要标志是转子轴的方向。垂直轴风机虽然有不需要偏航系统的优点，但对大型风机来说，其缺点也突出（振动大、地面附面层影响大等），故不宜使用。在第 3 章对这种风机进行了介绍，本章不再涉及。本章只讨论水平轴风机。图 4.1 描述了不同风机类型的特征。风机的结构形式和设计特点是由其用途所决定的，可分为如下几种类型：

(1)直接用于驱动磨机、锯机、锤机或压榨机。

(2)转化成水能：水泵。

(3)转化成热能：取暖和冷却。

(4)转化成电能：并入电网，带充电器的独立运行，构成独立电网，带柴油机或光伏互补。

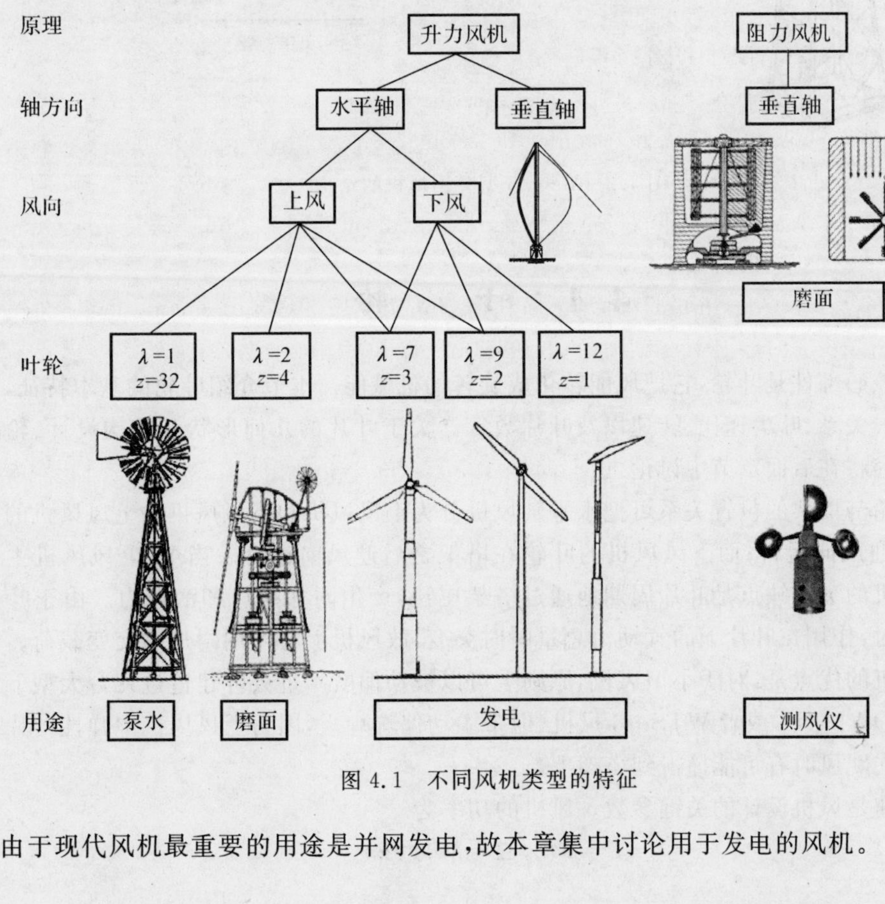

图 4.1　不同风机类型的特征

由于现代风机最重要的用途是并网发电，故本章集中讨论用于发电的风机。

图 4.2 所示为最早系列化并网发电的风机，其于 20 世纪 90 年代初就由 Vestas 大规模生产，型号为 V — 15，额定功率为 55 kW。今天并网发电风机所有主要部件形式在这型风机中都已应用：

(1)叶轮、轮毂和气动刹车。

(2)由转子轴、轴承、刹车、齿轮箱和发电机构成的传动系统。

(3)利用步进电机驱动偏航。

(4)塔架和基础。

(5)控制和并网所用的电器器件。

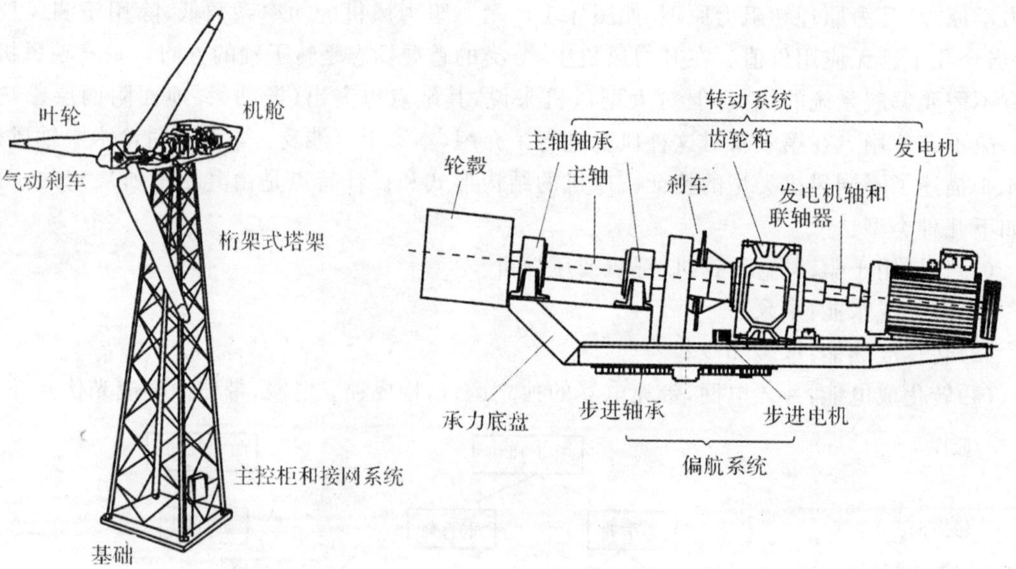

图 4.2 V — 15 型并网风机的结构

4.1 叶 轮

风机的核心部件是叶轮，它把风能转化成旋转的机械能。本节介绍叶轮的基本特征，例如与塔架的位置关系、叶尖速比、转速以及叶片数等。关于叶片的几何形状和结构设计、轮毂以及变桨等内容将在后面章节中讨论。

根据叶轮与塔架的位置关系可把水平轴风机分为上风风机和下风风机。上风风机的叶轮在塔架之前迎风向运行；而下风风机的叶轮在塔架之后迎风向运行。当今，上风风机主导市场。下风风机的突出缺点是叶片周期地通过塔架尾迹，产生附加噪声和激振力。由于叶片通过塔架尾迹时，作用在叶片上的气动力总量瞬时突变，故风机上将作用附加的交变载荷。

下风风机的优点是，对于小型风机，原则上可以被动偏航。过去曾建造过几台大型下风风机，例如 GROWIAN[2] 或者 WTS—3 风机(但带主动偏航)[3,4]，因为上风风机中弹性叶片或者铰接的叶片在飓风时有可能撞击到塔架上。

叶轮转速是风机设计的关键参数。风机的功率为

$$P = M \times \Omega = M \times 2\pi n \tag{4.1}$$

即为转子转矩和转速 $n=\frac{\Omega}{2\pi}$ 的乘积。叶轮转速和风速通过叶尖速比 $\lambda=\frac{2\pi nR}{v_1}=\frac{R\Omega}{v_1}$ 关联在一起。叶尖速比表示叶尖的周向速度与风速之比。叶尖速比是叶片气动设计最重要的参数。对于同样的功率，慢速风机(叶尖速比 $\lambda\approx 1.0$，例如驱动曲轴泵的美国风机)低转速运转，但输出转矩大。与此相反，并网风机的设计叶尖速比 $\lambda=5\sim 8$，输出转矩小，但转速高，利于发电(见图 4.1 和图 4.3)。

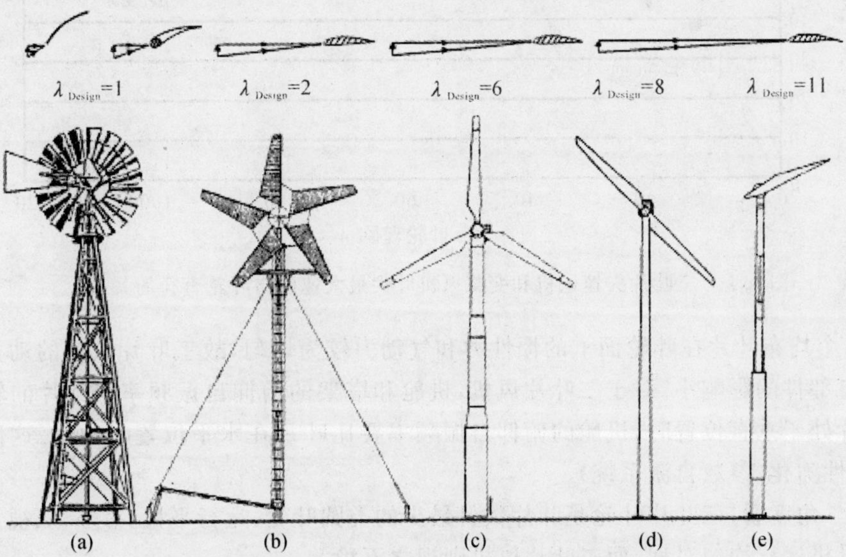

图 4.3　不同叶尖速比下的风速三角形和叶片数目

由于 λ 正比于 $\frac{n}{v}$，故定速风机的叶尖速比随风速变化而发生变化。因此定速风机只能在一个风速处达到气动设计的最佳叶尖速比 λ_D。与此相反，变速风机则通过与载荷的恰当匹配在较宽的风速范围以设计叶尖速比 λ_A 运行。设计叶尖速比 λ_A 是叶片气动优化设计所确定的。因此，变速运行的风机有效率高的优点，但为了定频率并网，需要复杂的变流器(AC—DC—AC)，参阅第 11 和 12 章。

低叶尖速比的风机，启动力矩大，但要求叶轮实心率高(见图 4.3，并参阅第 6 章)，而且叶轮作用到塔架上的推力较大。高叶尖速比的风机叶片数目少，叶片细长，但有时启动时需要助力(失速型风机以电机模式启动，变速风机则调桨)。因为风机噪声与叶尖速度的五次方成正比，叶尖速比 $\lambda>9$ 的风机已不再制造。由于这个原因，叶尖的最大速度应不超过 80 ～ 90 m/s。图 4.4 表示系列制造的风机叶尖最高速度与叶轮直径的变化关系。这些数据按失速风机和变桨风机分为两组。由于气流分离产生较大的噪声，故失速风机的叶尖最高速度相对较低。

叶片数目与叶尖速比间接相关(见图 4.1 和 4.3)。美国风机以低叶尖速比运行，要求高实心率，大部分情况下，带 20 ～ 30 个叶片。为保证高效换能，必须用气动性能优良的叶型制造叶片(参见第 6 章)。叶片数目尽可能少，这有利于降低转子所占的成本。对于三叶片风机，叶轮费用占总成本的 20% ～ 25%。为此，大部分第一代兆瓦级风机皆用 2 个叶片(见图 2.15(c)、(d) 和图 2.16)[2-5]。

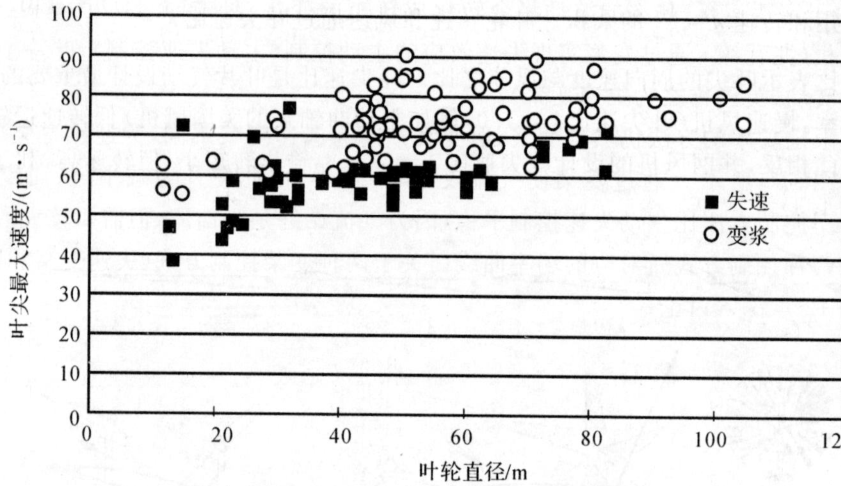

图 4.4　三叶片失速风机和变桨风机叶尖最大速度与叶轮直径的关系

由于 3 个均布叶片在叶轮面上的惯性力和气动力较为均匀，故三叶片风机的动力学特性较好，对所有部件的影响小。对于二叶片风机，机舱和塔架的俯仰自振频率与叶片的转动位置有关。当叶片处于垂直位置时，机舱的俯仰自振频率要比叶片在水平位置时的低。这使得风机的动力学特性劣化(参数自激系统)。

从动力学角度看，三叶片叶轮是叶片数目最少的类圆叶轮，运行平稳。另外，从视觉角度出发，三叶片风机运行均匀对称，而二叶片风机则视之不稳。

对风机的旋转方向并没有统一的规定，但是习惯上从来流方向看，风机顺时针转。如果整个风场的风机沿同一方向旋转，视觉感受比较好。

除了能量转换这个主要功能之外，风机的安全运行要得以保证。由于风功率随着风速以三次方增大，因此，风机对风功率的获取必须要有所限定。此外，整个系统的设计应避免出现过载、剧烈振动以及超速等状况(参见第 9 和 13 章)。

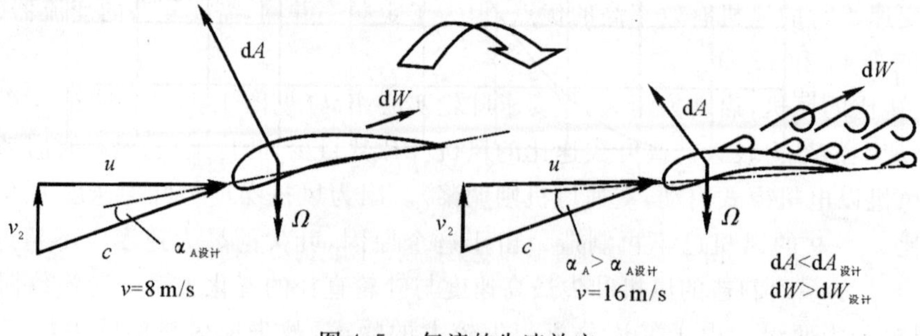

图 4.5　气流的失速效应

可以利用两种不同的气动方案来限制功率输出。其中第一种较为简单，20 世纪 80 年代初就在丹麦获得应用。如图 4.5 所示，通过叶片上气流的分离(失速效应)来限制功率。风机定速运转，即切向速度 u 恒定。所用的异步发电机使风机转速与电网频率连锁。在高风速 v 情况下，叶片上气流攻角 α_A 增大，使气流在叶背上发生分离，从而升力减小。这种功率限定方式有一定的不准确性，因为气流分离的条件难以精确给出。在短时飓风情况下，会在传动系统中产生峰

值转 矩。由于定速运行，功率的波动将会转化成转矩的变化，见式(4.1)。为解决这一问题，有些大型风机(兆瓦级)通过变桨实现失速效应的主动控制(主动失速控制)，叶片前缘或称迎风缘将顺风转动(英语称之为失速变桨)。

第二种限定功率的方法仍然是变桨，但变桨方向与失速变桨不同，为迎风变桨(英语称之为平桨)，如图 4.6 所示。通过变桨使气流攻角 α_A 减小，由此使升力减小，从而限定功率输出。这种功率控制方法比主动失速控制平稳，因为气流始终是附面流，但需要较大的变桨角。图 4.7 表示两种控制方式所对应的功率曲线。关于两种变桨控制方式(失速变桨和附面变桨)将在第 7 和 12 章深入讨论。

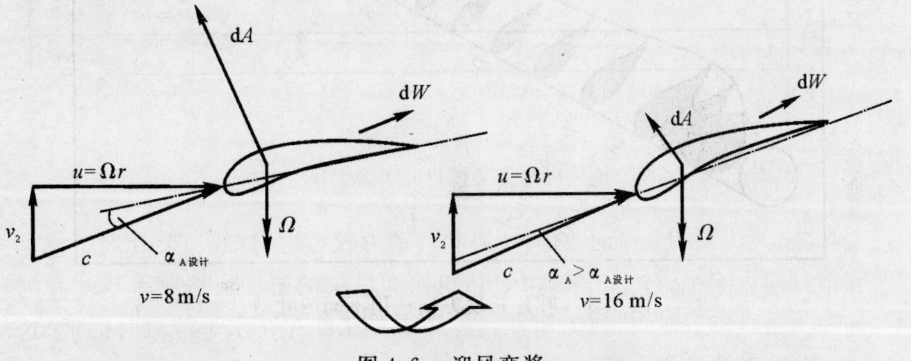

图 4.6　迎风变桨

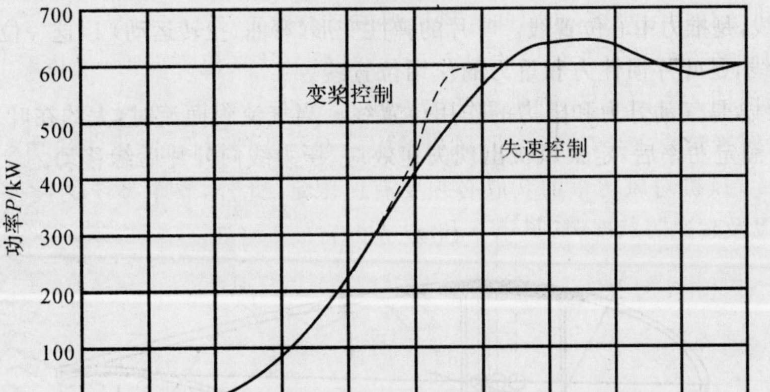

图 4.7　失速控制和变桨控制下风机的功率曲线

4.1.1　叶片

叶片的制造由叶型、内外部结构和所用材料来决定。

根据叶尖速比的不同，对叶型气动品质的要求有所不同。这将在第 6 章进一步讨论。美国风机(见图 4.3)曾用弓型板式叶型，而发电用的现代风机则用升阻比很高的叶型。例如常用 NACA—44 和 NACA—63 系列的叶型。另外，可选用专门为风机研制的叶型，如图 4.8 所示。

首先是叶尖部分，高升阻比很重要。在叶根部分，由于切向速度低，故速比低，气流速度也低。这就要求叶片弦长长，内半径叶型要比外半径的叶型厚得多，参见第6章。对叶片强度的要求则相反，即要求越靠近内半径强度越高，因为叶根承受的载荷最大。因此，大部分情况下，外半径和内半径部分用不同的叶型。图4.8表示沿叶片长度不同叶型的分布。

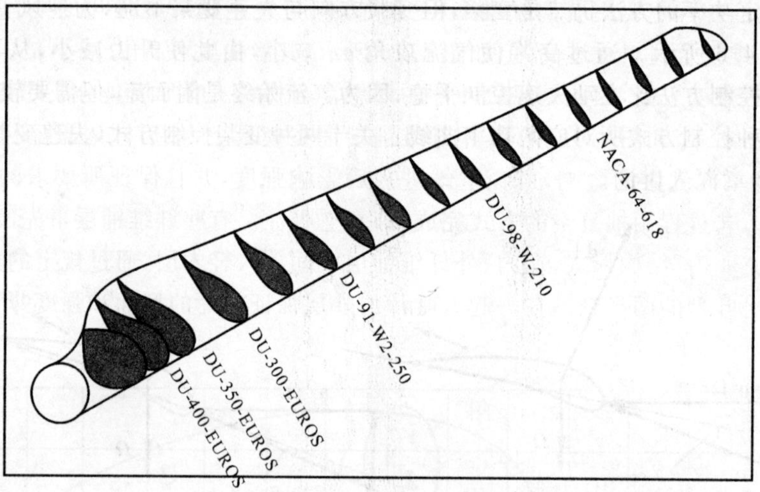

图4.8　叶片长度方向选用不同的叶型

叶片长度方向的4条位置线对于叶片的计算(静力学、振动、颤振等)很重要，如图4.9所示。

(1) 变桨径向线，通过法兰盘中心与风机轴线垂直。

(2) 弹性线，是推力中心位置线。叶片的弹性变形(弯曲、扭转运动)以这一位置线为参考。

(3) 重心线，是叶片惯性力和重力的作用位置线。

(4) 压力线，是气动升力和阻力的作用位置线。当气流附面流时，大约在叶片弦长的30%处。风机达到额定功率后，定桨风机出现失速效应，压力线向叶片后缘移动。

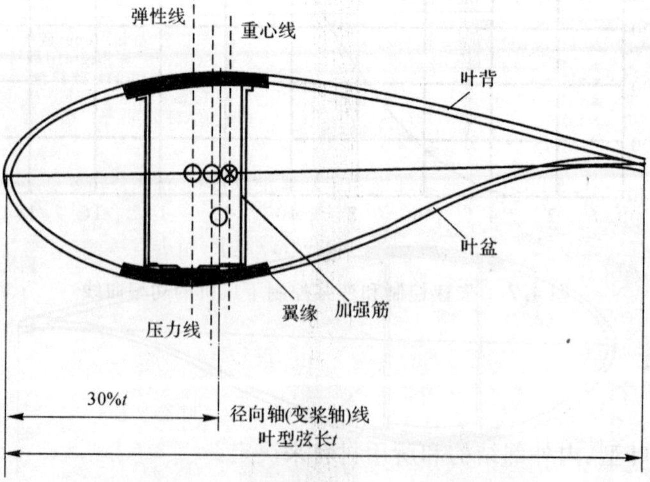

图4.9　叶型重心线、弹性线、压力线和变桨轴线

气流失速可能导致叶片颤振，可在叶片尖部加入流质填充的阻尼器予以抑制。对于失速型风机，为使气流在失速时沿叶背上预设的路径分离，故在叶背上设置涡流发生器(失速条)。

对加工和材料的要求直接与所需要的叶型有关。对于慢速的美国风机，其叶型简单，如图 4.3(a)所示，用金属板材弯曲成型即可。对于发电用的快速风机，如图 4.3(c)，(d)和(e)所示，对叶型品质的要求要高得多。

快速风机的叶片主要用玻璃纤维 GRP 制造，新近也用碳纤维强化的复合材料 CFRP 黏压成型。碳纤维复合材料成本高，但如图 4.10 所示，其静强度可高出 1～3 倍。从图中的总体趋势来看，疲劳强度也高，因此是风机叶片的理想复合材料。叶片模具分成叶背和叶盆分离的两个部分，如图 4.11 和图 4.12 所示，用纤维铺层铺在模具上，然后注入聚酯树脂或者环氧树脂。为减小对工人健康的影响，避免空气进入后影响强度，并且保证所要求的材料用量和比例，树脂注入工艺过程用抽真空的方式完成，即真空吸注。有些纤维铺层事先浸润。有些制造商用所谓的“三明治”结构形式，在内、外纤维铺层中间放入轻木层，通过规定的加热工艺，使树脂固化，然后将叶型的两半粘贴在一起。叶片的外层保证叶片的型面和强度，用玻璃纤维加强筋再加强(见图 4.11)。

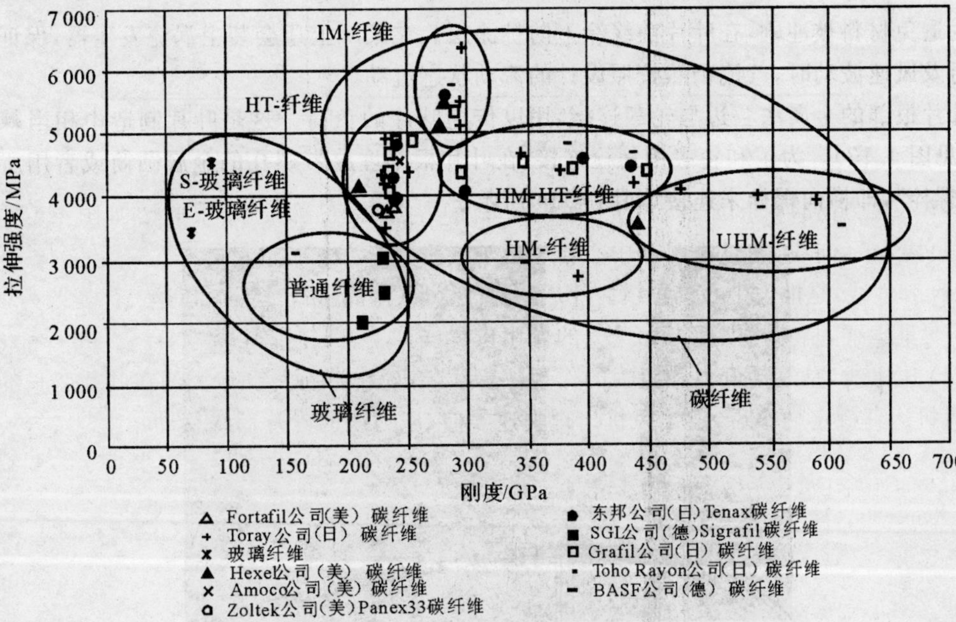

图 4.10　玻璃纤维和碳纤维的强度(Euros 公司)

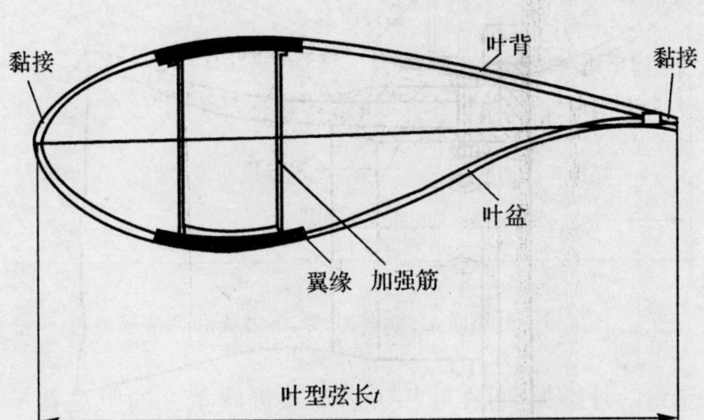

图 4.11　叶片模具的叶盆和叶背

图 4.12　叶片模具和铺层

为避免材料被冲刷，在叶片前缘涂上防护涂层。在桨叶上还会装上涡流发生器，保证在叶轮运行及风速波动时，气流仍然按照设计的流动状态流动。

叶片根部的金属法兰边与轮毂连接，用以传递叶片的负荷。这是叶片制造中相当棘手的问题（见图 4.13）。为了和轮毂用螺栓连接，在叶片根部埋放带螺孔的金属圆筒或者用所谓的“宜家螺栓”，即横向螺栓来连接，如图 4.14 所示。

图 4.13　叶片根部的连接形式：螺栓和螺孔

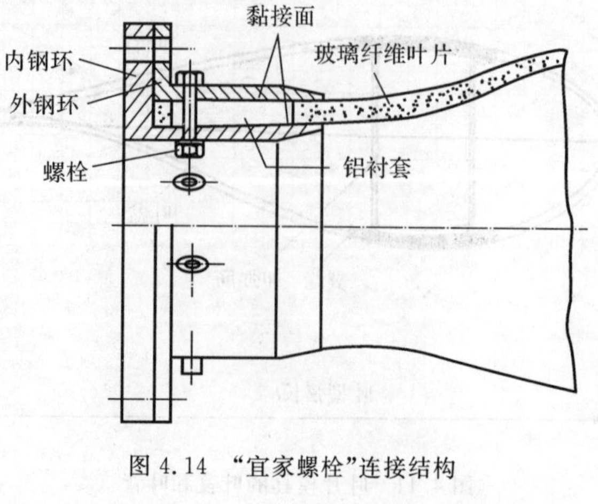

图 4.14　“宜家螺栓”连接结构

另一个设计要点是失速风机的可调叶尖刹车机构的设计。当风机超速时，在离心力作用下，叶尖甩出并转向，实现气动刹车，如图 4.2 所示。通过一个导向滑环，叶尖绕一个纵向梁旋转到与来流垂直的方向（见图 4.15）。由于刹车叶尖在叶轮外半径处，有效环面积大，故刹车力和力矩很大。

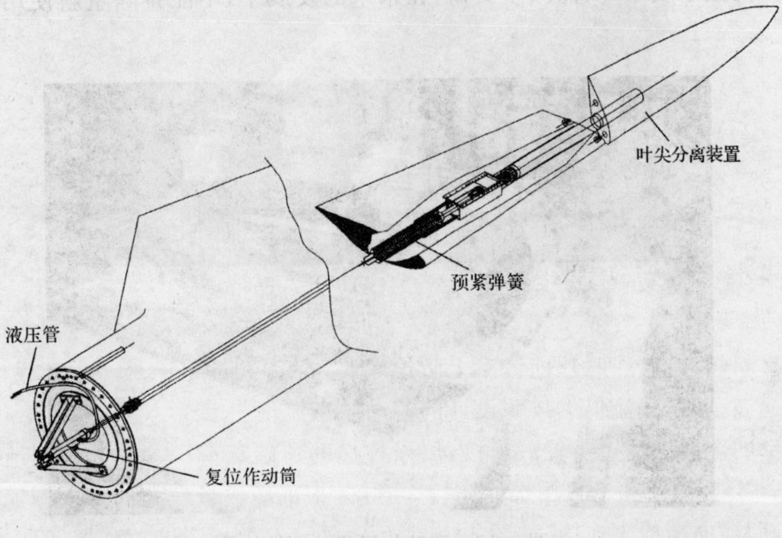

图 4.15　可调叶尖刹车机构

叶片的特性随着叶片的尺寸变化。兆瓦级风机的叶片都是用复合材料制造的。对于大型叶片，尺寸的相似放大会导致强度问题。尺寸放大后，叶片自重会在叶片根部产生很大的弯曲应力。根据相似理论，叶片的质量与叶片半径的三次方成正比（见第 8 章）。图 4.16 所示为实际叶片的质量与叶轮半径的关系。所拟合的曲线近似地与叶轮半径的 2.2 次方成正比，而不是 3 次方关系。这主要是由于叶片为轻型结构，用的是环氧树脂，质量比聚酯树脂轻。

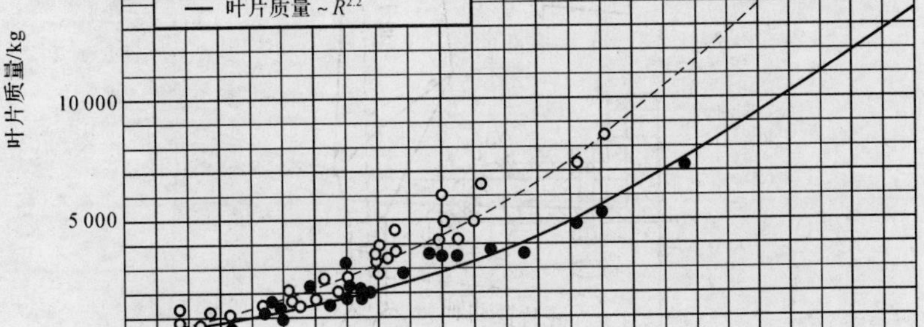

图 4.16　实际叶片的质量与叶轮半径的关系

4.1.2 轮毂

轮毂以及轮毂和叶片的连接有多种结构形式。大部分都于 20 世纪 80 年代在大小不同的样机上经过试验。尽管系列化风机几乎都用刚性轮毂(见图 4.17),但本节仍然介绍几种不同的结构形式。为减小质量,从而减小负荷,在未来的发展中,不能排除重新使用这些结构的可能性。

图 4.17 三叶片风机的刚性轮毂

如图 4.18 所示,叶片可刚性地、也可柔性地和轮毂连接。一个特殊结构形式,就是二叶片叶轮上的双叶片可整体在轮毂上摆动。刚性连接、柔性连接和摆动式连接都可和调桨组合。绕第 3 轴线的运动,即挥舞运动,这在理论上是可能的,但在实际中无法实现。为承担这个方向的交变载荷(例如冲击转矩),常在传动系统中加上辅助部件(特殊的联轴器、齿轮箱弹性支撑等)。图 4.19 所示为 4 种轮毂的结构形式及其对叶片根部和转子轴载荷的影响。

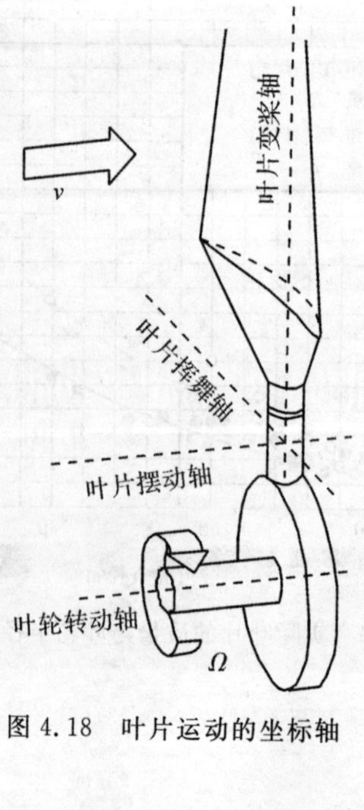

图 4.18 叶片运动的坐标轴

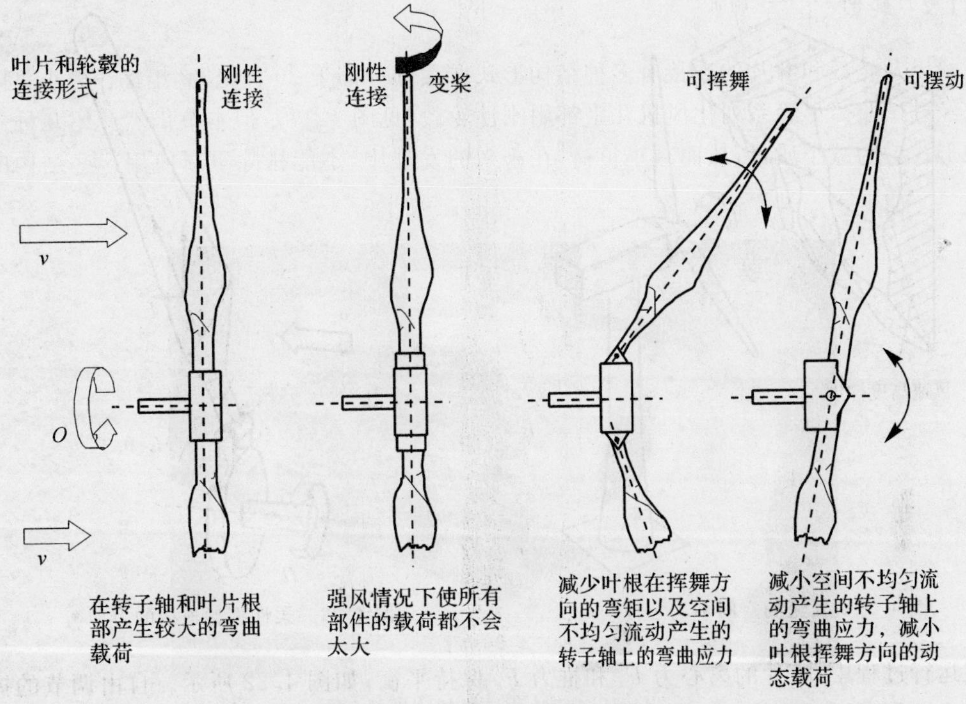

图 4.19　轮毂结构形式及其对叶片根部和转子轴载荷的影响

如图 4.20 所示的下风风机 SÜDWIND1237 是叶片柔性挥舞连接的典型实例。叶片的柔性挥舞使叶片根部和转子轴上绕挥舞轴的弯曲载荷减小。弯曲载荷是由叶片上的“风压”(推力)以及气流的空间不均匀性所产生的(见图 4.21)。气流空间不均匀时，刚性连接到轮毂上的叶片会在转子轴上产生弯曲载荷。因为气流在垂直方向上分布不均匀(风切变)时，叶轮气动力中心将偏离转子中心。这种影响可由柔性摆动予以消除。

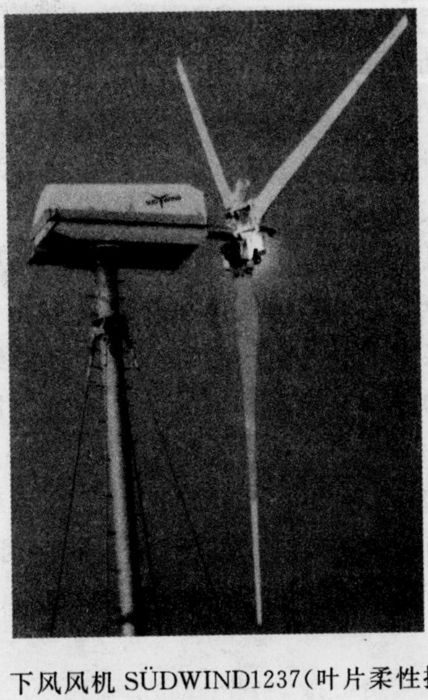

图 4.20　下风风机 SÜDWIND1237(叶片柔性挥舞连接)

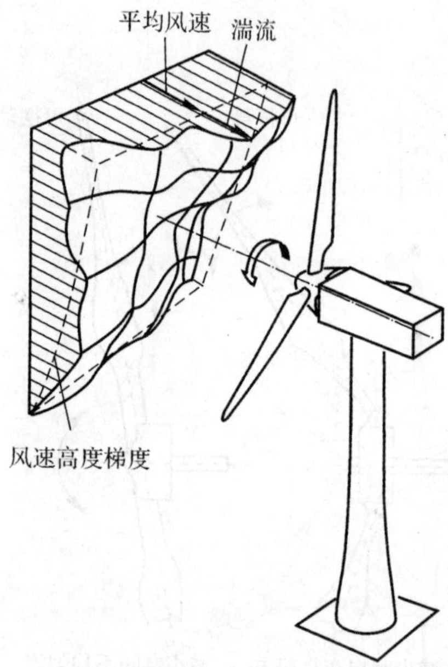

图 4.21　气流的空间不均匀性

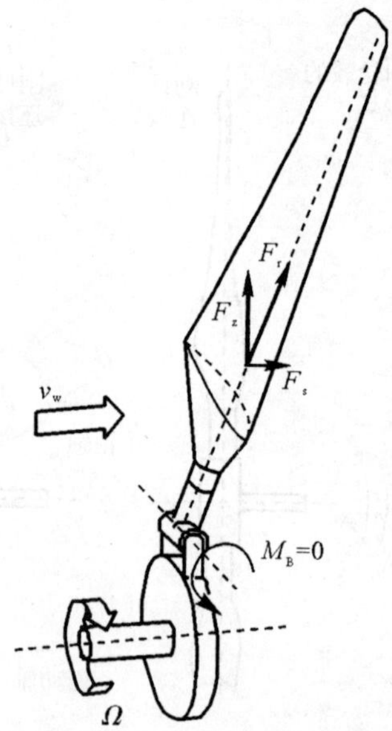

图 4.22　柔性挥舞连接的力平衡

在运行过程中，叶片的离心力 F_z 和推力 F_s 保持平衡，如图 4.22 所示。自由调节的挥舞角在正常运行时，自动限制在 10°之内。更大的挥舞角只会出现在停机之前。此时，转速很低，故离心力很小。为使风机能够启动，必须要设计辅助装置。例如，支撑弹簧(SÜDWIND1237)、挡板、同步拉杆或者液压机构。这些机构较复杂，一定程度上限制了柔性摆动结构的应用[7]。

柔性挥舞使叶根绕叶型弦线的弯曲载荷减小，否则叶片要加厚。柔性连接可使叶片质量最大减小 75%。对于刚性轮毂的风机，也可运用这种效应。把叶片倾斜一个角度安装，称之为锥角，至少在设计点可使推力力矩和离心力矩相互抵消。二叶片转子的摆式轮毂是一个特殊的轮毂设计方案。它可使气流空间不均匀所产生的载荷减小，从而使转子轴上所承受的弯曲载荷减小，在叶片根部使得动态弯矩减小。这种摆式结构方案曾应用于大型下风风机，例如 GROWIAN(见图 4.23)和 WTS－3。对于大型风机，地面附面层所产生的气流不均匀度非常明显。这种不对称性对于下风风机更为突出，因为叶片转到下部时，要经过塔架的尾迹。若在叶片摆动中再耦合调桨，则摆式轮毂的效果更好。这种方案在 20 世纪 40 年代 Maglarp 风机(WTS－3)和 Smith-Putnam 风机(见图 2.14)中曾经获得应用。

根据直升机相应的耦合原理，把叶片的摆动和调桨耦合在一起，这也是单叶片风机的常见结构。其与摆式轮毂相似，但实际上是摆式轮毂和调桨轮毂的组合。如图 4.24 所示，对于单叶片叶轮，这种复杂的轮毂借助一个万向接头相对容易制造。由于这种结构的动态特点，故有一定的应用需求[8-9]。

给叶片在轮毂上一个附加的自由度，目的是降低整个传动系统的载荷。但对于兆瓦级风机，其质量大、负载高，这种结构形式成本高、抗扰动能力差。因此，截至目前在实际中几乎全部都用刚性轮毂(见图 4.17 和图 4.25)。所不同的只是有定桨(安装角固定)和变桨之分。

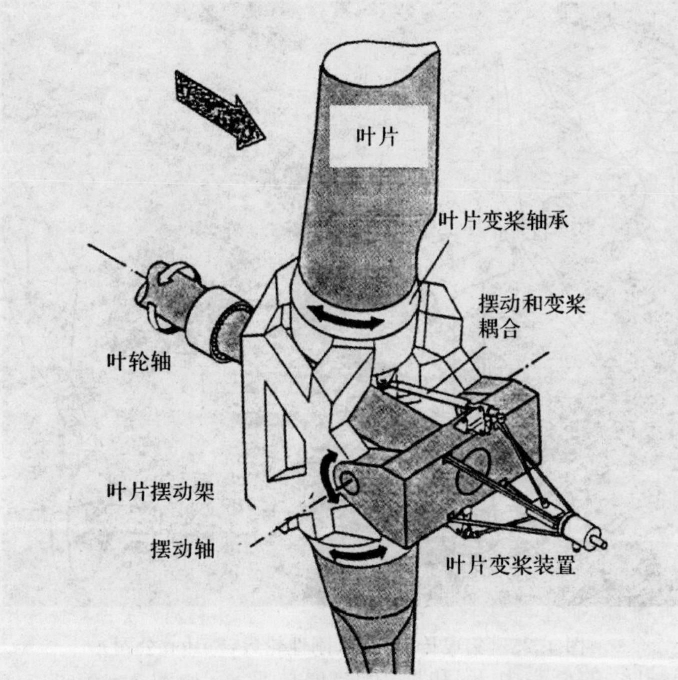

图 4.23　下风风机 GROWIAN 的摆动轮毂[26]

轮毂的质量随机型的增大急剧增加。兆瓦级风机的制造，由于其尺寸大，只能在很少几个铸造厂铸造轮毂。所用的材料为品质 GG28 或 GGG40.3(英国 EN—GJS—400—18U—LT)的灰铸铁或铸钢。球形轮毂质量轻，但强度较差。有些轮毂带有伸长段，用同样的叶片，叶轮直径增大。可应用有限元程序对轮毂进行载荷和重量优化设计，得到拓扑结构形式的轮毂，参阅第 10 章。

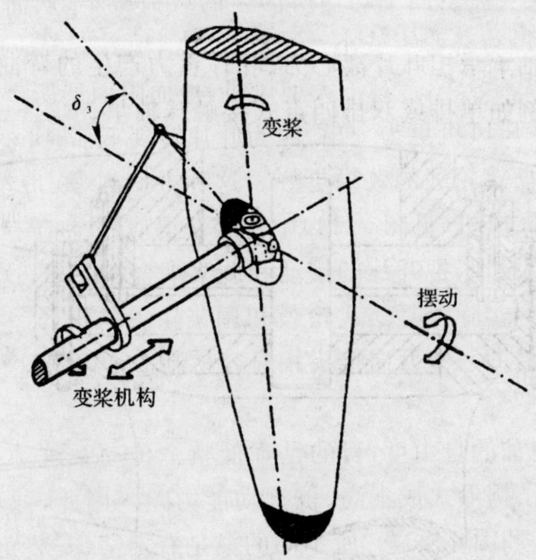

图 4.24　带万向节的变桨/挥舞轮毂[8]

图 4.25　集成传动系统(刚性轮毂,Suzlon 公司)

4.1.3　叶片变桨

通过变桨,即叶片绕其长度方向轴旋转(见图 4.18、图 4.19 和图 4.24),气流攻角发生改变,于是气动力也发生变化。如图 4.6 和 4.7 所示,变桨最终影响叶轮的功率输出。因此,变桨用于风机的功率控制。迎风变桨,即所谓的顺桨,不仅减小升力,而且还会减小叶片上所有的气动力,使叶片载荷降低。变桨使强风和飓风时的半静态负荷减小。本节介绍叶片变桨的方案和机构。

不论是迎风变桨(顺桨)还是顺风变桨(主动失速),都需要驱动机构和叶片桨角精确定位装置。

如图 4.26 所示,叶片轴承承担叶片离心力、叶片重力产生的弯曲力矩以及驱动力矩和推力。因此,使用滚动轴承,例如单排或双排四点式接触球轴承。

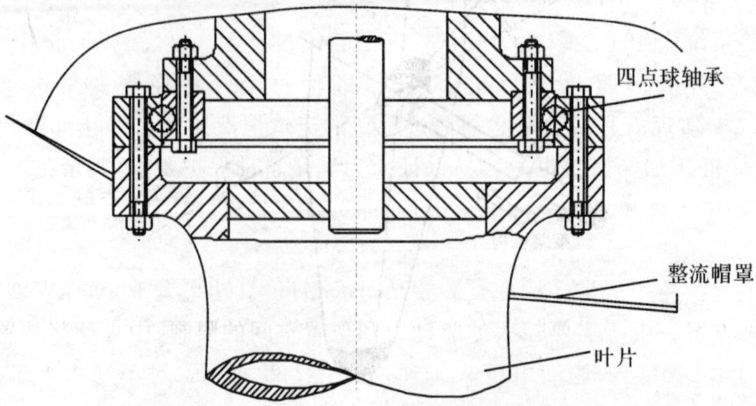

图 4.26　四点接触变桨球轴承

变桨的驱动机构可以是机械式、液压式或者电动式装置。无论用哪种驱动形式，正常运行时，都必须保证 3 个叶片同步、同角度变桨。否则，将在叶轮上产生不均匀的气动力分布，造成气动不平衡。叶片同步变桨可通过中央驱动单元实现(例如 Alder25 或 E—32)，或者通过一个桨矩调节器，检测每个叶片的角位置，然后每个叶片独立变桨。

最近，为几兆瓦的风机研制了复杂的控制系统，并已获得应用。每个叶片的载荷都反馈到该叶片的变桨控制中。这就可大幅度减小叶片的动态载荷。

除此之外，叶片变桨系统必须设计成自动保护系统。叶片变桨作为 2 个保护系统之一发挥作用，必须保证，在断电时叶片变桨还能进行，例如可通过机械式、液压式或者电气式应急系统来实现。在危险状态下叶片须自动顺桨。

机械式变桨机构主要应用于小功率(小于 100 kW)风机上。它由叶片自身质量离心力或者附加质量离心力来驱动。图 4.27 所示为基于附加质量的机械式变桨装置。附加质量应成对布置，并且能产生绕叶片长向轴的转矩，用一个恰当设计的预紧弹簧反方向作用。当转速低于额定转速时，附加质量产生的离心转矩不足以克服弹簧力矩，故叶片不变桨。当转速高于额定转速时，离心转矩大于弹簧力矩，叶片变桨。由于变桨是由附加质量的离心力矩驱动的，故总是满足自动保护的要求。风机无须外供能源而得到超速保护。

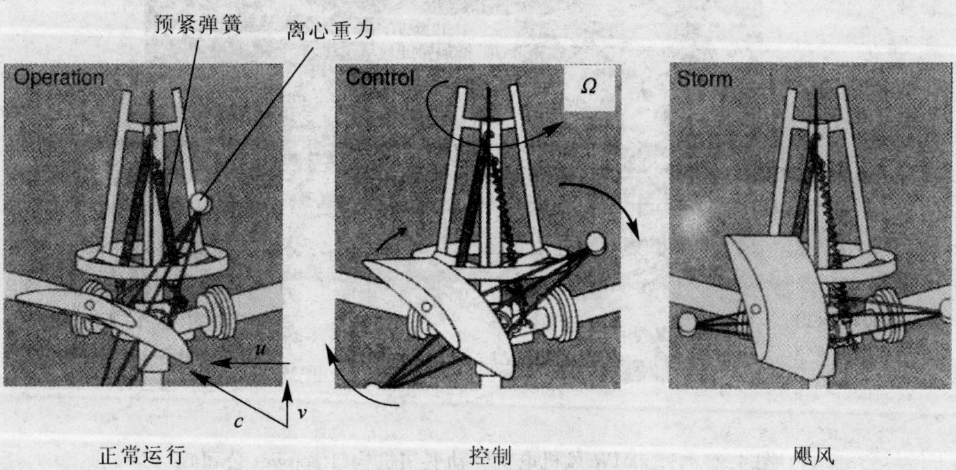

图 4.27　离心变桨的 Bruemmer 轮毂

液压式变桨系统应用于功率在 300 kW 以上的风机。图 4.28 表示一个中央液压变桨系统，通过一个推力杆同时驱动 3 个叶片变桨，即使每个叶片独立变桨也可用液压系统(SÜDWIND S. 46)实现。其缺点是必须通过旋转的流道把液压油从静止部件传到旋转部件。另外，旋转系统中液压油的密封也不容易保证。为满足自动保护要求，冗余系统由液压储压器构成，安置在轮毂中。液压系统漏油或者出现故障会影响风机周围的环境。因此，这样的传动系统还需采取辅助保护措施。

电器变桨系统是应用得最多的变桨装置。对大型风机(功率大于 500 kW)，几乎所有的制造商都采用这种方案。由于需要较大的驱动力和位置空间的限制，中央调桨装置无法实现，因此，3 个叶片的变桨用单独的驱动电机来实现，如图 4.29 所示。对于功率大于 500 kW 的风机，变桨速度为(5°～15°)/s。驱动电机的传动比必须很高，大部分情况下，用行星齿轮或蜗杆传动。

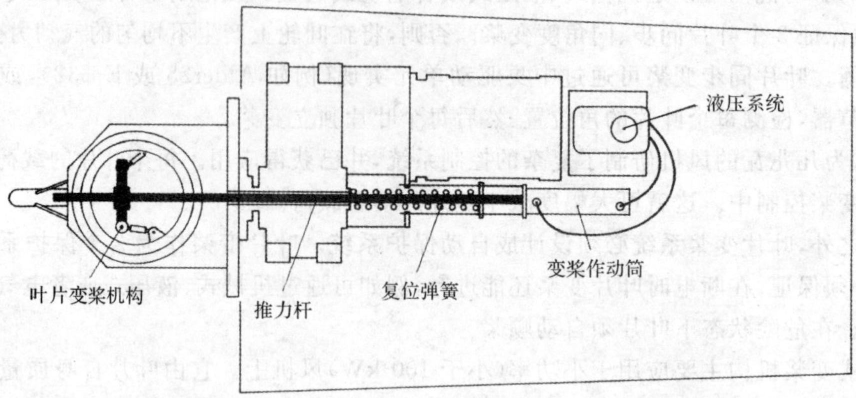

图 4.28　中央液压变桨机构[6]

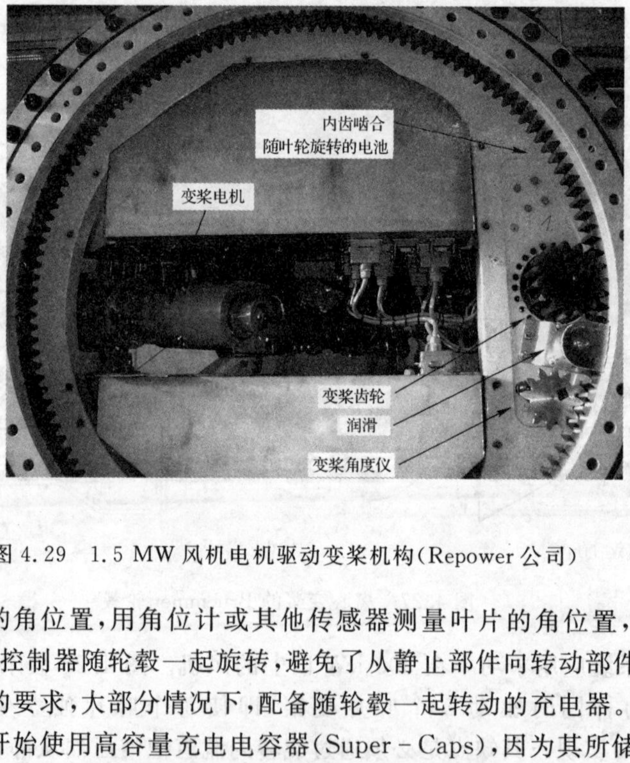

图 4.29　1.5 MW 风机电机驱动变桨机构(Repower 公司)

为精确确定叶片的角位置,用角位计或其他传感器测量叶片的角位置,并传给变桨控制器。一般情况下,变桨控制器随轮毂一起旋转,避免了从静止部件向转动部件传递所产生的干扰。为满足自动保护的要求,大部分情况下,配备随轮毂一起转动的充电器。但充电器并不是免维修件。人们逐步开始使用高容量充电电容器(Super - Caps),因为其所储存的能量必须足以使叶片完全调到停机的桨位(顺桨)。3 个叶片独立变桨的另外一个优点是,当紧急停机时,若其中一个变桨机构失效,则另两个仍能防止风机超速,并使风机停机。

4.2　传动系统

4.2.1　结构

传动系统的结构有很多方案(见图 4.30)。若考察 20 世纪 80 年代初以来系列化制造的风机，找不到一个绝对的“王中王”。不同的知名风机制造公司的设计师们遵循着不同的设计思想，即使在同一家公司的产品系列中也可看到若干不同的方案。原则上，传动系统可分为集成化结构形式和分离式结构形式。集成化结构中，把多个功能集成在一个部件上。而分离式结构中，所有部件都单独地固定在机舱的承力结构上。部分集成化结构形式为混合形式。其主要涉及转子的支撑方案。

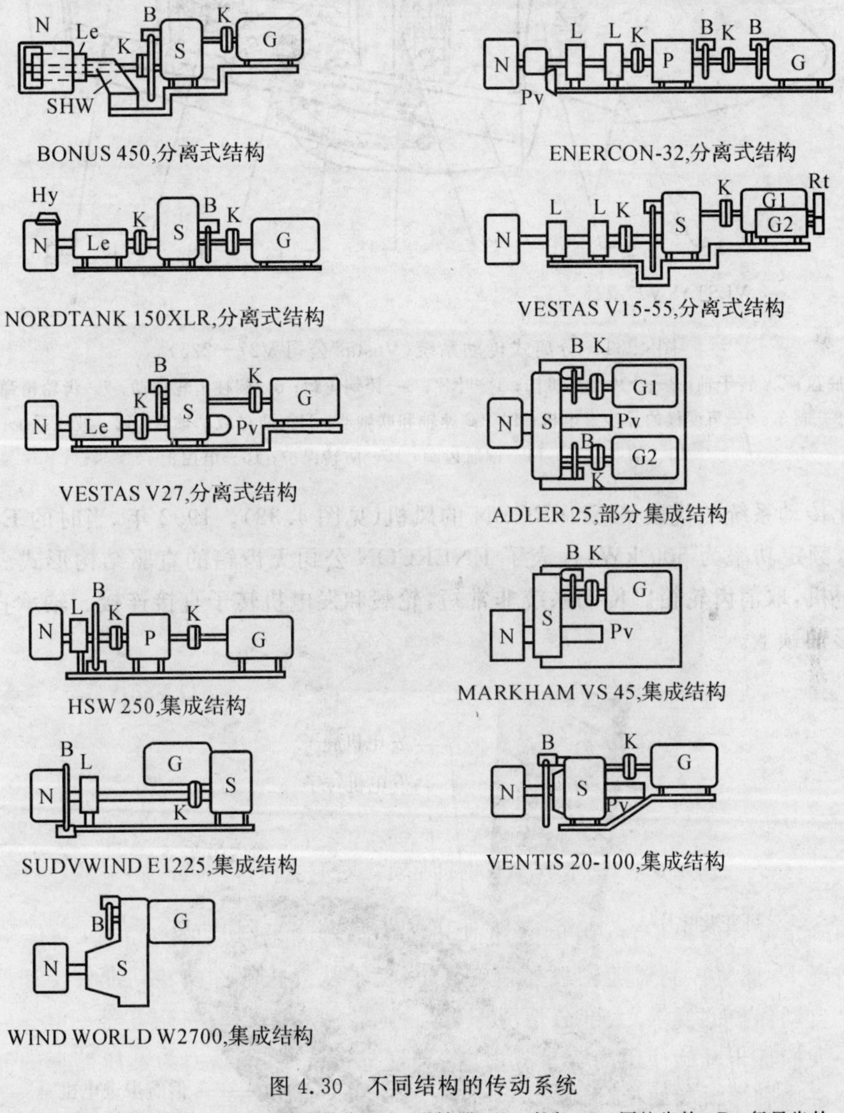

图 4.30　不同结构的传动系统

N—轮毂；L—转子轴承；LE—轴承单位；K—联轴器；B—刹车；S—圆柱齿轮；P—行星齿轮；G—发电机；Pv—变桨机构；Hy—液压系统；SHW—承力轴套；Rt—皮带传动

20 世纪 90 年代初，大部分丹麦制造商应用分离式结构形式。转子由独立的轴承部件支撑，齿轮箱和发电机皆为分离的独立单元（见图 4.2）。这种方案的优点是，所有部件都有可达性，若要更换齿轮箱，则有可能无须分解整个机器。缺点是安装误差有可能造成部件损坏，不对中和其他安装误差可能会产生预想不到的附加载荷，造成振动过大或提前磨损等故障。图 4.2 和图 4.31 为分离式结构示意图。

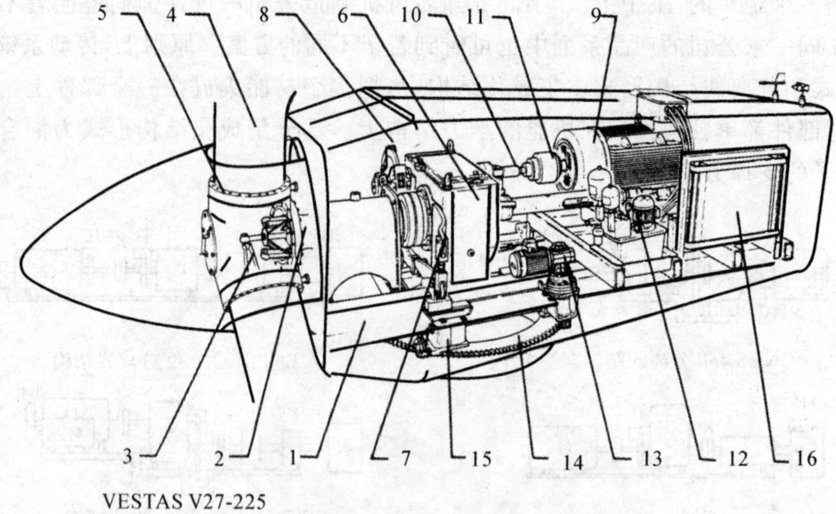

图 4.31　分离式传动系统(Vestas 公司 V27－225)

1—承力底盘；2—转子轴；3—叶片变桨机构；4—叶片；5—铸钢轮毂；6—圆柱齿轮传动；7—齿轮箱弹性支撑；8—刹车；9—可变极的异步发电机；10—高速轴和联轴器；11—防过载联轴器；12—液压系统；13—偏航电机；14—偏航齿圈；15—防转保护；16—电控柜

集成化传动系统的代表是 ENERCON 的风机(见图 4.32)。1992 年，当时的 E40(叶轮直径为 40 m，额定功率为 500 kW)代表了 ENERCON 公司无齿箱的直驱结构形式。它使用多极环形发电机，取消齿轮箱。传动系统非常短，轮毂和发电机转子直接连接。轴承直接固定在静止的锥形轴颈上。

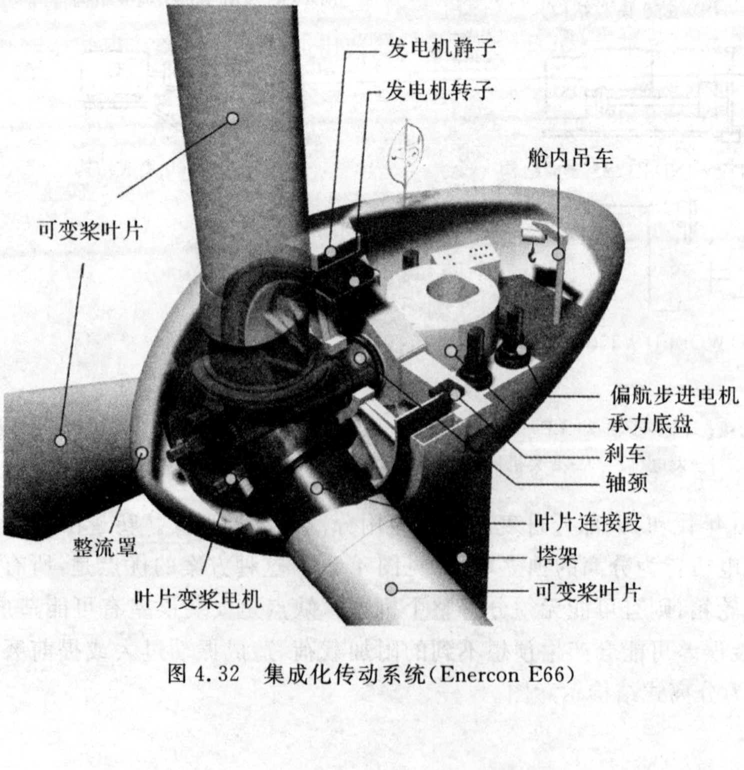

图 4.32　集成化传动系统(Enercon E66)

即使在带齿轮箱的风机中，也优先考虑集成化结构形式。对于出口的机器以及按生产许可权制造的风机，紧凑的尺寸具有优势，运输方便，安装简单。图 4.33 给出了这种机型的一个实例。缺点是，齿轮箱须特殊加工，它须承担转子支撑传来的大载荷。另外，不分解整个结构，齿轮箱无法更换。

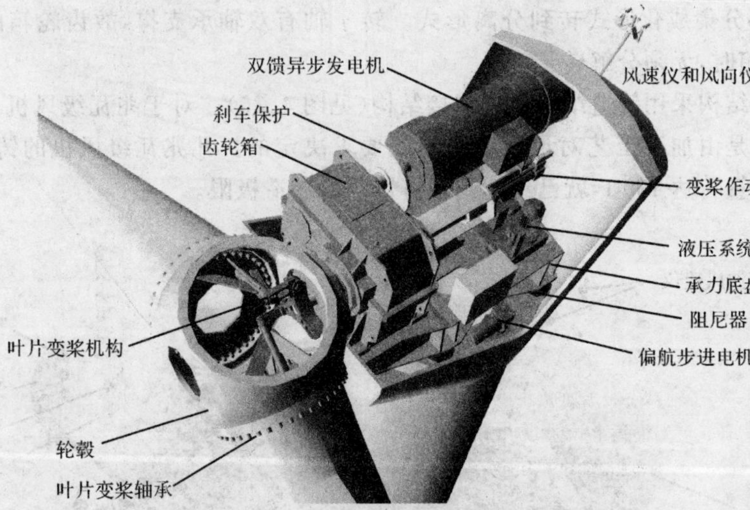

图 4.33　集成化传动系统(DeWind D4)

作为混合结构形式，部分集成化传动系统自 20 世纪 90 年代中期在 500～600 kW 级风机中获得应用。几乎所有的制造商都用所谓的“三点支撑”形式(见图 4.34)。转子前轴承承担大部分转子重力载荷以及转子轴向推力，取消第 2 个分离的轴承。转子轴通过“热套”配合直接和齿轮箱的低速输入轴连接。转子的部分载荷由此传到齿轮箱。齿轮箱的转矩由 2 个橡胶支撑(弹性支撑或减振器)来承担。

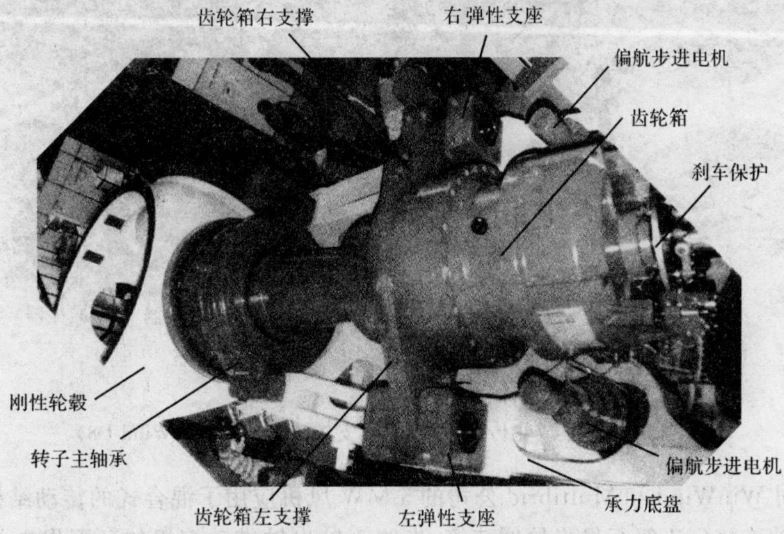

图 4.34　部分集成化三点式支撑系统(Nordex N60)

风机功率的限制方式对于选择传动系统的结构形式无影响。各种结构形式不论在失速型风机中还是在变桨型风机中都有应用。若分析各种方案的发展历程，我们会发现，20 世纪 90 年代初期，部分集成化结构形式尚未诞生，而 90 年代中期，则出现多种混合形式。然而，当前的发展趋势又呈现多样性。例如，Vestas 经过多年之后又从其部分集成化形式的机型 V—80 (2 MW)转到集成化形式的机型 V—90(3 MW)(见图 4.35)。Repower 公司则与之相反，其 5 MW 的风机从部分集成化形式转到分离形式。转子轴有双轴承支撑，故齿轮箱的载荷减小。另外，更换齿轮箱时，无须分解转子。

机舱的承力结构采用铸造结构或者焊接结构(见图 4.36)。对于兆瓦级风机，承力结构一般是分段的。这是由加工工艺对尺寸和质量的要求决定的。几兆瓦级风机的铸件(轮毂、机壳、承力结构)质量若达 100 t，就已经达到了铸造厂的制造极限。

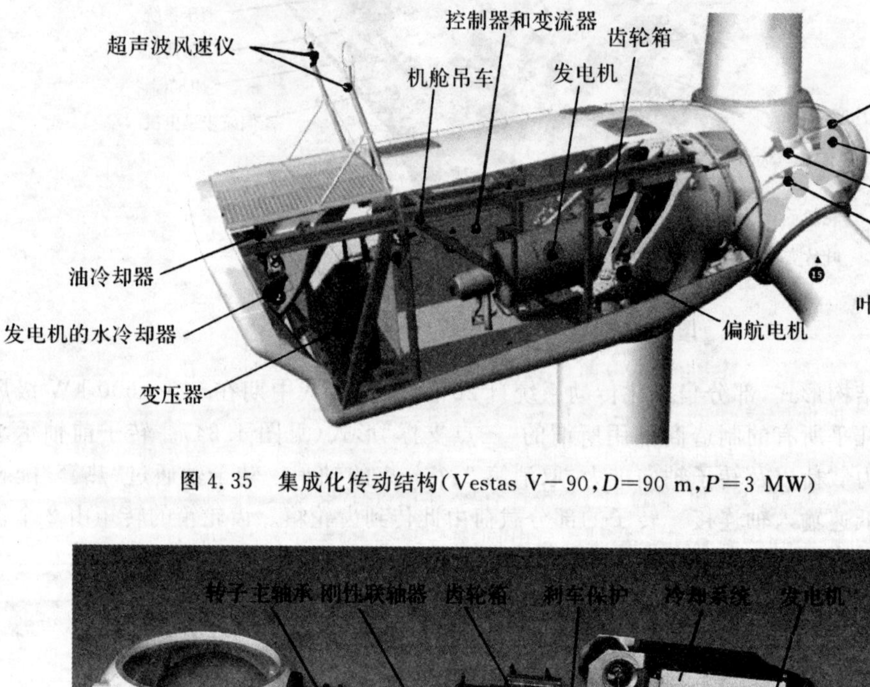

图 4.35　集成化传动结构(Vestas V－90，D＝90 m，P＝3 MW)

图 4.36　部分集成化传动系统(三点支撑，铸造机座 DeWind D8)

芬兰公司 WinWind 和 Multibrid 公司的 5 MW 风机应用了混合式的传动结构形式(见图 4.37)。转子轴连接到 1 级行星齿轮增速箱，齿轮箱输出轴带动多极的环形发电机，无须常规的圆柱齿轮。这种机型机舱非常紧凑,不论与无齿轮风机还是与带齿轮风机相比,都具有减轻质量的优势。

图 4.37　集成化机型(Multibrid M5000,$D=116$ m,$P=5$ MW,$n_1=14.8$ r/min,$n_2=147$ r/min,$i=9.93$)

4.2.2　齿轮箱

齿轮箱传递转子和工作机间的转速,由此也传递转矩($P=2\pi nM$)。在箱式风磨机中就已用木制齿轮传动把低速转动的转子功率传递到快速转动的立轴上以驱动石磨(见图 2.5 和图 2.8)。机器的尺寸决定传动比,因为叶尖速比和叶尖最大速度基本上是固定的(见第 4.1 节)。因此转子转速就必然取决于机器的大小,并且大部分情况下要比工作机的转速低得多。发电机的转速由电网频率和极数决定,特别是与电网刚性耦合的异步发电机当属此类。而其他工作机的工作转速由最佳效率对应的转速范围来确定,因为整台机器要追求最大效率。

在表 4.1 中除齿轮传动外,还列出了其他的变速机构。伞齿轮传动在风力泵中是必须要有的,以便把传动方向从水平变换到垂直。利用皮带轮传动,可实现离心泵和风机之间负荷的最优匹配。早期的丹麦型风机具有 2 台发电机。在齿轮箱之后安置了皮带轮传动,在弱风情况下,驱动小发电机。今天,这种方案由可切换极数的发电机所取代(见第 13 章)。由于传动速度低,链式传动仅在老式风机中可以看到,例如第 2 章所述的 Gedser 风机。

液力耦合器于 1980 年应用在不同的大型实验风机中,以便减小同步发电机的载荷峰值和冲击(例如,塔架尾迹和叶片的相互作用、传动系统的振动等)。但偏载效率低,且须增加附加的液压油量,故使液力耦合器的优点大打折扣。利用 AC—DC—AC 变流器可使发电机的转速和电网解耦,变速风机无须用液力耦合器。但随着液力耦合器技术的发展,人们又开始在新型风机中应用它。

与一般机器不同,风机的负荷和运行状态变化剧烈[10]。这意味着在规定的噪声水平限制下,对齿轮、轴承和润滑的要求很高。

表 4.1 风机所用的变速器

结构形式	圆柱齿轮	行星齿轮	伞齿轮	皮带传动	链条传动	液力耦合器
结构简图	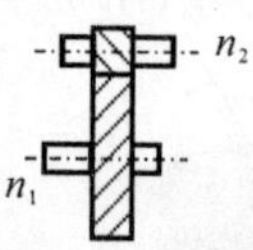	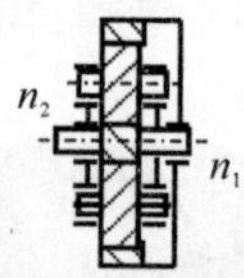	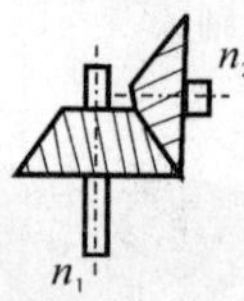	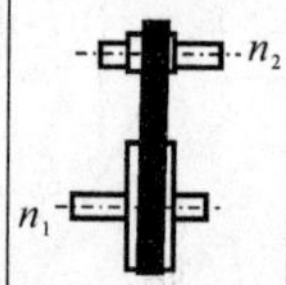	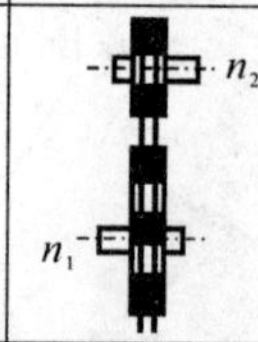	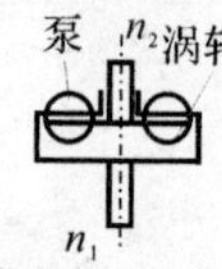
应用于风机时的传动比	≤1∶5	≤1∶7	≤1∶5	≤1∶3	≤1∶5	任意
原理	几何关系	几何关系	几何关系	摩擦	几何关系	液压传递功率
应用范围	所有传动系统	500 kW 以上风机	风力泵	丹麦型风力泵	旧式水泵	样机,带同步发电机
超载保护	无,外加	无,外加	无,外加	有,打滑	无,外加	有,流体产生转差
噪声	高	低	高	低	高	低
效率	高	最高	中等	中等	低	在最佳点高
备注	对于小风机,成本低	对于大风机,成本低	两传动轴之间 90°	滑动降低效率	只适合于低转速	偏载效率低

齿轮箱的大小由风机转子和发电机轴间的传动比所决定,即由叶轮转速(由叶轮直径和规定的叶尖最大速度来计算)和发电机转速来确定。不妨以丹麦型失速风机为例来计算。发电机为 4 极异步发电机,转速为 1 500 r/min(根据转差率,略高于 1 500 r/min)。一般叶尖最大速度约为 70 m/s,如图 4.4 所示。根据这些数据,表 4.2 列出了所需的传动比。这样高的传动比只能通过多级齿轮传动才能实现,因为同时还要传输大功率。

表 4.2 丹麦型定桨风机所需的传动比(叶尖切向速度=70m/s,4 极异步发电机)

叶轮直径/m	20	40	60	80
叶轮转速/($r \cdot min^{-1}$)	66.8	33.4	22.3	16.7
发电机转速/($r \cdot min^{-1}$)	1 500(不考虑转差)			
传动比	22.4	44.9	67.3	89.8
功率/kW(约计)	100	600	1 300	2 300

圆柱齿轮传动是最常见的齿轮传动形式(见表 4.1,表 4.3 和表 4.4),即两个固定在两根相互平行轴上的齿轮相互啮合。一般用斜齿轮,斜齿轮传动时,始终有 2 个齿处于啮合状态,故载荷分布较均匀,与直齿啮合相比噪声较低,寿命较长[11]。随着传动比增加,轴间距离增大。圆柱齿轮传动对于功率小于 500 kW 的小型风机还是经济适用的,如图 4.38 所示。但对大型风机一般至少要用一级行星齿轮传动,因为在同样的传动比时,行星齿轮尺寸小,成本低,噪声也低。原则上,齿轮箱的第一级为空心轴的行星齿轮传动,如图 4.39 和图 4.40 所示。这样使液压和电气装置可通过空心轴接到轮毂上。表 4.3 给出了 2.5 MW 风机选用不同的多级齿轮传动时齿轮尺寸、质量和费用的比较。表 4.4 列出了圆柱齿轮传动和行星齿轮传动的

特点。行星齿轮的传动方式是,3 个(或更多)行星齿轮同心地绕着太阳轮布置,同时与太阳轮和内齿轮啮合[11-13]。行星齿轮固定在旋转的或静止的行星架上,如表 4.4 所示。

选择固定内齿轮或者固定行星架的结构方案,就很容易改变传动比,如图 4.39 和图 4.40 所示。

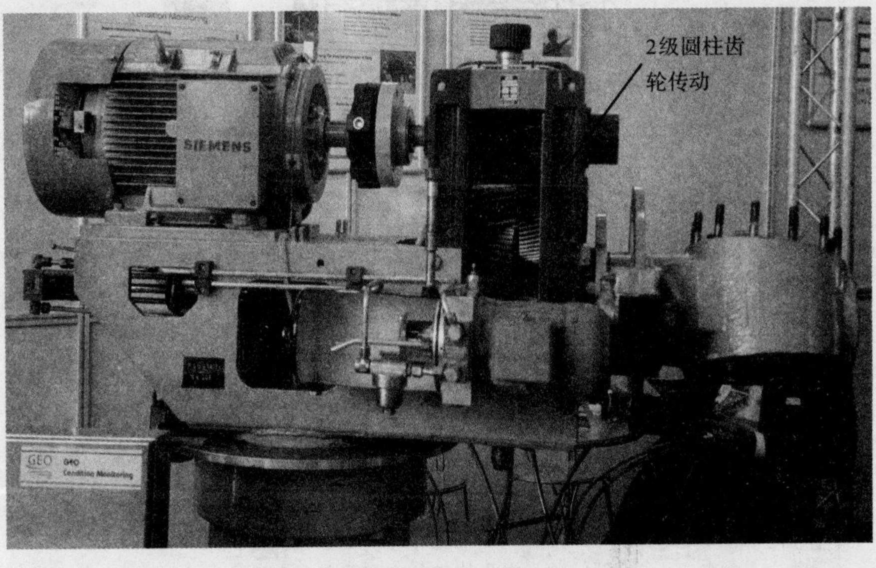

图 4.38　小型风机所用的 2 级圆柱齿轮传动

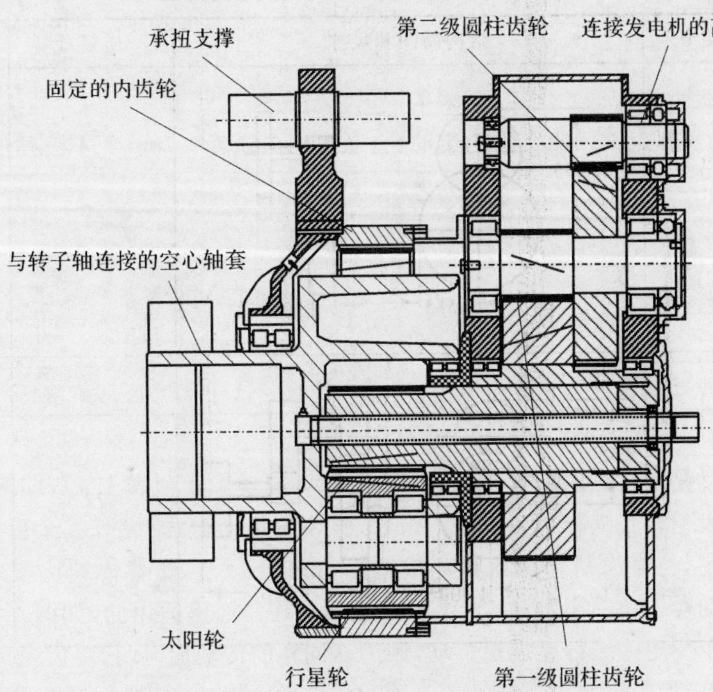

图 4.39　内齿轮固定的 3 级齿轮传动

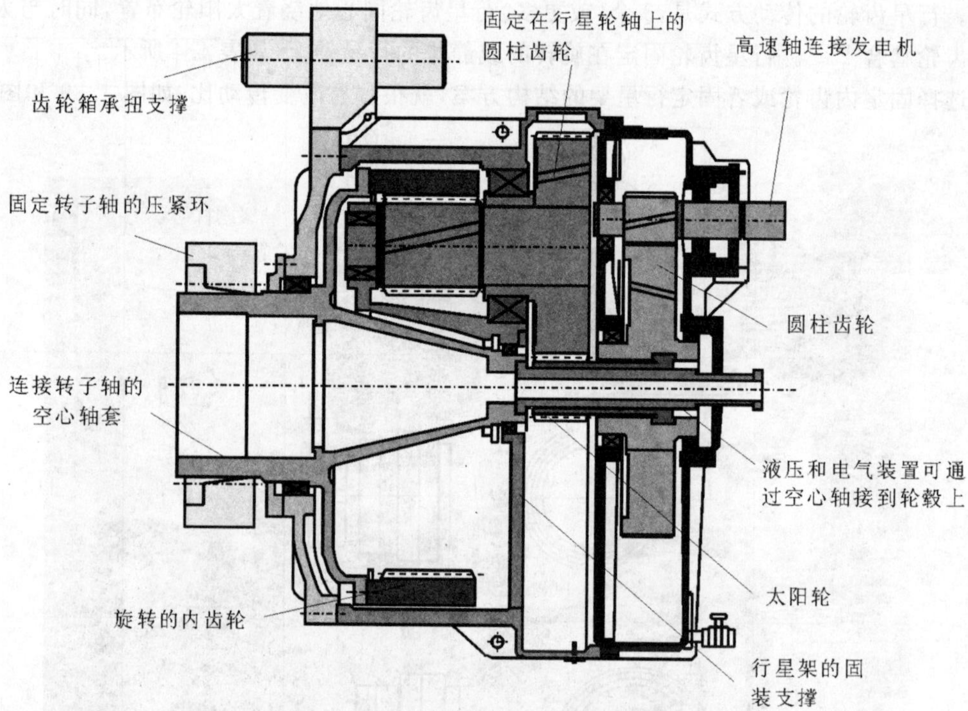

图 4.40　内齿旋转的 3 级齿轮传动

表 4.3　2.5 MW 风机齿轮传动形式的比较(传动比 1∶60)[6,18]

齿轮级数和类型	结构简图和尺寸	质量/t	相对成本/(%)
2 级:圆柱齿轮	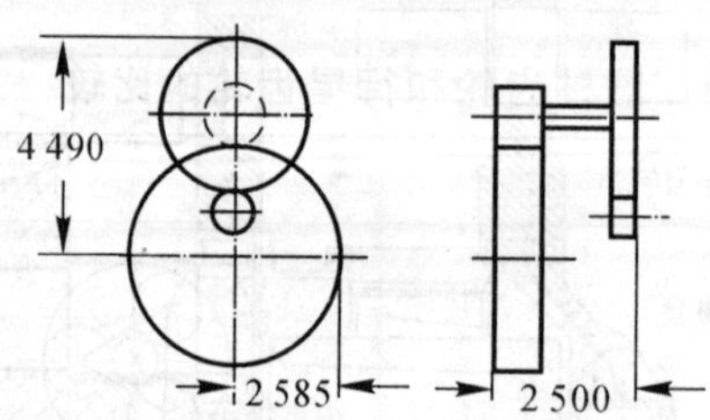	70	180
3 级:圆柱齿轮	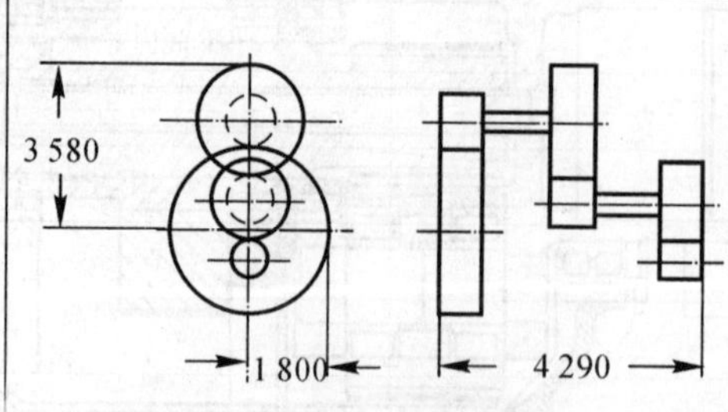	77	164

续 表

齿轮级数和类型	结构简图和尺寸	质量/t	相对成本/(%)
2 级： 1 级行星齿轮 1 级圆柱齿轮	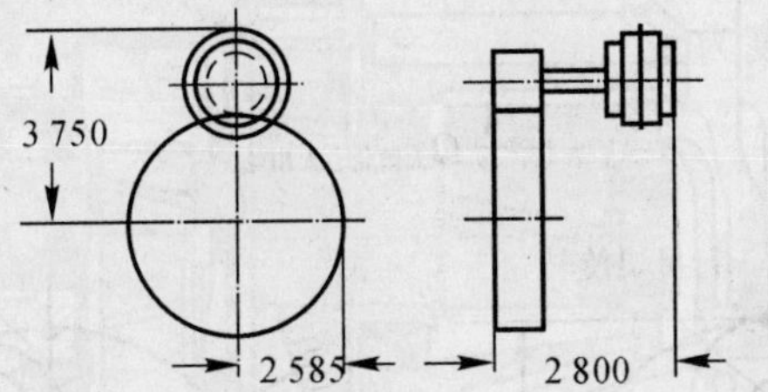	41	169
3 级： 2 级行星齿轮 1 级圆柱齿轮	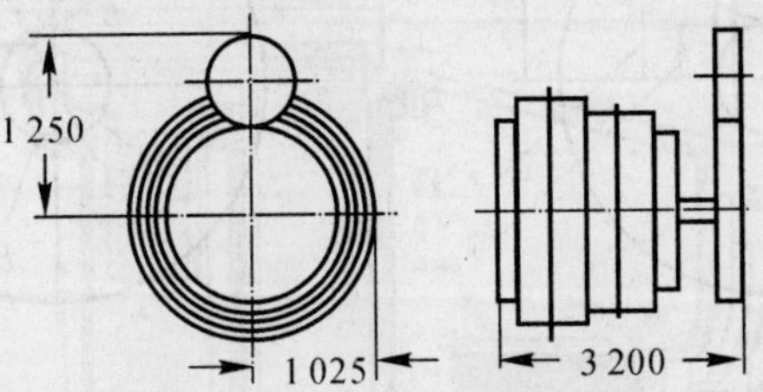	17	110
3 级：行星齿轮	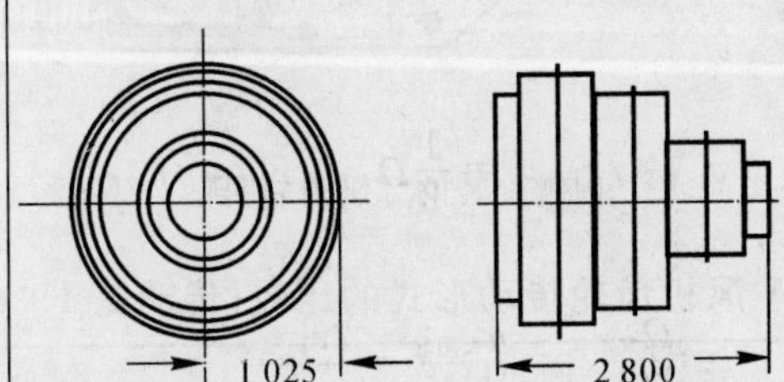	11	100

表 4.4　圆柱齿轮和行星齿轮的比较

传动形式	圆柱齿轮传动	行星齿轮传动
结构简图	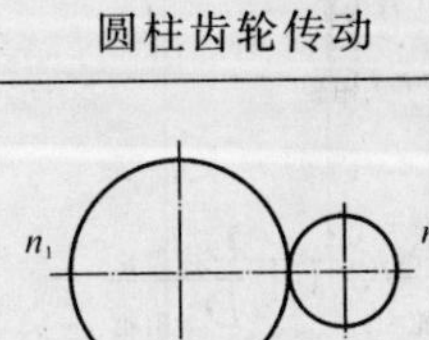	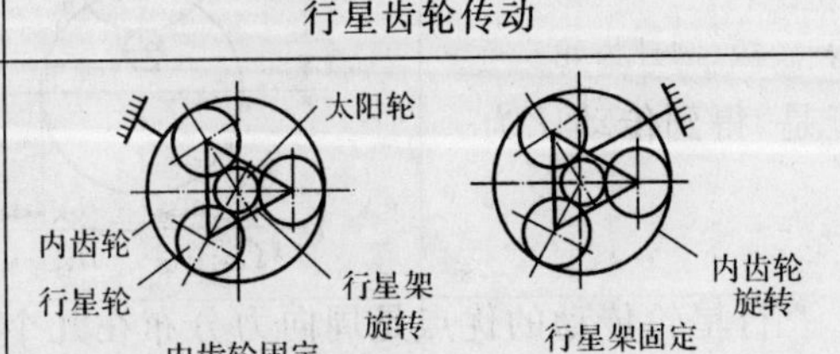
传动比	⩽1∶5	⩽1∶7
齿啮合所传的力	F	F/3(3 个行星轮)
啮合频率	n	3n
质量	大	小
尺寸	大	小
噪声	高	低
效率	约(98%)/级	约(99%)/级
成本	< 500 kW,低	>500 kW,至少 1 级行星齿轮,低

若行星架固定,内齿轮旋转,即定轴轮系。其传动比为

$$i=D_{内齿轮}/D_{太阳轮}=n_{太阳轮}/n_{内齿轮}$$

若内齿轮固定,行星架旋转,即周转轮系,运动关系要复杂一些。图 4.41 表示了周转轮系的运动关系。行星架的切向速度为

$$v_{行星架}=\frac{1}{2}\Omega_{太阳轮}r_{太阳轮}$$

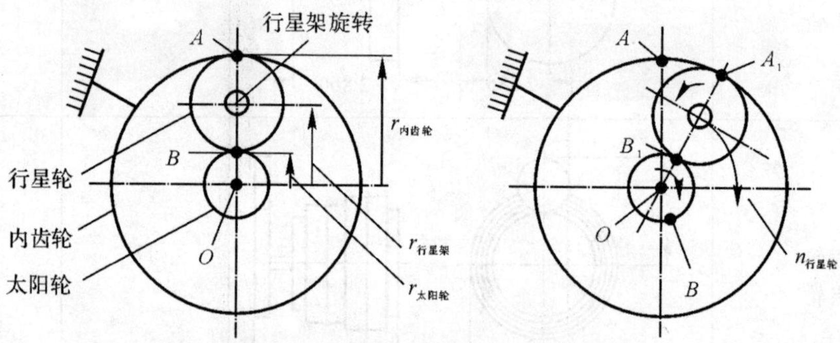

图 4.41　内齿轮固定,行星架旋转时周转轮系的几何和运动关系

行星架的旋转速度为

$$\Omega_{行星架}=v_{行星架}/r_{行星架}=\frac{1}{2}\Omega_{太阳轮}r_{太阳轮}/r_{行星架}$$

其传动比为

$$i=\frac{\Omega_{太阳轮}}{\Omega_{行星架}}=\frac{n_{太阳轮}}{n_{行星架}}=\frac{2r_{行星架}}{r_{太阳轮}}$$

由几何关系

$$r_{内齿轮}=r_{行星架}+r_{行星轮}$$

$$r_{太阳轮}=r_{行星架}-r_{行星轮}$$

得

$$2r_{行星架}=r_{内齿轮}+r_{太阳轮}$$

于是,得到传动比为

$$i=\frac{\Omega_{太阳轮}}{\Omega_{行星架}}=\frac{n_{太阳轮}}{n_{行星架}}=\frac{2r_{行星架}}{r_{太阳轮}}=1+\frac{D_{内齿轮}}{D_{太阳轮}}$$

行星轮传动的优点是周向力分布在几个行星轮上。若有 3 个行星轮,则每个受力为 $F/3$,相隔 120°作用在太阳轮上。内齿轮旋转、行星架固定的传动形式,即定轴轮系,虽然结构较周转轮系复杂,但传到壳体上的噪声较小[14]。

齿轮箱应能运行 20 年,要求质量轻,尺寸小,噪声低,故障下有生存力,并且便于维护[15]。另外,在各种运行状态下(例如启动、慢转)都需保证所需要的润滑[10]。为满足这些苛刻的要求,在设计中,必须进行静力学、动力学、强度和寿命等大量的计算[15-17]。根据所得到的运行经验,这些计算工作量和难度不断增加,只能借助计算机才能完成。

4.2.3　联轴器和刹车

叶轮主轴和齿轮箱之间要传递很大的转矩,故用刚性联轴器。对于三支点结构形式,主轴压套在齿轮箱的输入端,或者用螺栓刚性固定,还可分解(见图 4.40)。

在齿轮箱的输出端，转速较高，用相对较柔的联轴器即可传扭。但在齿轮箱和发电机之间可能会出现不对中，为此发电机一般都支撑在减振器上，因此联轴器必须是弹性的。它在周向是刚性的，但具有弯曲弹性，如图 4.42 所示。为保护齿轮箱和发电机，高速端的联轴器一般都有过载保护（打滑或者剪断螺栓）。

(a)　　(b)

图 4.42　高速端的连接轴、联轴器和刹车

(a) 漏电绝缘；(b) 弹性的碳纤维联轴器（Winergy 公司）

德国劳伊德[15]的认证标准规定了两套独立的刹车系统。其中至少一套是气动刹车。对于失速型风机，使用可旋转的叶尖来实现（见图 4.2 和图 4.15）。而变桨风机则通过整个叶片变桨来实现（参见 4.1 节）。第二套刹车系统一般为机械式刹车盘。对于小型风机（功率小于 < 600 kW），刹车盘放在主轴端（见图 4.31）或者放在齿轮箱的高速端。在低速端刹车的优点是，刹车过程中，齿轮箱不承受刹车载荷。随着风机增大，刹车力矩增大，刹车盘所需的尺寸也大幅增加。刹车盘在低速端的系列风机是 Tacke 公司（现为 GE Wind 公司）的 TW－600 风机。

对于功率大于 500 kW 的风机，一般情况下，刹车盘放在高速端（见图 4.43）。机械式刹车盘的设计要求是，在紧急刹车时，要能使转子在满负荷的情况下停机。在正常运行时，机械刹车不工作，仅为保护装置。此时，总是气动刹车首先动作，而机械刹车只是在风机静停时起作用。

图 4.43　齿轮箱高速端的盘式刹车（Svenborg 公司）

对于叶片独立变桨的风机，原则上可不用机械刹车，因为独立变桨提供了冗余气动刹车。每个叶片的单独变桨都足以使转子在满负荷情况下停机。但为便于风机的维护，需要一个机械式刹车机构，并且要有锁紧件，例如保护销。当人员在转子上或者轮毂上工作时，必须要用锁紧件固定转子，防止其转动，以保证工作安全。

4.2.4 发电机

关于发电机及其电学特性的精准描述可参阅第 11 章。本节只介绍与传动系统相关联的结构形式。首先，发电机的极数是很重要的参数，它由运行转速来决定。要确定的问题是，带齿轮箱还是不带齿轮箱。失速型上网风机的异步发电机极数为 4，6 或 8。若电网频率为 50 Hz，根据转差的要求，转速分别为 1 450 r/min，960 r/min 和 725 r/min。相应的齿轮箱结构和传动比已列在表 4.1 中。

双馈异步发电机变转速运行，但结构类似。只有慢速运行的多极环形发电机（他励或永磁同步发电机）无须齿轮箱传动，发电机极数很多，如图 4.32 所示。

Multibrid 公司的 M5000 风机是一种混合型的风机，由一级行星齿轮把转速增高到 150 r/min 左右，与直驱发电机相比，极数减少，如图 4.37 所示。

对于功率大于 1 MW 的发电机，空冷的效率已到极限，故水冷发电机投入应用。由于 20 世纪 80 年代小型风机发电机的腐蚀问题，人们已经淘汰了内部冷却方式，而全采用外部冷却方案。环形发电机（见图 4.32）尺寸大，故采用空气冷却，但要设法减小转子和静子气隙间产生的噪声。

4.3 辅助机构和特殊装置

4.3.1 偏航系统

风机的找风在古代风机中已实现，但较为艰难。直到 18 世纪中期，通过玫瑰轮才使磨坊主艰难的找风工作自动化。玫瑰轮推动一个长舵杆，使风机自动地迎对风向（见第 2 章）。即使今天，偏航系统仍然是风机举足轻重的部分。

对于水平轴风机，下风风机自动偏航，上风风机的风舵偏航都属于被动式偏航。步进电机驱动的偏航系统则为主动式偏航系统。

如 4.1 节所述，下风风机能够自动找风。当转子偏离风向时，风轮上的“风压”就产生一个绕塔架中心轴的力矩，使风机迎对风向。对于快速风机，由于叶轮实心率低，这种偏航原理只能在风机运行时才能适用。因此，在停机状态下，用塔架和叶轮之间机舱的侧壁面作为“风舵”来偏航，或者装备一个辅助主动偏航装置。

风舵用于上风风机的被动偏航是美国风机的设计特征，如图 4.1 所示。作为一种简单的偏航原理，无须外部控制即可实现，在其他小型风机（蓄电风机）中也获得应用。

被动式偏航系统必须保证风向突然变化时，机舱不能摆动得太快，否则，将产生很大的附加陀螺力矩。对于双叶片和单叶片风机，由于随叶轮旋转，惯性矩发生变化，故机舱摆动还将产生动态的载荷。一般情况下，被动式偏航系统仅用于叶轮直径在 10 m 以下的风机。

主动式偏航系统通过一个驱动装置使机舱相对塔架转动。不论是上风风机还是下风风机都可用主动式偏航系统。例如古代荷兰风机用一个横向的玫瑰轮来偏航，无须额外输入能量。

这个辅助小叶轮的转矩通过一个高传动比(能到达 4 000)的螺杆传动装置传输到塔架顶端的转动齿圈上,如图 4.44 所示。

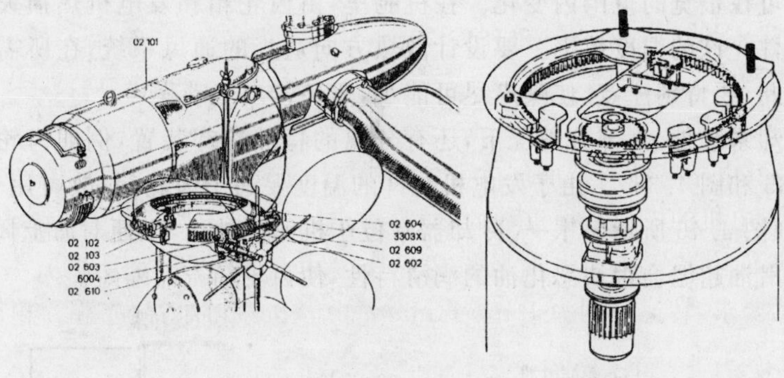

(a)　　　　　　　　　　　　　　　　(b)

图 4.44　主动式偏航系统

(a)带玫瑰轮偏航机构的风机(Allgaier 公司)[19]；(b)步进电机驱动的带刹车机构的偏航系统(Wind World 公司)

由一个或多个电动或液压步进电机来驱动偏航系统,是广泛应用的主动式偏航系统。步进驱动电机由机舱上的风向仪(见图 4.33 和图 4.35)来控制,通过圆柱齿轮啮合来驱动机舱底部的转动齿圈(见图 4.44(b)和图 4.45)。由于这种啮合总会有间隙,因此,要设法避免机舱随风向波动造成的齿轮磨损。为此,机舱由刹车机构固定,只有在偏航时才放开。除此之外,还常用不松开的附加摩擦刹车装置来辅助刹车。偏航时,步进电机必须要克服附加摩擦刹车产生的摩擦力矩才能偏航。另外,还可以用多个步进电机来“锁死”机舱,即“相互对抗的电机刹车”。在大型兆瓦级风机中,最多要用到 8 个电机。

除此之外,在设计中要注意,对于主动偏航系统,塔架的扭转振动将会通过机舱和塔架的连接传到机舱上。

(a)　　　　　　　　　　　　　　　　(b)

图 4.45　主动式偏航系统的驱动

(a)带多级行星轮传动的步进驱动电机(Liebherr 公司);

(b)步进电机、刹车装置、角位置测量仪(Repower 公司)

4.3.2 冷却和供暖

风机的温度可在很宽的范围内变化。在机舱里，由齿轮箱和发电机热损失所产生的温度不应超过风机部件允许的温度范围。要设计散热方向适当的通风系统，在所需方向上产生定向气流流动。在此，要特别注意，使噪声尽可能小，避免传出气动噪声。

除了机舱冷却系统外，大部分情况下，还有分离的特殊冷却装置，例如齿轮箱和发电机冷却装置(见图 4.35 和图 4.36)。由于发电机允许的温度要高于齿轮箱，故可用一个油-水组合冷却循环系统，如图 4.46 所示。水-气冷却器常位于机舱的外边，以便对海上风机机舱起到密封作用。齿轮箱滑油超温会很快恶化油的润滑特性，使齿轮箱寿命缩短。

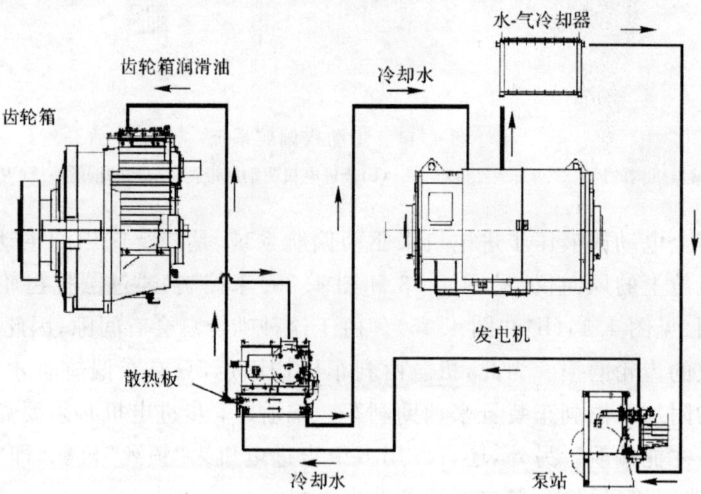

图 4.46 齿轮箱和发电机的油-水混合冷却循环

冬天很多风场的环境温度都低于 0℃。较长时间的停机后，齿轮箱中的油温低、黏度大，风机启动很困难。为此，需配润滑油加热装置。

另外，还要配置叶片加热器，防止结冰引起叶片气动性能恶化，避免叶片内部凝水。叶片加热器可为电热式，即在叶片铺层中加电阻丝，也可向叶片内部吹热风。

在高寒区，机舱上的风速仪和风向仪应是可加热的。若风速仪冻住，则要停机，即使风速足够高，控制系统也不会启动风机。若风向仪冻住，则在不同的位置，转子似乎始终处在斜流状态，机舱持续偏航；或者给出风向恒定的信号。这两种情况都可能会导致事故[20]。

4.3.3 雷击保护

由于高度高、场地空旷，风机受到雷击的风险较大。为此，IEC 专门建立了雷击保护规范，例如，IEC61400－24(见本书第 10 章)。从统计资料来看，德国中高山地的风机大约每 10 年遭遇一次雷击，除此之外的地区要频繁一些[21,22]。雷击经常发生在最高点，即叶片尖部。对于兆瓦级风机，也会出现从风机向上到云层的闪电。

为避雷击，叶片尖部安装所谓的接闪器。接闪器为直径约 5 cm 的金属圆片，装在叶片尖部外表面。有的制造商在叶身上装一系列的接闪器，有的则安装铝制叶尖以及铝制前缘和后缘。闪电产生的强电流(最大可达 100 kA)将通过叶片内部的金属导体下引。短时间蒸发的凝结水有时会导致叶片裂开。若干制造商在叶片根部内装闪电记录卡，记录通过的雷电流，用于事后分析，推断叶片损坏的原因。

为使整个风机避免雷击损坏，雷电流必须下引至地。特别困难的是轴承的跨接。如果雷电流直接穿过轴承，将会使轴承滚动体和滚道接触点产生熔化。作为保护措施，人们用火花放电装置，在选定的位置让雷电流放电或者用碳刷放电，如图 4.47 所示。第一个要保护的是变桨轴承。第二个要保护的是转子主轴承，在轮毂和风机底座之间要跨接。偏航轴承是第三个保护对象，要将机器底座和塔架连接。图 4.48 表示雷电导通的路径。与建筑物类似，要采取同样的措施把雷电流从塔架导引到接地装置。电器元件、控制系统、变压器等都要有额外的防雷措施。

(a)　　(b)

图 4.47　防雷系统在轴承处的跨接

(a)主轴上的滑动接触；(b)偏航轴承处的滑动接触(Repower 公司)

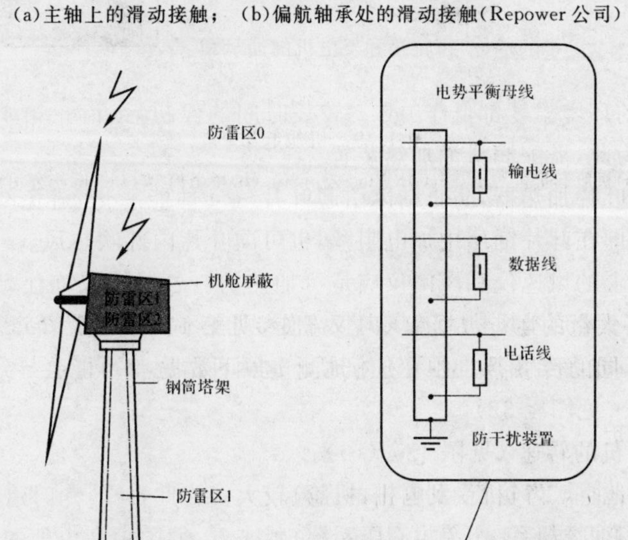

图 4.48　风机的防雷区[21]

雷击造成的直接损坏仅占 30%，造成的供电系统和通信系统故障为 60%。因此，需要一个总体的防雷网络[21]。应定期检查接地电阻，使从叶尖到地的防雷系统能可靠工作。

4.3.4 起重机

为把工具或者小型更换件吊上机舱，风机一般都有小型起重机，因此，在机舱安装起重机（见图 4.32 和图 4.35）或者桥吊。对于较大部件的更换，与风机安装时类似，要用机动吊车。对于海上风机，机舱起重机要大一些。如要额外用吊车，代价很高。图 4.49 表示这种机舱起重机，利用它可更换整个大部件（转子轴承、齿轮箱、发电机等）。

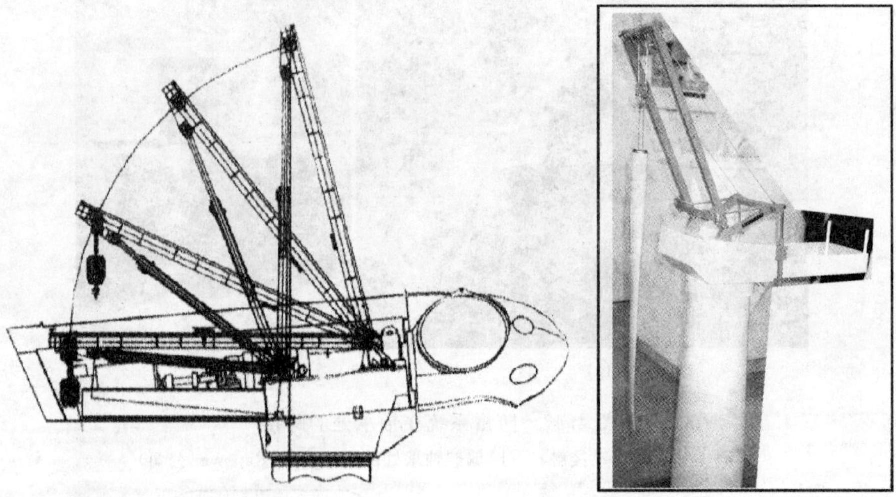

(a) (b)

图 4.49 机舱起重机

(a)机舱起重机 GE 3.6(GE Wind 公司)； (b)桥吊模型（Liebherr 公司）

4.3.5 传感器

风机的运行需要大量的运行数据和环境数据（参见第 12 章和第 13 章），为此，在机舱中和机舱上安装着各种不同的传感器。必须不断地测量以下数据：

(1) 风速和风向（见图 4.32）。

(2) 叶轮和发电机的转速（见图 4.50(b)）。

(3) 温度（环境、轴承、齿轮箱、发电机、机舱）。

(4) 油压（齿轮箱、冷却系统、变桨液压系统）。

(5) 变桨和偏航角度（见图 4.29 和图 4.45）。

(6) 电流、电压和相位。

(7) 振动（例如振动加速度传感器，见图 4.50(a)，以及紧急关机的位移传感器）。

每一个传感器的功用和安装方式在不同类型风机上都不相同。

风机运行的经验给出某些部件的运行寿命。特别是齿轮箱，寿命较短[23]，对业主来说，其保险费用是一个难题。更换齿轮箱,大多数情况下要拆下叶轮。齿轮箱故障一般会导致其他部件发生并发故障,不仅维修费用高,而且停机造成发电损失。常常由于恶劣天气和不易抵达,使停机时间加长。

因此,随着风机容量增大,特别是再考虑到海上风机很差的可达性,目前在风机上安装带传感器的监测仪器,例如状态监测系统。这些系统利用振动信号的频谱分析来监测轴承和齿轮箱的状态,另外还用于认证[24]。通过远程监测可以及时发现出现的故障,便于更好地计划维修时间,避免后续破坏。对于海上风机,出于投保的原因,还要监测载荷(风、浪、冰等)。为避免损坏,仅仅靠传感器的监测是不够的,还要定期对风机进行检查。质量不平衡、气动不平衡以及传动系统不对中等若干故障诱因仅靠目前一般的监测系统未必能够确定[25],需要进行专门的测量。

(a)　　　　　　　　　　　　(b)

图 4.50　齿轮箱上的振动加速度传感器(水平方向和垂直方向, Mita Teknik 公司)和发电机上的转速传感器 (Repower 公司)

4.4　塔架和地基

4.4.1　塔架

对于水平轴风机来说,塔架和地基是风机的组成部分,其重要性往往被风机制造商忽视。但另一方面,风机安装的可靠性是获得建设许可首先要予以认证的事项。为此,制造商必须要不厌其烦地把各种检验材料准备齐全,并且要充分说明其风机的塔架和地基结构。不但要确证风机安装的静强度,而且要明确塔架的动态响应(参见第 9 章和第 10 章)。

除此之外,塔架还影响风机的经济性。塔架的费用占整个风机系统成本的 15%～20%。另外,它还在运输和安装费用中占了相当大的比例。再者,风机的发电量,确切地说与塔架的高度密切相关。因为风速随着离地面的高度增加而增加,轮毂高出地表湍流附面层,将会增加发电量,因此,对每一个风场,合适的塔架高度都需单独选择。为使塔架选择和认证简化,风机制造商供应若干级轮毂高度的风机,以便达到最佳投入产出比。

在海岸，由于风速随高度增大很快(地面粗糙度低,湍流强度低),故塔架高度低。在内陆地区(地面粗糙度高,湍流强度高),由于地面湍流附面层较高,故用较高的塔架。轮毂高度与叶轮直径之比，对于海岸风机在 1.0～1.4 之间，对于内陆风机则在 1.2～1.8 之间。功率越小的风机(约 300 kW)，该比值越大，兆瓦级风机的轮毂高度与叶轮直径之比取值较小，如图4.51所示。

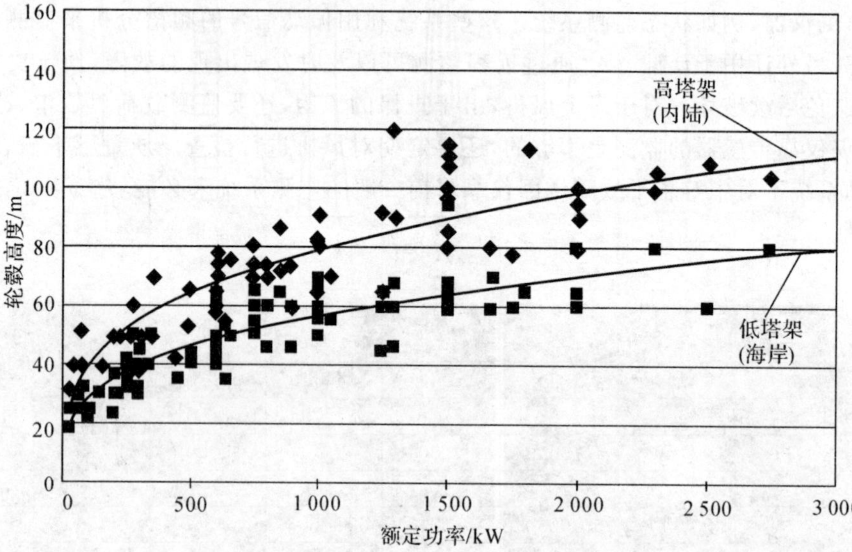

图 4.51　轮毂高度与风机额定功率的关系

在进行动力学设计时，塔架有柔性塔架和刚性塔架之分(参见第 9 章的坎培尔图)。对于刚性塔架，转子的转速，即同步频率在塔架第一阶弯曲自振频率之下。对于柔性塔架，转子的额定转速在塔架第一阶弯曲自振频率之上。因此，在风机升速过程中，要越过塔架的共振点。在表 4.5 中，给出了 60—II 型风机所有的塔架结构形式，转子的转速均在塔架第一阶弯曲自振频率之下，但叶片通过频率(转子转速×叶片数目)皆高于塔架第一阶自振频率。对于所有的钢结构塔架，其第二阶弯曲自振频率与叶片通过频率 1.15 Hz 很接近，故最终用混凝土塔架。对于变转速风机，塔架的动力学设计特别重要(参见第 9 章)。中、小型风机的塔架大部分情况下是刚性的。为节省成本，大型风机的塔架几乎总是设计成柔性的。

在结构上，塔架可分为整体式塔架和框架式塔架。整体式塔架弯曲刚度和扭转刚度高，但要设计成刚性塔架，则要用大量材料。而框架式塔架所用材料最少。从表 4.5 可见，与筒式塔架相比，框架式塔架所用材料几乎是其一半。另外，由于有很多连接点，使得框架式塔架的阻尼要比钢筒式塔架高。因此，第一代丹麦风机经常用框架式塔架。但后来由于视觉原因(景观)和成本因素，框架式塔架用得很少了。框架式塔架的加工不像钢筒式塔架那样可实现自动化。钢筒式塔架可用三辊弯板机和自动焊机来加工，如图 4.52 所示。因此，框架式塔架的人工费用要比钢筒式的高很多。但在低收入国家(材料与人工费用之比很高)，框架式塔架用得较多。在内陆风场，塔架很高时(轮毂高度＞100 m)，框架式塔架又重新受到关注，因为这种塔架在质量上和经济上具有明显的优势。美国风机始终用的是框架式塔架。

表 4.5　60—Ⅱ型风机不同结构塔架的比较[26]

材　料	钢				水　泥		
叶片数:3, 叶轮直径:60 m, 叶轮转速: n=23 r/min, 叶片通过频率: $3f$=1.15 Hz, 机舱质量:207 t, 轮毂高度:50 m	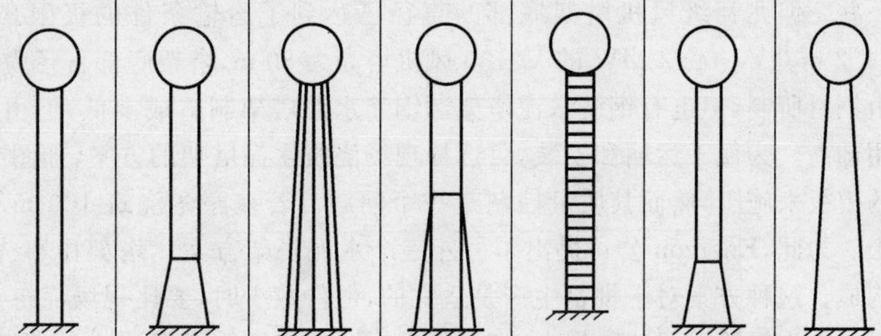 圆柱	底部圆锥	桁架	斜拉桁架	成品塔段组装	现场浇筑	现场浇筑
第一阶弯曲自振频率 f_1/Hz	0.55	0.56	0.55	0.55	0.65	0.96	0.96
频率比 f_1/f	1.44	1.46	1.44	1.44	1.70	2.50	2.50
顶端直径/m	3.50	3.20	3.10	2.70	3.50	3.30	3.50
底部直径/m	3.50	7.50	4.30	2.70	3.50	5.40	8.10
壁厚/mm	35～20	20	20	20	520～250	300	300
塔架质量/t	114	90	87	63＋拉索	430	455	540
相对成本/(%)	230	185	175	200	100	115 160(带拉索)	135 185(带拉索)

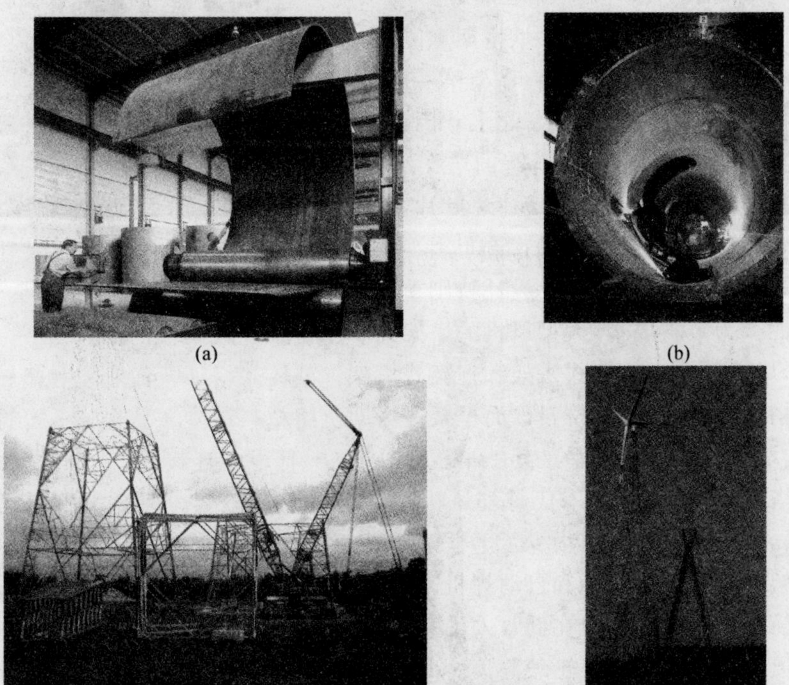

图 4.52　钢筒式塔架段的加工和 Laasow FL 2500 风机 160 m 高的桁架塔架

(a)三辊弯板机弯板；(b)焊接；(c)塔架底部桁架；(d)安装就绪的塔架(Seeba 公司,W2E,Fuhrlaender)

筒式塔架的截面一般是圆形的或多边形的。越往上弯矩越小，因此，塔筒是锥形或者是分段圆柱形，越往高处，截面越小。另外，在不影响叶轮气动力的情况下，塔架底部的直径可选得大一些。但兆瓦级风机塔架底部的直径已达到了运输条件的极限。一般桥的通行高度为4～4.2 m。Vestas 2 MW 的 V—80 风机塔高为 80 m，塔架底部直径为 4 m。筒式塔架绝大多数由钢材所制，但也有钢筋水泥塔架。钢筋水泥塔架制造成本低，但由于质量大，运输和安装费用却高。为便于运输和安装，可选择现场浇筑水泥塔架的方案，如图 4.53 所示，用一个可提升的模板来施工，然而其质量控制是一个问题。若在寒冬浇筑 100 m 的塔架，则要特别谨慎施工。为此，Enercon 公司提出了另外一个水泥塔架方案。塔架由事先制好的若干个水泥塔筒构成。这种方案对于批量生产是适宜的，但件数少时，要比现场浇筑费用高。水泥塔架的结构阻尼要比钢筒塔架的阻尼大，有利于减振。但需要钢缆绳预紧，使混凝土能够承受拉力。为集成两种材料的优点，出现了混合式塔架结构。下部分为现场浇筑的水泥塔架，上部分则安装一段钢塔筒。这样可以解决塔架底部太大，难以运输的问题。图 4.54 所示为这种混合式塔架，水泥段和钢筒段之间的连接用钢缆绳拉紧。钢缆绳暴露在塔筒内壁，拉紧力易于控制，定期检查拉紧力也很容易实现。

图 4.53 用攀缘模板现场浇筑混凝土塔架(Pfleiderer 公司)

图 4.54 混合式塔架(GE 公司)

图 4.55 表示不同结构形式塔架单位塔高质量随塔架高度的变化数据。可见，塔架质量与结构载荷相对应，随轮毂高度约以二次方关系增大。较大的数据离差是由塔架结构形式的不同和制造商的不同造成的。

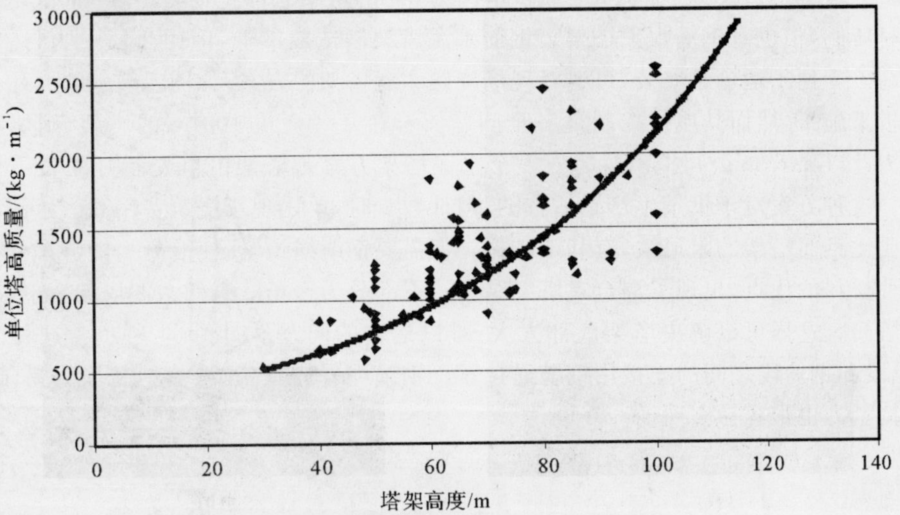

图 4.55　单位塔高质量(kg/m)随塔架高度的变化[27]

拉索式塔架对于小型风机应用很普遍。因拉索式塔架质量轻，不用吊车，只用绞车就可安装，如图 4.56 右图所示。例如图 4.57(a)所示的 Aerosmart 5 型风机和图 4.20 所示的 Südwind 1237 风机用的就是这种塔架。由此可明显减小运输和安装成本。拉索式塔架在拉索上需要设定拉力，并且需要定期检查。图 4.57(b)为另一种用于小风机的拉索式塔架。它主要用于移动式风-光-油互补充电系统。这种系统的光-油部分为可移动的箱式结构。风机塔柱和拉索都固定在箱体上，不需要地基和缆索地锚。

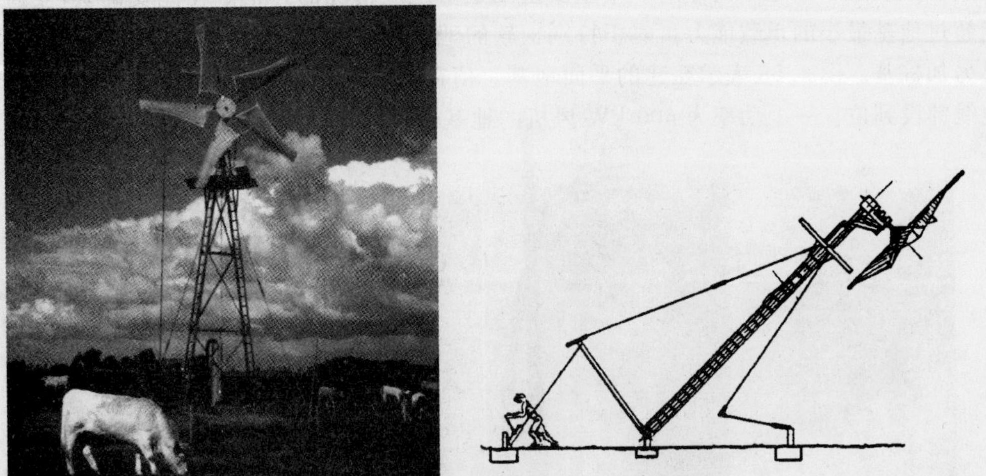

图 4.56　风帆水泵(A 形拉索塔架，利用卷扬机树立)

另一种特殊结构形式的塔架是“A”字形或三脚式塔架，如图 4.56 所示。其优点是易于安装，并且对风机气动力影响小。由于几个支点占的面积大，故无须水泥地基，只用几个地锚就可固定。

(a)

(b)

图 4.57　拉索式塔架

(a)圆柱拉索塔架(Aerosmart 5)；　(b)可移动的互补系统(Inventus Power Container)

4.4.2　地基

一般风机的地基为钢筋混凝土结构，如图 4.58 所示。这种平面地基便于防止塔架倾斜(需考虑焊缝裂开)。而对拉索式塔架，塔架地基要保证风机不沉降(风机自重以及缆索张力在垂直方向的分力)，缆索地基则要承担缆索拉力，如图 4.59 所示。

钢筋混凝土平面地基设计的一个重要基础是对地质情况的评估。在此要确认，立风机处不能超过地基最小的承载能力。对于特别松软的地质条件(如德国北海海岸的沼泽地)，有时需要另加桩基。图 4.58 表示在建的平面地基。值得注意的是，在浇注水泥之前，需把电缆管及地线铺设到位。一个功率为 600 kW 风机的地基约含 165 m^3 的混凝土、25 t 钢筋。

图 4.58　平面地基

图 4.59　钢柱式塔架缆索的地基

4.5　制造与装配

一般情况下，在总装车间把机舱事先装好，然后作为整体部件运到风场。在机舱总装时，要具备各种吊装能力，来吊运机舱承力架、齿轮箱和发电机等部件。在总装车间需安装桥式吊车。图 4.60 所示为 Enercon 公司总装车间的概貌。最大的吊车（桥式吊车）用于吊运装好的机舱。图 4.61 表示机舱的质量与风机容量的关系。其中实线表示根据相似理论估计的质量。由图可见，随着风机容量增加，采用复合材料，可使质量减小。

图 4.60　机舱总装车间（Enercon 公司）

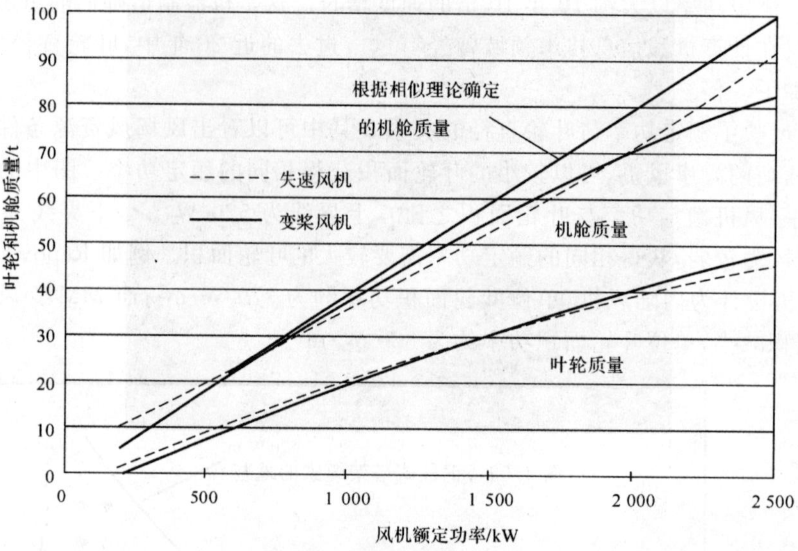

图 4.61　叶轮和机舱质量随风机额定功率的变化

根据功率控制方案(失速或变桨)的不同以及制造商的传统,轮毂安装在主轴的法兰盘上;或者与 3 个叶片在现场安装,然后吊装到机舱上(见图 4.54)。对于失速型风机,一般可这样安装,因为在轮毂中无复杂、精密的部件。但对变桨风机,一般需在装配车间事先把轮毂安装在主轴上。在机舱交付之前,在实验台上要对变桨机构进行功能检验。

不同制造商的制造量差别很大。表 4.6 比较了大制造量和小制造量的优缺点。

表 4.6　大制造量和小制造量的优缺点

大制造量		小制造量	
优　点	缺　点	优　点	缺　点
对供货商依赖性小	投资需求大	投资小	对供货商产品的质量、价格和供货期依赖性大
利润较高	供求波动时,风险高	弹性大	利润低
质量控制简单		可向当地的供货商委托生产	许可权

对于市场份额小的小制造商,制造量小;而企业较大,市场占有率高的制造商,制造量大。

对于兆瓦级风机,存在特殊性。即使制造量大的厂家,也不具备大型铸造设备,这可能会是一个“瓶颈”。大于 100 t 的铸件,也只有少数几家企业可铸造。

4.6　风机的数据

本节对不同风机的特征数据进行比较。数据来源于近 10 年来在德国系列化制造的约 300 台上网风机,单机功率大于 30 kW[27]。额定功率和叶轮直径是风机最重要的两个特征参数。因此,在图示表达中,首先描述这两个参数的变化。

如第 1 章所述,风机的大小在最近的 20 年中急剧增大。图 1.1 表示风机的大小在近 20

年中的增长。额定功率以大约 10 年 10 倍的速度增长。这是机器制造师们的杰出贡献。这样的发展速度仅在计算机和信息技术领域曾经有过。过去的近 20 年中，叶轮直径增大了 8 倍，轮毂高度增加了 5 倍。

图 4.62 反映了额定功率与叶轮直径的关系。其中可以看出风场风资源条件的影响。安装在平均风速高的海岸风机，可以较小的叶轮面积获得相同的额定功率。图中的界线代表单位面积的功率（风机额定功率与叶轮面积之比），上界线为 520 W/m^2，下界线为 290 W/m^2。在内陆风场，风力较弱，获得相同的额定功率需要较大的叶轮面积。例如 Repower 公司 2MW 的 MM82 风机设计为内陆风机，单位叶轮面积功率约为 379 W/m^2；而 MM70 风机则为海岸风机，叶轮面积减小，单位叶轮面积功率约为 520 W/m^2。

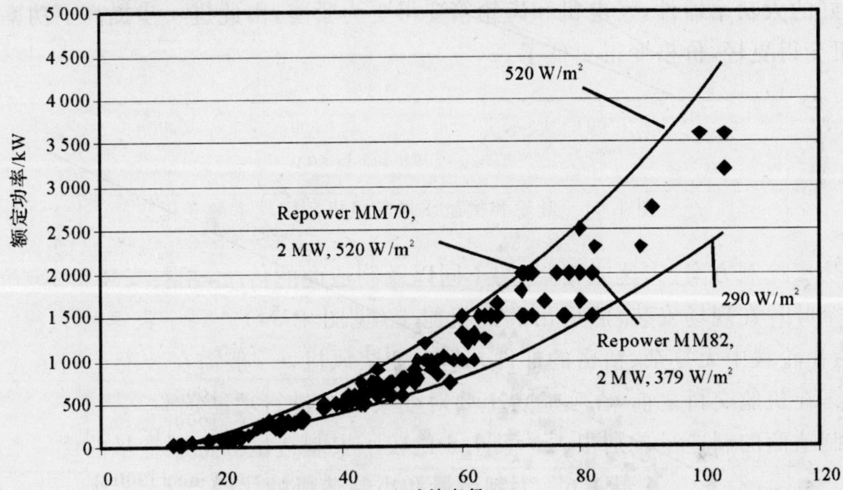

图 4.62　额定功率随叶轮直径的变化

风机另外的重要特征参数是叶轮和机舱的质量。叶轮和机舱的质量随着风机尺寸的增大而增大，如图 1.1 和图 4.61 所示。如前所述，通过使用复合材料，可使所需的质量比相似理论所计算的质量小。图 4.63 表示风机机舱的相对质量，即机舱质量与叶轮面积之比，随叶轮直径的变化。

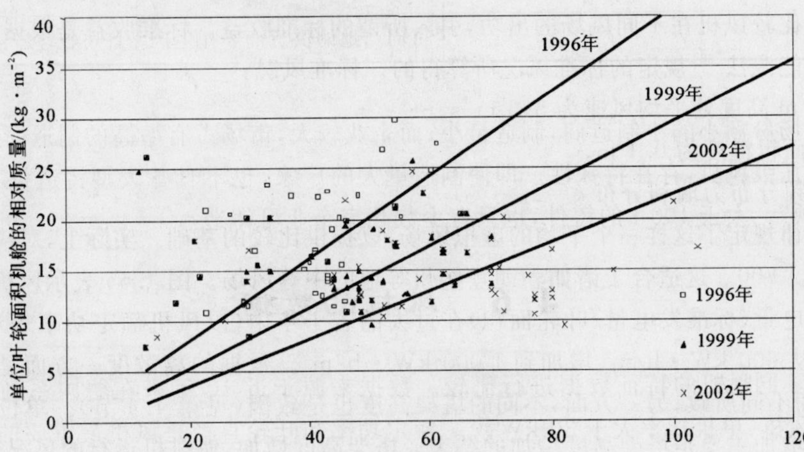

图 4.63　机舱相对质量随叶轮直径的变化

以时间为参数对数据进行线性回归,图 4.63 中结果表明,机舱相对质量随叶轮直径增大的速率逐年明显降低。这一结果归因于设计技术的发展和细化,使风机得以减轻质量。图中数据较大的分散度,是由于同一制造商所制造的同功率海岸风机和内陆风机叶轮大小不同所引起的。

风机功率密度的提高可由相对转矩来描述,相对转矩即所传输的转矩和机舱质量之比,如图 4.64 所示。转矩是由额定功率和最大转速算得的。它不仅随额定功率增大而增大,且随转速降低而增大。相对转矩逐年增大,1996 年约为 5～10 N·m/kg,2002 年的兆瓦风机则达到 15～20 N·m/kg。对 2002 年数据进行线性回归,其增长率高于 1996 年的结果。这表明,强度优化设计和新材料的应用,使材料越来越靠近极限负荷工作。另外,由于应用了效率更高的冷却和更好的大功率器件,发电机和齿轮箱变得更为紧凑,由此进一步提高了功率密度。相对而言,风机变得更轻,价格变得更低了。

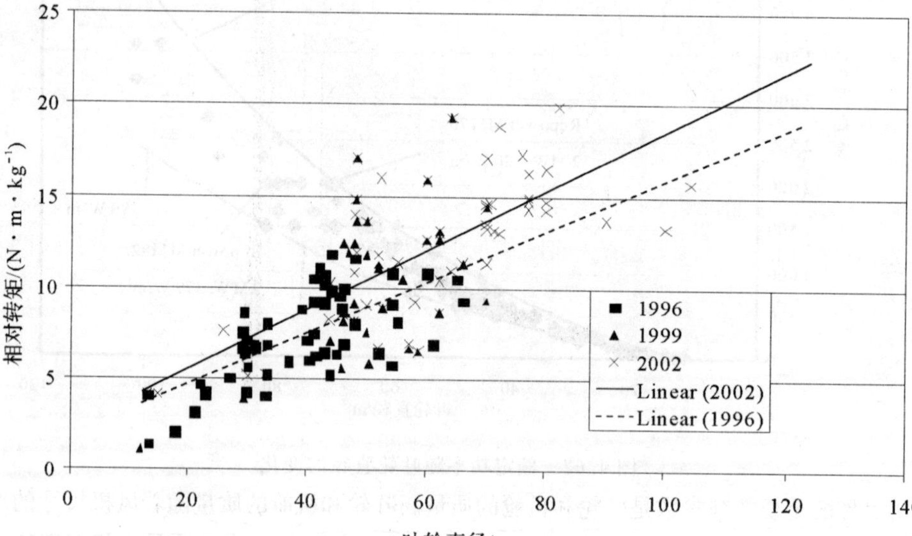

图 4.64 相对转矩随叶轮直径的变化

为便于比较风机在不同风场的出功,引入所谓的标准收益。标准收益是根据德国 2004 年颁布的再生能源法[28]规定的标准风况所算得的。标准风况:

(1) 30 m 高度处平均风速为 5.5 m/s。

(2) 地面粗糙度为 0.1 m。

(3) 风频分布为瑞利分布 $k=2$。

德国法律规定了这样一个平均的虚拟风场,以提供比较的基础。实际上,对应年满负荷运行小时数为 1 700。这适合于诸如勃朗登堡州等地的中等风场。图 4.65 表示风机的单位叶轮面积标准发电量(标准发电量/叶轮面积)在过去的若干年中(以风机额定功率表示时间)增加了 50%,即从 600 kW·h/m^2 增加到 1 000 kW·h/m^2。数据的离散度一方面是由于机型不同,即制造商不同所致;另一方面,不同的塔架高度也是致因(见第 4.4 节)。单位叶轮面积标准发电量的增加主要是塔架高度增加的结果。塔架高度增加,使风机运行的风况得以改善。

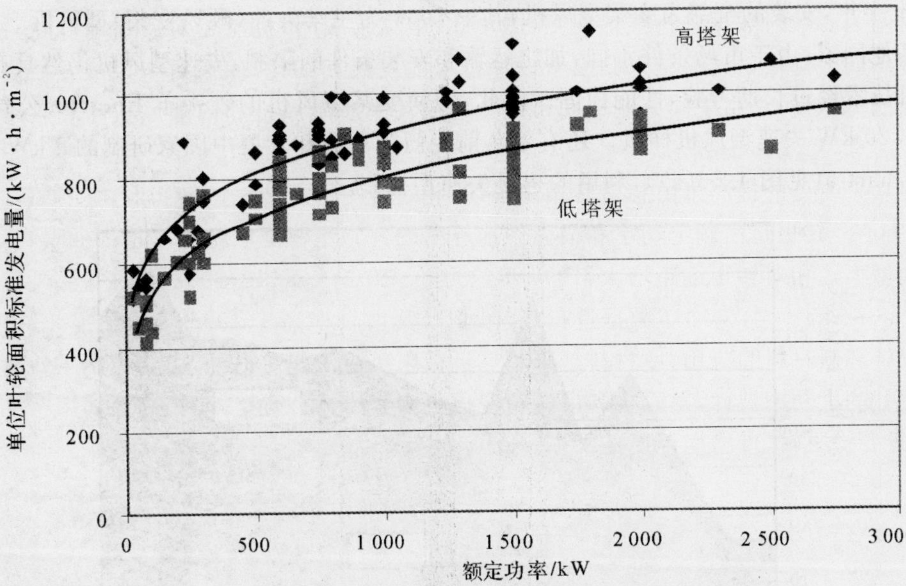

图 4.65　风机的单位叶轮面积标准发电量随额定功率的变化

从测量到的功率曲线，可得到风机最大功率系数 $C_{P.\max}$。对 $C_{P.\max}$ 考察的结果表明，离散度较大，但显现出较缓的增大趋势，如图 4.66 所示。这是因为风机工作范围宽，通过整机优化，使风机在较宽的范围内具有较高的效率。这对于内陆风机特别重要。一方面，可充分利用经常出现的弱风；另一方面，在罕见的强风时也能获得高电量（$P\sim v^3$！）。

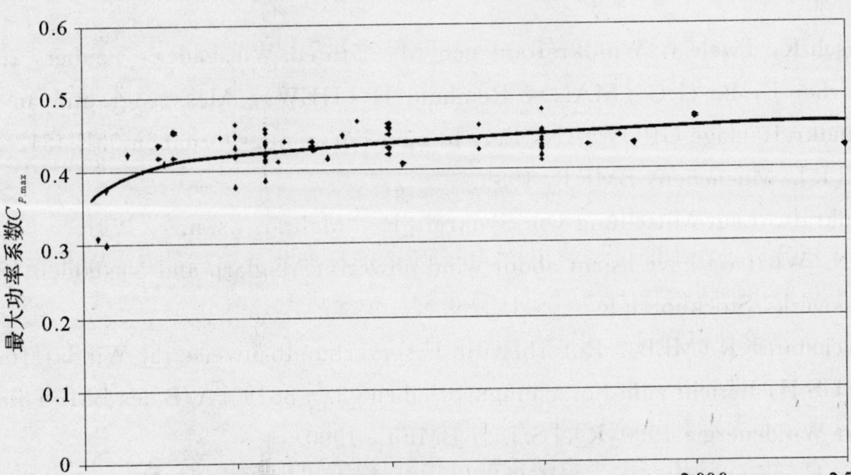

图 4.66　最大功率系数 $C_{P.\max}$ 随额定功率的变化（由功率曲线测量得到）

图 4.67 给出了 1991 年以来，失速型风机和变桨型风机的供应量。由图可见，从 20 世纪 90 年代初至 90 年代中期，失速型风机占大多数。自此之后，兆瓦级风机以变桨型风机居多。由于苛刻的接网条件（参见第 14 章），在德国新近安装的风机中，失速型风机几乎为零。例如

2005 年上半年，安装的全部为变桨型风机，其中 10% 为主动失速(顺风变桨)型风机。

在其他国家，由于市场条件不同，加之运输和安装条件的限制，失速型风机仍然具有需求。这种风机技术经过长期考验，性能稳健。因此，即使变桨型风机的领头羊 Enercon 公司，最近也研制出 20 kW 失速型风机样机。还有不久前专门为岛屿和发展中国家研制的 5 kW 下风风机 Aerosmart 5(见图 4.56(a))，利用的也是失速型控制。

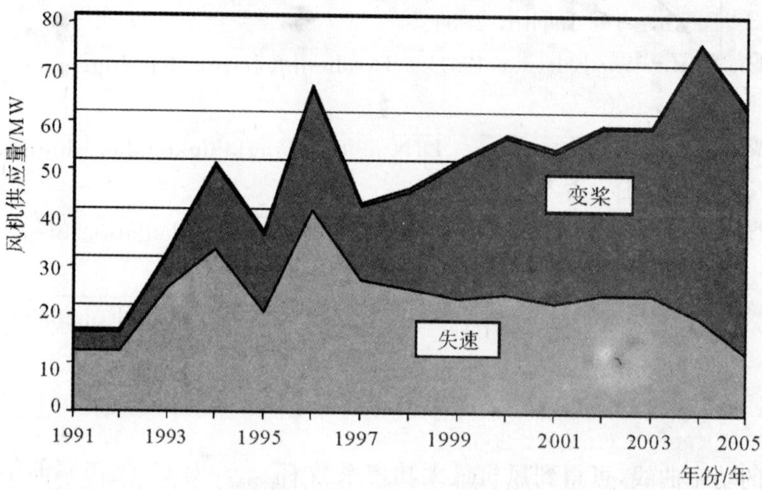

图 4.67　失速型风机和变桨型风机在德国的供应量[27]

参考文献

[1] Gasch R, Twele J. Windkraftanlagen[M]. 5th ed. Wiesbaden: Teuber, 2007.

[2] Körber F, Besel G (MAN), Reinhold H (HEW). Messprogramm an der 3MW-Windkraftanlage GROWIAN, Bericht zum Forschungsvorhaben 03E-4512-A des BMFT[R]. Muenchen: BMFT, 1988.

[3] Sydkraft. Laut Mitteilung von Sydkraft[R]. Malmö: [s. n.], 1991.

[4] N N. What we have learnt about wind power at Maglarp and Näsudden, Statens energieverk, Stockholm[R]. [S. l.]: N. N., 1990.

[5] Wachsmuth R (MBB). Rotorblatt in Faserverbundbauweise für Windkraftanlage AEOLUS II, Bericht zum Forschungsvorhaben 032 - 8819 - A/B des BMFT im Statusreport Windenergie 1990[R]. [S. l.]: BMFT, 1990.

[6] Hau E. Windkraftanlagen—Grundlagen, Technik, Einsatz, Wirtschaftlichkeit[M]. Berlin: Springer-Verlag, 1988.

[7] Maurer J. Windturbinen mit Schlaggelenkrotoren, Baugrenzen und dynamisches Verhalten[R]. Berlin: TU Berlin, 1992.

[8] Wortmann F X. Neue Wege zur Windenergie, Sonderdruck aus der DFG-Reihe: Forschung in der Bundesrepublik Deutschland—Beispiel, Kritik, Vorschläge[M]. Weinheim: Verlag Chemie, 1983.

[9] Person M. Zur Dynamik von Windturbinen mit Gelenkflügeln — Stabilität und erzwungene Schwingungen von Ein- und Mehrflüglern[D]. Berlin：Institut für Luft- und Raumfahrt der TU Berlin，1988.

[10] Franke J B. Erarbeitung eines Konzeptes zur Berechnung der Lebensdauer von Getriebeverzahnungen unter Berücksichtigung der Betriebszustände von Windenergieanlagen[R]. Berlin：TU Berlin，2004.

[11] DUBBEL Beitz W，Küttner KüH. Taschenbuch für den Ingenieur[M]. Berlin：Springer-Verlag，2002.

[12] Deutsches Institut für Normung. DIN 3990，Tragfähigkeitsberechnung von Stirnrädern[M]. Berlin：Beuth-Verlag，1987.

[13] International Organization of Standardisation（ISO）. Calculation of load capacity of spur and helical gears，ISO 6336[S]. Genf：ISO，1996.

[14] Boiger P. Die Aerogear-Baureihe soll für mehr Sicherheit und Ruhe bei Getrieben sorgen[J]. Windkraft Journal，2002.

[15] Richtlinien für die Zertifizierung von Windkraftanlagen[R]. Hamburg：Germanischer Lloyd WindEnergie GmbH，2003.

[16] Haibach E. Betriebsfestigkeit，Verfahren und Daten zur Bauteilberechnung[M]. [S. l.]：VDI-Verlag，1989.

[17] Schlecht B，Schulze T，Demtröder J. Modelle zur Triebstrangsimulation von Multi-Megawatt Windenergieanlagen[C]//Tagungsband Dresdener Maschinenelemente Kolloquium 2003. Aachen：Verlagsgruppe Mainz，2003：351-362.

[18] Thörnblad P. Gears for Wind Power Plants，2nd Int. Symposium on Wind Energy Systems[C]. Amsterdam：[s. n.]，1978.

[19] NN. Betriebsanleitung für die Allgaier Windkraftanlage System[R]. Uhingen：[s. n.]，c1954.

[20] Institut für Solare Energieversorgungstechnik e. V.（ISET）. EU-Projekt NEW ICE-TOOL（deutsches Teilprojekt）[R/OL]. http://www. iset. uni-kassel. de/icetool/.

[21] Fördergesellschaft Windenergie e. V.，Bundesministerium für Wirtschaft und Technologie（Hrsg.）. Blitzschutz von Windenergieanlagen，Abschlussbericht[R]. [S. l.]：BMWi-Forschungsvorhaben，2000.

[22] Fördergesellschaft Windenergie e. V.，Bundesministerium für Wirtschaft und Technologie（Hrsg.）. Blitzschutz von Windenergieanlagen，Abschlussbericht[R]. 2000.

[23] Deutsches Windenergie-Institut（DEWI）. Studie zur aktuellen Kostensituation 2002 der Windenergienutzung in Deutschland[R]. Wilhelmshaven：[s. n.]，2002.

[24] Germanischer Lloyd WindEnergie GmbH. Richtlinie für die Zertifizierung von Condition Monitoring Systemen für Windenergieanlagen[R]. Hamburg：Germanischer Lloyd WindEnergie GmbH，2003.

[25] Heilmann C，Liersch J，Melsheimer M. Rotorunwuchten sind vermeidbar[J]. Sonne Wind und Wärme，2006(4).

[26] Huβ G (MAN). Modifizierung des Anlagenkonzepts WKA - 60 im Hinblick auf eine Leistungssteigerung, Landaufstellung und eine Verbesserung der Wirtschaftlichkeit, Bericht zum Forschungsvorhaben 032 - 8824 - A des BMFT im Statusreport Windenergie 1990[R]. [S. l.]: BMFT, 1990.

[27] Bundesverband WindEnergie. Windenergie 2005 Marktübersicht [R]. [S. l.]: Bundesverband WindEnergie 2005.

[28] BMU. Erneuerbare-Energien-Gesetz (EEG) der Bundesregierung[EB/OL]. http://www.erneuerbare-energien.de/.

[29] Körber F. Baureife Unterlagen für GROWIAN, Schlussbericht zum Forschungsvorhaben des BMFT[R]. [S. l.]:BMFT, 1979.

[30] Gasch R, Twele J. Wind Power Plants[M]. Berlin: Solarpraxis, 2002.

第5章　风特性、风功率和测风

风能利用的规模和效率取决于风场和风况。本书多处强调，风含功率与风速的三次方成正比。因此，了解风特性、测风、评估风场和风况是风电项目规划和风机设计的基础。本章首先介绍风的形成、风系、风特性及其描述，然后建立测风及风能量估计的方法，阐述影响风机载荷和发电量的因素，最后引入风能的预报。

5.1　风的形成

5.1.1　全球风系

地球大气层可以看做一台热机，温度引起的势能差推动大气运动，而太阳为这台热机提供能源。在此，水是最重要的能量载体，它以蒸汽、水珠和冰三相形态存在于大气中。从一种形态向另一种形态转换所释放或者吸收的热量显著影响大气。由于地球的形状是球形的，故太阳的辐射沿两极减小，在赤道大气层中热量高，而在两极地区热量低。为了平衡，热量通过气流的运动从赤道分别向南半球和北半球传输，即由全球风系来实现。

除此之外，地球的自转和科氏力影响风向。图5.1描述了全球风系。

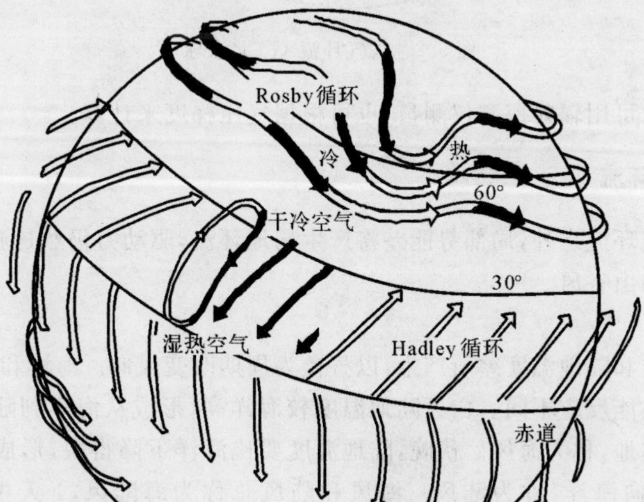

图5.1　全球风系[2]

在每个半球，有3个不同的区域：热带、温带和极区。赤道两边的热带处在赤道低压环带，即无风区和亚热带高压环之间。边界为纬度 30°。在这个区域内形成 Hadley 循环:赤道上的热带高温气流上升,并向两极流动。受到地球旋转的影响,气流向东偏转。在纬度约 30°位置,气流大规模向下运动,流向赤道,即信风。两股赤道气流在热带内部相遇,完成 Hadley 循环。温带以纬度 60°副极地低压环带为界。在温带以低压区的西风为主。在极区出现的主要是低压寒带的东风。

5.1.2 大气环流

高空不受地面摩擦影响的气流称为大气环流。当气压梯度力、科氏力和惯性离心力平衡时,空气沿着等高面上等压线的切线方向运动,如图 5.2 所示。气压梯度力是由大气压差产生的,并且始终指向低压区。大气环流并不是完全沿气压梯度力的方向运动,而是要发生偏转。这是由地球自转造成的,即科氏力作用的结果。在北半球,风沿经线向北运动时,将会向右偏转;沿经线向南运动时,将会向左偏转。由于大气环流沿等压线的切向流动,因此,在北半球,沿流动方向看,低压区在左侧,高压区在右侧;在南半球则相反,低压区在右侧,高压区在左侧。这是由于在南、北半球科氏力作用方向相反所致。

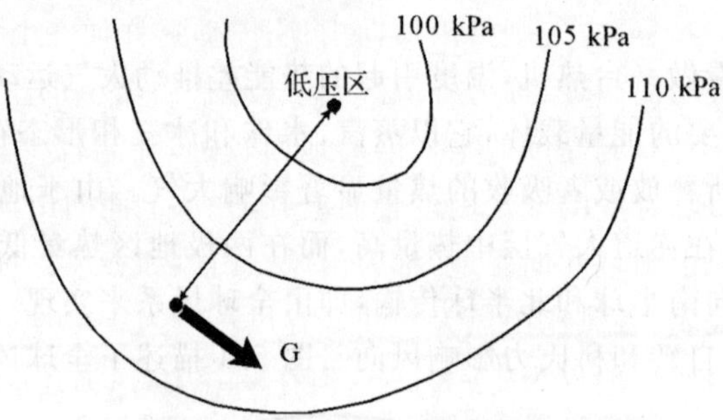

图 5.2 大气环流 G (北半球)[2]

大气环流经常可用辐射探测仪测量,也可根据气压梯度来计算。[5]

5.1.3 局地环流

除上述的大气环流之外,局部势能差将产生局地环流,驱动力仍然是温度差。最重要的局地环流为海陆风和山谷风。

1. 海陆风

海陆风由海洋和陆地温度差所产生,以昼夜为周期改变风向。海洋和陆地物理属性不同,故对太阳辐射的热能反应不同。白天陆地温度较海洋高,形成从海洋到陆地的气压降,凉、湿的风从海洋吹向陆地,称为海风。傍晚,陆地温度要比海洋下降得快,形成从陆地到海洋的气压降,风从陆地吹向海洋,称为陆风。海风和陆风总称为海陆风,1 天中变化一个周期(见图 5.3)。

海陆风的强度在海岸最大,随着离岸的距离增加而衰减,影响距离一般在 20～50 km。海风风速比陆风大,可达 4～7 m/s,而陆风一般仅为 2 m/s 左右。海陆风最强的地区为温度日变化最大、海陆昼夜温差最大的地区。低纬度日照射强,所以海陆风较为明显,尤以夏季为甚[39]。

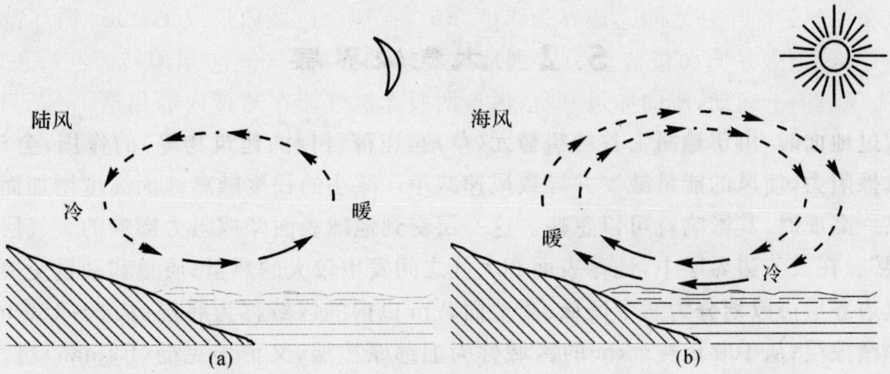

图 5.3　海陆风的生成[39]

(a)陆风；(b)海风

2. 山谷风

山谷风的形成原理跟海陆风是类似的。白天，山坡接受太阳光热量较多，空气增温较多；而山谷上空，同高度上的空气因离地较远，增温较少。于是山坡上的暖空气不断上升，并从山坡上空流向谷地上空，谷底的空气则沿山坡向山顶补充，这样便在山坡与山谷之间形成一个热力环流。下层风由谷底吹向山坡，称为谷风。到了夜间，山坡上的空气受山坡辐射冷却影响，空气降温较多；而谷地上空，同高度的空气因离地面较远，降温较少。于是山坡上的冷空气因密度大，顺山坡流入谷地，谷底的空气因汇合而上升，并从上面向山顶上空流去，形成与白天相反的热力环流。下层风由山坡吹向谷地，称为山风。山风和谷风总称为山谷风（见图 5.4）[39]。

山谷风风速一般较弱，谷风比山风大一些。谷风一般为 2～4 m/s，有时可达 6～7 m/s，通过山隘时风速加大。山风一般仅为 1～2 m/s，但在峡谷中，风力还能增大一些[40]。

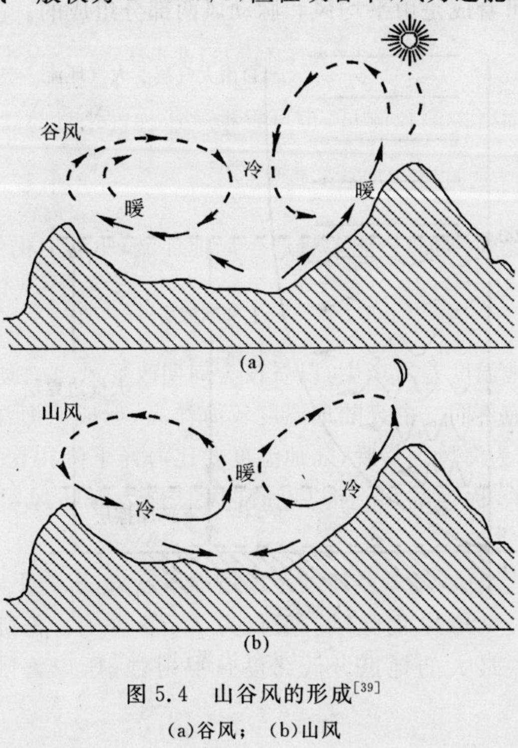

图 5.4　山谷风的形成[39]

(a)谷风；(b)山风

5.2 大气边界层

风吹过地面时，由于地面上各种粗糙元(草地、庄稼、树林、建筑物等)的作用，会对风的运动产生摩擦阻力，使风的能量减少并导致风速减小。减小的程度随离地面高度增加而降低，直至达到某一高度时，其影响就可以忽略。这一层受到地球表面摩擦阻力影响的大气层称为“大气边界层”。在大气边界层中，地球表面和大气之间发生较大的热量、质量和动量交换[40]。

大气边界层可以划分为三个区域：离地面 2 m 以内的区域称为底层；从 2～100 m 的区域称为下部摩擦层；从 100 m～2 km 的区域称为上部摩擦层，又称埃克曼(Ekman)层。底层和下部摩擦层总称为地表层或地面边界层，三个区域总称为摩擦层或大气边界层，再往上就进入了地面摩擦不起作用的“自由大气层”，如图 5.5 所示[40]。

大气边界层的高度随气象条件、地形和地面粗糙度的不同而有差异，这一层正是人们从事社会实践和生活的主要场所。地面上建筑物和构筑物的风载和结构响应等正是大气边界层内空气流动的直接结果[40]。

在大气边界层中，空气运动是一种随机的湍流流动。长期以来，人们对大气边界层内风特性进行了大量的研究工作，希望用一个通用的解析式来描述风特性，但非常困难。目前主要用统计方法来描述，它的主要特征表现在以下几个方面[40]：

(1) 由于大气温度随高度的变化所产生的温差引起空气上下对流流动。

(2) 由于地球表面摩擦阻力的影响，风速随高度变化。

(3) 由于地球自转引起的科氏力的作用，随高度的增加，风向随高度变化。

(4) 由于湍流运动引起动量垂直变化，大气湍流特性随高度变化。

大气边界层内的风可看成是由平均风和脉动风两部分组成的。

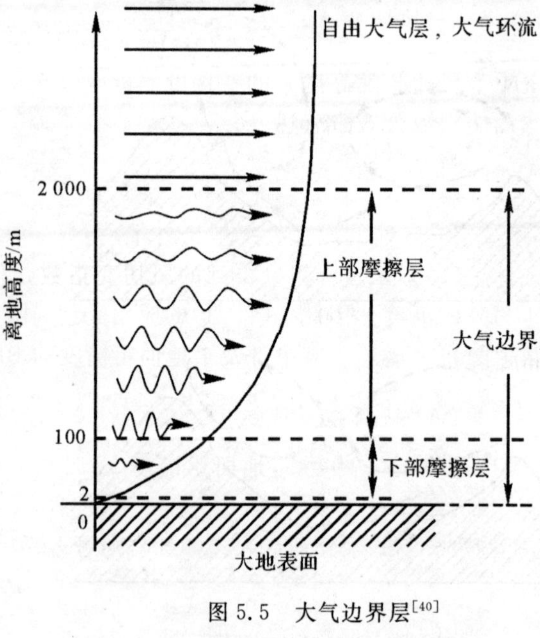

图 5.5 大气边界层[40]

5.2.1　地面边界层

地面边界层也称勃朗特(Prandt)边界层，其高度经常定义为大气边界层的固定百分比(约10%)。但实际上，地面边界层的高度随温度梯度的变化而变化。

风速随高度的变化规律称为风切变或风速廓线。要确定给定高度风机的发电量，首先必须要知道风切变。另外，风切变在叶轮和整个结构上会产生附加载荷。风切变与地面粗糙度和地形地貌有关，另外还取决于温度切变。温度切变层分为 3 类，如图 5.6 所示。

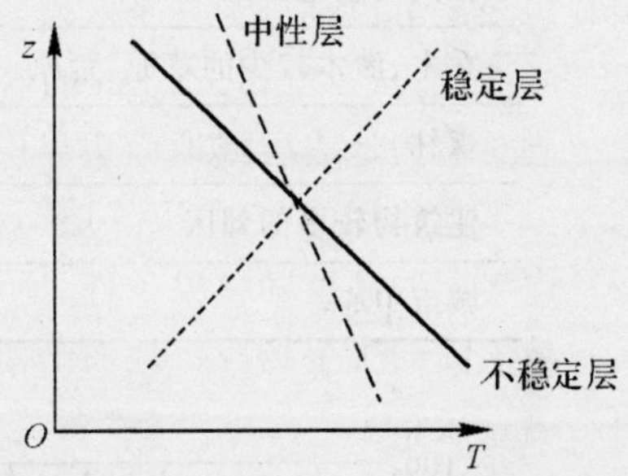

图 5.6　温度切变：温度 T 随高度 z 的变化

第一类为不稳定层。在不稳定层，地面空气温度高于上层空气温度。夏天的几个月，强日照使地面温度剧增，这种情况形成最典型的不稳定层。地面温度高，地表空气上升，密度降低，上层空气向下流，上、下层空气相互掺混，形成湍流。这种垂直方向上的不稳定强掺混导致风速沿高度增长减缓。

第二类为稳定层。在稳定层，地表温度要比上层低。冬天就会出现这种情况。地表空气的密度高于上一层空气的密度，形成一个稳定的平衡状态，上、下层空气掺混减弱，湍流度相应减弱。垂直方向上风速梯度得不到平衡，即风速沿高度增长加剧。在稳定条件下，有时会观察到，风向沿高度明显变化。

第三类为中性层。在中性层中，地表空气既未升温也未降温，温度切变为绝热线。每增高 100 m，空气温度降低约 1℃。这种情况经常出现在高风速条件下。风切变只取决于地面摩擦的影响，而与热力引起的掺混无关。

5.2.2　平均风速沿高度变化——风切变

在中性层中，理想、空旷平原上风速 v 随高度 z 的变化可解析地得到。

平均风速的切变可用赫尔曼的指数公式来表达：

$$\frac{v(z_1)}{v(z_2)}=\left(\frac{z_1}{z_2}\right)^{\alpha} \tag{5.1}$$

式中，$v(z_1)$和 $v(z_2)$分别为高度 z_1 和 z_2 处的风速。一般条件下，指数 α 取 0.14[1]，但它与高度 z、地面粗糙度、大气层以及地貌有关。因此，测量得到的风切变指数 α 只适用于所测量的风场和高度 z_1 和 z_2，不宜用于另外的高度。因此，式(5.1)的应用受到局限。

平均风速切变还可用对数律分布来描述。其中计及了地面粗糙度的影响。对数分布为

$$v(z)=\frac{u^*}{k}\ln\left(\frac{z}{z_0}\right) \tag{5.2}$$

对数分布律取决于 4 个参数：摩擦速度 u^*，高度 z，地面粗糙度 z_0 以及卡门常数 k。一般取 $k\approx0.4$。

如果已知地面粗糙度 z_0，把高度 z_1 和 z_2 分别代入式(5.2)，则可得

$$v_2(z_2)=v_1(z_1)\frac{\ln\left(\frac{z_2}{z_0}\right)}{\ln\left(\frac{z_1}{z_0}\right)} \tag{5.3}$$

只要已知地面粗糙度 z_0，则由测风塔高度 z_1 的测量风速 v_1 就可得到高度 z_2(例如轮毂高度)的风速 v_2。表 5.1 给出了地面粗糙度 z_0 的不同取值。z_0 是地面状态的度量。图 5.7 表示不同粗糙度 z_0 对风切变的影响。

表 5.1　不同地面类型对应的地面粗糙度 z_0

地面类型	z_0/m
平静的水面	0.0001～0.001
开阔的耕地	0.03
乔木、灌木较少的草原、荒原	0.1
森林	0.3～1.6
建筑物较多的郊区	1.5
城市中心	2.0

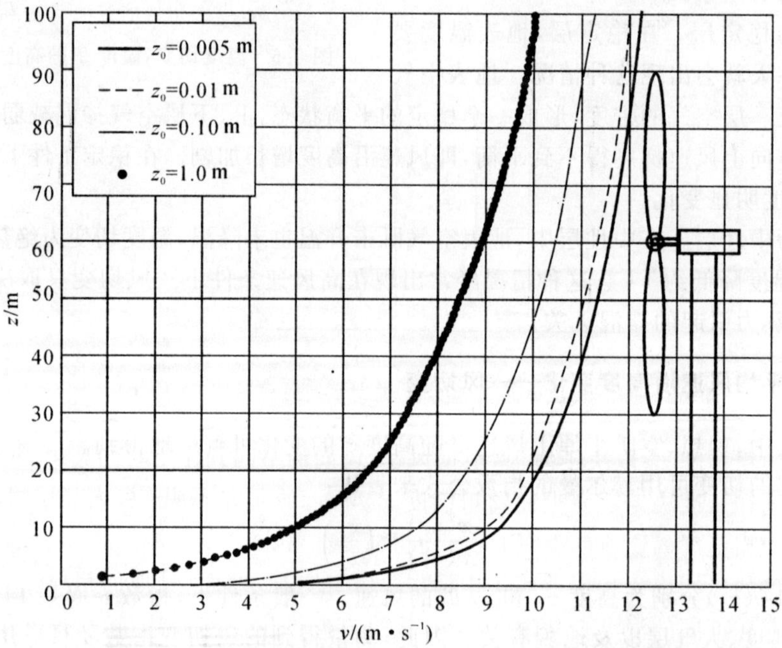

图 5.7　不同地面粗糙度对应的风切变(假设高度 z=1 000 m时的风速为 15 m/s)

如果立一个测风塔，在不同高度测量风速，就可确定当地的地面粗糙度 z_0。假设在高度 z_1 和 z_2 测得的风速分别为 v_1 和 v_2，则由式(5.3)可得

$$\frac{v_2}{\ln z_2 - \ln z_0} = \frac{v_1}{\ln z_1 - \ln z_0},\quad \ln z_0 = \frac{v_2 \ln z_1 - v_1 \ln z_2}{v_2 - v_1} \tag{5.4}$$

图 5.8 表示方程(5.4)中各量间的关系。根据穿过两个测量点的直线与横坐标的交点就可确定 z_0。此处，风速为零。此图给出了地面粗糙度 z_0 明确的物理意义。在图 5.7 中，风切变曲线在 z_0 处的零起点不易辨识，因为纵坐标刻度太粗。

如果利用方程(5.4)来确定地面粗糙度 z_0，两个风速仪之间的高度差必须足够大，例如

20 m或40 m[38]。在一个测风塔上，经常用3～4个风速仪，测量到80 m的高度。这样，在图5.8的直线上就有更多个点。

对于风场规划，需要对若干平方千米地域的地面粗糙度 z_0 进行估计。地面粗糙度 z_0 由一种类型变为另一种类型时，会对附近区域产生影响，如图 5.9 所示。对于大面积的评估，需要借助地形数据(例如，地形勘测、地表测绘、卫星图等）来估计。

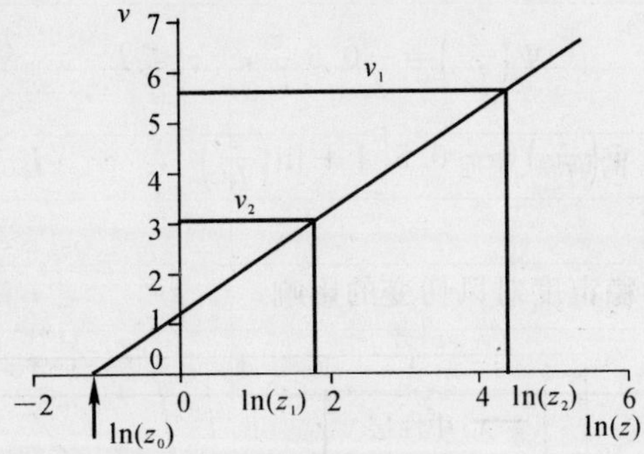

图 5.8　利用 2 个高度 z_1 和 z_2 测得的风速 v_1 和 v_2 确定地面粗糙度 z_0

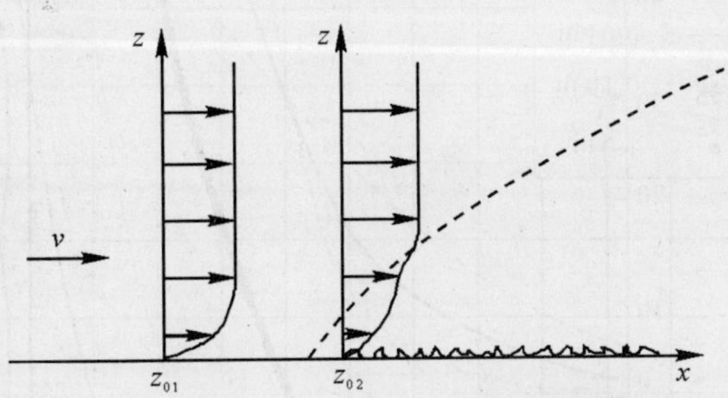

图 5.9　地面粗糙度 z_0 类型变换时对风切变的影响

海平面的粗糙度 z_0 取决于海浪。根据风速、风向的不同和作用时间长短形成不同的海浪。波浪特征高度和长度决定了海平面的粗糙度 z_0。新近的研究表明[15]，大气层对海面风切变的影响要比海面粗糙度的影响明显，因为海面粗糙度非常小。

以上所述的风切变方程仅适用于中性层、平坦的空旷地面，且地面粗糙度一致的情况。垂直地面方向存在不同的温度变化时，就会在垂直方向产生不同的热量、质量和动量传输，造成不同的湍流和风切变。

考虑了大气层中垂直方向上温度变化的影响，将平均风速切变方程修正为

$$v(z) = \frac{u^*}{k}\left[\ln\left(\frac{z}{z_0}\right) - \Psi\left(\frac{z}{L}\right)\right] \tag{5.5}$$

式中，L 为莫宁-奥布霍夫(Monin-Obukhov) 稳定长度。它是垂直方向大气运动的摩擦力和热浮力之比，量纲为长度单位[31]，可由测量直接或间接确定。例如，用超声波风速仪(参见 5.4.2 节）直接测量，或者通过测量两个不同高度上的温度差来确定。初步的估计可以查 2002 年的 TA-Luft莫宁-奥布霍夫(Monin-Obukhov) 稳定长度表。表中给出了与地面粗糙度 z_0 和大气稳定状态相关的数据[32]。

式(5.5) 中的稳定度函数 Ψ 为经验公式，用来修正温度层变化的影响。

在不稳定层，Ψ 为正[40]：

$$\Psi\left(\frac{z}{L}\right)=4.5\,\frac{z}{L},\quad z\leqslant L$$

$$\Psi\left(\frac{z}{L}\right)=4.5\left[1+\ln\left(\frac{z}{L}\right)\right],\quad z>L$$

在稳定层 Ψ 为负[40]：

$$\Psi\left(\frac{z}{L}\right)=-0.5\,\frac{z}{L},\quad z\leqslant L$$

$$\Psi\left(\frac{z}{L}\right)=-0.5\left[1+\ln\left(\frac{z}{L}\right)\right],\quad z>L$$

在中性层，$\Psi=0$。

图 5.10 表示大气层的稳定度对风切变的影响。

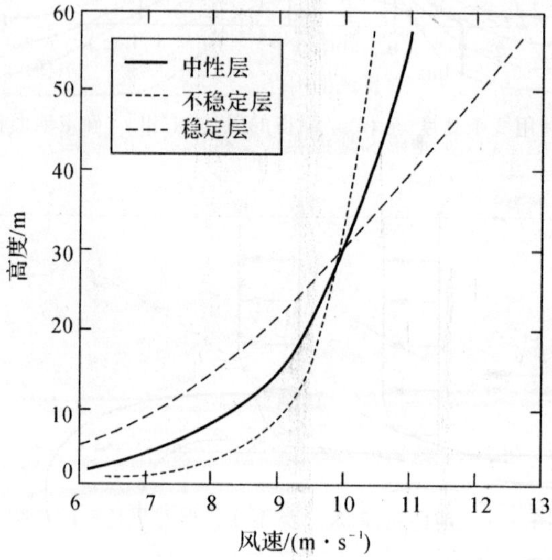

图 5.10　大气层的稳定度对风切变的影响[1]

上述的对数风切变模型是针对空旷、平坦的地形建立的。实际上，地形、地貌对风切变的影响，进而对风机叶轮面风速的影响比地面粗糙度更为明显。利用流体力学知识仅能获得有限的了解。特别是对陡峭的地形，在复杂的大气流动条件下，即使运用大规模的数值仿真也很难表征风切变。

地形将改变风切变规律。原则上，在山丘或山脊的顶上风会加速，如图 5.11 所示，风切变较为陡峭。在圆形山包上风切变与地面粗糙度的关系与平坦地形是不同的。在迎风侧和背风侧坡度大于 30％ 的山脊上，背风侧将会出现湍流。在湍流区，风况呈现明显的间歇式特征。湍流度取决于隆升地形的坡度、弯度、温度切变和地面粗糙度。在极端情况下，随着高度的增高风速有可能减小。

除地形和地面粗糙度影响风速之外，建筑物和树木也影响风切变。图 5.12 给出障碍物降低风速的二维表达。在画阴影的区域，地物的影响很大程度上取决于物体的几何形状。

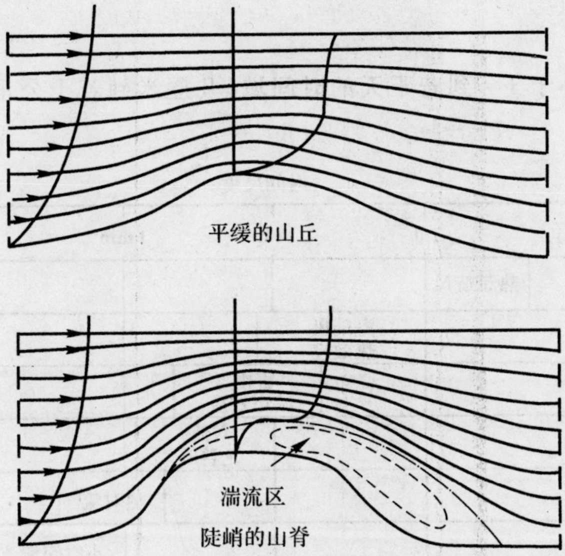

图 5.11　地形和地面粗糙度对风切变的影响[9]

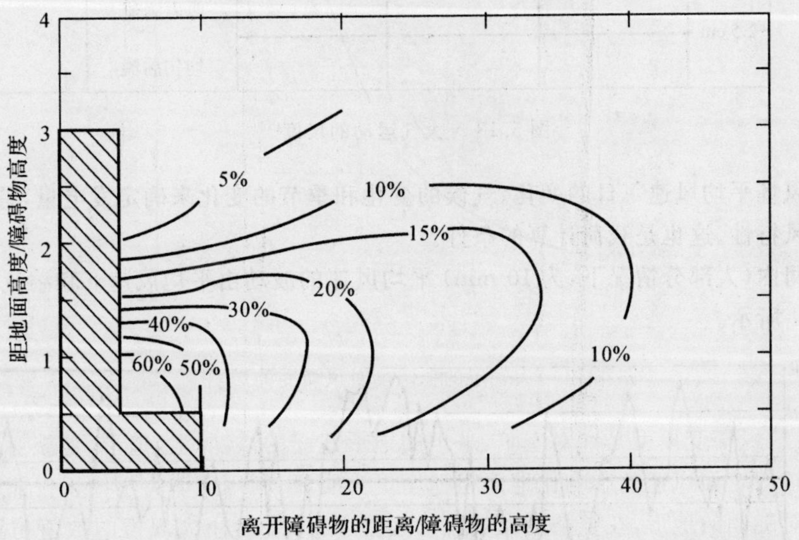

图 5.12　障碍物后风速的降低[5]

在地面边界层(Prandtl 边界层)之上是埃克曼(Ekman)边界层。在埃克曼边界层中,风切变还要受到科氏力的影响。下面的方程解析地描述了此处的风切变[16]:

$$v(z) = u_g \sqrt{(1-2e^{-\gamma z})\cos(\gamma z) + e^{-2\gamma z}} \tag{5.6}$$

式中,u_g 表示大气环流的速度;γ 为垂直方向的湍流系数,此处假设为常数。γ 取决于地面粗糙度和大气层稳定度,由测量确定。考虑到风切变,上述方程包含不确定性。但当高度很高时,经验证明,方程(5.6)要比方程(5.3)更合适。

5.2.3　湍流强度

大气中的风速在小于 1 s 到若干天的时间域、几厘米到若干公里的空间域波动(见图 5.13)。

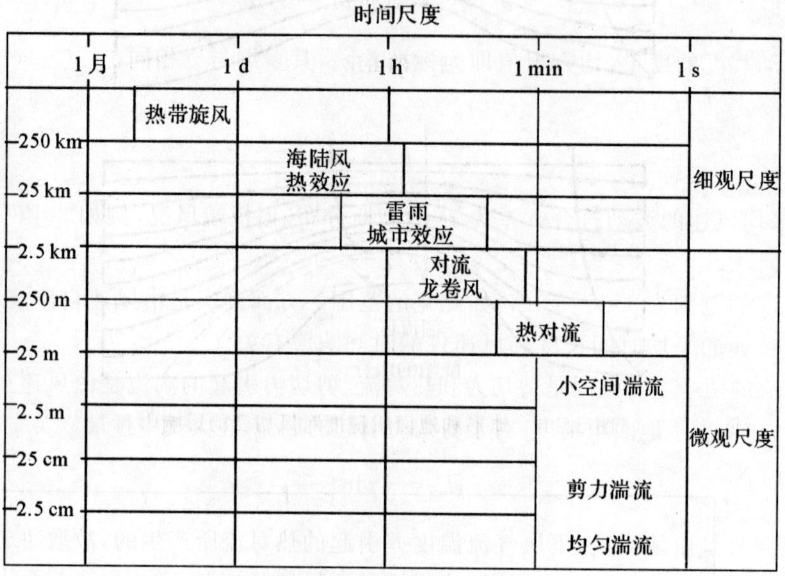

图 5.13　大气运动的尺度[16]

若根据风场平均风速每日的变化、气候的变化和季节的变化来确定发电量，首先要知道湍流结构和阵风特性。这也是载荷计算的条件。

一定时间内(大部分情况下，为 10 min) 平均风速的波动由平均风速 $\bar{v}$ 和湍流强度 I_v 来描述，如图 5.14 所示。

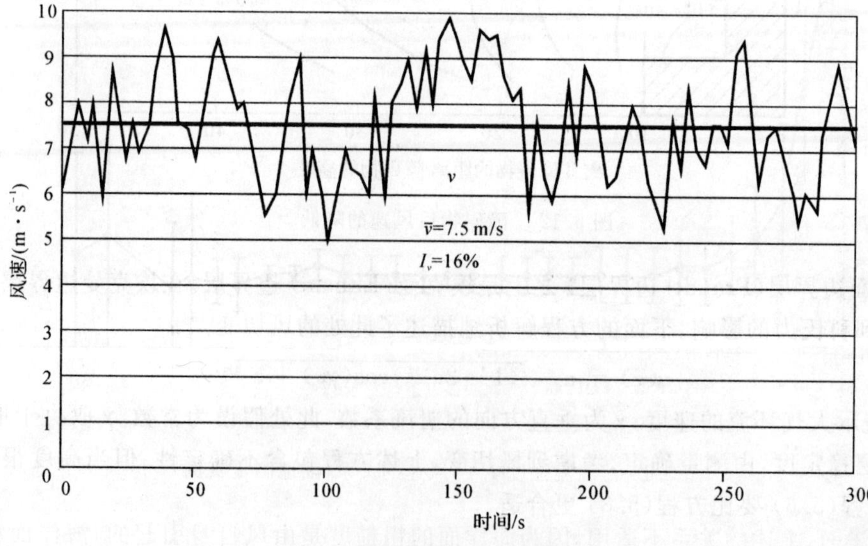

图 5.14　风速的波动和平均风速

在时间 T 内的平均风速为

$$\bar{v}=\frac{1}{T}\int_0^T v(t)\mathrm{d}t \tag{5.7}$$

均方值为

$$\sigma_v^2=\frac{1}{T}\int_0^T (v(t)-\bar{v})^2\mathrm{d}t \tag{5.8}$$

它是风速波动程度的度量。均方根值即为标准差 σ_v，其量纲与 $\bar{v}$ 相同。

湍流强度定义为

$$I_v=\frac{\sigma_v}{\bar{v}} \tag{5.9}$$

粗略地看，平均风速的波动符合方差为 σ_v 的高斯分布。但极端风况，例如 50 年一遇的飓风，不属此类。

湍流强度的范围为 0.05 ～ 0.4。如此宽的范围一方面确实是由风速自然波动引起的；另一方面与测量风速的平均时间长度和风速仪的时间响应有关。

大气湍流的两个主要致因是剪切力和热对流。剪切力引起的湍流是由风速在垂直方向的剪切所引起的。它取决于地面粗糙度。对于剪切力引起的湍流，在大气中性层以及空旷地域，其强度

$$I_v=1\Big/\ln\left(\frac{z}{z_0}\right) \tag{5.10}$$

热对流湍流是由地面上、下层气流温度差引起的热对流所产生的，故取决于温度差。

如图 5.15 所示，测量结果表明，湍流强度随着风速的增加而减小。在低风速情况下，湍流强度很大程度上取决于大气稳定度。

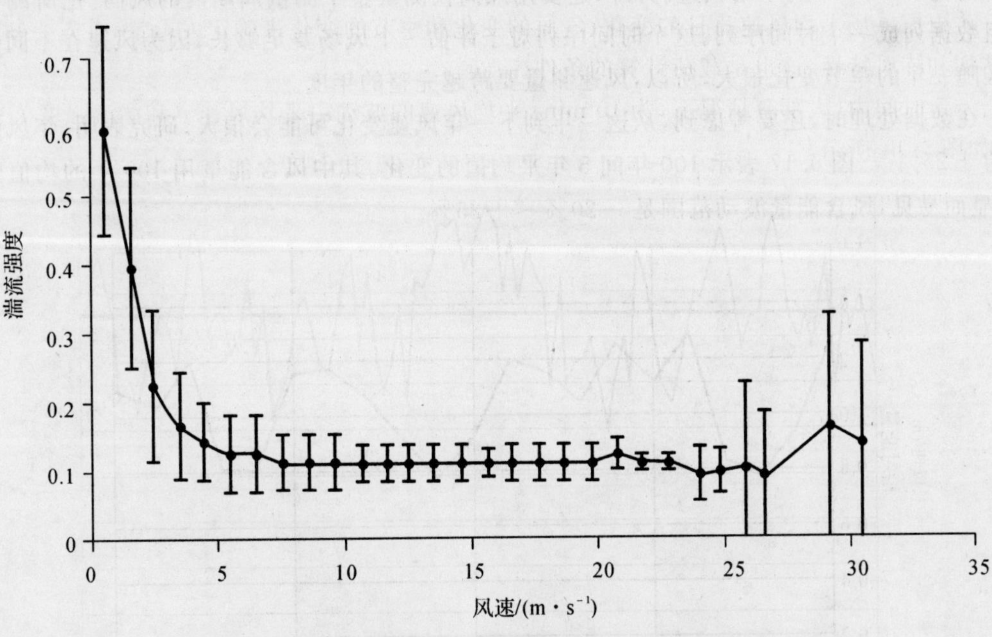

图 5.15　湍流强度 I_v 与风速的关系(陆地测量实例)

在海洋面，上述的关系不适用，因为海洋面的粗糙度是由风自身引起的。海洋面粗糙度的形成不仅取决于风速的大小(见图 5.16)，还取决于风作用的时间。因此，海洋面的粗糙度与时

间相关。原则上，海洋面粗糙度与海浪高度一样随风速增加而增加。

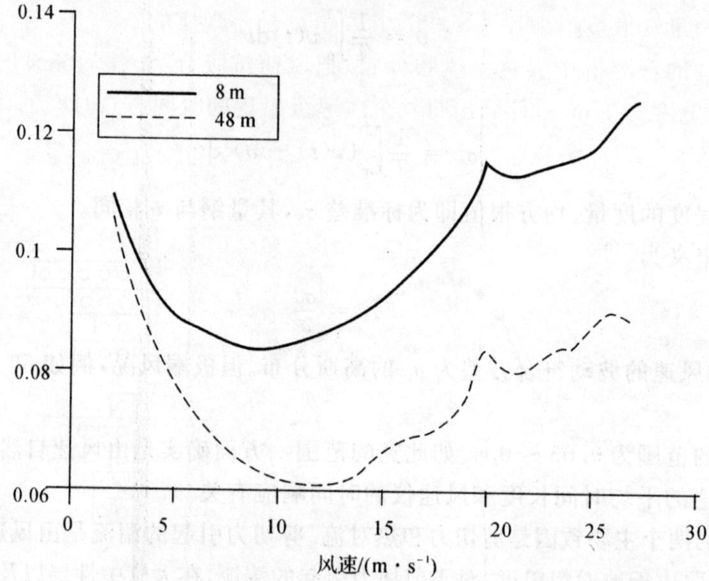

图 5.16　湍流强度 I_v 与风速的关系（海上风场两个不同测量高度的实测结果）[26]

5.2.4　风频分布和分布函数

作为确定年发电量和风机载荷的基础，需测量风速。风速数据为至少 10 min 的平均数据。极少情况下，为 1 h 的平均风速。另外，还要用风向仪测量整个测量周期内的风向。把所测得的两组数据列成一个时间序列。这个时间序列对于评估一个风场要足够长，因为风速在不同的气候区随一年的季节变化很大，所以，风速测量要跨越完整的年度。

在数据处理时，还要考虑到，从这一年到下一年风速变化可能会很大。研究表明，年风能会波动 ±25%[5]。图 5.17 表示 100 年间 5 年平均值的变化。其中风含能量用 100 年的均值归一化。显而易见，风含能量波动范围是 −20% ～+25%。

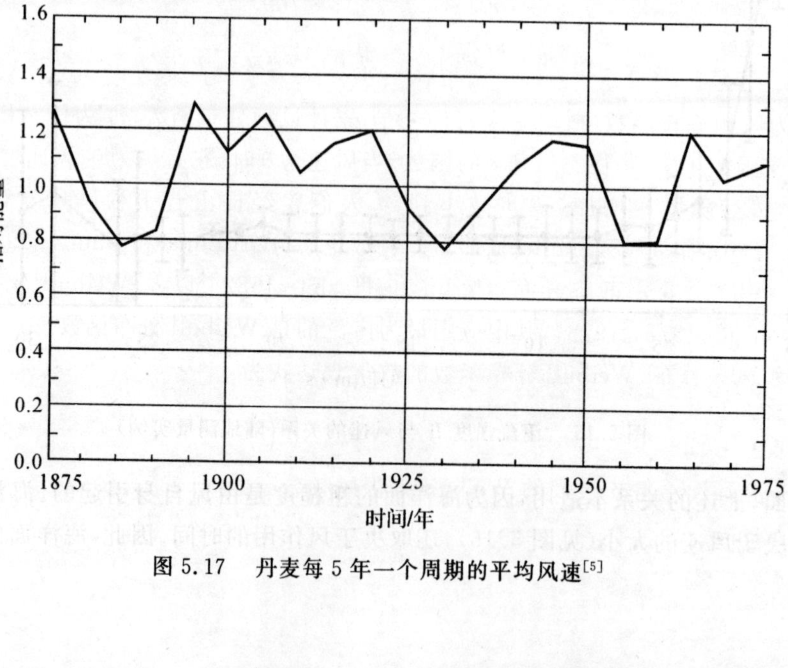

图 5.17　丹麦每 5 年一个周期的平均风速[5]

1. 风频图

通过多年测量获取数据来评估风机及其发电量是不现实的。

对风况条件的一个折中表达是风频分布。把风速按级分类，然后累计时间，如图 5.18 所示。原则上风级宽度为 1 m/s，计算出每一个风速级出现的时间占总时间的比例。

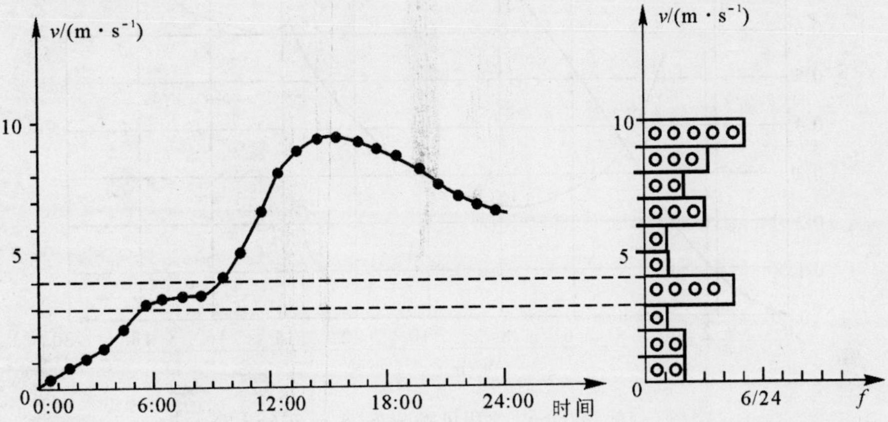

图 5.18　以时间序列小时为单位的风速分布(左)及其对应的日风频分布(右)

例如风速级 v_i 在总的测量时间 T 内占的时间长度为 t_i，则时间比例

$$h_i = \frac{t_i}{T} \tag{5.11}$$

称为相对频度。相对频度和风速级的关系图就是风频图。在 5.3 节将会看到，要用风频图来估计风机的年发电量。

2. 风速的分布函数

风速的概率分布适合于评估一个风场或一个地区的风况。

一年的平均风含功率为

$$P_a = \frac{1}{2}\frac{\rho}{8\ 760}\int_{年} v^3 \mathrm{d}t = \frac{1}{2}\frac{\rho}{8760}\int_0^\infty v^3 f(v)\mathrm{d}v \tag{5.12}$$

$$f(v) = \left(\frac{\mathrm{d}t}{\mathrm{d}v}\right)_{年} = \frac{\mathrm{d}}{\mathrm{d}v}F \qquad (v \leqslant v_1) \tag{5.13}$$

式中，$f(v)$ 为风频分布函数(概率密度)；$F(\cdot)$ 为累计风频分布函数；v_1 为任一稳态风速。

风频分布函数 $f(v)$ 是稳态风速 v 的函数。当风速为 0 时，它必须为 0。风速增加，$f(v)$ 达到一个最大值，然后随风速增加，逐步减小到 0。人们曾经提出若干种风频分布函数。例如，Gamma 分布[Putnam 1948，Sherlock 1951]、对数正态分布[Luna 和 Church 1974]、倒高斯分布[Bardsley 1980]、平方正态分布[Carlin 和 Haslett 1982] 以及 Weibull 分布[Davenport 1965，Justus et al. 1976，1978]，其中应用最为广泛的是 Weibull 分布函数。

对于累积风频分布，Weibull 分布函数的数学表达式为

$$F(v) = 1 - \exp\left[-\left(\frac{v}{A}\right)^k\right] \tag{5.14}$$

图 5.19 表示 $A = 7$，$k = 2$ 的 Weibull 累积风频分布曲线。

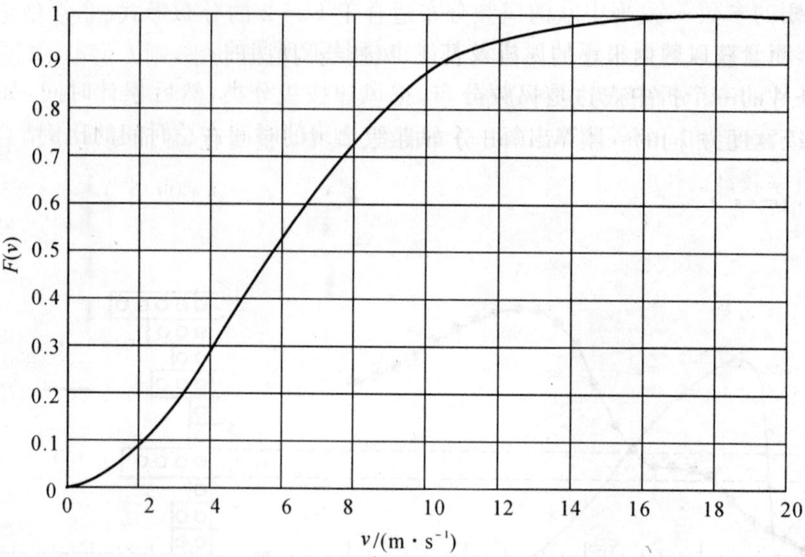

图 5.19　Weibull 累积风频分布($A = 7, k = 2$)

Weibull 风频分布函数(概率密度)则为

$$f(v) = \frac{\mathrm{d}F}{\mathrm{d}v} = \frac{k}{A}\left(\frac{v}{A}\right)^{k-1} \exp\left[-\left(\frac{v}{A}\right)^{k}\right] \tag{5.15}$$

式中,v 是 10 min 平均风速,A 为尺度因子,k 为形状因子。A 是平均风速的度量。

图 5.20 表示 $A = 7$, $k = 2$ 的 Weibull 风频概率密度分布曲线。

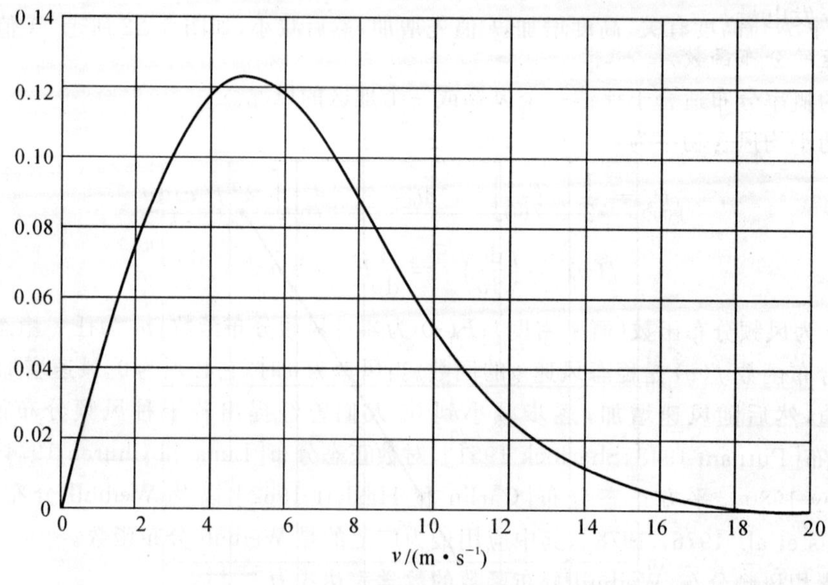

图 5.20　Weibull 风频概率密度($A = 7, k = 2$)

由式(5.15)可算得

$$\bar{v} = A\Gamma(1 + 1/k) \approx (0.9 \pm 0.01)A \tag{5.16}$$

式中,$\bar{v}$ 为平均风速;$\Gamma(\cdot)$ 为 Gamma 函数;k 则描述分布曲线的形状,表征不同的地貌和气候。

人们研究了不同的参数 k，发现中欧的风频分布适合于 $k = 2$ 的分布形式。非常稳定的信风对应很高的 k 值，而北极风则由很小的 k 值来表征。风速绕均值波动小，则 k 值大；若波动大，则 k 值小。$k = 2$ 的 Weibull 分布称为瑞利分布。

图 5.21 表示均值相同的一族 Weibull 分布曲线。其中 k 值变化。显而易见，k 值较小的分布中，高风速的概率较高。

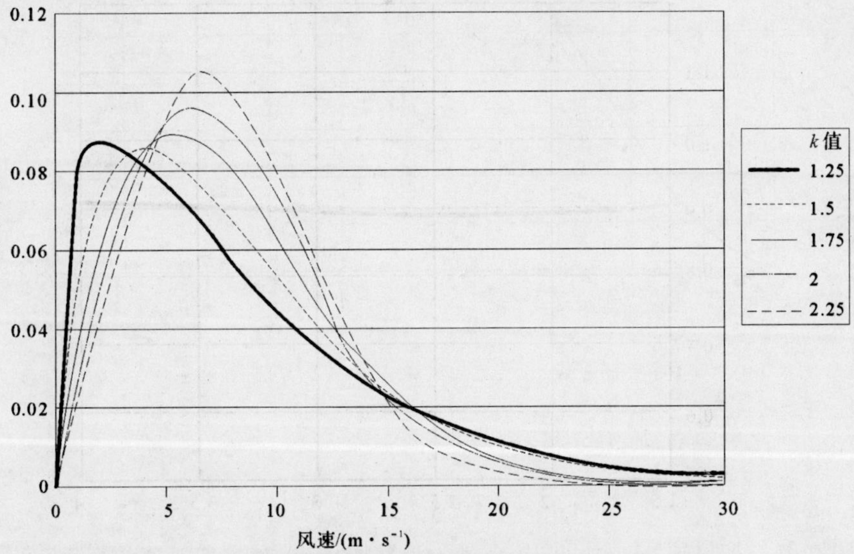

图 5.21　固定平均风速下不同形状因子 k 的 Weibull 分布

除此之外，k 与高度有关。高度增加，k 值先增加，然后减小，如图 5.22 所示。A 值随高度增加持续增大。

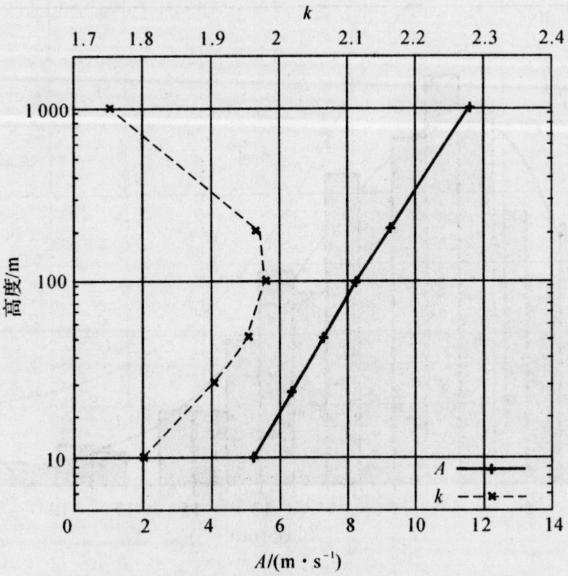

图 5.22　A 和 k 随高度的变化[1]

平均风速 $\bar{v}$ 与 A 和 k 的关系可近似地表达为

$$\bar{v} \approx A\left(0.568 + \frac{0.434}{k}\right)^{\frac{1}{k}} \tag{5.17}$$

如图 5.23 所示，在 $k = 1.5 \sim 4.0$ 范围内，式(5.17) 近似为

$$\bar{v} \approx 0.9A \tag{5.18}$$

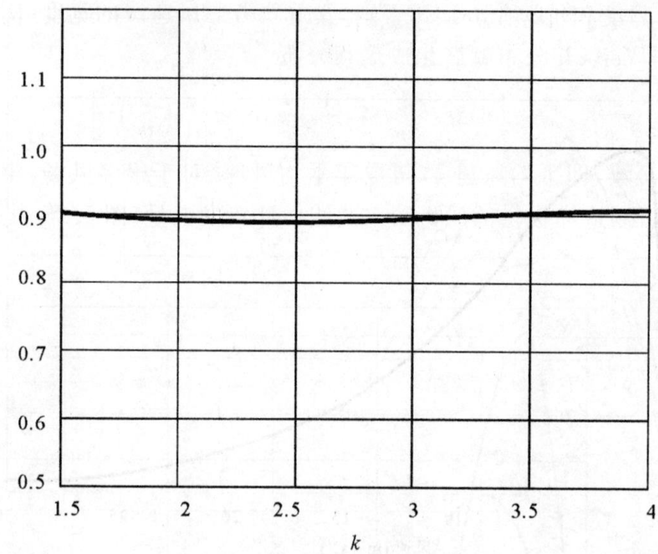

图 5.23　$\bar{v}/A$ 与 k 的关系

对于实测的风频分布，可改变参数 A 和 k 用 Weibull 分布函数来拟合。图 5.24 表示测量的风频分布和拟合的 Weibull 分布。

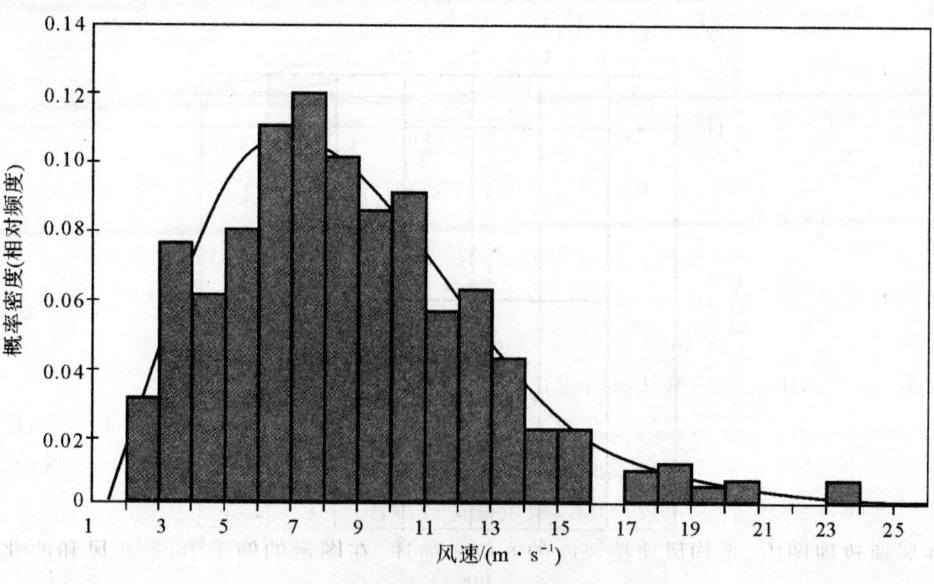

图 5.24　风频分布测量值和拟合的概率密度

因此，风频分布可用双参数的 Weibull 分布来描述。但也可以看到，这种分布对高风速和

静风的频度表达得不精确。对小于 1% 的概率(即 10 min 平均风速在一年中只出现数百次)一般不能用 Weibull 分布来估计。

Weibull 分布适合于评估大部分风速范围对可用风能的贡献。应该遵守如下的原则：

(1) 由 Weibull 分布计算的风含能量应与由测量的风频分布计算的能量近似相等。

(2) 在大于测量的平均风速以上的风速范围，两种分布的概率(频度)必须相等。

(3) 概率和(频度和)必须等于 1。否则，要重新考虑风速级的宽度(例如，0.5m/s)。

当 $k = 2$ 时，Weibull 分布就简化成瑞利分布

$$f(v) = \frac{\mathrm{d}F}{\mathrm{d}v} = \frac{\pi}{2}\frac{v}{\bar{v}^2}\exp\left[-\frac{\pi}{4}\left(\frac{v}{\bar{v}}\right)^2\right] \tag{5.19}$$

其中仅包含一个参数，即平均风速 $\bar{v}$。可取年平均风速。对于很多风场，年平均风速是已知的。这样就可根据风机制造商提供的风机功率曲线估计年发电量。图 5.25 表示不同平均风速 $\bar{v}$ 时的瑞利分布曲线。

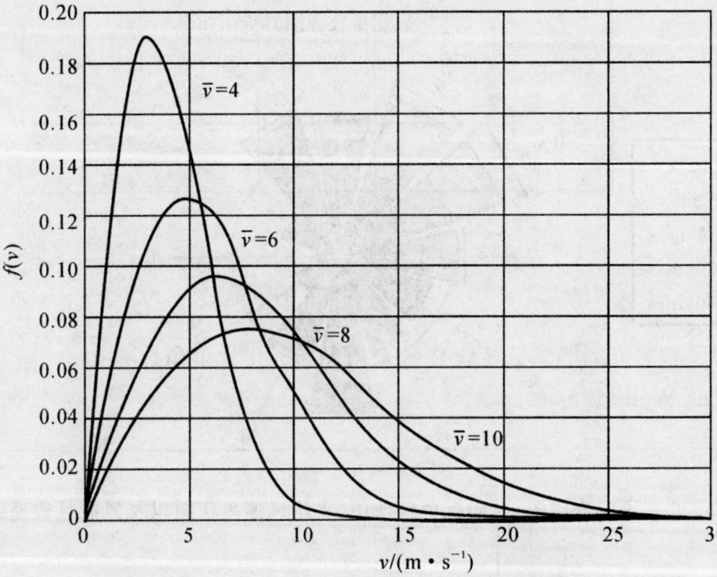

图 5.25　不同平均风速时的瑞利分布

Weibull 分布的参数 A 和 k 通过与测量的风频分布数据拟合得到。对 Weibull 累积概率分布取两次对数就得到

$$\ln(-\ln(1-F(v))) = k\ln(v) - k\ln(A) \tag{5.20}$$

把测量数据带入，用最小二乘法就可求出 A 和 k。

在风场规划时，掌握风向的分布很重要。根据风向的分布，布置风机的位置，使风机的尾流相互影响减小(参见 5.3.5 节)。风向分布以风向玫瑰图的形式来表达，如图 5.26 所示，其中包括风向概率玫瑰图、平均风速玫瑰图以及风能量玫瑰图。

在风速玫瑰图中，平均风速按风吹的方位来描述。在图示的例子中，东北风和西北风平均风速最大，而东风最弱。风向概率玫瑰图表明，正南向是主风向。风能与风速的三次方正成比，正南向风速较低，因此，最大的风能集中在西北方向。风向的确定为风场最优规划提供依据，避免风机尾流造成功率损失。

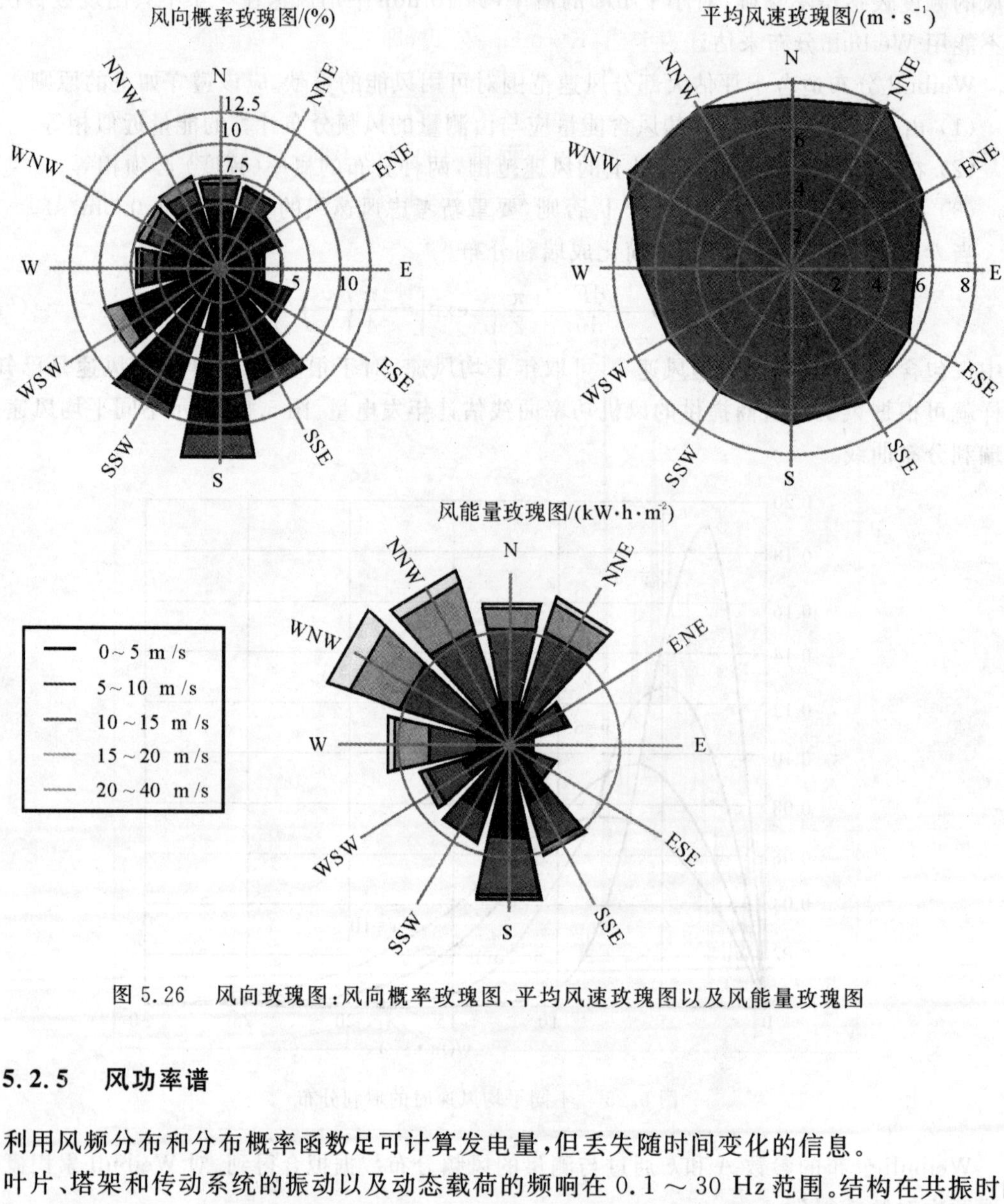

图 5.26　风向玫瑰图：风向概率玫瑰图、平均风速玫瑰图以及风能量玫瑰图

5.2.5　风功率谱

利用风频分布和分布概率函数足可计算发电量，但丢失随时间变化的信息。

叶片、塔架和传动系统的振动以及动态载荷的频响在 0.1 ～ 30 Hz 范围。结构在共振时的响应异常剧烈，故应了解风的频率特性。风功率谱给出了风能量的频域分布，如图 5.27 所示。对风速的时间序列进行快速傅里叶变换就可得到风功率谱密度 $S(f)$。风速均方值为

$$\overline{v^2} = \int_0^{\infty} S(f)\mathrm{d}f \tag{5.21}$$

表明每一个频率 f 处的风能量在总能量中的贡献。均方根值为

$$\sigma_v = \sqrt{\overline{v^2}} \tag{5.22}$$

有两个风功率谱的表达式经常获得应用。一个是卡曼谱(Kaimal)，由测风结果得到的经验公式表示，即

$$S_v(f) = \sigma_v^2 \frac{4I_{1v}/\overline{v}}{(1 + 6fL_{1v})^{5/3}} \tag{5.23}$$

式中，L_{1v} 为湍流长度参数，根据所用的规范不同，它有所不同。

第二个风功率谱的表达式为卡门(Karman)公式，即

$$S_v(f)=\sigma_v^2\frac{4L_{2v}/\bar{v}}{(1+70.8(fL_{2v}/\bar{v})^2)^{5/6}} \tag{5.24}$$

式中，L_{2v} 也为湍流长度参数，与 L_{1v} 类似，根据所用的规范不同，它也有所不同。

通常，风功率谱横坐标为频率，如图 5.27 所示。但在图中标示出对应的时间，以便和图 5.13 所示的时间尺度相关联。

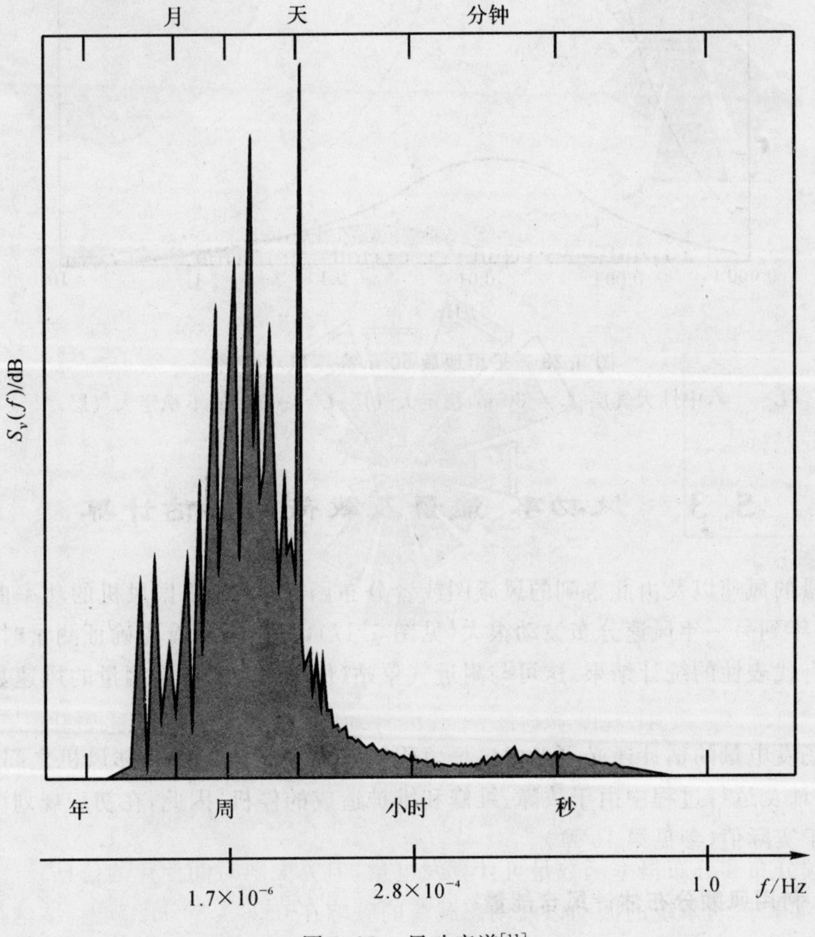

图 5.27　风功率谱[11]

图 5.27 所示的风功率谱是由一年的风速时间序列得到的，采集频率为 8 Hz。分-秒范围的波动是由大气湍流所引起的。以天为频率的峰值来自于风场昼夜 24 h 的周期风循环。以若干天为周期的谱峰反映了大西洋低压区造成的暴风雨。

图 5.28 表示空旷地域在大气层 3 个稳定度情况下的风功率谱。曲线下的面积代表均方值。中性稳定度条件下，风功率谱的峰值宽度最大。在较高频率处，风功率谱随 $f^{-5/3}$ 降低。在低频范围，不确定性较大。如 5.2.2 节所述，温度切变对垂直方向的质量和动量交换影响很大，即对湍流度影响很大。由图可见，不稳定大气层下(莫宁-奥布霍夫稳定长度 $L=-30$ m)，风功率谱幅值增大；而稳定大气层下(莫宁-奥布霍夫稳定长度 $L=30$ m)，风功率谱幅值最小。

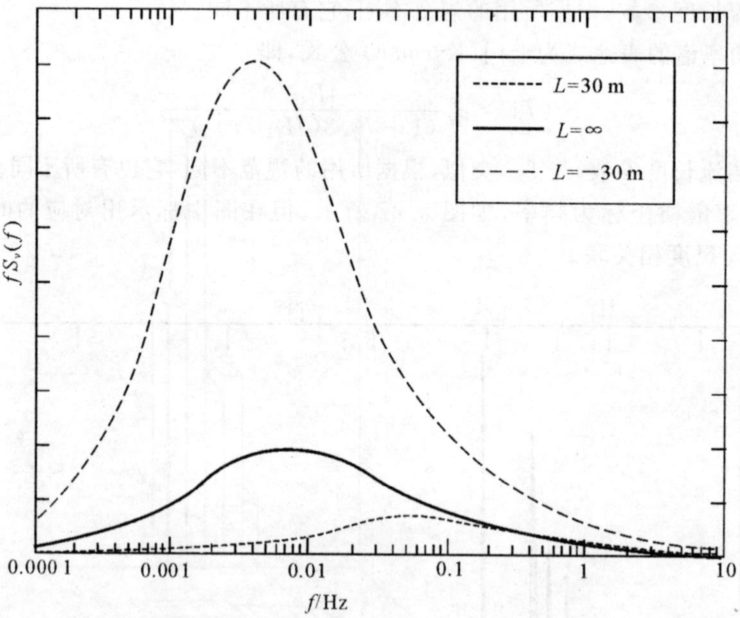

图 5.28 平坦地域 50 m 高度风功率谱

($L=\infty$,中性大气层;$L=30$ m,稳定大气层;$L=-30$ m,不稳定大气层)[1]

5.3 风功率、能量及载荷的评估计算

利用测量的风速以及由此得到的风频图或者分布函数,就可依据风机的功率曲线估计发电量。由于一年到另一年风速分布波动很大(见图 5.17),因此必须首先确证测量时间长度,以能够给出具有代表性的统计结果。这可与附近气象站(例如机场) 长期测量的风速数据进行比较和修正。

对于风场发电量的估计还必须考虑风场障碍物遮挡和干扰以及相邻风机之间的影响。除此之外,还要计及运行过程中由于故障、维修和维护造成的停机。因此,在初步规划中计算出的发电量要大于实际值(参见第 15 章)。

5.3.1 利用风频分布估计风含能量

利用测量的风频分布可计算风含能量,如图 5.29 所示。假设要计算一年的风含能量,则总时间长度 $T=8\,760$ h。

每一个风速级的功率为

$$P_i=\frac{1}{2}\rho v_i^3 \tag{5.25}$$

此风速级的概率(频度)为

$$h_i=\frac{t_i}{T} \tag{5.26}$$

则一年中风速级 v_i 所产生的能量为

$$E_i=P_i h_i T \tag{5.27}$$

所有风速级产生的总能量为

$$E = \sum E_i = T \sum P_i h_i \tag{5.28}$$

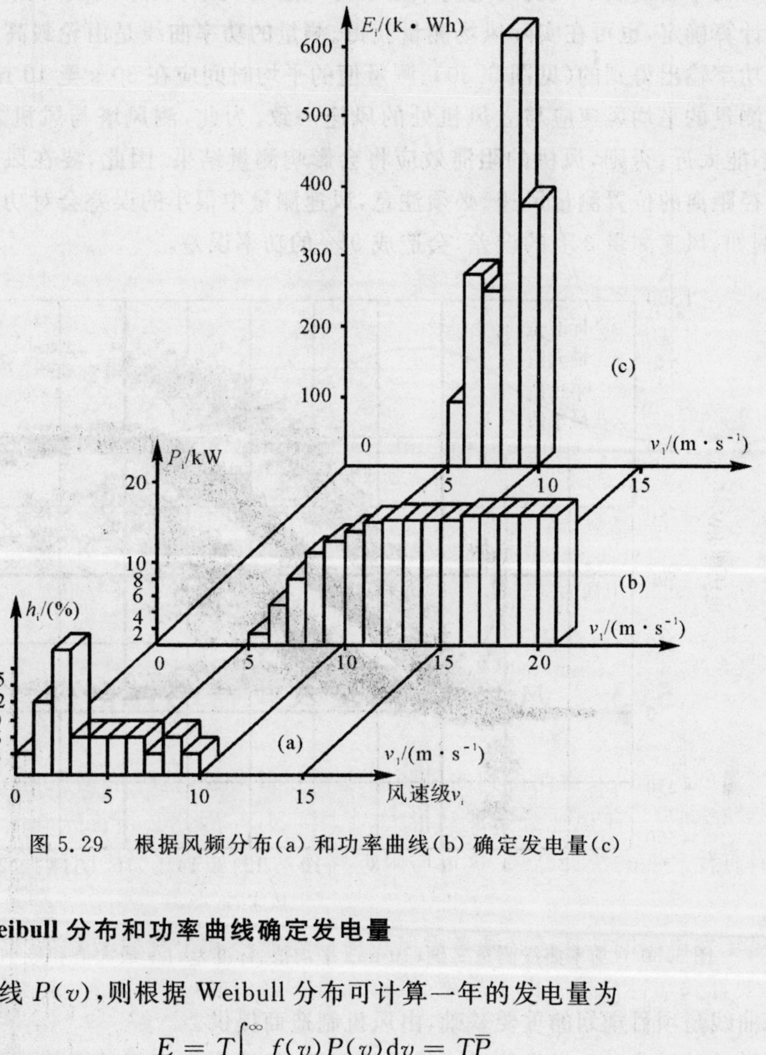

图 5.29　根据风频分布(a) 和功率曲线(b) 确定发电量(c)

5.3.2　由 Weibull 分布和功率曲线确定发电量

若已知功率曲线 $P(v)$，则根据 Weibull 分布可计算一年的发电量为

$$E = T\int_0^\infty f(v)P(v)\mathrm{d}v = T\bar{P} \tag{5.29}$$

式中，$\bar{P}$ 为平均功率，有

$$\bar{P} = \int_0^\infty \frac{k}{A}\left(\frac{v}{A}\right)^{k-1}\exp\left[-\left(\frac{v}{A}\right)^k\right]P(v)\mathrm{d}v \tag{5.30}$$

这个积分式不能解析求出，需数字计算。

可对风机的实际功率曲线分段线性拟合，拟合后功率曲线的表达式为

$$P(v) = \frac{P_{i+1} - P_i}{v_{i+1} - v_i}(v - v_i) + P_i, \quad v_i < v < v_{i+1} \tag{5.31}$$

带入式(5.30) 后就可编程计算。

计算发电量时，应考虑到，功率与空气密度成正比。空气密度与大气温度和气压有关，可用气压高度公式来计算。温度和高度增高，空气密度减小。通常，按照空气密度 $\rho = 1.225\ \text{kg/m}^3$ 给出功率曲线。

5.3.3 功率曲线的确定

风机的功率曲线表示风机的电功率输出与风速的关系。功率曲线可由叶轮和传动系统的设计参数计算确定，也可在实际风场测量获得。测量的功率曲线是由轮毂高度测量的风速和同时测出的功率输出得到的(见图5.30)。测量值的平均时间应在30 s至10 min之间。测风塔在轮毂高度测量的平均风速应与立风机处的风速一致。为此，测风塔与风机之间的距离不能太远，但也不能太近。否则，风机的阻滞效应将会影响测量结果。因此，要在风机前距风机2至4倍叶轮直径距离的位置测量风速。必须注意，风速测量中很小的误差会对功率的确定产生很大的影响。例如，风速测量3%的误差，会造成9%的功率误差。

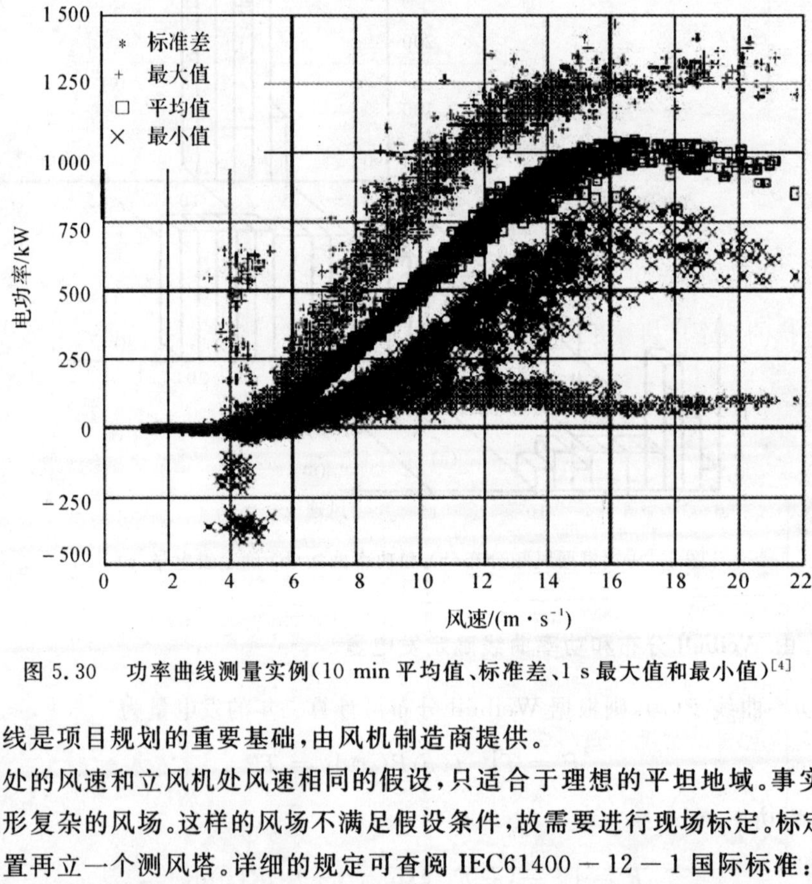

图5.30 功率曲线测量实例(10 min平均值、标准差、1 s最大值和最小值)[4]

功率曲线是项目规划的重要基础，由风机制造商提供。

测风塔处的风速和立风机处风速相同的假设，只适合于理想的平坦地域。事实上，风机往往安装在地形复杂的风场。这样的风场不满足假设条件，故需要进行现场标定。标定时，要在安装风机的位置再立一个测风塔。详细的规定可查阅IEC61400－12－1国际标准：风机特性试验[4]或者德国国家标准FGW[18]。

由于风机的特性与风场风况参数湍流强度、斜流以及风切变等因素密切相关，因此，直接应用在平坦风场认证的功率曲线将会包含不确定性。图5.31给出湍流强度对功率曲线影响的例子。从中可以看到，在小功率范围，功率曲线为风速的3次曲线。二阶导数为正，为凹曲线。当风速波动时，功率必然发生波动，功率的平均值$\bar{P}$要比平均风速时的功率$P(\bar{v})$大。在额定功率附近，功率曲线为凸曲线，风速波动引起功率波动，功率的平均值$\bar{P}$比平均风速时的功率$P(\bar{v})$小。在额定功率的40%～80%范围，湍流度对功率曲线影响不大。在这个功率范围，功率曲线近似为直线。

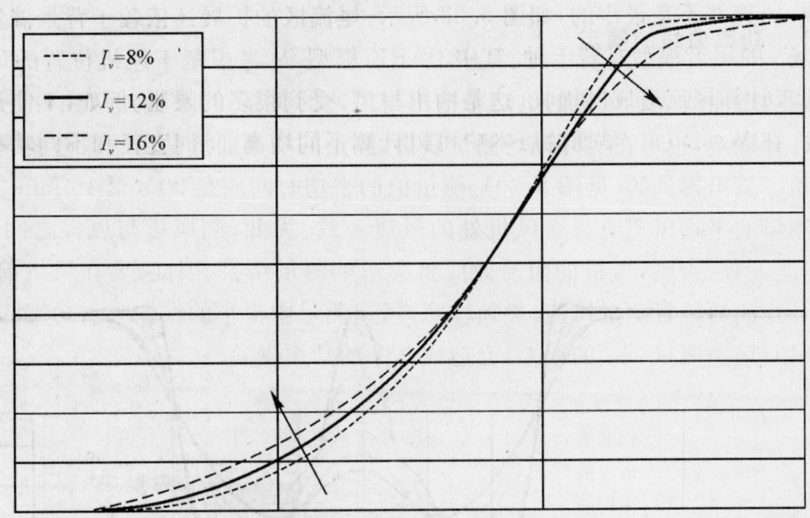

图 5.31 湍流强度对功率曲线的影响[27]

5.3.4 风场收益的估算

不受干扰的自由风机在运行发电时，其风轮后方的风速（尾流）会被减小且其湍流度会增大。因此当一个风机位于一个或多个风机的风向下方时，其发电量会比不受干扰的自由风机要小，且要承受更大的动载荷，如图 5.32 所示。

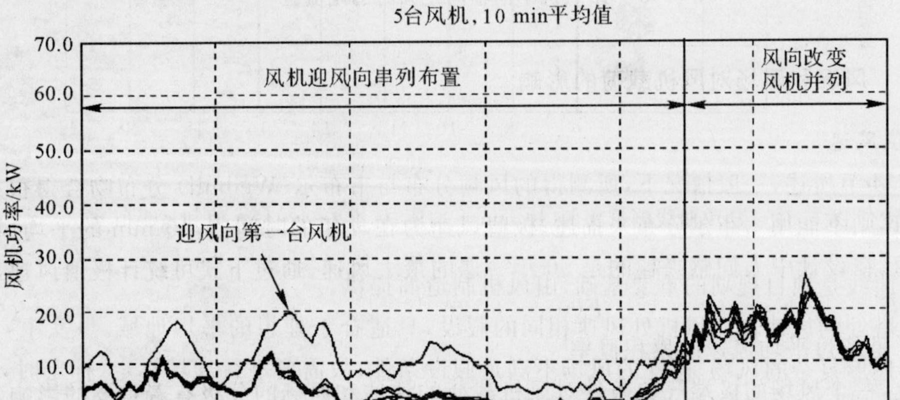

图 5.32 尾流引起 5 台风机功率的减小（Oldenburg 大学）

一般认为，风机正后方尾流截面积比叶轮面积大，尾流中风速减小。风速的减小与推力是关联的。因为推力取决于气流流过风机后动量的变化，所以风速降低影响到推力系数。自由气流和风机尾流风速的不同以及叶轮表面气流的分离导致风机叶轮后湍流强度的增加。沿风机下方，远离风机，尾流影响到的范围逐渐扩大，风速逐渐恢复到自由风速。尾流区中，离风力机越近的截面，平均风速减小得越多；同一截面内，向风力机轴线靠近，风速减小，但在风机轴线的中心区域，风速并不是最小的，如图 5.33 所示。尾流区的扩展还依赖于背景湍流强度。

风机（场）的尾流模型有若干种。其中 PARK 模型[24] 考虑基于风机位置的风向分布和风机推力特性来计算尾流造成的损失。这是两维模型，受到很多的限制。例如，不能计及地形引起的风加速度。在 WasP 7[14] 早期的版本中可以计算不同塔高、不同直径和不同功率曲线风机的风场效应。

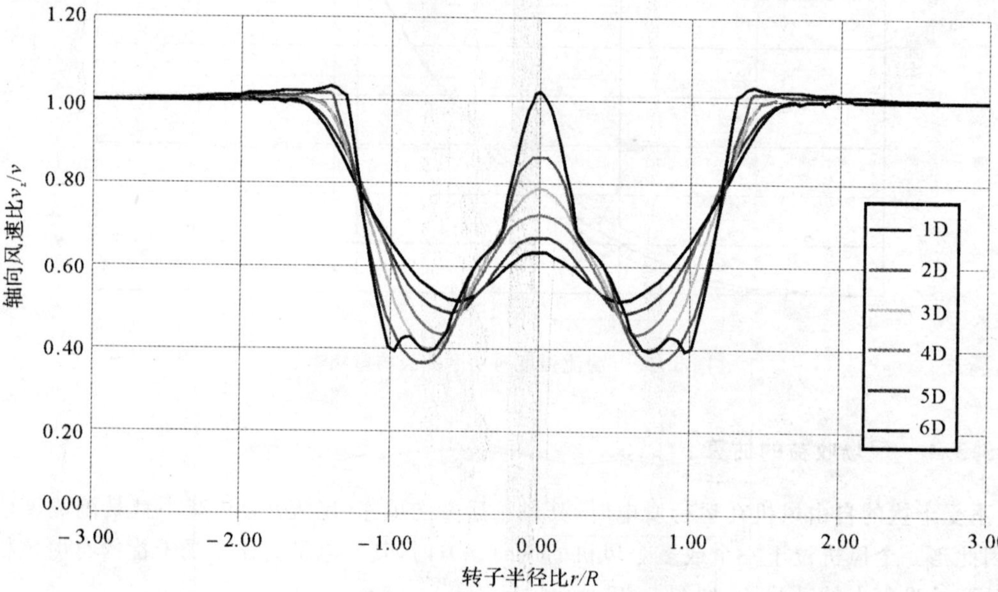

图 5.33　距风机不同轴向距离时的尾流区[29]

5.3.5　风况和风场对风机载荷的影响

1. 极值风速

如 5.2.4 节所述，一般情况下，所测得的风频分布与韦布尔（Weibull）分布吻合得很好。然而，极值风速则不能用韦布尔分布来描述。极值风速为在 n 年的时间内，10 min 的平均风速达到的最大值。在设计中人们感兴趣的是 50 年一遇的最大风速。通过下式可统计极值风速，即

$$F(v) = e^{\{-\exp[-\alpha(v-\beta)]\}} \tag{5.32}$$

式中，$F(v)$ 是超过平均风速的累积概率[1]。

实际上，一个风场的极端气象条件对风机载荷的评估和风场的分级有着重要的影响（参见 IEC－61400－1）。在最大阵风速度和最大 10 min 平均风速（n 年一遇）之间存在着紧密关联，如图 5.34(a) 所示，其中 σ_v 为标准差。图中数据为丹麦西海岸 20 m 高度实测的 10 min 平均风速，共有 1 500 个数据[33]。

设计风机时，要统计以下极值风速：预期在 50 年内所出现的 10 min 平均风速的最高值 v_{m50}；最大阵风 v_{e50}，即 50 年内出现的 3 s 极大平均风速（Germanischer Lloyd 2003[20]，DIBt 2004[21]）。最大阵风 v_{e50} 可由 10 min 平均风速 v_{m50} 和估算出的湍流强度 I_v 来计算：

$$v_{e50} = v_{m50}(1 + 2.8 I_v) \tag{5.33}$$

式中，$I_v = \sigma_v/\bar{v}$。数值 2.8 是通过在地面以上不同高度测量而得的（见图 5.34(b)），与统计时间段（10min）内的风速无关，称为阵风因子。

在劳伊德的规范 2003[20] 和 DIBt 2004[21] 中可查到相似或相同的推荐值。

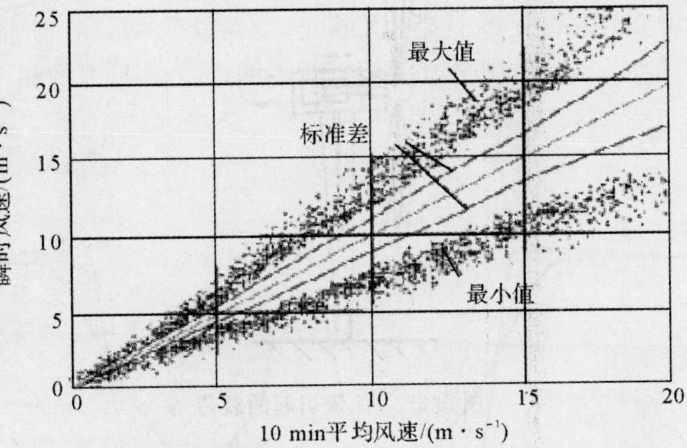

(a)

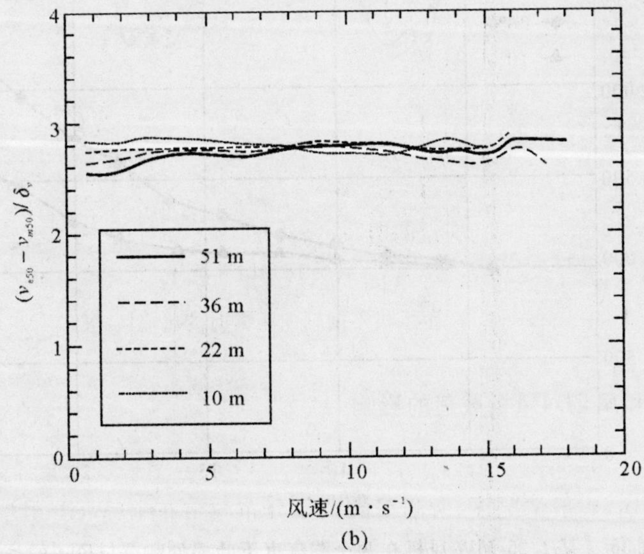

(b)

图 5.34　极值风速

(a)10 min 平均风速的最大值、最小值和标准差；（b）阵风因子随不同风速和测量高度的变化

2. *湍流效应*

在 5.2.3 节中曾经说明，对湍流的描述用湍流度来表示。湍流度定义为统计时间段内（多为 10 min）标准差与平均风速的比值。从图 5.15 可看出，该值与风速有关。在 IEC 规范[19] 和 Germanischer Lloyd 规范[20] 中给予了相应的考虑。

湍流是除叶片自重以外的造成材料疲劳的主要诱因之一。实际中湍流作用在整个叶片上，尤其在叶根处产生交变弯矩载荷。湍流还使传动链产生动态的扭转力矩，在塔架上产生交变推力（见图 5.35）。

图 5.36 给出了示例，表示在两个不同湍流度条件下叶片挥舞方向上叶根载荷与风速的关系（即两个不同湍流强度下风速与弯矩的关系）。

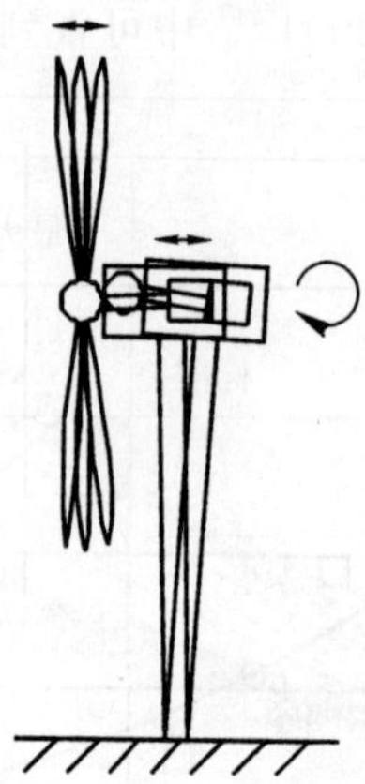

图 5.35　湍流引起的载荷

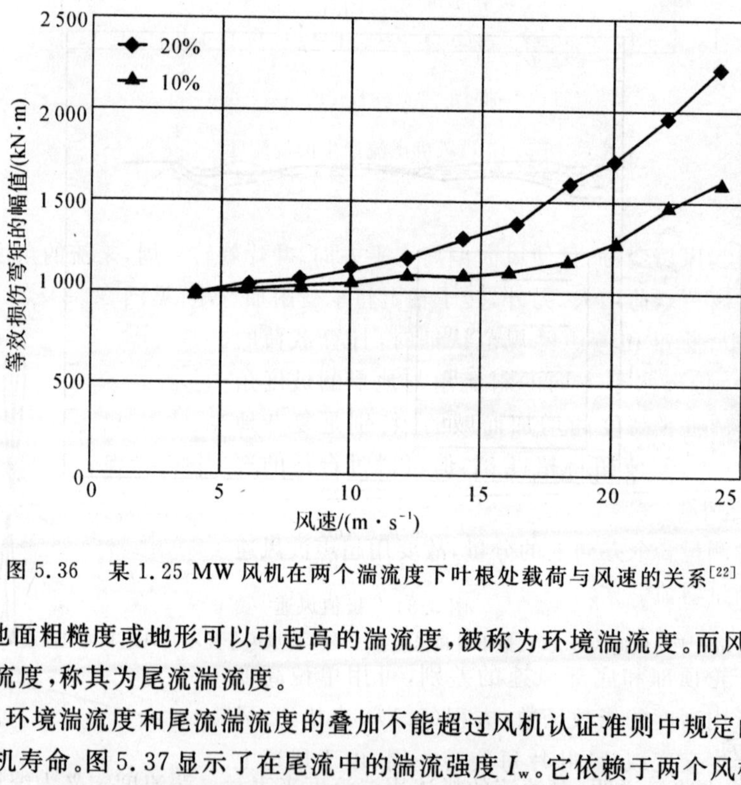

图 5.36　某 1.25 MW 风机在两个湍流度下叶根处载荷与风速的关系[22]

障碍物、地面粗糙度或地形可以引起高的湍流度，被称为环境湍流度。而风场的布局也可以引起高的湍流度，称其为尾流湍流度。

在设计中，环境湍流度和尾流湍流度的叠加不能超过风机认证准则中规定的湍流强度值，否则会缩短风机寿命。图 5.37 显示了在尾流中的湍流强度 I_w。它依赖于两个风机的间距，该结果是在 4 个不同的风场测量而得到的。当风机距离小于 4 倍风轮直径时，会产生超过 DIBt 中所规定的 20% 的尾流湍流度。因此，要仔细确定风场风向分布，以恰当地布置风机的位置，减小尾流的影响。

风场的平均风速是确定载荷的基础，但湍流度决定了载荷交变的频度。这两个参数在风场规划中必须同时加以考虑。对于载荷计算，标准差 σ_v 比湍流度更重要。

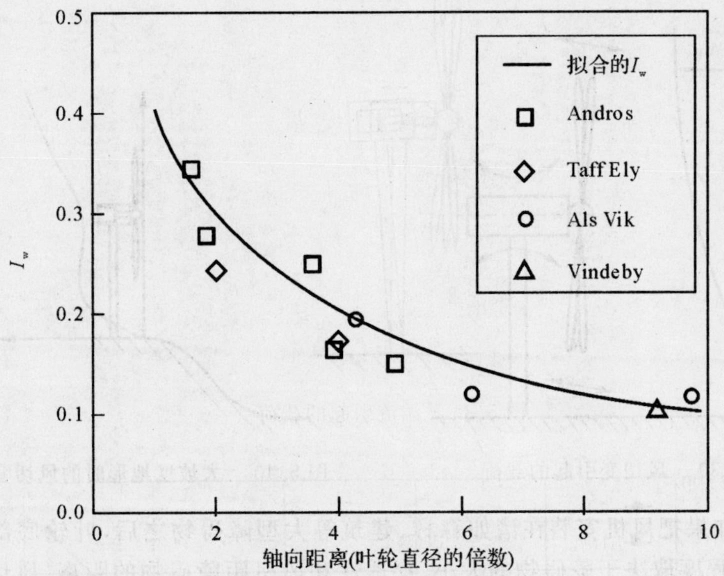

图 5.37　风机尾流产生的湍流度[23]

3. 斜风效应

山坡不仅引起风切变，而且使风向偏离水平方向。叶片旋转一周，来流的角度交变一次。这将使叶片根部的疲劳载荷增大。另外，转子轴上将承受附加弯矩(见图 5.38)。

根据 IEC 国际标准和劳伊德规范认证时，计算载荷的基准斜流角为 8°。偏离水平方向的斜流角与地形的坡度角一致。地形的影响随着高度的增加而减弱。特别是复杂地形，在悬崖或峭壁边，斜流角将超过 8°。但可通过合适的选址，使斜流影响最小。

因为要同时测量 3 个方向上的分量，故要用超声波风速仪在轮毂高度测量斜流。

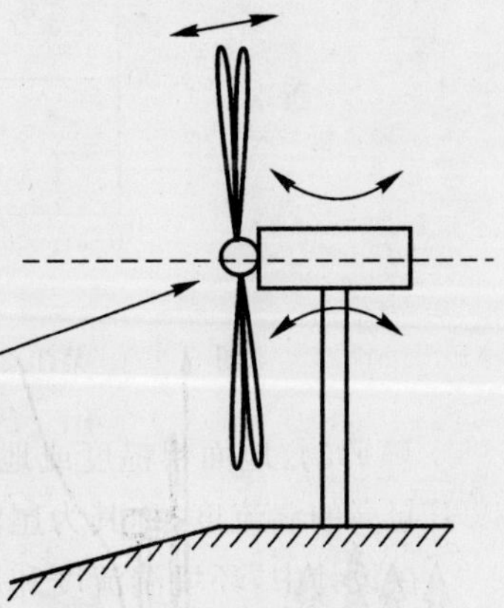

图 5.38　垂直斜流产生的载荷

4. 风切变的影响

风切变为叶轮顶部和底部风速的差别，可用单位高度风速的变化或者用高度的指数函数(方程(5.1)) 来描述。风切变在叶片上产生交变载荷。叶片每旋转一周，由于风速上下不同，来流角交变一次。因此，作用在叶片上的气动力交变一次，使疲劳载荷增加。另外，转子轴上作用的弯矩增大，如图 5.39 所示。

根据 IEC 国际标准和劳伊德规范认证时，计算载荷时的风切变指数为 0.2 (方程(5.1))。

如下的 4 个因素影响风场风切变：

(1) 地形的坡度。风在山坡上加速，使得风切变偏离对数分布律。若坡度较缓，风速随高度可能降低。在有些情况下，风速随高度不增加，风切变为零。当然这样的风场经济性优势明显，塔架高度无须太高。如果背风侧坡度太大，会产生气流湍流分离，风切变规律将发生很大变化，在叶轮面内部分区域，风速甚至出现负切变(见图 5.40)，而在叶轮面另外部分区域，可能会出现很大的风速切变（见图 5.40）。

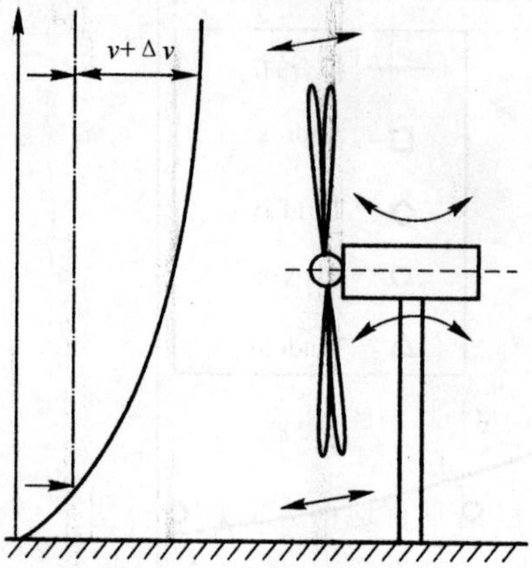

图 5.39　风切变引起的载荷

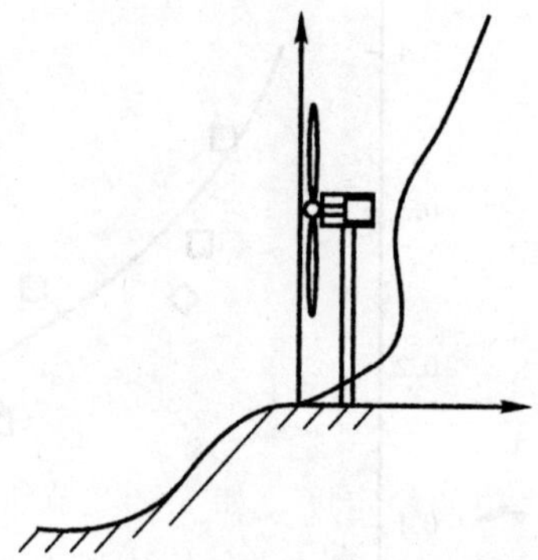

图 5.40　大坡度地形时的风切变

（2）障碍物。如果把风机安装在诸如森林、建筑等大型障碍物之后，叶轮底部的风速会受到强阻滞。阻滞的程度取决于障碍物的大小、穿透性和风机距障碍物的距离。风切变可能不符合对数分布律，如图 5.41 所示。

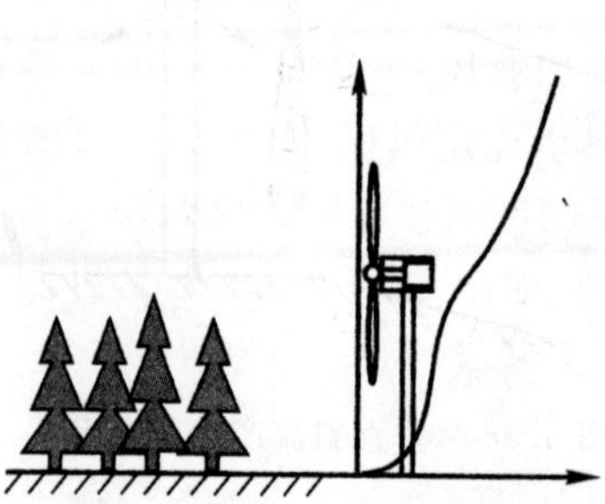

图 5.41　障碍物后的风切变

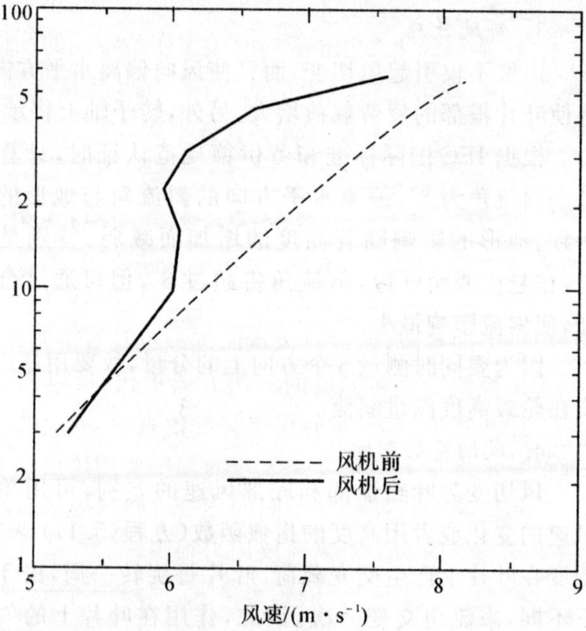

图 5.42　风机前和风机后（5.3 倍叶轮直径）的风切变[1]

（3）风机之间的距离。如前面所述，风力机喇叭型的尾流会使湍流度增加（见图 5.33）。除此之外，由于尾流中，风速降低，尾流区中的风机功率要减小。

在尾流中，气流发生速度损失。尾流对风切变的影响如图 5.42 所示。虚线为风机前的风切变，实线为风机后距风机 5.3 倍叶轮直径处的风切变。由图可见，在叶轮面出现负切变区，也存在风切变非常大的区域。

对风机叶片最不利的尾流影响是叶轮局部处在尾流之中（见图 5.43）。在这种情况下，叶轮不仅要通过垂直风切变，而且要通过水平风切变，湍流度同时增加。

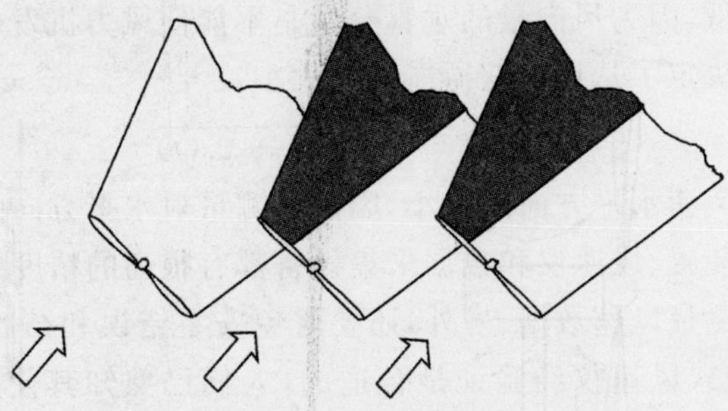

图 5.43　斜置风机的尾流影响区

(4) 大气层的稳定度。如 5.2.2 节所述，当温度沿垂直地面方向存在切变时，就会产生风切变。于是在不同高度的大气层中风速会显著不同。如图 5.10 所示，大气层稳定度增加，风切变增加。

对于上述的前 3 个因素（地形坡度、障碍物以及风机尾流）的影响，可通过适当的选址来避免过大的风切变造成载荷超界。

风场的风切变可通过不同高度的风速测量来确定。但问题是，2 个高度上测量到的风切变只适合这 2 个高度，不能不加处理地用于另外的高度。在同一风场 10 m 和 20 m 高度测量的风切变与 30 m 和 50 m 测到的风切变是不同的。借助专业软件，例如 WasP 软件，把地形特征考虑在内，利用较精确测量的数据，有可能精准地确定风切变。但大气层稳定度的影响，用 WasP 或 WasP Engineering 软件不能计算。

5.4　测风和数据评估

不管是对期望收益的计算，还是对风场进行定量的分析，风速的大小、时间序列和方向都是很重要的参数，而且对风机的选型也具有重要作用。

风机的功率和风速的三次方成正比，所以需要尽可能准确地测风，以统计当地风资源状况。风速测量中 10% 的误差将导致直至 33% 的功率误差。对于确定风机的载荷和寿命，风速的精准测量也很重要。风速的测量要用风速仪来完成。测量的准确性与风速仪关系很大。

按照测量风速向量不同的分量可将风速仪分成不同的类型，如图 5.44 所示，但是可测风速大小和方向的矢量测风仪用得很少。

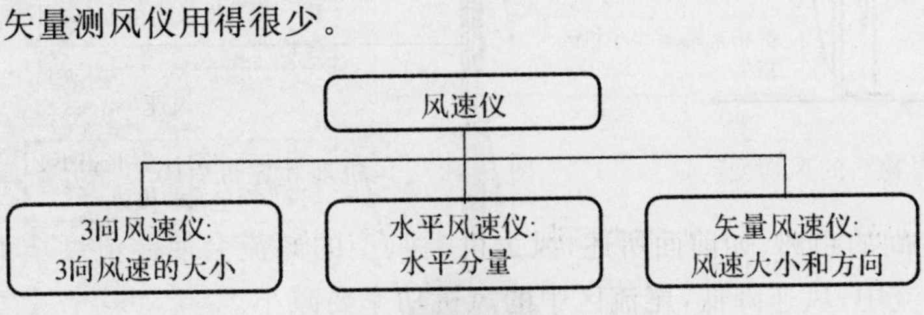

图 5.44　风速仪的分类

风速值作为风机的一个重要参数，各方向上的大小都非常重要。

$$v_{\text{vector}}(t)=\sqrt{v_x^2(t)+v_y^2(t)+v_z^2(t)} \tag{5.34}$$

三向风速仪测量 $v_{vector}(t)$ 与来流角无关。在丘陵地带用三向风速仪测得的功率曲线要比在平坦地形下测得的曲线偏低，因为风向量的垂直分量是不能使风力机发电的。

风速水平分量大小决定了从风中获得能量的大小。

$$v_{horiz}(t) = \sqrt{v_x^2(t) + v_y^2(t)} \tag{5.35}$$

水平风速仪只测量风速水平方向的大小，因此该测量对水平方向的气流很敏感。

对用于测风数据的装置、风速仪和数据采集设备都有很高的精度要求和可靠性要求，以便长时间内无维护地自动测量风速数据。另外，还要避免安装错误和结冰带来的误测量。一般来说，如杯型风速仪等机械式风速仪经验证是合适的，人们已熟知其使用范围和可能出现的误差。在测风之前和测风之后应对风速仪进行标定。

像超声波风速仪这样无运动部件的风速仪至今仍很少使用。一方面，它比机械式风速仪贵；另一方面，原理复杂，抗干扰能力差，也不适合长时间的户外测量。

超声波风速仪测量风速在 3 个方向的分量为 v_x，v_y 和 v_z。风速矢量的幅值 v_{vector} 可由式(5.34)求得，其中不包含风向信息。

风机不能把风在垂直方向上的动能转化成可用功率，只有水平方向的动能为可用能量。水平风速 v_{horiz} 可由式(5.35)求得。

杯型风速仪直接测量 v_{horiz}，但不能测量风速的垂直分量 v_z。

对于杯型风速仪，必须单独测风向。叶轮式风速仪同样测量风速的水平分量 v_{horiz}，但较少使用。由于它装有一个舵轮，故可测风向。叶轮式风速仪的缺点是，风向舵轮使得叶轮不断摆动，所测风速不准确。

5.4.1 杯型风速仪

按照 IEC[4] 和 IEA[3] 国际标准，杯型风速仪是适合风速测量的传感器，如图 5.45 所示。杯型风速仪是一个小的垂直轴风轮，围绕垂直轴安装几个杯状的阻力面，按照阻力原理工作。实际应用中，更多地使用锥形杯来代替球形杯，因为锥形杯背向阻力小。

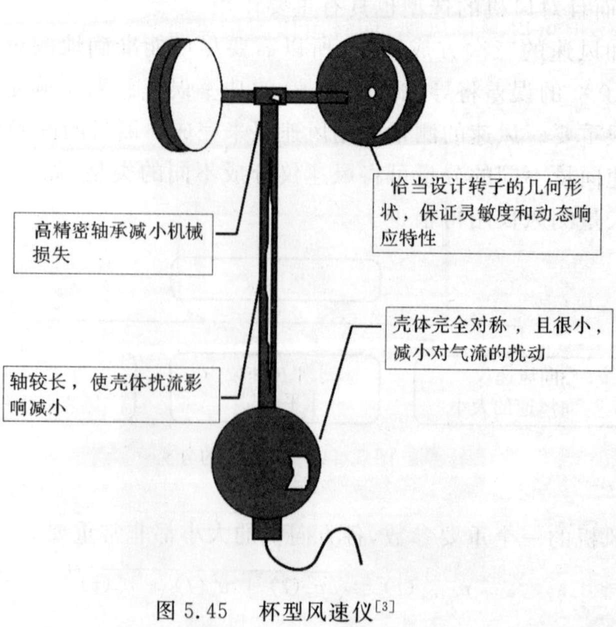

图 5.45　杯型风速仪[3]

风速仪会产生一个与风速成正比的模拟或数字信号。它可以借助测速发电机的转动来产生一个与转速成正比的电压信号，而转速又与风速成正比；或者风速仪每转一圈产生一个脉冲，通过测量脉冲的周期间隔来确定风速仪转速，从而确定风速。

杯型风速仪的另外一个特性是其响应长度，这是当风速发生快速变化时由风杯的转动惯量所引起的。当风速从 v_0 突增到 $v_0+\Delta v$ 时，杯型风速仪的响应以 e-函数形式(一阶滞后)增加。

有若干种方法来确定响应长度[13]。一种方法是，在风洞中，测量杯型风速仪在常风速时的加速度。由于转速的增加非常快，故需要高速和高分辨率的测量系统。另外一种方法是，把要测定的杯型风速仪与一个高分辨率的超声波风速仪进行比较。

5.4.2　超声波风速仪

超声波风速仪是为研究地面边界层湍流场而开发研制的。一般它由 3 对扬声器和麦克风组成，可以采集三维气流的数据。100 kHz 的超声波脉冲以声速 c 在距离为 s 的扬声器和麦克风之间传播。在每对扬声器和麦克风方向上的风速分量与声波叠加，使声波顺风传播和逆风传播产生时间差。

顺风传播时间：

$$t_1=\frac{s}{c+v} \tag{5.36}$$

逆风传播时间：

$$t_2=\frac{s}{c-v} \tag{5.37}$$

解出该方程即可得到相应方向上的风速为

$$v=\frac{s}{2}\left(\frac{1}{t_1}-\frac{1}{t_2}\right) \tag{5.38}$$

该风速的计算与声速无关，仅随空气密度和湿度的变化而变化。

用三对扬声器和麦克风构成如图 5.46 所示的三轴超声波风速仪，可测量 3 个方向的风速。故超声波风速仪不但可以测量风速，而且可以测量风向。

图 5.46　超声波风速仪

该测量是在非接触的情况下完成的，因此与杯型风速仪相比，其受到响应长度的影响很小。

超声波风速仪的缺点是气流受到传感器的头部和传感器杆的扰动，使风速测量产生误差。因此，长时间的风速测量不够准确。特别是传感器的杆对风向测量影响较大。还需要注意的是，其中的压电传感器会老化，另外还受到温度的影响。

5.4.3 大气探测仪

大气探测仪是用雷达和回声波的原理对大气边界层进行远距离探测的仪器，主要用于测量垂直剖面的大气状况，如图 5.47 所示。大气探测仪发出人耳可听见的短声波，声波在大气层边界，根据不同的风速、温度和湿度产生不同的折射和传播[8]。返回的声波频率由于多普勒效应发生频移。如果发射器和接收器在同一地点，这种形式被称为单通道静止大气探测仪。所测得的多普勒效应频移度与天线接收方向的风速分量成正比。如果使用多个发射器或者接收天线，它们彼此发射或接收信号方向不同，可以测量三维风速矢量。大部分情况下，发射器的布置要能使信号发生相移，以便模拟不同方向的接收天线。

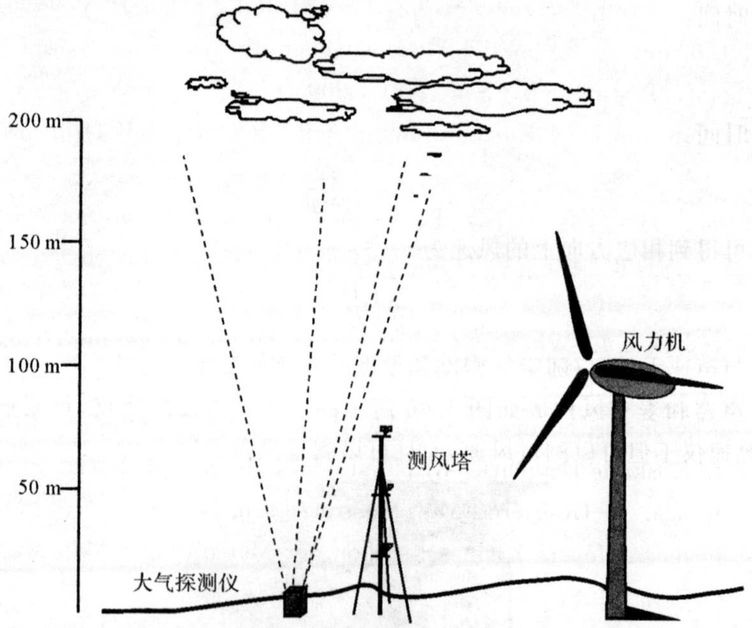

图 5.47 大气探测仪的应用

根据发射器和空间分布的接收器间的时差，可同时测量不同高度的风速，于是就获得风切变。杯式风速仪测量一个点的风速，而大气探测仪则测量一定空间的风速。要测量高度 20 ～ 150 m 的风速，可用所谓微型大气探测仪，其频率范围为 4 ～ 6 kHz。高度分辨率可达到5 ～ 10 m。

大气探测仪的主要优点是测量高度范围大，另外，在立测风塔代价很大的情况下，适合用大气探测仪测量风速和风切变。特别是复杂地区的测风，例如，主风向有森林，利用大气探测仪可进行测量结果和计算结果的比较。当然，必须考虑在相对稳定的天气条件下测量，以便使测量信号误差较小。信号的品质（信噪比）随高度增加将会降低。因此，大气探测仪的安装、对中以及测量数据的处理和表达都需要经验和规程。

大气探测仪需要供电，在偏远的地区就受到限制。测量数据的质量与在天线附近受障碍物干扰的程度有很大的关系。因为大气探测仪测量的信号频率范围在人耳可听见的声波内，因此，牛叫、鸟鸣、蛙叫等背景噪声会影响测量结果。

大气探测仪短时间所测得的风切变，只是某一个大气条件的反映，对平均风速的测量难以达到所要求的精度。因此，它应与其他传统风速仪一起使用，以补充测风数据。

参 考 文 献

[1] Petersen E L，Mortensen N G，Landberg L，et al. Wind Power Meteorology，Risø-I-1206[R]. [S. l.]：Risø，1997.

[2] WMO. Meteorological Aspects of The Untilisation of Wind as an Energy Ressource[R]. Geneva：WMO，1981.

[3] IEA. Wind Speed Measurement and Use of Cup Anemometry，Recommended Practices for Wind Turbine Testing，Part 11[R]. [S. l.]：IEA，1999.

[4] IEC. IEC 61400-12-1：Wind Turbine Generator Systems — Part 12：Wind Turbine Performance Testing[S]. [S. l.]：IEC，2005.

[5] Troen I，Petersen E L. European Wind Atlas[R]. Roskilde Denmark：Risø National Laboratory，1989.

[6] Mortensen N G，Petersen E L. Influence of Topographical Input Data on the Accuracy of Wind Flow Modelling in Complex Terrain，Proceedings of the European Wind Energy Conference[C]. Ireland：[s. n.]，1997.

[7] Hübner H，Otte J. Windenergienutzung im Mittelgebirgsraum，Gesamthoch-schule Kassel[M]. Kassel：[s. n.]，1990.

[8] Antoniou I. On the Theory of SODAR Measurement Techniques，Risø-R-1410(EN)，2003[R]. Roskilde Denmark：Risø National Laboratory，2003.

[9] Energia Eolica. Le Gouriérès[M]. Masson：[s. n.]，1982.

[10] Hans Schirmer. Meyers Kleines Lexikon der Meteorologie[M]. Mannheim：Meyers Lexikon-Verlag，1987.

[11] Courtney M S. An atmospheric turbulence data set for wind turbine research，Proceedings of the 1oth British Wind Energy Association Conference[C]. London：[s. n.]，1988.

[12] Burton T，Sharpe D，Jenkins N，et al. Wind Energy Handbook[M]. Chichester：John Wiley & Sons，2001.

[13] Kristensen L，Hansen O F. Distance Constant of Risø Cup Anemometer，Risø-R-1320(EN) [R]. Roskilde Denmark：Risø National Laboratory，2002.

[14] Mann J，Ott S，Jørgensen B H，et al. WAsP Engineering 2000，Risø-R-1356(EN)[R]. Roskilde Denmark：Risø National Laboratory，2002.

[15] Lange B. Modelling the Marine Boundary Layer for Offshore Wind Power

Utilisation[D]. Oldenburg: Universität Oldenburg, 2002.

[16] Stull R B. An Introduction to Boundary Layer Meteorology[R]. Dordrecht: Kluwer Acad. Publ. ,1988.

[17] Petersen T F, Gjerding S, Ingham P, et al. Wind Turbine Power Performance Verification in Complex Terrain and Wind Farms, Risø-R-1330(EN)[R]. Roskilde Denmark: Risø National Laboratory, 2002.

[18] FGW. Teil 2: Bestimmung von Leistungskurve und standardisierten Energieerträgen, Technische Richtlinien für Windenergieanlagen[R]. [S. l.]: FGW, 2000.

[19] IEC. IEC 61400 - 1: Wind Turbine Generator Systems — Part 1: Safety Requirements[S]. [S. l.]: IEC, 2005.

[20] Germanischer Lloyd. Richtlinie für die Zertifizierung von Windenergieanlagen[R]. Hamburg: Germanischer Lloyd, 2003.

[21] DIBt. Richtlinie für Windturbinen[S]. Berlin: DIBt, 2004.

[22] Kaiser K, Langreder W. Site Specific Wind Parameter and their Effect on Mechanical Loads, Proceedings EWEC[C]. Copenhagen: [s. n.], 2001.

[23] Frandsen S, Thøgersen L. Integrated Fatigue Loading for Wind Turbines in Wind Farms by Combining Ambient Turbulence and Wakes[J]. Wind Engineering, 1999, 23(6).

[24] Katic I, Højstrup J, Jensen N O. A Simple Model for Cluster Effeciency, European Wind Energy Association Conference and Exhibition[C]. Rome Italy: [s,n.], 1986.

[25] Högström U. Non-dimensional wind and temperatur profiles[J]. Bound Layer Meteor, 1988, 42: 55-78.

[26] Barthelmie R, Hansen O F, Enevoldsen K, el al. Ten years of Measurements of offshore Wind farms—what have we learnt and where are Uncertainties? Proceedings The Art of making Torque of Wind EAWE[C]. Delft: [s. n.], 2004.

[27] Kaiser K, Langreder W, Hohlen H. Turbulence Correction for Power Curves, Proceedings EWEC 2003[C]. Madrid: [s. n.], 2003.

[28] Riedel V, Strack M. Entwicklung verbesserter MCP-Algorithmen mit Parameteroptimierung durch Verteilungsanpassung, Deutsche Windenergie-Konferenz[C]. Wilhelmshaven: [s. n.], 2002.

[29] Thomsen K, Madsen H A. A new simulation method for turbines in wake applied to extreme response during operation, Proceedings: The Art of making Torque of Wind, EAWE[C]. Delft: [s. n.], 2004.

[30] IEC. IEC 61400 - 121: Wind Turbine Generator Systems — Part 121: Power Performance Measurements of Grid Connected Wind Turbines[S]. [S. l.]: IEC, 2005.

[31] Obukhow A M. Turbulence in an Atmosphere with non-uniform temperature[J]. Transl. in Boundary Layer Meteor, 1946(1).

[32] TA-Luft. Technische Anleitung zur Reinhaltung der Luft, Bundesministerium für

Umweltschutz, Raumordnung und Reaktorsicherheit[R]. Bonn: [s. n.], 2002.

[33] Molly J P. Windenergie[M]. Karlsruhe: C. F. Müller-Verlag, 1990.

[34] Manwell J F. Windenergy explained — Theory, Design and Application[M]. New Jersey: John Wiley & Sons Ltd. , 2002.

[35] Thomsen W T. Theory of vibration [M]. 4th ed. New Jersey: [s. n.], 1993.

[36] Christoffer J. Die bodennahen Windverhältnisse in der BR Deutschland[R]. Offenbach: Deutscher Wetterdienst, 1989.

[37] Hoffmann R. Signalanalyse und -erkennung[M]. Berlin: Springer-Verlag, 1998.

[38] Ammonit. Messtechnik für Klimaforschung und Windenergieprognose 2006/07[R]. [S. l.]: Ammonit Gesellschaft für Messtechnik mbH, 2006.

[39] 宫靖远，等. 风电场工程技术手册[M]. 北京：机械工业出版社，2004.

[40] 贺德馨，等. 风工程与工业空气动力学[M]. 北京：国防工业出版社，2006.

[41] Gasch R, Twele J. Windkraftanlagen[M]. 5th ed. Wiesbaden: Teuber, 2007.

[42] Gasch R, Twele J. Wind Power Plants[M]. Berlin: Solarpraxis, 2002.

第 6 章 Betz 和 Schmitz 理论

根据 Betz 或 Schmitz 理论，可较容易地设计风力机。在设计的叶尖速比、气动翼型以及攻角或者升力系数被选定之后，Betz 和 Schmitz 理论就给出了桨叶翼宽和安装角随半径变化的关系。

Betz 理论仅考虑了轴向流出损失，而 Schmitz 理论除此之外还考虑了风力机旋流损失。对低速风力机（设计叶尖速比 $\lambda_A < 2.5$），由 Schmitz 理论设计的桨叶型面与 Betz 理论明显不同。在两种理论中都忽略了叶型损失以及叶尖绕流损失，但在风力机功率计算中必须予以扣除。桨叶数目可自由选择，它只对叶尖损失有一定影响。本章首先系统地介绍 Betz 和 Schmitz 理论，然后分析三种气动损失，讨论叶片实际设计中要考虑的因素，最后给出 Schmitz 理论和 Glauert 理论一致性的证明。

6.1 风含功率

在 3.1 节中曾说明，风速为 v_1 时，风的动能为

$$E = \frac{1}{2}mv_1^2 \tag{6.1}$$

流过一个控制流面 f 的风功率为

$$\dot{E} = \frac{1}{2}\dot{m}v_1^2 = \frac{1}{2}\rho f v_1^3 \tag{6.2}$$

因为流量 $\dot{m} = \rho f \dfrac{dx}{dt} = \rho f v_1$（见图 6.1）。

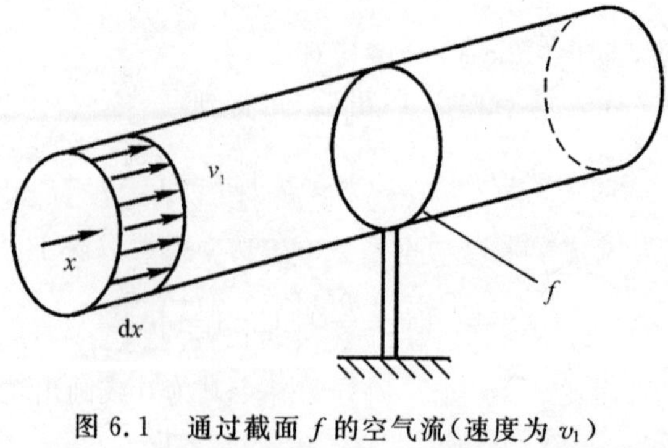

图 6.1 通过截面 f 的空气流（速度为 v_1）

如第 3 章所述，并不能从风中全部提取这一功率，为此 Betz 研究了一个非常理想化的风轮，在一个“主动流面”上通过风速的降低无损失地提取功率。至于通过什么样的物理过程来提取风能，在他的理论中并未考虑。

如图 6.2 所示，Betz 假设，风流均匀，速度为 v_1，流过风轮之后在远离风轮面后的风速降为

v_3。考虑一流管，由于连续性它必须是扩张形的。

$$\rho v_1 f_1 = \rho v_2 f_2 = \rho v_3 f_3 \tag{6.3}$$

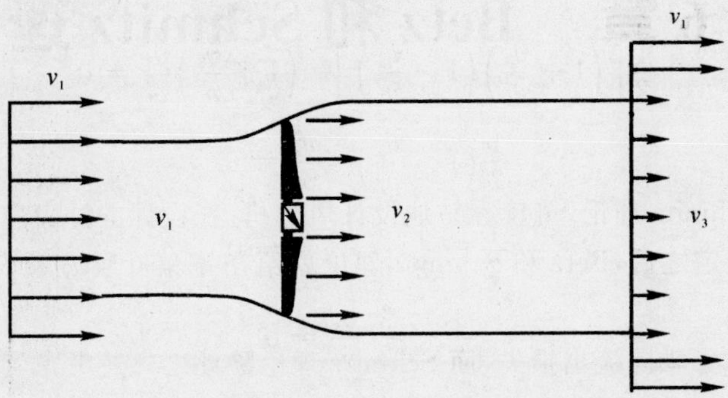

图 6.2 根据 Betz 理论得到的通过理想风轮的空气流

由于压力变化甚微，可假设密度 ρ 为常数。

所提取的能量即为流入的能量减去流出的能量，即

$$E_{\mathrm{Ent}} = \frac{1}{2} m (v_1^2 - v_3^2) \tag{6.4}$$

所提取的功率则为

$$\dot{E}_{\mathrm{Ent}} = \frac{1}{2} \dot{m} (v_1^2 - v_3^2) \tag{6.5}$$

如果不降低风速（$v_3 = v_1$），自然得不到功率。但若风速降低太多，则流量就很小。在极端情况下（$v_3 = 0$），流管堵塞，同样得不到功率。因此在 $v_3 = v_1$ 和 $v_3 = 0$ 之间，必然存在一个使功率达到最大值的最佳流出速度。

当已知风轮面的风速 v_2 时，就可求得流量，即

$$\dot{m} = \rho f v_2 \tag{6.6}$$

不妨在此引入一个合理的假设，即

$$v_2 = \frac{v_1 + v_3}{2} \tag{6.7}$$

这一点我们将在后面证明，即 Froude-Rankin 定理。

把式(6.6) 和式(6.7) 代入功率表达式(6.5)，可得到

$$\dot{E}_{\mathrm{Ent}} = \frac{1}{2} \rho f v_1^3 \left\{ \frac{1}{2} \left(1 + \frac{v_3}{v_1}\right) \left[1 - \left(\frac{v_3}{v_1}\right)^2 \right] \right\} \tag{6.8}$$

可见，可提取的功率为风功率乘以功率系数 C_P。功率系数取决于风速比 v_3/v_1，即

$$C_P = \frac{1}{2} \left(1 + \frac{v_3}{v_1}\right) \left[1 - \left(\frac{v_3}{v_1}\right)^2 \right] \tag{6.9}$$

对功率系数 C_P 关于风速比 v_3/v_1 求一阶导数并令其为 0 或画出功率系数的曲线如图 6.3 所示，就可求得最大功率处的风速比为 $\frac{v_3}{v_1} = 1/3$，即 $v_3 = \frac{1}{3} v_1$。

对 C_P 关于 $\frac{v_3}{v_1}$ 求导可得

$$C'_P = \frac{1}{2} \left[1 - \left(\frac{v_3}{v_1}\right)^2 \right] + \frac{1}{2} \left(1 + \frac{v_3}{v_1}\right) \left(-2 \frac{v_3}{v_1}\right) =$$

$$\frac{1}{2}\left[1-\left(\frac{v_3}{v_1}\right)^2\right]-\left(1+\frac{v_3}{v_1}\right)\frac{v_3}{v_1}$$

令 $C'_P=0$，即

$$\frac{1}{2}\left[\left(1+\frac{v_3}{v_1}\right)\left(1-\frac{v_3}{v_1}\right)\right]-\left(1+\frac{v_3}{v_1}\right)\frac{v_3}{v_1}=0$$

$$\frac{1}{2}\left(1-\frac{v_3}{v_1}\right)-\frac{v_3}{v_1}=0$$

$$\frac{1}{2}-\frac{1}{2}\frac{v_3}{v_1}-\frac{v_3}{v_1}=0$$

$$\frac{1}{2}-\frac{3}{2}\frac{v_3}{v_1}=0$$

最后得到

$$\frac{v_3}{v_1}=\frac{1}{3}$$

即当 $\frac{v_3}{v_1}=\frac{1}{3}$ 时，C_P 最大，此时

$$C_P=\frac{1}{2}\left(1+\frac{1}{3}\right)\left(1-\frac{1}{9}\right)=\frac{1}{2}\times\frac{4}{3}\times\frac{8}{9}=\frac{16}{27}=0.59$$

故其最大值为

$$C_{P.\,\text{Betz}}=\frac{16}{27}=0.59 \tag{6.10}$$

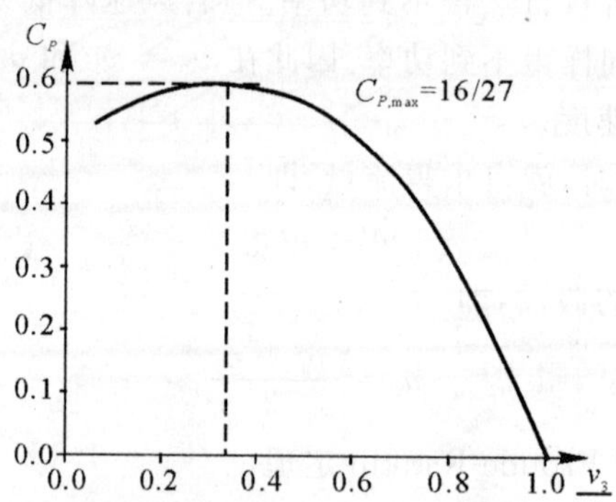

图 6.3　功率系数随风轮下游风速 v_3 与风轮上游风速 v_1 之比的变化曲线
（当 $v_3/v_1=1/3$ 时，$C_{P,\max}=0.59$）

式(6.10)表明，通过一个理想风机可提取约 60% 的风含功率。在此，风轮面的风速为 $\frac{2}{3}v_1$，远离其后的风速为 $\frac{1}{3}v_1$。

图 6.4 表示风速和风机直径一定时，根据 Betz 的理想情况，所能提取的最大功率（$C_{P.\,\text{Betz}}=0.59$）。由于存在其他损失（对此我们在后面还要讨论），风力机的实际功率要比理想情况小，但 $C_P=0.5$ 完全可以实现。

现在我们根据动量定理来确定最佳功率时作用在风轮面上的推力。推力为

$$S=\dot{m}(v_1-v_3)=\rho f\left(\frac{v_1+v_3}{2}\right)(v_1-v_3) \tag{6.11}$$

考虑到 $v_3 = \frac{1}{3}v_1$，则得

$$S = C_S\left(\frac{1}{2}\rho v_1^2\right)f, \quad C_S = 8/9 = 0.89 \tag{6.12}$$

式(6.12) 括号中的项为作用在流面 f 上的动压。

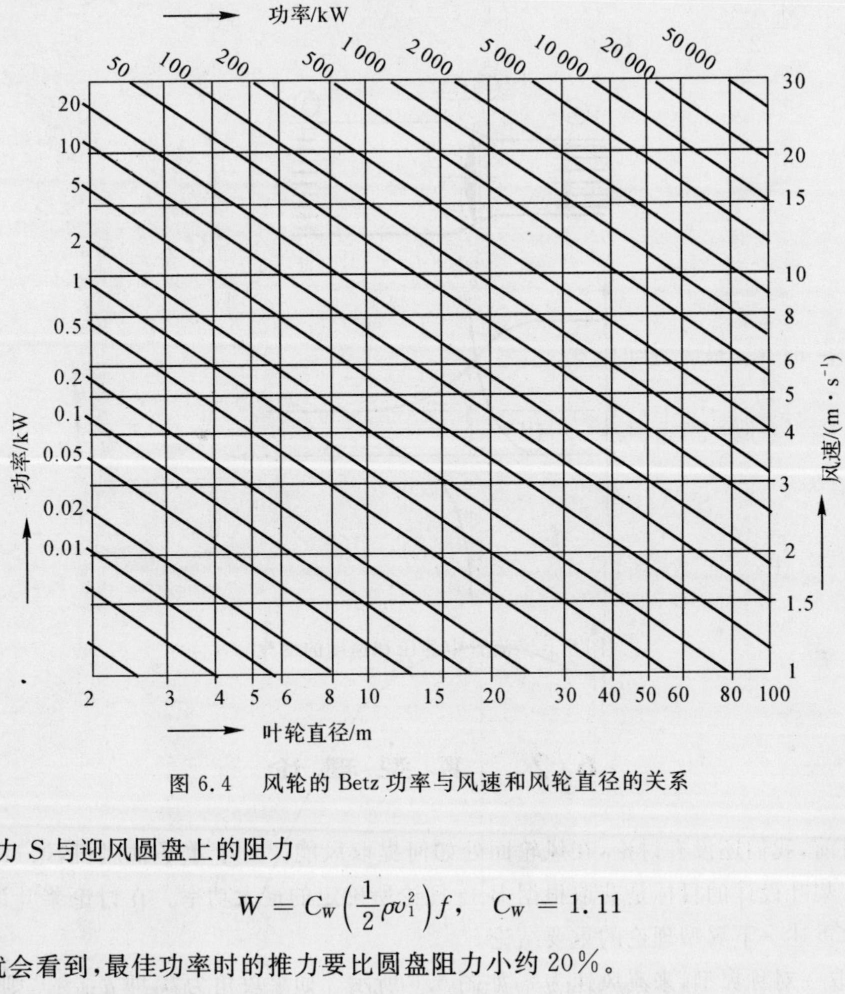

图 6.4　风轮的 Betz 功率与风速和风轮直径的关系

把推力 S 与迎风圆盘上的阻力

$$W = C_W\left(\frac{1}{2}\rho v_1^2\right)f, \quad C_W = 1.11 \tag{6.13}$$

相比较，就会看到，最佳功率时的推力要比圆盘阻力小约 20%。

Froude - Rankin 定理

现在我们来证明，风轮面的风速 v_2 为远离风轮前和远离风轮后风速的平均值。

推力 S 一方面可由动量定律来表示，另一方面也可由贝努力方程来导出。如图 6.5 所示，不妨列出风轮面前和后的能量方程

$$p_1 + \frac{\rho}{2}v_1^2 = p_{-2} + \frac{\rho}{2}v_{-2}^2 \tag{6.14}$$

$$p_{+2} + \frac{\rho}{2}v_{+2}^2 = p_3 + \frac{\rho}{2}v_3^2 \tag{6.15}$$

下标："－2" 表示风轮面之前靠近风轮处的截面，"＋2" 表示风轮面之后靠近风轮处的截面。

由于流量的连续性，风轮前后的风速必须相同，即 $v_{-2} = v_{+2}$；另一方面，远离风轮前和远离风轮后的静压也应相同，即 $p_1 = p_3$，则由式(6.14) 与式(6.15) 相减可得

$$\frac{\rho}{2}(v_1^2 - v_3^2) = p_{-2} - p_{+2} \tag{6.16}$$

塔架的推力由风轮面前后的静压差产生，即

$$S = f(p_{-2} - p_{+2}) \tag{6.17}$$

把式(6.11)中的流量 $\dot{m}$ 表示成 $\dot{m} = \rho f v_2$，并考虑到式(6.16)和式(6.17)，就得到前面曾假设的结果 $v_2 = \frac{v_1 + v_3}{2}$。

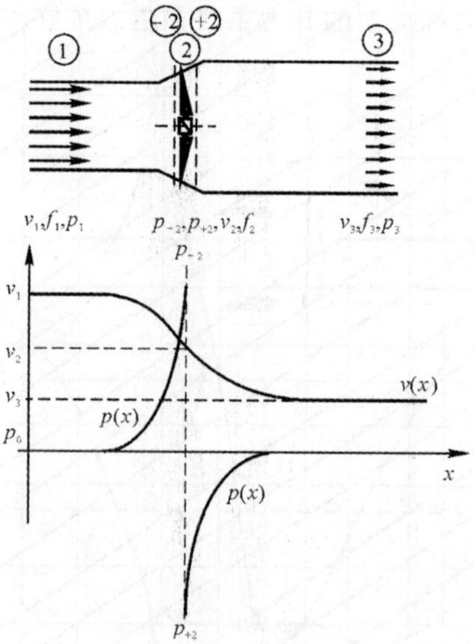

图 6.5 流管中静压和速度的变化

6.2 翼型理论

截至目前，我们还没有讨论，在风轮面处如何提取风能。对于水平轴风机，通过旋转的桨叶来实现。桨叶设计的目标是获取根据 Betz 理论所确定的最大功率。在讨论桨叶设计之前，不妨简要地重述一下翼型理论的重要结论。

为此，取一对称翼型，来流风速为 c，如图 6.6 所示。如果攻角为 0，即 $\alpha_A = 0$，则只产生阻力 W。由于翼型是流线形的，故阻力 W 很小。

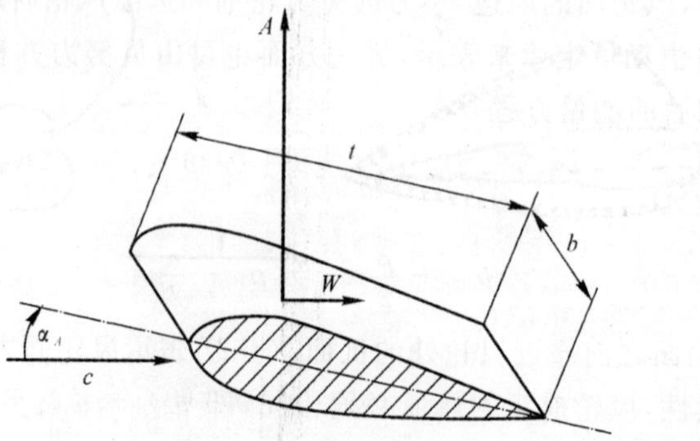

图 6.6 在宽为 b 的叶片单元上产生的升力 A 和阻力 W

若使翼型产生攻角，就会产生升力 A。升力 A 与翼型面积 $b\times t$ 及来流速度 c 的平方成正比。

$$A = C_A(\alpha_A)\frac{\rho}{2}c^2(t\times b) \tag{6.18}$$

$$W = C_W(\alpha_A)\frac{\rho}{2}c^2(t\times b) \tag{6.19}$$

升力系数 $C_A = C_A(\alpha_A)$ 与攻角 α_A 有关。与阻力系数 $C_W(\alpha_A)$ 一样，一般通过风洞实验确定。图 6.7 表示实验测得的非对称翼型的升力系数和阻力系数。

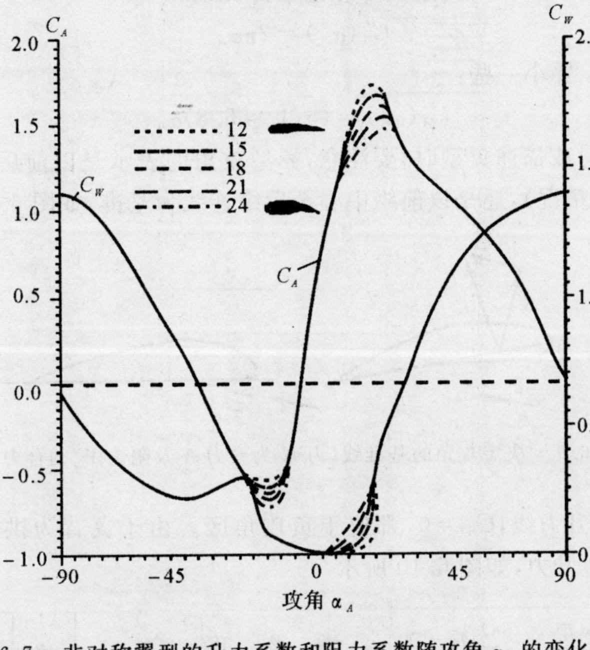

图 6.7　非对称翼型的升力系数和阻力系数随攻角 α_A 的变化曲线

升力系数 C_A 或者升力先是随着攻角的增大几乎线性地增大(在 $\alpha_A < 10°$ 的范围)，然后 C_A 曲线变平缓并达到最大值。攻角进一步增大，气流沿翼型的流动不再平滑，而开始分离。在这个区域($\alpha_A > 15°$) 升力变小，阻力或阻力系数 C_W 随攻角增大急剧增大，如图 6.7 和图 6.8 所示。

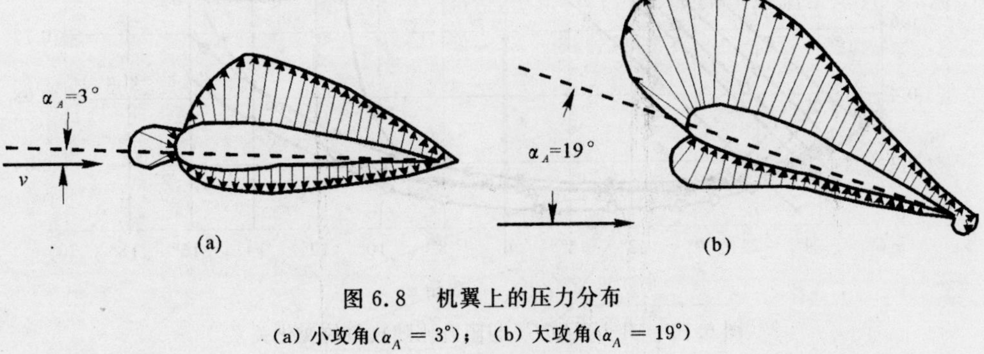

图 6.8　机翼上的压力分布

(a) 小攻角($\alpha_A = 3°$)；(b) 大攻角($\alpha_A = 19°$)

由于流体流过翼背的行程比流过翼盆的行程长，因此流过翼背的速度要比流过翼盆的速度高。结果是，翼背的压力要比翼盆小（贝努利方程）。翼型上所有压力 pdS 的和就是作用在翼型上的合力，其分量为升力和阻力。

$$K=\sqrt{A^2+W^2} \tag{6.20}$$

只要流体不分离，这个力就作用在翼宽 25% ～ 30% 处。流体分离后，这个所谓的压力点就向后移。严重分离时，压力点移到近 $t/2$ 处。这也是合理的，如当 $\alpha_A=90°$ 时，翼型就像平板一样横置于来流，流体近似对称地流过它。

对于平板，在附面流动时，升力系数可理论求得，即

$$C_A(\alpha_A)=2\pi\alpha_A \tag{6.21}$$

对于实际翼型，C_A 要小一些：

$$C_A(\alpha_A)=(5.1\sim5.8)\alpha_A \tag{6.22}$$

在选用翼型数据时或描述翼型时，要注意，翼型攻角的表示是以前后凸缘连线为基准（翼盆为平面时，属于这种情况），还是以前缘中心至后缘连线为基准，如图 6.9 所示。

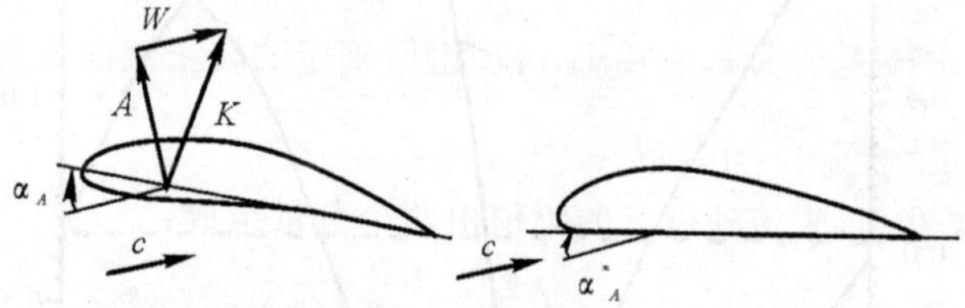

图 6.9　决定攻角的基准线（力 K 为升力 A 及阻力 W 的合力）

在每种情况下，零升力线，$C_A=0$，都位于负攻角区。由于翼背为拱形，即使在攻角为零时，即 $\alpha_A=0$，也会产生升力，如图 6.10 所示。

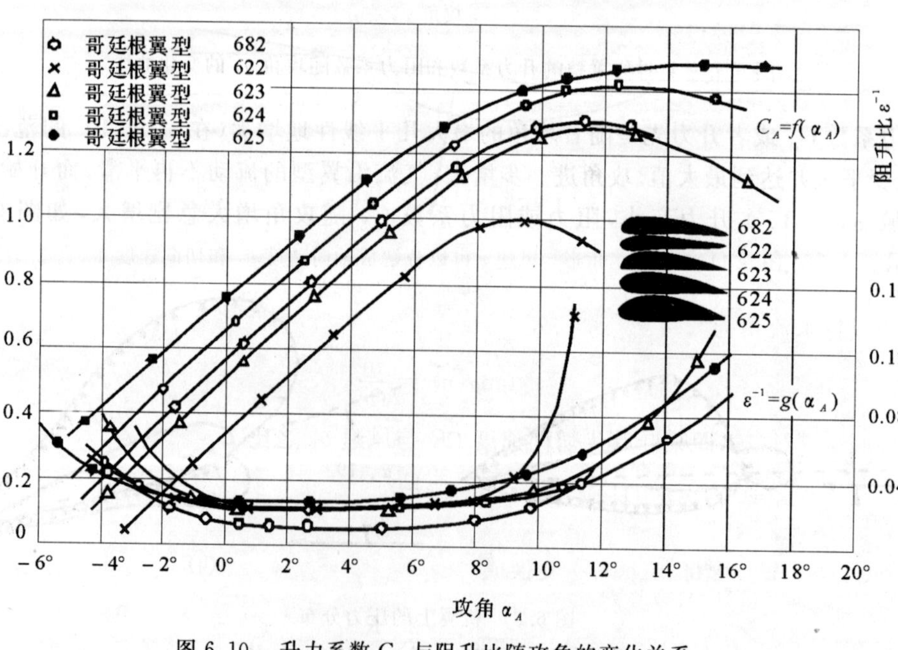

图 6.10　升力系数 C_A 与阻升比随攻角的变化关系

从图 6.10 可见，在小攻角区域，翼型越薄阻力系数越小。不论是对称翼型还是非对称翼型，其升力系数曲线的斜率均为 $C'_A \approx 2\pi$。

在此我们引用一个升阻比的概念。它定义为升力与阻力之比，即

$$\varepsilon(\alpha_A) = \frac{A}{W} = \frac{C_A(\alpha_A)}{C_W(\alpha_A)} \tag{6.23}$$

它的最大值 ε_{max}（一般出现在 $C_A = 0.8 \sim 1.1$ 之间，即在适度攻角范围）是度量翼型品质的参数。性能好的翼型升阻比可达到 $\varepsilon_{max} = 60$ 或更高。平板的升阻比可达到 $\varepsilon_{max} = 10$（注意，升阻比在文献中未定义一致，有时也用阻升比 $\frac{C_W}{C_A}$）。

6.3　气体在旋翼的流动及气动力

6.3.1　速度三角形

桨翼某一截面的来流速度为 c。它由 Betz 理论所确定的转子流面处的风速 $v_2 = \frac{2}{3}v_1$ 和自身旋转产生的切向速度 $u = r\Omega$ 所合成。

由图 6.11 可直接看到，来流速度 c 的幅值由两个分量组成：

$$c^2(r) = \left(\frac{2}{3}v_1\right)^2 + (\Omega r)^2 \tag{6.24}$$

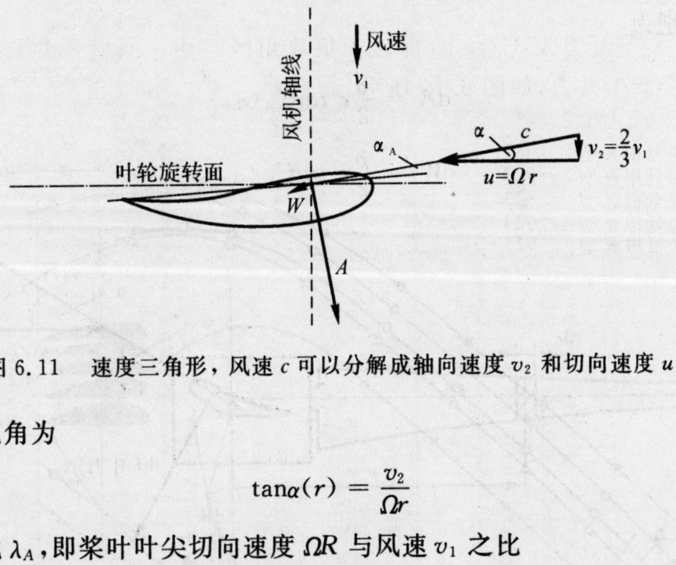

图 6.11　速度三角形，风速 c 可以分解成轴向速度 v_2 和切向速度 u

其方向角或称来流角为

$$\tan\alpha(r) = \frac{v_2}{\Omega r} \tag{6.25}$$

代入设计叶尖速比 λ_A，即桨叶叶尖切向速度 ΩR 与风速 v_1 之比

$$\lambda_A = \frac{\Omega R}{v_1} \tag{6.26}$$

并考虑到 $v_2 = \frac{2}{3}v_1$，可将式(6.25)变换成

$$\tan\alpha = \frac{2}{3}\frac{R}{\lambda_A r} \tag{6.27}$$

由图 6.12 显见，由于切向速度与半径成正比，故风速三角形在不同截面皆不相同。

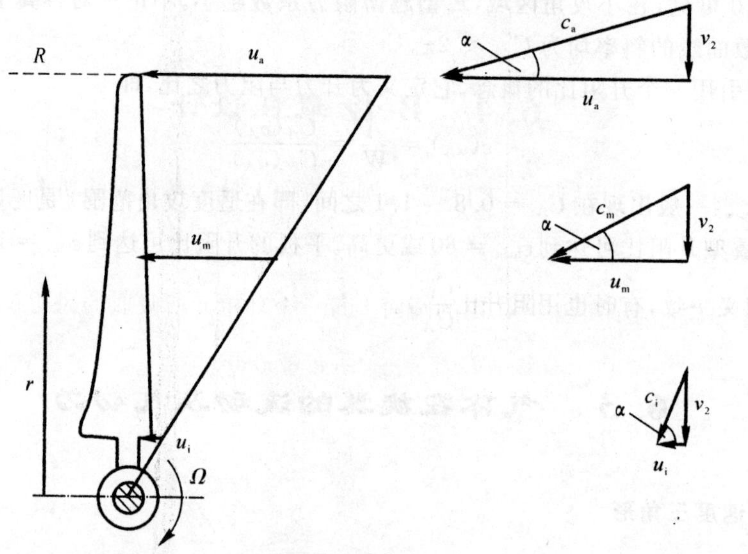

图 6.12　不同叶片单元上的速度三角形(圆周速度 $u=\Omega r$，轴向速度 $v_2=\frac{2}{3}v_1$)

6.3.2　旋翼上的气动力

如图 6.13 所示，在半径为 r 处取一微元段，长度为 $\mathrm{d}r$，其所受升力 $\mathrm{d}A$ 和阻力 $\mathrm{d}W$(大约在弦长的$\frac{1}{4}$处) 分别为

升力
$$\mathrm{d}A=\frac{\rho}{2}c^2t\mathrm{d}rC_A(\alpha_A) \tag{6.28}$$

阻力
$$\mathrm{d}W=\frac{\rho}{2}c^2t\mathrm{d}rC_W(\alpha_A) \tag{6.29}$$

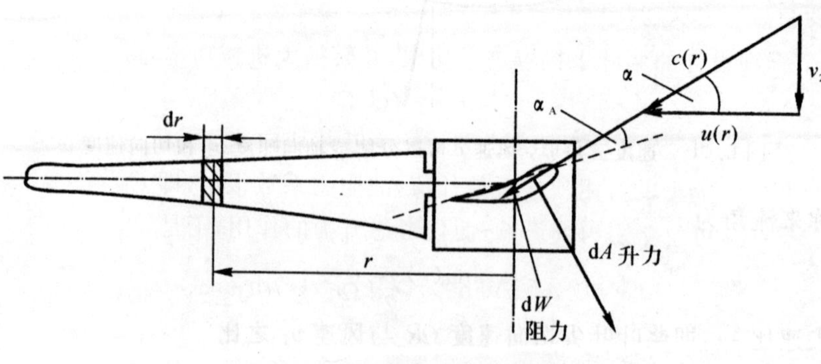

图 6.13　叶片单元上的气动力

因为升力与来流速度 c 垂直，而阻力与来流方向相同，将其在切向和轴向(即风向) 分解后，可得

$$\mathrm{d}U=\frac{\rho}{2}c^2t\mathrm{d}r[C_A\sin\alpha-C_W\cos\alpha] \tag{6.30}$$

$$dS = \frac{\rho}{2}c^2 t dr[C_A \cos\alpha + C_W \sin\alpha] \tag{6.31}$$

6.4　Betz 最佳设计

在 6.1 节的讨论中，我们已经求得，在一圆形流面上最大可获取的功率为

$$\dot{E}_{Betz} = \frac{16}{27}\frac{\rho}{2}v_1^3(\pi R^2)$$

风机叶轮的设计应保证桨叶作用的圆面上每一个环单元所吸取的风功率都达到最大，即

$$d\dot{E}_{Betz} = \frac{16}{27}\frac{\rho}{2}v_1^3(2\pi r dr) \tag{6.32}$$

如图 6.13 和图 6.14 所示。

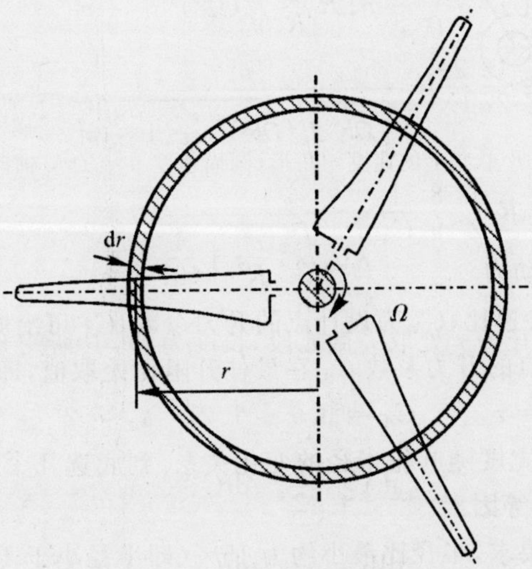

图 6.14　圆环单元面积 $df = 2\pi r dr$

用由 Z 个合理设计的桨叶来提取这个功率，并转换成机械功率，得

$$dL = Z dU \Omega r \tag{6.33}$$

式中，Z 为叶片数目，dU 为气动力切向分量，Ωr 为叶片切向速度。

在设计工作点，翼型的升阻比接近最佳值，故阻力系数很小，即 $C_W \ll C_A$。因此，在切向力的表达式(6.30) 中，可忽略阻力的影响，而仅考虑升力的作用，于是

$$dU \approx dA\sin\alpha = \frac{\rho}{2}C_A c^2 t(r) dr \sin\alpha \tag{6.34}$$

机械功率为

$$dL = Z\Omega r \frac{\rho}{2}C_A c^2 t(r) dr \sin\alpha \tag{6.35}$$

令式(6.35) 表示的机械功率与式(6.32) 表示的 Betz 功率相等，即

$$dL = d\dot{E}_{Betz} \tag{6.36}$$

则得到

$$t(r) = \frac{1}{Z}\frac{16}{27}\frac{2\pi r}{C_A}\frac{v_1^3}{c^2 \Omega r \sin\alpha} \tag{6.37}$$

由气流速度三角形得

$$v_1 = \frac{3}{2}c\sin\alpha, \quad u = \Omega r = c\cos\alpha \tag{6.38}$$

并考虑到

$$\lambda_A = \frac{R\Omega}{v_1}$$

故有

$$t(r) = \frac{1}{Z}\frac{16}{27}\frac{2\pi r}{C_A}\frac{v_1^3}{c\,\frac{2}{3}v_1 \Omega R\,\frac{r}{R}} = \frac{1}{Z}\frac{16}{27}\frac{2\pi r}{C_A}\frac{v_1^3}{\frac{2}{3}v_1 \Omega R\,\frac{r}{R}c} =$$

$$\frac{1}{Z}\frac{16}{27}\frac{2\pi r}{C_A}\frac{v_1^3}{\frac{2}{3}v_1 \Omega R\,\frac{r}{R}\sqrt{(\Omega r)^2 + \frac{4}{9}v_1^2}} =$$

$$\frac{1}{Z}\frac{16}{27}\frac{2\pi}{C_A}R\,\frac{v_1^2}{\frac{2}{3}\Omega R\sqrt{(\Omega R)^2\,\frac{r^2}{R^2} + \frac{4}{9}v_1^2}} =$$

$$2\pi R\,\frac{1}{Z}\,\frac{8}{9}\,\frac{1}{C_A}\,\frac{1}{\lambda_A\sqrt{\lambda_A^2\,\frac{r^2}{R^2} + \frac{4}{9}}} \tag{6.39}$$

式中，λ_A 为所选的设计叶尖速比；C_A 为设计点的升力系数。C_A 可沿叶片长度 r 为常数，也可不为常数。实际情况下，设计点的升力系数 C_A 在最佳升阻比处取值，即

$$\varepsilon = \varepsilon_{\max}, \quad C_A = 0.6 \sim 1.2, \quad \alpha_A = 2^\circ \sim 6^\circ$$

式(6.39) 给出了叶片宽度随叶轮半径的变化关系。到底选几个叶片，即叶片数目 Z，取决于叶片强度、工艺和动力学等因素。

根据风机制造的结构要求，半径比最小约为 15%(即半径小于 15% 的叶根部分不用 Betz 理论设计)，对现代风机，叶尖速度比大于 3，则式(6.39) 可简化为

$$t(r) = 2\pi R\,\frac{1}{Z}\,\frac{8}{9C_A}\,\frac{1}{\lambda_A^2\left(\frac{r}{R}\right)} \tag{6.40}$$

图 6.15 表示叶轮实心率与设计叶尖速度比 λ_A 的关系。叶轮实心率定义为

叶轮实心率 = 叶片所占叶轮扫掠面积 / 叶轮扫掠面积

由图可见，当设计叶尖速比 λ_A 较小时，实心率高，说明叶轮上需要装较多的叶片。反之，当设计叶尖速比 λ_A 较高时，实心率低，说明叶轮上需要装的叶片数目少。例如，$\lambda_A = 6$ 时，实心率仅为 6% 左右。这就是现代风力机仅用 2 个或 3 个叶片的道理。

如图 6.13 所示，除桨叶的弦长需确定之外，还需确定翼型的安装角度

$$\alpha_{\mathrm{Bau}} = \alpha(r) - \alpha_A(r) \tag{6.41}$$

如前所述，$\alpha(r)$ 与桨叶半径有关，即

$$\alpha(r) = \arctan\left(\frac{2}{3}\,\frac{R}{r\lambda_A}\right) \tag{6.42}$$

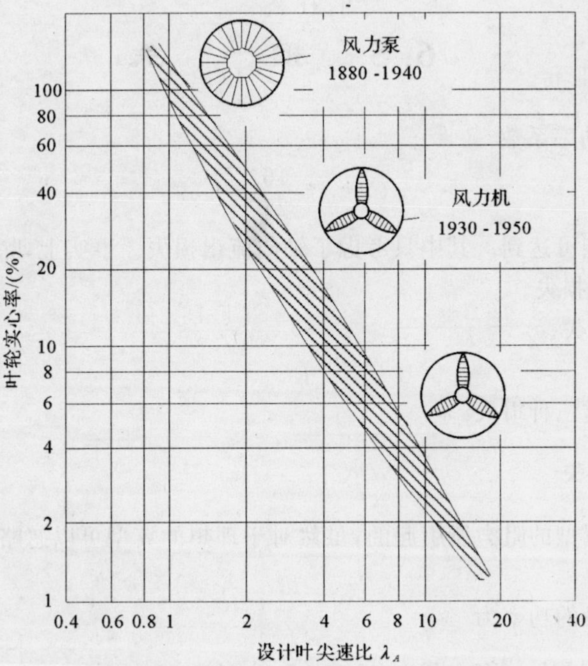

图 6.15　叶轮实心率(叶片所占叶轮面积与叶轮扫掠面积之比)与叶尖速比的关系

图 6.16 表示弦长 t 和迎风角 α 与叶尖速比 λ_A 的关系。由图可见,叶尖速比 λ_A 越高,弦长 t 越小,迎风角 α 也越小。另外,桨叶随半径 r 发生扭转。安装角度的最终表达式为

$$\alpha_{Bau} = \arctan\left(\frac{2}{3}\frac{R}{r\lambda_A}\right) - \alpha_A(r)$$

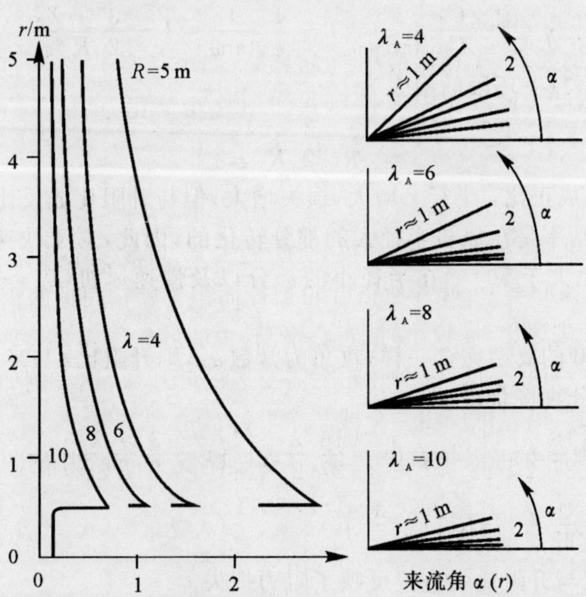

图 6.16　Betz 理论设计的三叶片风机的叶弦与叶尖速比(来流角为 α, $D = 10$ m)和半径的关系

6.5 损失

Betz 所得到的功率系数

$$C_{P.\,\text{Betz}}=\frac{16}{27}=0.59$$

只有理想风力机才能可达到。其中只考虑了轴向流出损失。事实上,除此之外还有其他损失:

(1) 翼型的阻力损失。

(2) 叶尖绕流损失。

(3) 旋转损失。

以下分别分析这三种损失。

6.5.1 翼型损失

翼型损失是由翼型的阻力所引起的,虽然对于理想的翼型可以忽略不计,但对于功率计算我们必须予以考虑。

风机桨叶微元段的功率为

$$\mathrm{d}L=Z\Omega r\,\mathrm{d}U=Z\Omega r\left[\frac{\rho}{2}c^2 t\,\mathrm{d}r(C_A\sin\alpha-C_W\cos\alpha)\right] \tag{6.43}$$

其中包含了阻力的影响。

理想风力机无阻力,即 $C_W=0$,则理想功率为

$$\mathrm{d}L_{\text{理想}}=Z\Omega r\,\frac{\rho}{2}c^2 t\,\mathrm{d}rC_A\sin\alpha \tag{6.44}$$

由此可得到效率

$$\eta=1-\frac{C_W}{C_A}\,\frac{1}{\tan\alpha}=1-\frac{1}{\varepsilon}\,\frac{1}{\tan\alpha}=1-\frac{3}{2}\,\frac{r}{R}\,\frac{\lambda_A}{\varepsilon} \tag{6.45}$$

由式(6.45)可见,每一环段的损失为

$$\xi=\frac{3}{2}\,\frac{r}{R}\,\frac{\lambda_A}{\varepsilon} \tag{6.46}$$

它与 λ_A 和半径 r 成正比,半径 r 增大,损失增大;但与升阻比成反比。

因为大部分风含功率是在风机半径大的部分转化的,因此,对于快速风机,外半径翼型的性能非常重要(升阻比大于 50)。在半径小的部分以及慢速风机($\lambda_A\approx1.2$),翼型的品质可降低。

如果选择整个桨叶的翼型完全一样,攻角为常数 α_A,则升阻比 ε 与半径 r 无关。此时,设计点处的功率就可经积分直接获得,即

$$L=\frac{16}{27}\,\frac{\rho}{2}v_1^3\int_0^R 2\pi\eta r\,\mathrm{d}r=\frac{16}{27}\,\frac{\rho}{2}v_1^3\int_0^R\left(1-\frac{3}{2}\,\frac{r}{R}\,\frac{\lambda_A}{\varepsilon}\right)2\pi r\,\mathrm{d}r=$$
$$\frac{16}{27}\,\frac{\rho}{2}v_1^3\pi R^2\left(1-\frac{\lambda_A}{\varepsilon}\right) \tag{6.47}$$

由此可见,叶尖速度比与升阻比就直接反映了阻力损失。

6.5.2 叶尖损失

在叶片尖部气流将从翼盆向翼背绕流,由此使升力消失。由于叶尖绕流和来流相互影响,

就产生了随气流不断扩散的涡流，如图 6.17 所示。

叶片展弦比 R/t 越大，叶尖损失就越小。

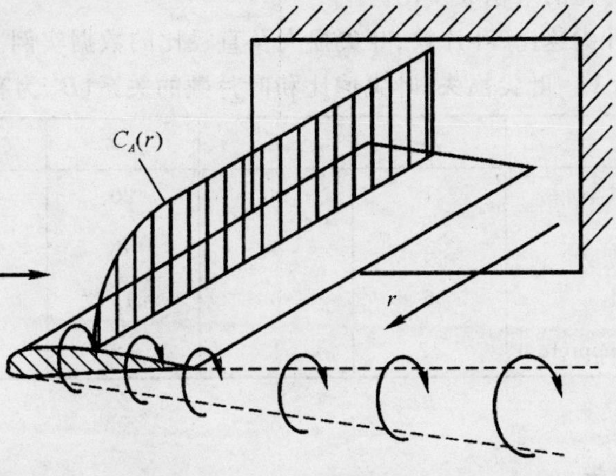

图 6.17　从正压力一侧到低压一侧叶尖周围的气流及升力系数 C_A 的分布

Betz 引入了一个有效直径 D' 来替代真实的直径 D，以计及叶尖损失。根据 Prandtl 的估计，有效直径为

$$D' = D - 0.44b \tag{6.48}$$

其中 b 为叶片间距 $a = \frac{\pi D}{Z}$ 在垂直来流方向上的投影，如图 6.18 所示。

$$b = \frac{\pi D}{Z}\sin\alpha \tag{6.49}$$

由于 $c\sin\alpha = v_2, c^2 = v_2^2 + (R\Omega)^2$，且 $v_2 = \frac{2}{3}v_1$，故

$$b = \frac{v_2}{c}\frac{\pi D}{Z} = \frac{\frac{2}{3}v_1\pi D}{Z\sqrt{v_2^2 + (R\Omega)^2}} = \frac{\frac{2}{3}v_1\pi D}{Z\sqrt{\left(\frac{2}{3}v_1\right)^2 + (R\Omega)^2}} = \frac{2}{3}\frac{\pi D}{Z\sqrt{\frac{4}{9} + \lambda_A^2}} \tag{6.50}$$

代入有效直径的表达式可得

$$D' = D - 0.44\frac{2\pi D}{3Z}\frac{1}{\sqrt{\frac{4}{9} + \lambda_A^2}} \tag{6.51}$$

此式说明，由于叶尖损失，相当于实际的风机直径减小了，故功率也减小了。

由于功率与直径的平方成正比，故考虑叶尖损失后，效率为

$$\eta = \frac{L'}{L} = \left(\frac{D'}{D}\right)^2 = \left[1 - \frac{0.92}{Z\sqrt{\lambda_A^2 + \frac{4}{9}}}\right]^2 \tag{6.52}$$

当设计叶尖速比 $\lambda_A > 2$ 时，效率可简化成

$$\eta = 1 - \frac{1.84}{Z\lambda_A} \tag{6.53}$$

图 6.18　叶栅的气流分布

可见叶尖损失

$$\xi = \frac{1.84}{Z\lambda_A} \tag{6.54}$$

与叶片数目和叶尖速比的乘积成反比。

表 6.1 给出了叶尖速比、叶片数、叶尖损失及直径比的数据实例。

表 6.1　叶尖损失、叶尖速比和叶片数的关系(D' 为有效直径)

	λ_A	Z	$\lambda_A Z$	ξ_{Tip}[%]	D'/D
美国农场风车	1	20	20	9	0.95
荷兰风车	2	4	8	22	0.88
丹麦风机	6	3	18	10	0.94
单叶片风机 (Monopteros)	12	1	12	15	0.92

6.5.3　旋转损失

Betz 理论假设,流过叶轮后气流仍然沿轴向流动。但根据"作用力与反作用力"原理,流过叶轮后,气流要产生旋转,由此会造成旋转损失,如图 6.19 所示。

风机微元环上的功率为

$$\mathrm{d}L = Z\mathrm{d}U\Omega r \tag{6.55}$$

对于快速风机,获取功率是靠较高的转速 Ω,而转矩 $\mathrm{d}U \cdot r$ 则较小。而慢速风机 Ω 小,则转矩 $\mathrm{d}U \cdot r$ 就大,因此,出风旋转得就明显。

速度比 $\lambda_A > 3$ 时,出风旋转很小。但对于慢速风机,$\lambda_A \approx 1$,由于出风旋转的损失,功率系数仅能达到 $C_{P.\max} = 0.42$。旋转损失对叶片的最佳设计也有影响。考虑旋转损失后,弦长 $t(r)$ 与安装角 α_{Bau} 将与前面根据 Betz 理论所得到的结果有所不同。

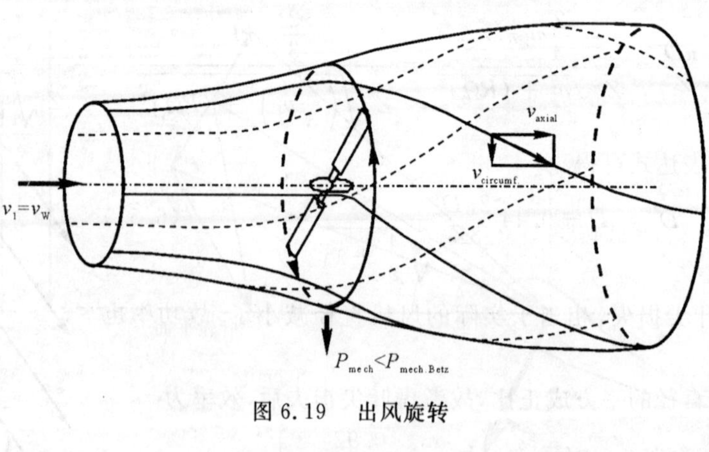

图 6.19　出风旋转

6.6　考虑出风旋转时的 Schmitz 设计

根据 Betz 理论,气流流过风机其方向不改变,在叶轮面风速为 $v_2 = (v_1 + v_3)/2$,远离叶轮后 $v_3 = \frac{1}{3}v_1$。Schmitz 考虑了由于风旋转产生的周向速度 Δu。Δu 作为作用力与反作用力的结果必然会出现,如图 6.20 所示。

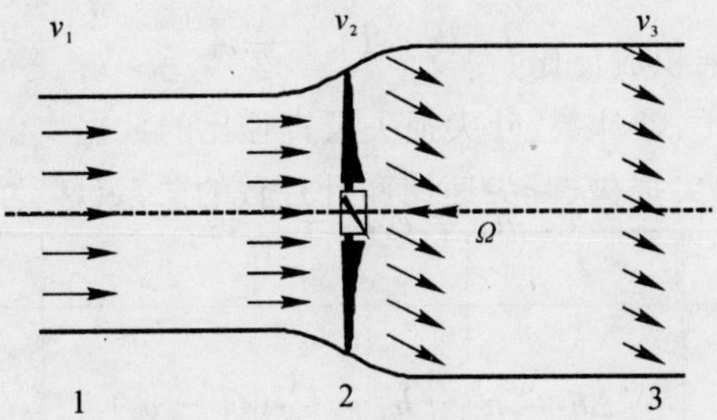

图 6.20　风轮前后气流(下游风带有周向分量 Δu)的流动

周向速度在风轮之前为 0,在风轮之后为 Δu,它是由于气流流过叶片弦长后所产生的。因此,气流流过翼型后,要发生旋转,如图 6.21 所示。

风轮上游的相对风速为 $\boldsymbol{c}_1$,风轮下游的相对风速为 $\boldsymbol{c}_3$。通过风轮之后,相对速度大小不变,只是方向改变,即 $|\boldsymbol{c}_1|=|\boldsymbol{c}_3|$。

在叶片上观察风速时,上游风的焓为

$$h_1 = c_h T_1 + \frac{1}{2}c_1^2$$

下游风的焓为

$$h_3 = c_h T_3 + \frac{1}{2}c_3^2$$

式中,c_h 为定压比热。焓代表了风含的总能量,即内能 $c_h T$ 和动能$\frac{1}{2}c^2$。

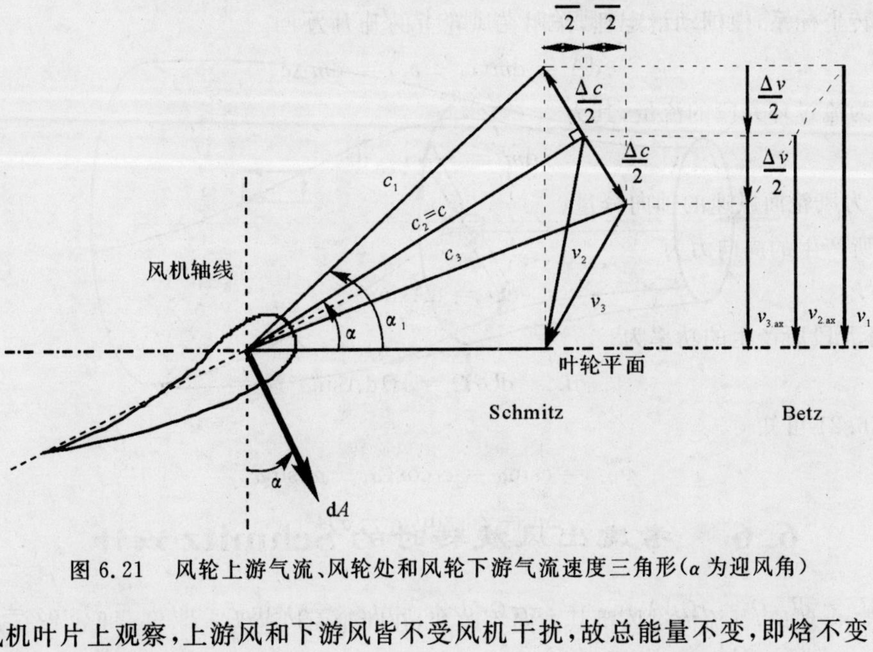

图 6.21　风轮上游气流、风轮处和风轮下游气流速度三角形(α 为迎风角)

在风机叶片上观察,上游风和下游风皆不受风机干扰,故总能量不变,即焓不变;另外,静温 T 也不变,于是得到 $|\boldsymbol{c}_1|=|\boldsymbol{c}_3|$。

如果在地面上观察，上游风的焓为

$$h_1 = c_h T_1 + \frac{1}{2} v_1^2$$

下游风的焓为

$$h_3 = c_h T_3 + \frac{1}{2} v_3^2$$

流过叶轮后风的焓降为

$$\Delta h = h_1 - h_3 = \frac{1}{2}(v_1^2 - v_3^2)$$

这就是单位质量气流流过风机所做的功。

根据动量定理，作用在风轮环元段上的气动力为

$$\mathrm{d}A = \mathrm{d}\dot{m}(\boldsymbol{v}_1 - \boldsymbol{v}_3)$$

式中，$\mathrm{d}\dot{m}$ 为流过环元段的流量。

在叶轮环元段所产生的功率为

$$\mathrm{d}L = \mathrm{d}\dot{m}(\boldsymbol{v}_1 - \boldsymbol{v}_3) v_2$$

风含功率与流出叶轮的功率之差应与气流在叶轮面产生的功率相等，即

$$\frac{1}{2}\mathrm{d}\dot{m}(v_1^2 - v_3^2) = \mathrm{d}L = \mathrm{d}\dot{m}(\boldsymbol{v}_1 - \boldsymbol{v}_3)\boldsymbol{v}_2$$

于是得到

$$\boldsymbol{v}_2 = \frac{1}{2}(\boldsymbol{v}_1 + \boldsymbol{v}_3)$$

上述的关系中，速度 $\boldsymbol{v}_1$，$\boldsymbol{v}_2$ 和 $\boldsymbol{v}_3$ 为矢量。

在旋转坐标系，根据动量定理，作用在风轮上的升力为

$$\mathrm{d}A = \mathrm{d}\dot{m}(\boldsymbol{c}_1 - \boldsymbol{c}_3) = \mathrm{d}\dot{m}\Delta \boldsymbol{c} \tag{6.56}$$

式中，$\mathrm{d}\dot{m}$ 为流过环元段的流量，其为

$$\mathrm{d}\dot{m} = 2\pi\rho r v_{2ax}\,\mathrm{d}r \tag{6.57}$$

式中，v_{2ax} 为风轮面风速的轴向分量。

气流所产生的周向力为

$$\mathrm{d}U = \mathrm{d}A\sin\alpha \tag{6.58}$$

于是，在环元段所产生的功率为

$$\mathrm{d}L = \mathrm{d}Ur\Omega = r\Omega\,\mathrm{d}A\sin\alpha \tag{6.59}$$

从图 6.21 可知

$$v_{2ax} = c\sin\alpha = c_1\cos(\alpha_1 - \alpha)\sin\alpha \tag{6.60}$$

$$\Delta c = 2c_1\sin(\alpha_1 - \alpha) \tag{6.61}$$

则功率为

$$\mathrm{d}L = \mathrm{d}Ur\Omega = r\Omega\,\mathrm{d}A\sin\alpha = 2\pi\rho r\Omega r\,\mathrm{d}r 2c_1\sin(\alpha_1 - \alpha)\sin\alpha c_1\cos(\alpha_1 - \alpha)\sin\alpha = 2\pi\rho r^2\Omega\,\mathrm{d}r c_1^2\sin 2(\alpha_1 - \alpha)\sin^2\alpha \tag{6.62}$$

对 $\mathrm{d}L$ 关于 α 求导得

$$\frac{\mathrm{d}L}{\mathrm{d}\alpha}=2\pi\rho r^2\Omega\mathrm{d}rc_1^2[-2\cos2(\alpha_1-\alpha)\sin^2\alpha+2\sin2(\alpha_1-\alpha)\sin\alpha\cos\alpha]=$$
$$2\pi\rho r^2\Omega\mathrm{d}rc_1^2 2\sin\alpha[-\cos2(\alpha_1-\alpha)\sin\alpha+\sin2(\alpha_1-\alpha)\cos\alpha]=$$
$$2\pi\rho r^2\Omega\mathrm{d}rc_1^2 2\sin\alpha\sin(2\alpha_1-3\alpha) \tag{6.63}$$

令$\frac{\mathrm{d}L}{\mathrm{d}\alpha}=0$，得最佳来流角或迎风角$\alpha=\frac{2}{3}\alpha_1$。这表明，当风沿着最佳来流角吹向叶片时，叶轮获取的风功率最大。

$$\tan\alpha_1=\frac{v_1}{r\Omega}=\frac{1}{r\Omega/v_1}=\frac{R}{r\frac{R\Omega}{v_1}}=\frac{R}{r\lambda_A} \tag{6.64}$$

代入功率表达式可得

$$\mathrm{d}L=r^2\Omega\rho2\pi\mathrm{d}rc_1^2\sin\frac{2}{3}\alpha_1\left(\sin\frac{2}{3}\alpha_1\right)^2=r^2\Omega\rho2\pi\mathrm{d}rc_1^2\left(\sin\frac{2}{3}\alpha_1\right)^3 \tag{6.65}$$

其中

$$\left(\sin\frac{2}{3}\alpha_1\right)^3=8\sin^3\frac{1}{3}\alpha_1\cos^3\frac{1}{3}\alpha_1 \tag{6.66}$$

根据翼型理论

$$\mathrm{d}A=\frac{\rho}{2}c^2t\mathrm{d}rC_A=\frac{\rho}{2}c_1^2t\mathrm{d}rC_A\cos^2(\alpha_1-\alpha)=\frac{\rho}{2}c_1^2t\mathrm{d}rC_A\left(\cos\frac{1}{3}\alpha_1\right)^2 \tag{6.67}$$

功率为

$$\mathrm{d}L=\mathrm{d}A\sin\alpha\Omega r=\frac{\rho}{2}c_1^2t\mathrm{d}rC_A\sin\frac{2}{3}\alpha_1\cos^2\frac{1}{3}\alpha_1 r\Omega \tag{6.68}$$

将此功率与 Schmitz 功率比较得

$$t=\frac{16\pi r}{C_A}\sin^2\left(\frac{1}{3}\alpha_1\right) \tag{6.69}$$

对于 Z 个桨叶，弦长 t 为

$$t=\frac{16\pi r}{ZC_A}\sin^2\frac{1}{3}\alpha_1=\frac{16\pi r\lambda_A}{ZC_A\lambda_A}\sin^2\frac{1}{3}\alpha_1 \tag{6.70}$$

而

$$\lambda_A ZC_A t=\lambda_A 16\pi r\sin^2\frac{1}{3}\alpha_1=R\bar{t} \tag{6.71}$$

故

$$t=\frac{1}{Z}\frac{16\pi}{C_A}r\sin^2\frac{1}{3}\alpha_1=\frac{\bar{t}R}{\lambda_A ZC_A} \tag{6.72}$$

$$\bar{t}=\frac{16\pi\lambda_A r}{R}\sin^2\frac{1}{3}\alpha_1 \tag{6.73}$$

$$\alpha_1=\arctan\frac{R}{r\lambda_A} \tag{6.74}$$

当 α_1 很小时，即对应高叶尖速比，由 Schmitz 公式(6.72) 所确定的叶片弦长与 Betz 公式(6.39)的值基本相同。图 6.22 比较了由 Betz 理论和 Schmitz 理论得到的相对叶片弦长随半径和设计叶尖速比的变化。由图可见，只是在叶根部分由两种理论所定的弦长有明显差别，而在叶身的大部分相差无几。在叶根部分，Betz 理论所定的弦长很大，无法实现。

对于慢速风机，即 $\lambda_A\approx1$，考虑旋转损失后，根据 Schmitz 理论得到的叶片弦长和根据 Betz 理论得到的弦长完全不同。越靠近根部，叶片越变窄。图 6.23 给出了两种理论所确定的来流角变化关系。对于高叶尖速比，仍然符合上述的规律，即在叶根部分由两种理论所定的来流角有明显差别，而在离开叶根之后的部分相差无几。

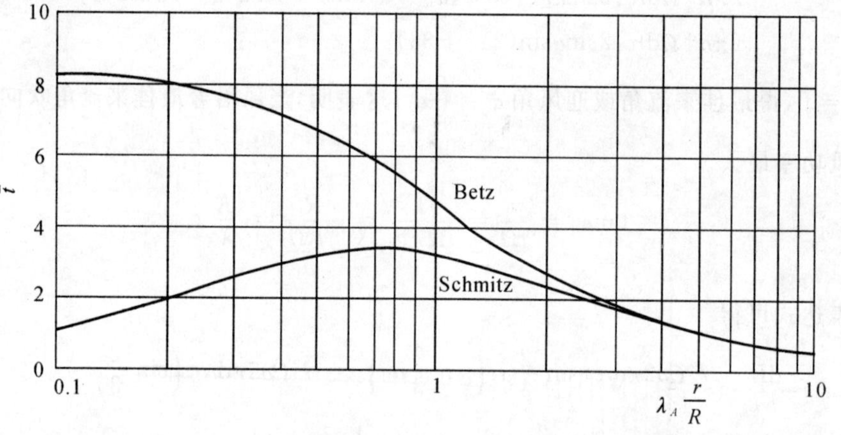

图 6.22　根据 Betz 理论和 Schmitz 理论得到的相对叶片弦长随半径和设计叶尖速比的变化

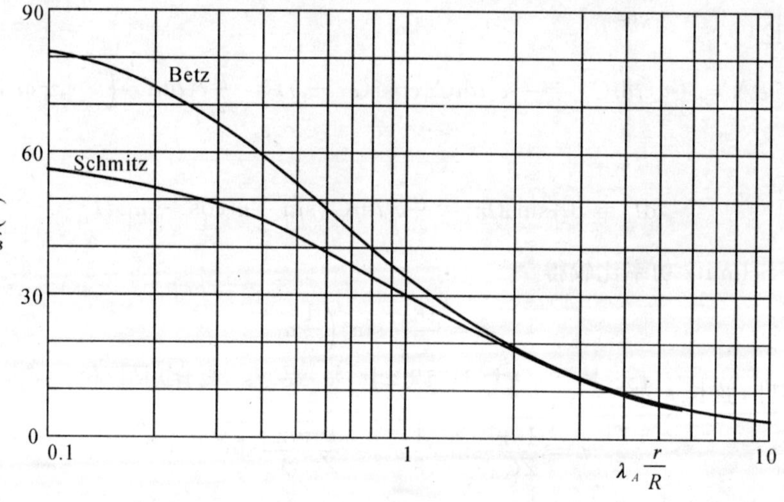

图 6.23　根据 Betz 理论和 Schmitz 理论得到的来流角 α 随半径和设计叶尖速比的变化

6.7　旋转损失

根据 Betz 理论，不考虑旋转损失时，最大可获风功率为

$$L_{\text{Betz}} = \frac{\rho}{2} v_1^3 \pi R^2 C_{P,\text{Betz}}, \quad C_{P,\text{Betz}} = 16/27$$

计及旋转损失时，对式(6.62)表示的微圆环功率在整个叶轮上积分，就得到整个风机的功率

$$L = \int_0^R r^2 \Omega \rho 2\pi c_1^2 \sin 2(\alpha_1 - \alpha) \sin^2 \alpha \mathrm{d}r = \int_0^R \rho \Omega 2\pi r^2 v_1^2 \frac{\sin^3\left(\frac{2}{3}\alpha_1\right)}{\sin^2 \alpha_1} \mathrm{d}r =$$

$$\frac{1}{2}\rho\pi R^2 v_1^3 \int_0^1 4\lambda_A \left(\frac{r}{R}\right)^2 \frac{\sin^3\left(\frac{2}{3}\alpha_1\right)}{\sin^2 \alpha_1} \mathrm{d}\left(\frac{r}{R}\right) \tag{6.75}$$

其中

$$\alpha_1 = \arctan \frac{R}{r\lambda_A} \tag{6.76}$$

并考虑了最佳流动条件 $\alpha = \frac{2}{3}\alpha_1$。

求出式(6.75)的积分结果并不困难，但为了清晰地比较两种理论的结果，不妨以图示形式来表达，如图 6.24 所示。由图可见，Schmitz 理论所得到的功率系数 $C_{P.\,Schmitz}$ 与 λ_A 紧密相关。对于慢速风机，$\lambda_A \approx 1$，考虑旋转损失后，功率系数 $C_{P.\,Schmitz}$ 比 Betz 最佳功率系数 $C_{P.\,Betz}$ 小得多。但对快速风机，$\lambda_A \geqslant 5$，功率系数 $C_{P.\,Schmitz}$ 与 Betz 最佳功率系数 $C_{P.\,Betz}$ 相差无几。

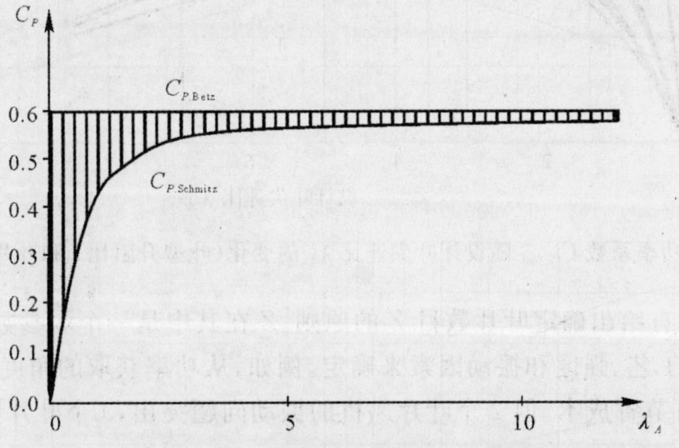

图 6.24　根据 Betz 理论和 Schmitz 理论得到的功率系数随设计叶尖速比的变化

在叶片安装时，安装角为 $\alpha_{Bau} = \alpha - \alpha_A$，其中 α_A 为设计攻角。

6.8　叶片设计中要考虑的因素

风机叶轮的实际功率为

$$L = \frac{\rho}{2} v_1^3 \pi R^2 C_{P.\,real} \tag{6.77}$$

其中

$$C_{P.\,real} = C_{P.\,Schmitz}(\lambda_A) \cdot \eta_{Profil}(\lambda_A, \varepsilon) \cdot \eta_{Tip}(\lambda_A, z) \tag{6.78}$$

为实际的功率系数。它与设计叶尖速比 λ_A、叶型升阻比 $\varepsilon = \frac{C_A}{C_W}$ 和叶片数目 Z 有关。图 6.25 表示实际的功率系数 $C_{P.\,real}$ 与设计叶尖速比 λ_A 的关系，其中叶型升阻比 $\varepsilon = \frac{C_A}{C_W}$ 和叶片数目 Z 作为参数示出。从中可以看出旋转损失、叶型损失和叶尖损失对功率获取的影响。

前面的图 6.15 说明，叶片实心率随设计叶尖速比 λ_A 急剧下降。当 $\lambda_A = 1$ 时，实心率为 100%；而当 $\lambda_A = 6$ 时，实心率降为 4% ～ 6%。

确定了设计叶尖速比 λ_A 之后，就可按照 Schmitz 理论计算叶片弦长 $t(r)$ 和迎风角 $\alpha(r)$。叶片安装角

$$\alpha_{Bau} = \frac{2}{3} \arctan \frac{R}{r\lambda_A} - \alpha_A \tag{6.79}$$

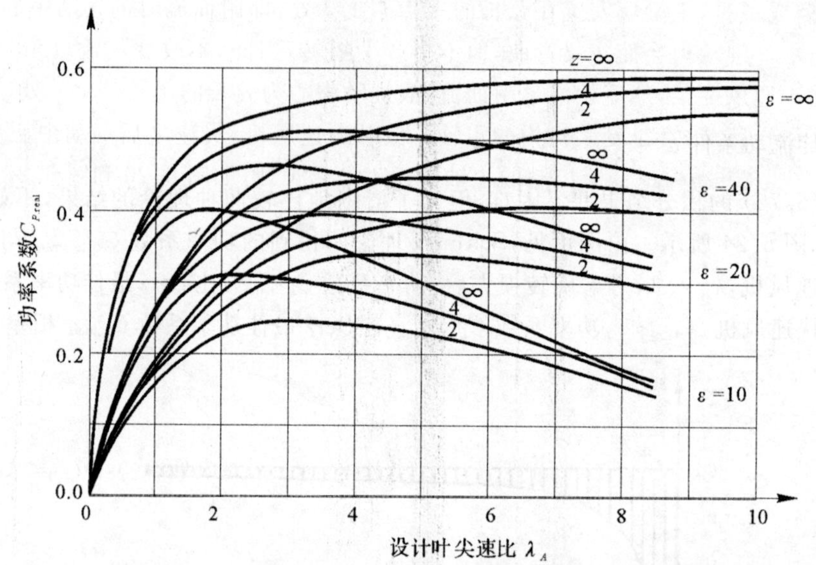

图 6.25　实际功率系数 $C_{P,\mathrm{real}}$ 随设计叶尖速比 λ_A 的变化(叶型升阻比 ε 和叶片数目 Z 为参数)

前面的理论没有给出确定叶片数目 Z 的原则。Z 在其中是一个弱参数,只影响叶尖损失。叶片数目 Z 由叶片工艺、强度和振动因素来确定。例如,从功率获取的角度出发,选择 2 个叶片也可达到目标,且可节省成本。但 2 个叶片风机的振动问题突出,3 个叶片则是更好的选择(参见 4.1 节)。

另外,考虑到强度要求,沿着叶片展长可选不同的叶型。叶尖部分选用升阻比高的薄叶型(例如,NACA63－212),中部选用较厚一些的叶型(例如,NACA63－215),在根部则用更厚的叶型(例如,NACA63－221)。由式(6.46)知,叶根处的叶型损失较小,但叶根的厚叶型保证了足够的抗弯截面矩。

升力系数 C_A 也不必沿着叶片展长为常数,甚至可选择沿叶片展长变化,使叶片弦长 $t(r)$ 随展长线性变化。

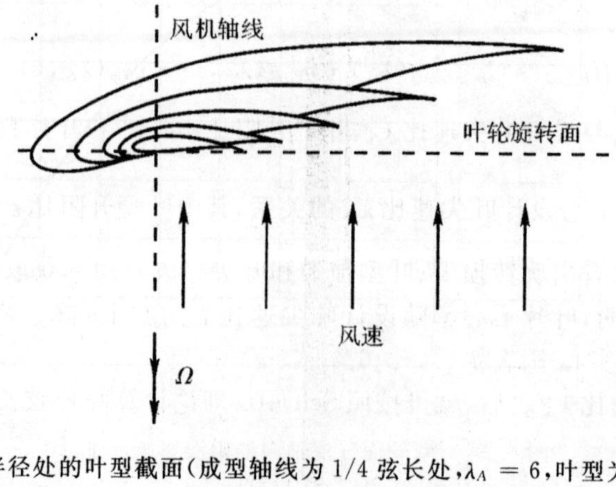

图 6.26　不同半径处的叶型截面(成型轴线为 1/4 弦长处,$\lambda_A=6$,叶型为 Goettingen797)

叶片结构成型时，主梁应安置在弦长的 1/4 ～ 1/3 处，即附面流时的气动中心，如图 6.26 和图 6.27 所示。气动力会使主梁弯曲，但不会产生扭转，因此，不改变气流攻角。对于变速、变桨风机，由于迎风变桨，气流始终是附面流，故气动中心为弦长的 1/4 ～ 1/3 处，主梁只受弯曲载荷，不受扭转载荷，且是变桨机构的主轴。但对失速风机，失速之后气动中心后移到接近 1/2 弦长处，因此，主动失速变桨控制的主轴接近 1/2 弦长处，如图 6.26 和图 6.27 所示。

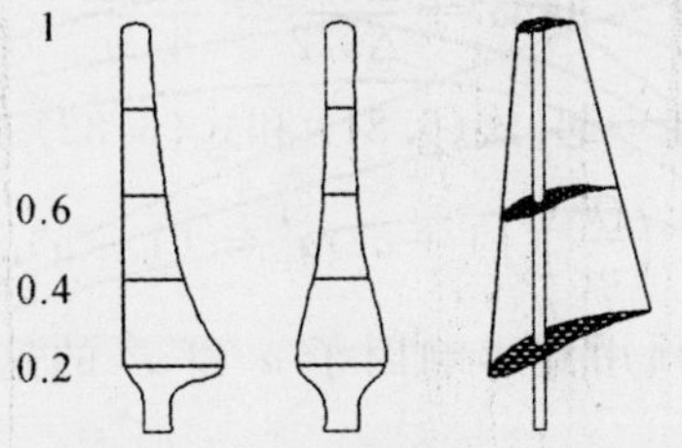

图 6.27　叶片的成型(轴线为 1/4 弦长处，$\lambda_A = 6$，叶型为 Goettingen797)

6.9　总　结

本章介绍了考虑旋转损失时的功率优化，参考了 J. Maurer 的著作，即参考文献[8] 中 1956 年 Schmitz 的求解方法。该方法与物理背景联系紧密，故简单明了，只需改变叶轮面的来流角 α，就可求得最佳功率，如式(6.65) 所示。

在文献[15,16,17] 中，作者把 1935 年 Glauert 的方法作为基础。这个方法把叶轮面气流轴向的阻滞 a 和径向阻滞 a' 分开考察，并引入影响因子

$$a = \frac{\Delta v/2}{v_1} = (v_1 - v_3)/2v_1, \quad a' = \frac{\Delta u/2}{\Omega r} \tag{6.80}$$

其中 a 如图 6.28 所示。

这使得寻优算法复杂化。但从历史发展来看，是可以理解的。起初，Betz 只考虑了由于 Δv 引起的轴向流出损失。而后来，又把由于 Δu 产生的旋转损失计及在内。

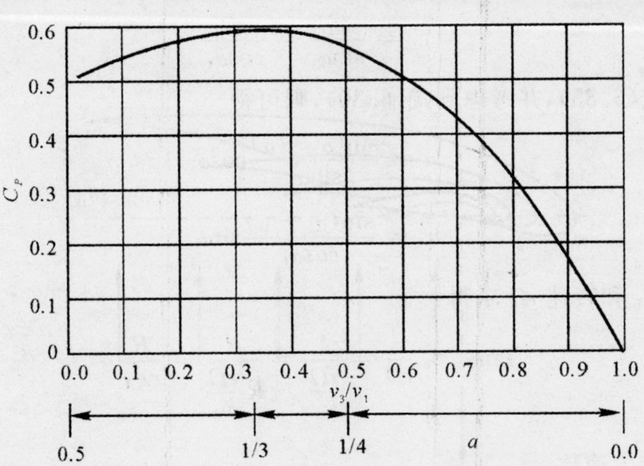

图 6.28　叶轮面气流轴向的阻滞影响因子 a

式(6.80)中的 a 和 a' 并不相互独立，在图 6.21 中可以清楚地看出来。由图可见

$$\tan\alpha = \frac{v_{2ax}}{r\Omega + \frac{\Delta u}{2}} = \frac{v_1}{r\Omega}\frac{1-a}{1+a'}, \tag{6.81}$$

另外

$$\tan\alpha = \frac{\Delta u/2}{\Delta v/2} = \frac{a'}{a}\frac{r\Omega}{v_1} \tag{6.82}$$

可见，来流角 α 把 a 和 a' 关联在一起。式(6.81)和式(6.82)必然相等，由此可得

$$\left(\frac{\Omega r}{v_1}\right)^2 (1+a')a' = (1-a)a \tag{6.83}$$

在 Schmitz 的求解表达式中无须用到影响因子 a 和 a' 的这个关系式(参见文献[15]中的式(5.22))。

Glauert 和 Schmitz 所依据的物理假设是相同的，因此，优化的结果也应相同。但 Glauert 的方法要复杂一些，优化过程不如 Schmitz 方法明确，结果也不直观。表 6.1 列出了 Betz 和 Schmitz 理论的结果。

表 6.1 Betz 和 Schmitz 理论的结果

	Betz	Glauert-Schmitz
叶轮远前方	$v_1 = v$	α_1
叶轮面	$v_2 = \frac{2}{3}v_1$	$\alpha_2 = \alpha = \frac{2}{3}\alpha_1$
叶轮远后方	$v_3 = \frac{1}{3}v_1$	$\alpha_3 = \frac{1}{3}\alpha_1$

影响因子 a 和 a' 可由图 6.21 和式(6.61)来确定。

$$\Delta v = 2c_1\sin(\alpha_1 - \alpha)\cos\alpha \tag{6.84}$$

$$\Delta u = 2c_1\sin(\alpha_1 - \alpha)\sin\alpha \tag{6.85}$$

Δv 和 Δu 分别是 Δc 的轴向和周向分量。

$$c_1 = \frac{v_1}{\sin\alpha_1} = \frac{r\Omega}{\cos\alpha_1}$$

代入式(6.84)和式(6.85)，并考虑到式(6.80)，则可得

$$a = \frac{\sin(\alpha_1 - \alpha)}{\sin\alpha_1}\cos\alpha \tag{6.86}$$

$$a' = \frac{\sin(\alpha_1 - \alpha)}{\cos\alpha_1}\sin\alpha \tag{6.87}$$

角度 α_1 可由风速 v_1 和转速 $r\Omega$ 求得：

$$\tan\alpha_1 = \frac{v_1}{r\Omega} = \frac{1}{\frac{r\Omega}{v_1}} = \frac{R}{R\frac{r\Omega}{v_1}} = \frac{R}{r\lambda_A} \tag{6.88}$$

其中 $\lambda_A = \frac{R\Omega}{v_1}$ 为叶尖速比。

若把 Schmitz 的最优结果 $\alpha = \frac{2}{3}\alpha_1$ 代入式(6.86)和式(6.87)，则有

$$a = \frac{\sin\left(\frac{\alpha_1}{3}\right)}{\sin\alpha_1}\cos\left(\frac{2\alpha_1}{3}\right)$$

$$a' = \frac{\sin\left(\frac{\alpha_1}{3}\right)}{\cos\alpha_1}\sin\left(\frac{2\alpha_1}{3}\right)$$

图 6.29 表示了 a 和 a' 随变量 $\frac{\lambda_A r}{R}$ 的变化关系。由图可见，轴向影响因子 a 对于较高的叶尖速比，与 Betz 的结果一致，即 $a=1/3$。另外，也可看到当 $\frac{\lambda_A r}{R}<1$ 时，旋转损失很大。这与图6.24的结果是一致的。

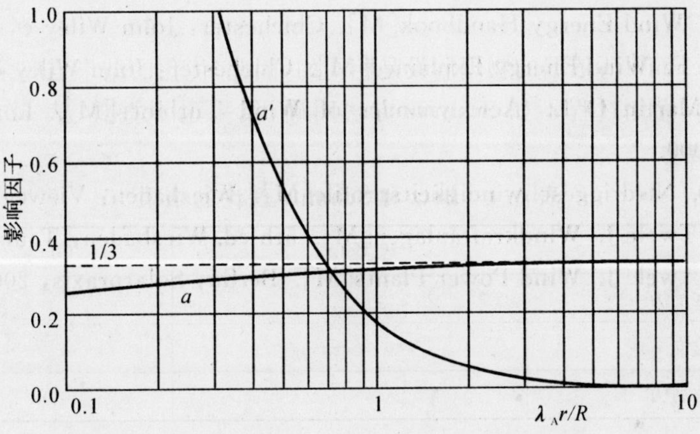

图 6.29　影响因子 a 和 a' 随变量 $\frac{\lambda_A r}{R}$ 的变化

参 考 文 献

［1］ Betz A. Wind-Energie und ihre Ausnutzung durch Windmühlen[M]. Göttingen: Vandenhoeck & Ruprecht, 1926.

［2］ Schmitz G. Theorie und Entwurf von Windrädern optimaler Leistung[J]. Wiss. Zeitschrift der Universität Rostock, 1955, 56.

［3］ Riegels. Aerodynamische Profile[M]. München: R. Oldenbourg Verlag, 1958.

［4］ Althaus D. Profilpolaren für den Modellflug[M]. VS-Villingen: Neckar-Verlag, 1980.

［5］ Althaus D. Stuttgarter Profilkatalog[M]. Braunschweig: Vieweg-Verlagsgesellschaft, 1981.

［6］ Betz A. Einführung in die Theorie der Strömungsmaschinen[M]. Karlsruhe : Verlag G. Braun, 1959.

［7］ Glauert H. Abschnitt "Airplane Propellers" in Durand WF: Aerodynamic Theory[M]. Berlin: Springer-Verlag, 1935.

［8］ Maurer J. Windturbinen mit Schlaggelenkrotoren — Baugrenzen und dynamisches Verhalten[M]. Düsseldorf: VDI Verlag, 1992.

[9] Paulsen U S. Aerodynamics of a full-scale, non rotating wind turbine blade under natural wind conditions[R]. Roskilde Denmark: Risø National Laboratory, 1989.

[10] Hau E. Windkraftanlagen[M]. Stuttgart: Springer-Verlag, 1988.

[11] Sass F. Dubbels Taschenbuch für den Maschinenbau[M]. 11th ed. Berlin: Springer-Verlag, 1955.

[12] Miller R V. Energietechnik und Kraftmaschinen 6[M]. Hamburg: Techniklexikon Rowohlt Taschenbuch-Verlag, 1972.

[13] Smith H. The illustrated guide to aerodynamics[M]. [S. l.]: TAB Books Inc, 1985.

[14] Le Gourierès D. Wind Power Plants[M]. New York: Pergamon Press, 1982.

[15] Spera D A. Wind Turbine Technology[M]. New York: ASME Press, 1995.

[16] Burton T. Wind Energy Handbook[M]. Chichester: John Wiley & Sons, 2001.

[17] Manwell I F. Wind Energy Explained[M]. Chichester: John Wiley & Sons, 2002.

[18] Hansen, Martin O L. Aerodynamics of Wind Turbines[M]. London: James & James, 2000.

[19] Althaus D. Niedriggeschwindigkeitsprofile[M]. Wiesbaden: Vieweg Verlag, 1996.

[20] Gasch R, Twele J. Windkraftanlagen[M]. 5th ed. Wiesbaden: Teuber, 2007.

[21] Gasch R, Twele J. Wind Power Plants[M]. Berlin: Solarpraxis, 2002.

第7章　风力机性能计算及偏载特性

如第6章所述，叶片是在设计叶尖速比 λ_A 下设计的。由于实际中风速不断变化，因此风力机不可能总在设计点运行。对于失速型风力机，由于转速恒定，故只有一个风速对应设计点 λ_A。对于变桨、变速风力机，在额定风速以下，风力机始终以设计叶尖速比运行。从额定风速开始，风力机将变桨。此时，转速不变。

不论哪一种情况，都需要掌握设计点及设计点之外（包括变桨）叶轮的功率系数、力矩系数和推力系数，即偏载特性，以便确定风力机的载荷、功率以及控制规律。

7.1　性能计算方法

本节的重点是计算叶尖速比不同于设计叶尖速比时的叶片气动负荷和风力机的功率。

根据Schmitz理论，我们给定设计叶尖速比 λ_A 后，就得到了迎风角 α。所选的 α 使得获取的风能最大。此后，就可以确定弦长 t 和安装角 α_{Bau}，使得风力机在设计风速点，以迎风角 α 运行。

现在弦长和扭角已给定，对于不同于设计叶尖速比 λ_A 的非设计点，叶轮面的迎风角 α 就将不同。为计算迎风角 α，我们利用设计弦长时的公式，即利用翼型理论和动量定理来计算。

对于如图7.1所示的叶片基元，根据翼型理论，叶片基元段上的升力为

$$dA=\frac{1}{2}\rho c^2 t dr C_A(\alpha_A) \tag{7.1}$$

而

$$c=c_1\cos(\alpha_1-\alpha) \tag{7.2}$$

攻角

$$\alpha_A=\alpha-\alpha_{Bau} \tag{7.3}$$

根据动量定理，叶片基元环上的升力可表达为

$$dA=d\dot{m}\Delta c \tag{7.4}$$

$$d\dot{m}=\rho\frac{2\pi r}{Z}drc\sin\alpha \tag{7.5}$$

而

$$\Delta c=2c_1\sin(\alpha_1-\alpha) \tag{7.6}$$

两种途径得到的升力应该相等，即

$$\frac{\rho}{2}c^2 t dr C_A(\alpha_A)-d\dot{m}\Delta c=0 \tag{7.7}$$

代入上面的各表达式，得

$$\frac{\rho}{2}c_1^2\cos^2(\alpha_1-\alpha)t dr C_A-\rho\frac{2\pi r}{Z}drc_1\cos(\alpha_1-\alpha)\sin\alpha 2c_1\sin(\alpha_1-\alpha)=0 \tag{7.8}$$

化简之后，得

$$tC_A(\alpha-\alpha_{Bau})-\frac{8\pi r}{Z}\sin\alpha\tan(\alpha_1-\alpha)=0 \tag{7.9}$$

但方程(7.9)难以直接解出所求的迎风角 α，只能采取迭代的方法求解。为此，我们首先算出无扰气流的迎风角 α_1。

叶尖速比
$$\lambda = \frac{\Omega R}{v_1} \tag{7.10}$$

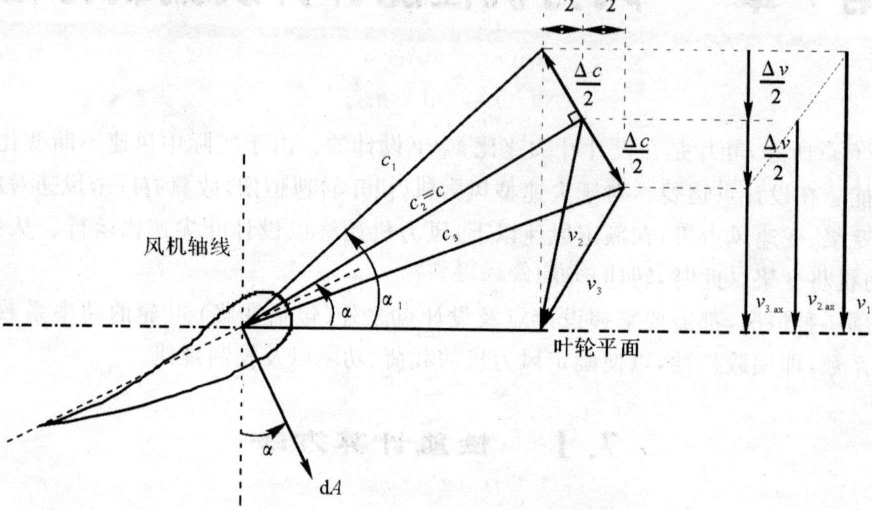

图 7.1　叶片基元来流速度三角形

而
$$\alpha_1 = \arctan \frac{1}{\lambda(r/R)} \tag{7.11}$$

从 $\alpha = \alpha_1$ 开始迭代，然后改变 α，当方程(7.9)成立时，此时的 α 值就是所求的迎风角。

计算过程可由图 7.2 所示的框图表示。

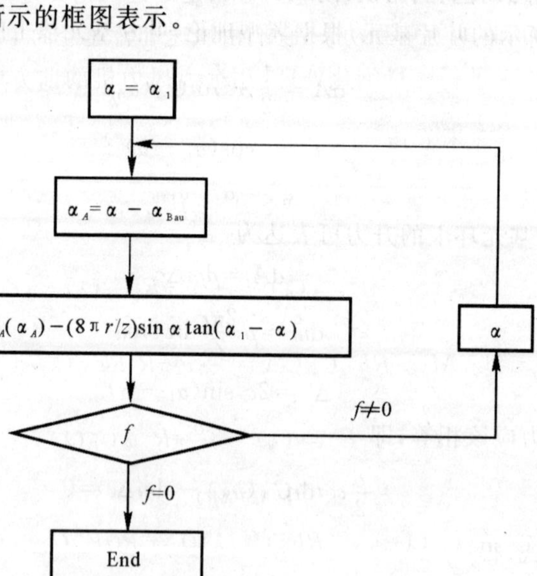

图 7.2　求解迎风角 α 的计算框图

在实际计算时，要计及叶型阻力的影响；另外，还要考虑前面所述的损失，以及偏离设计点时的其他气动效应。

如果迎风角 α 已知，我们就可计算基元段上的迎风速度和升力。根据升力就可计算基元段的轴向力、切向力和转子的驱动力矩。

$$c = c_1\cos(\alpha_1 - \alpha) \tag{7.12}$$

$$dA = \frac{\rho}{2}c^2 t\,dr\,C_A(\alpha_A) \tag{7.13}$$

轴向力　$$dS(r) = dA\cos\alpha \tag{7.14}$$

切向力　$$dU(r) = dA\sin\alpha \tag{7.15}$$

驱动力矩　$$dM(r) = dUr \tag{7.16}$$

根据同样的计算过程，继续进行下一基元段迎风角 α 和升力的计算。对每一基元段都需进行这种迭代计算。

整个叶轮的力和力矩由下面的求和公式得到：

叶轮的切向力　$$U = Z\sum dU \tag{7.17}$$

叶轮的轴向力　$$S = Z\sum dS \tag{7.18}$$

叶轮的驱动力矩　$$M = Z\sum r\,dU \tag{7.19}$$

叶轮的功率　$$P = \Omega M \tag{7.20}$$

7.2　特性曲线的无量纲描述

如上所述，计算的主要任务是迭代确定来流迎风角 α。在升力公式(7.13)中，既不出现风速也不出现转速。我们可以把力、力矩、功率对于给定的迎风角 α 进行无量纲化处理。由这些无量纲量可以得到轴向力、驱动力矩和功率，它们由风速和转速经简单的转化来表达。

我们选如下的方法来进行无量纲化处理：用远离风力机的前方风速 v_1 作为参考速度，把特性曲线用速度比 $\lambda = \frac{R\Omega}{v_1}$ 来表达。

参考力　$$F_{st} = \frac{\rho}{2}v_1^2\pi R^2 \tag{7.21}$$

推力　$$S = F_{st}C_S(\lambda) = \frac{\rho}{2}v_1^2\pi R^2 C_S(\lambda) \tag{7.22}$$

驱动力矩　$$M = RF_{st}C_M(\lambda) = \frac{\rho}{2}v_1^2\pi R^2 RC_M(\lambda) \tag{7.23}$$

功率　$$P = v_1F_{st}C_P(\lambda) = \frac{\rho}{2}\pi R^2 v_1^3 C_P(\lambda) \tag{7.24}$$

因为　$$P = M\Omega \tag{7.25}$$

$$F_{st}C_P(\lambda)v_1 = RF_{st}C_M(\lambda)\Omega = R\Omega F_{st}C_M(\lambda) \tag{7.26}$$

故　$$C_P(\lambda) = \frac{R\Omega C_M}{v_1} = \lambda C_M(\lambda) \tag{7.27}$$

为计算无量纲的功率系数、推力系数、力矩系数，首先得求出桨叶每一个基元段的迎风角 α，然后按以下的步骤计算无量纲系数：

$$\overline{C} = \frac{c}{v_1} = \frac{\cos(\alpha_1 - \alpha)}{\sin\alpha_1} \tag{7.28}$$

$$d\overline{A} = \frac{dA}{F_{st}} = \overline{C}^2 \frac{t dr}{\pi R^2} C_A(\alpha_A) \tag{7.29}$$

推力系数 $$dC_S = d\overline{A}\cos\alpha \tag{7.30}$$

驱动力矩系数 $$dC_M = \frac{r}{R} d\overline{A}\sin\alpha \tag{7.31}$$

功率系数 $$dC_P = \lambda dC_M \tag{7.32}$$

7.3 快速风力机的特性曲线

取 $\lambda_A = 7$，桨叶数为 $Z = 3$，叶型为 FX63－137，按照 Schmitz 理论设计，计算功率系数、力矩系数和推力系数，其中考虑了叶尖损失和叶型损失。

最大的功率系数（$C_{P.\max} = 0.52$）出现在 $\lambda_{opt} < \lambda_A$ 处，即 $\lambda_{opt} = 6.5$ 处。它低于理想值 $C_{P.\mathrm{Betz}} = \frac{16}{27}$。这是由气动阻力所导致的结果。对于快速风力机，气动阻力几乎作用在叶轮切向，将减小风力机功率，如图 7.3 所示。启动力矩小，是快速风力机的特点，如图 7.5 所示。由于 $C_P = \lambda C_M$，$\frac{dC_P}{d\lambda} = C_M + \lambda\frac{dC_M}{d\lambda}$，故 $\lambda = 0$ 时的 C_M 值为功率系数曲线在 0 点的斜率。最大力矩系数并不出现在最大功率系数所对应的速度比 λ 处，参见图 7.4 和图 7.5。

由 $C_P = \lambda C_M$，得 $C_M = C_P/\lambda$，则有

$$\frac{dC_M}{d\lambda} = \frac{\lambda\frac{dC_P}{d\lambda} - C_P}{\lambda^2}$$

当 C_M 为最大时，$\frac{dC_M}{d\lambda} = 0$，故有

$$\lambda\frac{dC_P}{d\lambda} - C_P = 0 \quad 或 \quad C_P = \lambda\frac{dC_P}{d\lambda}$$

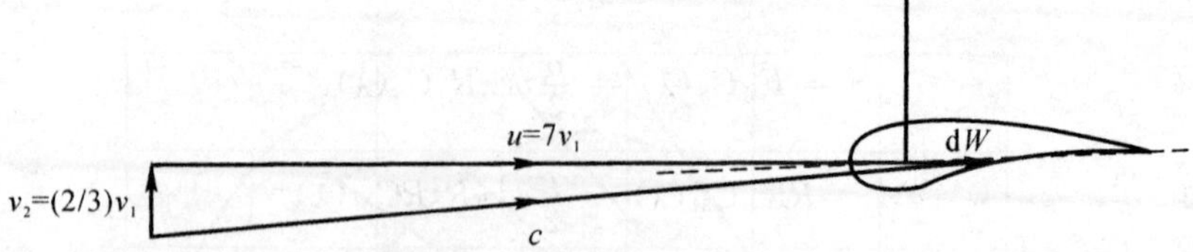

图 7.3　快速风力机叶尖处的气流三角形、升力和阻力（设计叶尖速比为 7）

在 $C_P \sim \lambda$ 曲线图上作过坐标原点的射线族，射线族的斜率就是不同的力矩系数 C_M。与 C_P 曲线相切的射线对应最大的力矩系数 $C_{M.\max}$，切点所对应的叶尖速比 λ 就是力矩系数获得最大值的叶尖速比 $\lambda_{M.\max}$，如图 7.6 所示。最大力矩系数 $C_{M.\max}$ 对于设计紧急刹车装置很重要。

过最佳叶尖速比之后，当叶尖速度比 λ 继续增加时，功率系数和力矩系数都降低，约在设计叶尖速比 λ_A 的 2 倍处降为 0。此时风力机空载运行。

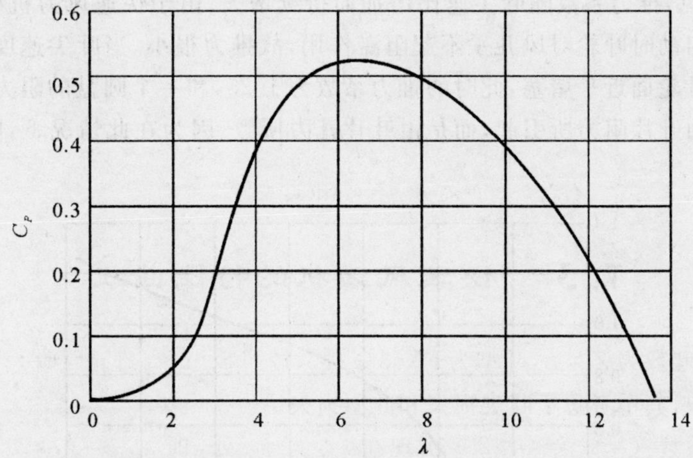

图 7.4　具有高叶尖速比的风轮的功率系数 C_P 与叶尖速比 λ 的关系(设计叶尖速比为 7)

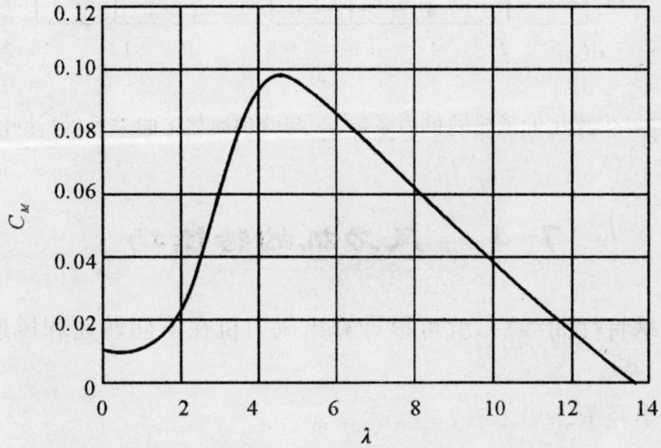

图 7.5　具有高叶尖速比的风轮的驱动力矩系数 C_M 与叶尖速比 λ 的关系(设计叶尖速比为 7)

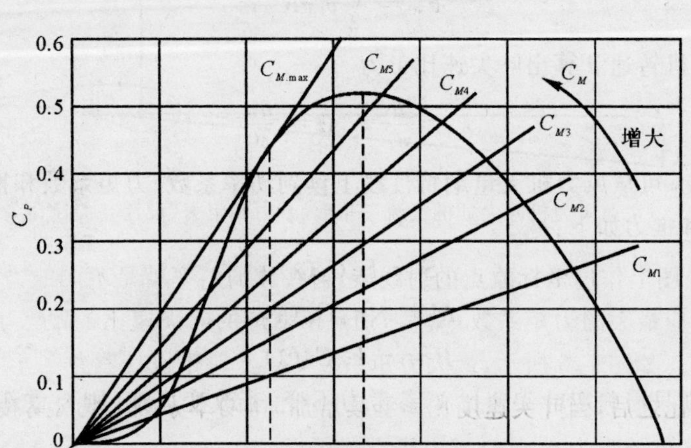

图 7.6　功率系数和力矩系数的关系

由图 7.7 可见，推力系数随叶尖速比增加而持续增大。由于快速风力机所配置的叶片细长，并且数目少，启动时叶轮对风几乎不起阻滞作用，故推力很小。当叶尖速度比 λ 增加时，推力增大。空载时，叶轮面近乎堵塞，此时的推力系数为 1.25，和一个圆盘的阻力系数相当。但此时的大推力并非由叶片阻力所引起，而是由叶片升力所致。因为在此情况下，叶片升力方向几乎和风向一致。

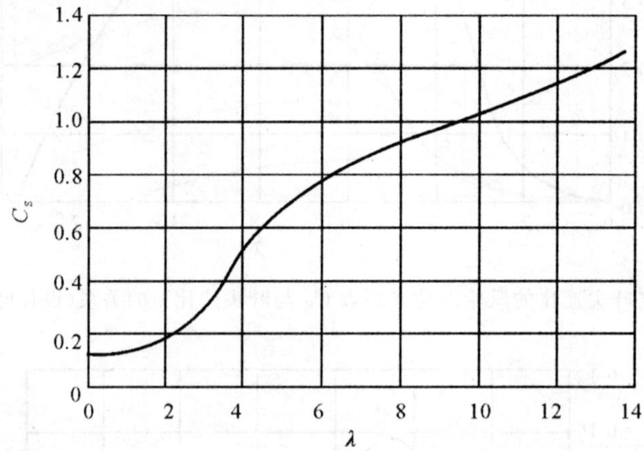

图 7.7　具有高叶尖速比的风轮的推力系数 C_S 与叶尖速比 λ 的关系（设计叶尖速比为 7）

7.4　风力机的特性场

得到上述的无量纲特性曲线后，就可以计算出风力机在不同转速和风速条件下的功率、力矩和推力。

首先确定叶轮的半径 R。

给定风速，就可根据公式(7.21) 确定参考力为

$$F_{st} = \frac{\rho}{2}v_1^2\pi R^2 \tag{7.33}$$

然后根据风力机转速 n 算出叶尖速比 λ 为

$$\lambda = \frac{\Omega R}{v_1}, \quad \Omega = \frac{n\pi}{30} \tag{7.34}$$

根据叶尖速比 λ 可从风力机无量纲特性线上读到功率系数、力矩系数和推力系数。由此就可确定功率、力矩和推力如下：

推力
$$S = F_{st}C_S(\lambda) \tag{7.35}$$

驱动力矩
$$M = RF_{st}C_M(\lambda) \tag{7.36}$$

功率
$$P = v_1F_{st}C_P(\lambda) \tag{7.37}$$

若风速一定，则只需确定叶尖速比 λ，参考力不变。若改变风速，则要重新计算叶尖速比 λ 和参考力 $F_{st} = \frac{\rho}{2}v_1^2\pi R^2$。

按照上述的计算步骤，用图 7.4、图 7.5 和图 7.7 所示的无量纲功率系数 $C_P \sim \lambda$ 曲线、力矩系数 $C_M \sim \lambda$ 曲线和推力系数 $C_S \sim \lambda$ 曲线来计算，就可得到风力机在不同转速和不同风速时的

功率、力矩和推力。图 7.8 和图 7.9 为直径 4 m 的风力机在不同转速和不同风速时的功率。

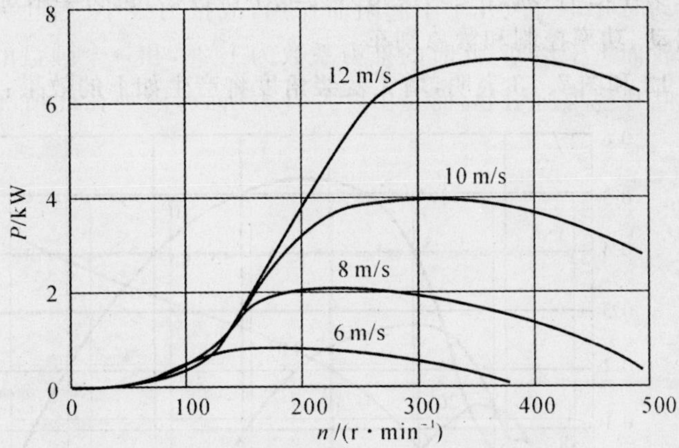

图 7.8　风力机功率随转速的变化(风速作为参数)

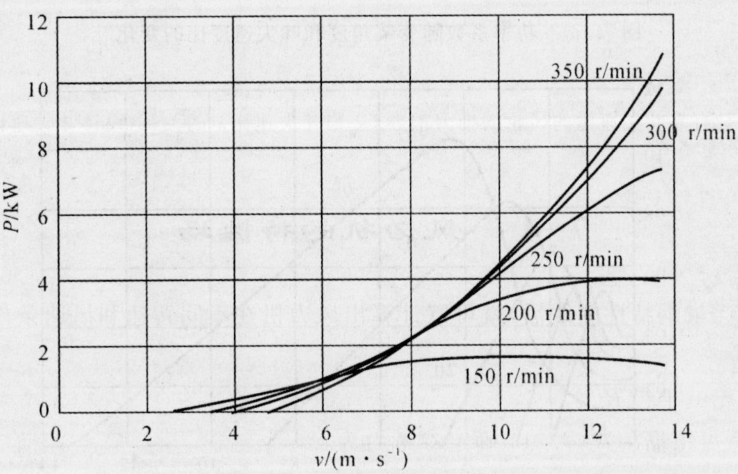

图 7.9　风力机功率随风速的变化(转速作为参数)

7.5　快速风力机的变桨特性

变桨可以改变叶片安装角。此处仅考虑迎风变桨,如图 7.10 所示。

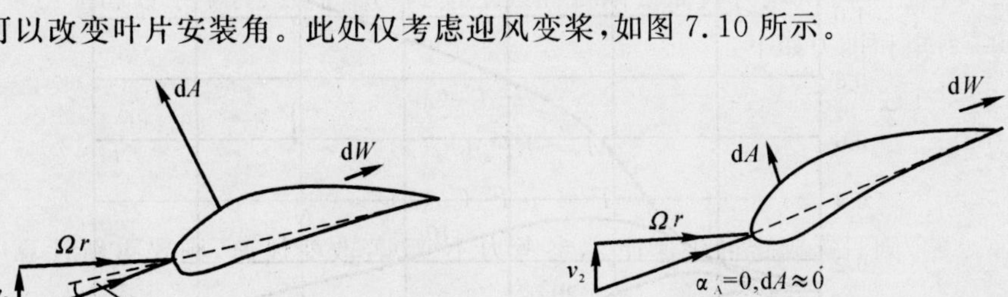

图 7.10　迎风变桨,攻角减小,升力减小

通过变桨可以在快速风力机启动时获得较大的启动力矩，使得风力机可自动启动。另外，在风力机达到额定功率之后，通过变桨使得升力减小，使风力机功率限定在额定值。因此，变桨控制用于风力机启动、功率控制和紧急刹车。

图 7.11、图 7.12 和图 7.13 表明，增大变桨角度将产生如下的效果：

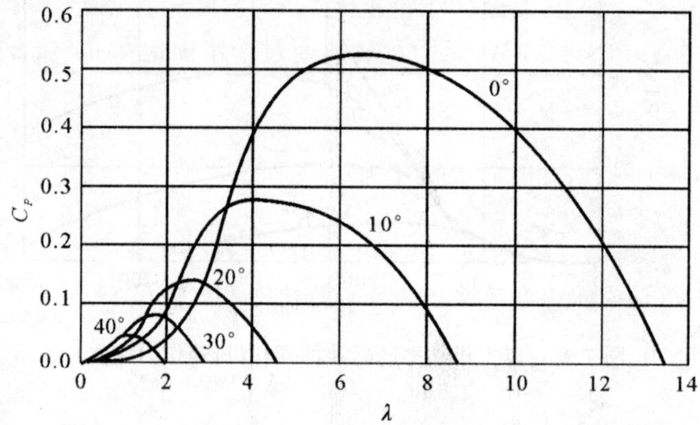

图 7.11　功率系数随变桨角度和叶尖速度比的变化

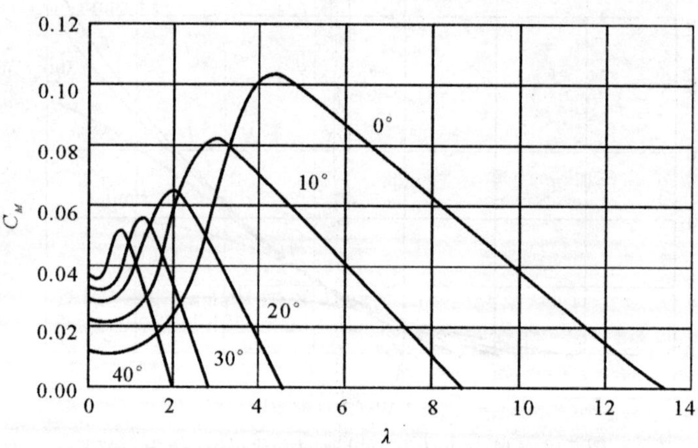

图 7.12　力矩系数随变桨角度和叶尖速度比的变化

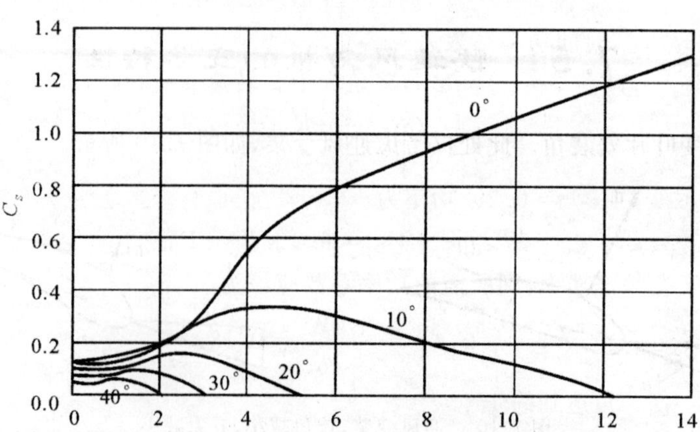

图 7.13　推力系数随变桨角度和叶尖速度比的变化

(1) 最大功率系数和最大力矩系数减小。

(2) 空载叶尖速度比降低。

(3) 推力系数大幅减小。

(4) 启动时的力矩增大。

不妨举例说明调桨的作用。设设计叶尖速比 $\lambda_A = 7$，叶轮直径 $D = 4$ m，额定转速 $n_N =$ r/min，风力机额定功率 $P_N = 4$ kW。风力机转速通过变桨固定在 $n_N = 300$ r/min。为计算简单，先求出动压常数 $k_{st} = \frac{\rho}{2}\pi R^2 = 7.85$ kg/m。

(1) 设风速 $v_1 = 10$m/s。此时叶尖速比为

$$\lambda = \frac{\Omega R}{v_1} = \frac{n\pi R}{30 v_1} = 6.3$$

从图 7.10 可查得对应此速度比桨角为 0 时的功率系数是 $C_P(\lambda = 6.3) = 0.52$，于是得到功率为

$$P = k_{st} v_1^3 C_P = 4 \text{ kW}$$

在此风速条件下，无须变桨。

(2) 设风速升为 $v_1 = 12$ m/s。此时叶尖速比为

$$\lambda = \frac{\Omega R}{v_1} = \frac{n\pi R}{30 v_1} = 5.3$$

对应 0 桨角的 $C_P(\lambda = 5.3) = 0.50$，功率为

$$P = k_{st} v_1^3 C_P = 6.3 \text{ kW} > P_N$$

发电机过载。为此，需重新确定功率系数，即

$$C_{P.\text{soll}} = \frac{4 \text{ kW}}{k_{st} v_1^3} = 0.29$$

如果不变桨，风力机仍以 0 桨角运行，则转速必须升高，才能达到 $C_{P.\text{soll}} = 0.29$，即 $\lambda = 11$ 对应的功率系数为 0.29。转速升高至

$$n = \frac{30\lambda v_1}{\pi R} = 630 \text{ r/min} > 2n_N$$

风力机若以此转速运转，叶片可能会断裂，或者发电机会损坏。当风力机以转速 630 r/min 运转时，叶片上的作用力是在 300 r/min 时的 4.4 倍。把桨角迎风调 10°，攻角将减小，升力随之减小。于是得到 $\lambda = 5.3$ 时的功率系数为 0.29。

(3) 设风速继续升高至 $v_1 = 14$ m/s，桨角为 10°。转速 $n = 300$ r/min，此时叶尖速比为

$$\lambda = \frac{\Omega R}{v_1} = \frac{n\pi R}{30 v_1} = 4.5$$

功率系数 $C_P(\lambda = 4.5) = 0.29$。功率为

$$P = k_{st} v_1^3 C_P = 6.2 \text{ kW} > P_N$$

为把功率限定在额定功率，则所需的功率系数应该为

$$C_{P.\text{soll}} = \frac{4 \text{ kW}}{k_{st} v_1^3} = 0.18$$

为此，需继续调桨，使桨角达到约 15°。

对于小型风力机，调桨速度要快；否则，风力机会超速，烧坏发电机。另外，所有桨叶必须同时变桨；否则，会出现气动不平衡。

7.6 扩展算法

在 7.1 节，我们根据叶型理论得到了升力的表达式，又应用动量定理得到了升力的表达式。两个表达式相等就得到计算来流角 α 的方程式(7.9)。

导出这一方程的前提条件是：

(1) 叶片基元段上的力使流过基元环面积 $df=2\pi rdr$ 上的气流速度发生均匀变化。

(2) 气流只受到叶轮面的作用力的作用，气流流线之间无相互作用力。

(3) 叶型阻力忽略不计。

只有当风力机在设计点工作时，这些条件才近似地成立。对于快速风力机，在启动时($\lambda \ll \lambda_A$)，一部分气流不受叶轮的影响，直接从叶片之间流过。而在空载时($\lambda > \lambda_A$)，由于气流受到强阻滞($v_2 < v_1/2$)，一部分气流从叶轮之外流过。在 7.1 节的动量公式中未考虑这种可用气流的损失。另外，仅在设计点时可忽略叶型损失。在 7.3 节的特性线计算中考虑了叶型损失，分析无量纲偏载特性线时已作了解释。

在此考虑上述因素，对 7.1 节的迭代算法进行改进。

7.6.1 升速区 $\lambda < \lambda_A$(高升力系数)

快速风力机的叶片细长，且数量少。叶片基元段对流过基元环面积 $2\pi rdr$ 的气流施加一个作用力，如图 7.14 所示。其中一个叶型段只对它周围一定范围 b^* 内的气流产生影响。若叶轮在设计点 λ_A 处运转，则气流以速度 c 沿来流角 α 流至叶轮面，如图 7.15 所示。宽度 b 就是一个叶片影响的范围，其大小为

$$b=2\pi r\sin\alpha/Z$$

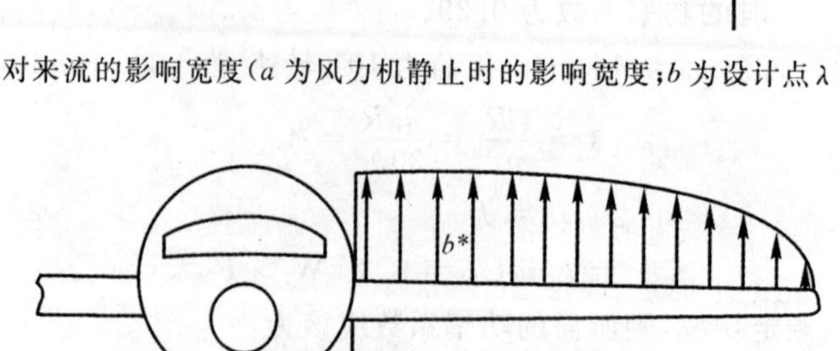

图 7.14　叶片基元对来流的影响宽度(a 为风力机静止时的影响宽度；b 为设计点 $\lambda=\lambda_A$ 时的影响宽度)

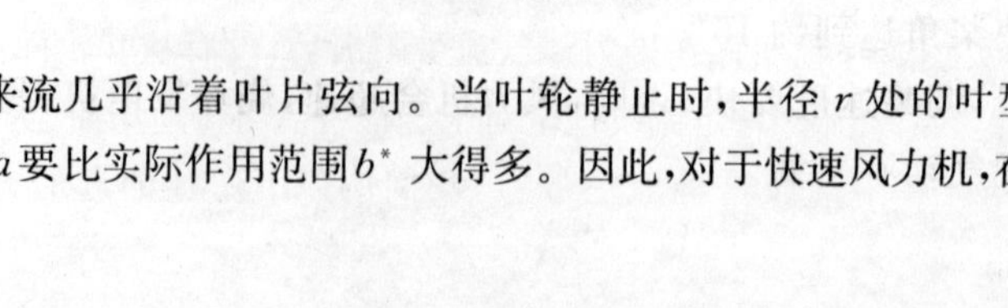

图 7.15　机翼升力的分布

由于攻角很小，来流几乎沿着叶片弦向。当叶轮静止时，半径 r 处的叶型要影响宽度为 $a=2\pi r/Z$ 的气流。宽度 a 要比实际作用范围 b^* 大得多。因此，对于快速风力机，在停机状态，一部分气

流不受干扰地流过叶轮。当然它不会发挥作用。

叶片的影响区 b^* 有多大呢？从理论上说，它可以到无穷大。但随着距离增大，叶片的影响力急剧减小。根据普朗特[4]的叶型理论，可以推导出叶片使气流速度发生均匀变化的最大可能的气流量。由此，可估计出影响区 b^*。如图 7.15 所示，普朗特给出了机翼升力的椭圆分布。在此情况下，每一个叶型段上气流都要向下偏转一个相同的角度。

远离机翼后方，气流向下流动的速度为 $2\delta v$。它由升力系数 C_A，机翼宽度 t 和流速 c 所决定：

$$2\delta v = 2cC_A \frac{t}{\pi R} \tag{7.38}$$

对于风力机叶片，我们也假设升力分布近似为椭圆分布。于是我们首先可计算每一叶型段上的升力为

$$\mathrm{d}A = \frac{\rho}{2}c^2 t\mathrm{d}rC_A \frac{4}{\pi}\sqrt{1-\left(\frac{r}{R}\right)^2} \tag{7.39a}$$

气流流量为

$$\mathrm{d}\dot{m} = \rho c b^* \mathrm{d}r$$

式中，ρ 为风密度；c 为风速；$b^* \mathrm{d}r$ 为待定的流通面积。

根据式(7.38)，由动量定理可得升力为

$$\mathrm{d}A = \mathrm{d}\dot{m}\cdot 2\delta v = \rho c b^* \mathrm{d}r \cdot 2cC_A \frac{t}{\pi R} \tag{7.39b}$$

使式(7.39a) 和式(7.39b) 相等，就可得到最大影响区，即

$$b^* \mathrm{d}r = R\sqrt{1-(\frac{r}{R})^2}\,\mathrm{d}r \tag{7.40}$$

最大影响宽度 b^* 与叶片宽度 t 和升力系数 C_A 无关。根据式(7.40)，在叶尖处($r=R$) 叶片对气流无影响。

把影响宽度 b^* 代入图 7.14 中的公式中，我们可以得到最大来流角 $\alpha_{\max}$。只有在角度 $\alpha_{\max}$ 之内的气流才受到风力机的影响，才能得到利用。

$$\sin\alpha_{\max} = \frac{Z\sqrt{1-(r/R)^2}}{2\pi(r/R)} \tag{7.41}$$

在偏载特性迭代计算中，对于 $\lambda < \lambda_A$ 的区域，若来流角 $\alpha > \alpha_{\max}$ 时，我们必须在迭代方程中把 $\sin\alpha$ 用 $\sin\alpha_{\max}$ 替代，即考虑一部分气流未加利用就直接流过叶轮。

7.6.2　空载区 $\lambda > \lambda_A$ (Glauert 经验公式)

空载时，风力机的推力系数近似为一个圆盘的阻力系数。当风速 v_2 在叶轮面阻滞为零时，来流角 α 为零，流量也为零。根据动量定理我们可求得推力为

$$\mathrm{d}S = \mathrm{d}\dot{m}\Delta v = \rho c\left(\frac{2\pi r}{Z}\mathrm{d}r\sin\alpha\right)\Delta v = 0 \tag{7.42}$$

式(7.42) 说明无推力存在，让人难以理解。如果通过叶轮面无风流过，当然也就无阻滞力存在，所以公式是成立的。但实际上叶轮面存在推力。气流受阻滞后，没有从叶轮面流过，而是像流过一个实心圆盘一样，从叶轮外缘绕流。只是流线理论对于这种绕流不再适用而已。

为在空载特性的计算中计及这种流动效应，我们用以下所述的近似方法来处理，而不用全

流场的三维计算方法。

空载下的推力曾分别由 Glauert 于 1926 年和 Naumann 于 1940 年测量确定。测量的目的是，若通过调桨使螺旋桨沿飞行反方向作用时，在多大程度上能阻滞螺旋桨飞机的飞行。Glauert 最后确证，当 $v_2 \geqslant \frac{2}{3}v_1$ 时，可由动量定理来计算推力。当 v_2 很小时，即 λ 很大时，推力或推力系数持续增大，直到 $v_2 = 0$（即 $\alpha = 0°$）时，推力约为总压的 2 倍，如图 7.16 所示。

根据这一结果，可用一个与来流角 α 相关的函数来近似计算，但须满足如下的条件：

(1) 当 $v_2 = 0$ 时，推力为总压的两倍。

(2) 当 $v_2 = \frac{2}{3}v_1$ 时，函数值及其斜率必须与 Betz 的最佳设计值相同。

令

$$y = \frac{\sin\alpha}{\sin\left(\frac{2}{3}\alpha_1\right)}$$

风流量可表示为

$$\mathrm{d}\dot{m} = \rho\frac{2\pi r}{Z}\mathrm{d}rc\left[\frac{1}{4}\sin\left(\frac{2}{3}\alpha_1\right)\sqrt{9-2y^2+9y^4}\right] \tag{7.43}$$

这个近似公式只适用于来流角 α_1 很小时的无扰流动。空载运行就符合这种条件。计算来流角 α 的公式(7.9) 仍然可用，只是当 $\alpha \leqslant \frac{2}{3}\alpha_1$（即 $\lambda \geqslant \lambda_A$）时，其中流量部分（$\frac{8\pi r}{Z}\sin\alpha$）必须用式(7.43) 增大的流量来替代（即 $\sin\alpha$ 由式(7.43) 中方括号的表达式替代）。

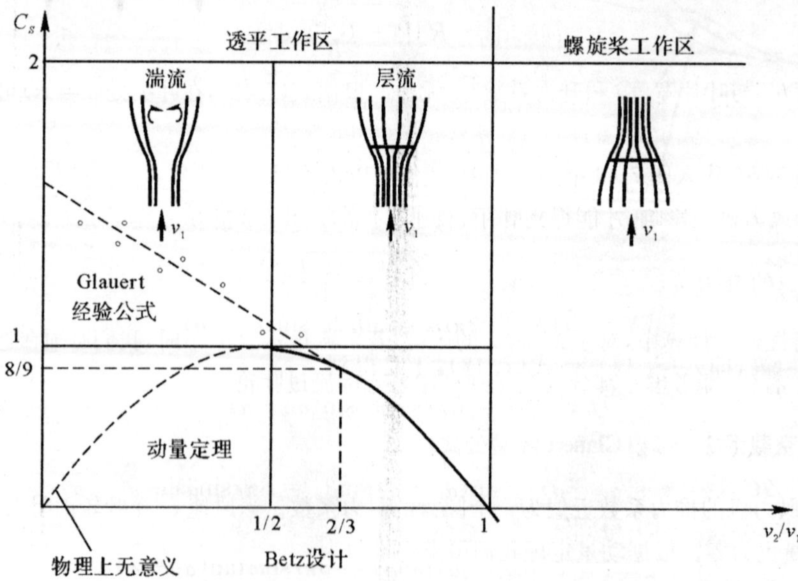

图 7.16 根据动量定理和 Glauert 经验公式得到的推力系数（$0 < v_2/v_1 < 2/3$）

7.6.3 叶型阻力

当气流流过一个叶型时，在流动方向上产生叶型阻力。由于叶型阻力的作用，气流的速度

c 将降低 δc，如图 7.17 所示。我们用 δc 来表示叶型阻力方向上气流速度的变化，而用 Δc 表示升力方向上的速度变化。速度变化 δc 同样可由叶型理论和动量定理求得。

第 6 章曾证明，$v_2=\frac{1}{2}(v_1+v_3)$。由速度三角形可得到来流速度

$$c=c_1\cos(\alpha_1-\alpha)-c_1\sin(\alpha_1-\alpha)\tan\beta \tag{7.44}$$

风力机前后速度变化为

$$\Delta c=2c_1\sin(\alpha_1-\alpha) \tag{7.45}$$

流过叶轮面的流量为

$$\mathrm{d}\dot{m}=2\pi r\rho c\sin\alpha\mathrm{d}r \tag{7.46}$$

由叶型理论得到的升力为

$$\mathrm{d}A=\frac{1}{2}\rho tc^2C_A(\alpha)\mathrm{d}r \tag{7.47}$$

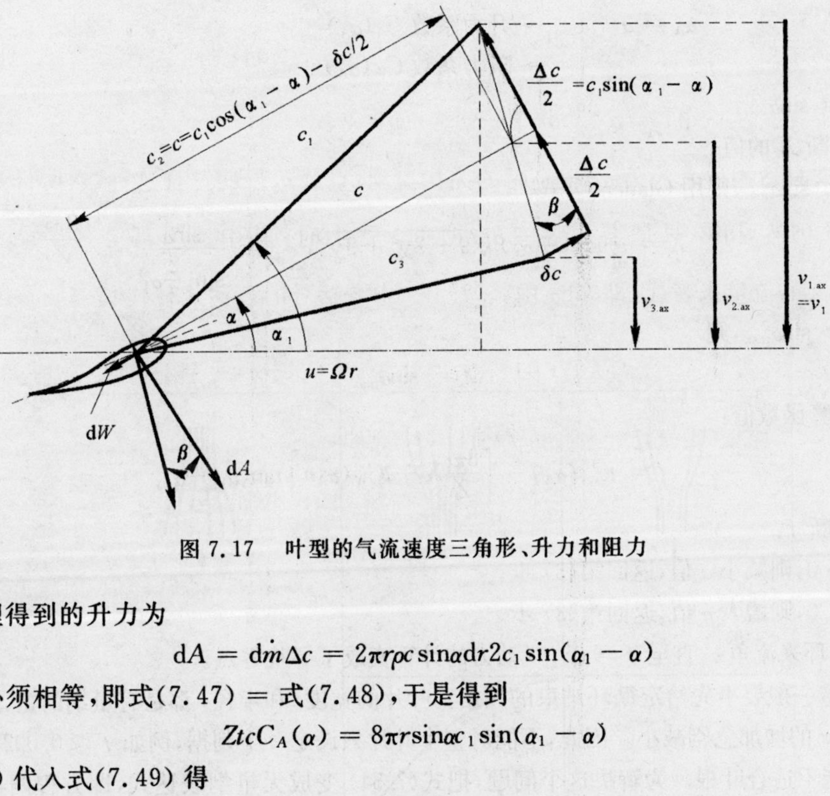

图 7.17　叶型的气流速度三角形、升力和阻力

由动量定理得到的升力为

$$\mathrm{d}A=\mathrm{d}\dot{m}\Delta c=2\pi r\rho c\sin\alpha\mathrm{d}r2c_1\sin(\alpha_1-\alpha) \tag{7.48}$$

两个升力必须相等，即式(7.47) = 式(7.48)，于是得到

$$ZtcC_A(\alpha)=8\pi r\sin\alpha c_1\sin(\alpha_1-\alpha) \tag{7.49}$$

把式(7.44) 代入式(7.49) 得

$$ZtC_A(\alpha)[\cos(\alpha_1-\alpha)-\sin(\alpha_1-\alpha)\tan\beta]=8\pi r\sin\alpha\sin(\alpha_1-\alpha) \tag{7.50}$$

方程两边同除以 $\cos(\alpha_1-\alpha)$ 得到

$$ZtC_A(\alpha)[1-\tan(\alpha_1-\alpha)\tan\beta]=8\pi r\sin\alpha\tan(\alpha_1-\alpha) \tag{7.51}$$

根据气动力三角形，有关系

$$\tan\beta=\frac{C_W(\alpha_A)}{C_A(\alpha_A)} \tag{7.52}$$

带入方程(7.51) 得

$$tC_A(\alpha_A)-\left[\frac{8\pi r}{Z}\sin\alpha+tC_W(\alpha_A)\right]\tan(\alpha_1-\alpha)=0 \tag{7.53}$$

7.6.4 扩展算法的迭代步骤

在扩展算法的迭代中，考虑$\lambda < \lambda_A$时部分气流不加利用地流过叶轮、$\lambda > \lambda_A$时的Glauert经验公式以及叶型阻力的影响。

(1) 设初值$\alpha = \alpha_1$。

(2) 判断来流角的区间：

若$\lambda < \lambda_A$，则$\sin\alpha_{\max} = \dfrac{Z\sqrt{1-\left(\dfrac{r}{R}\right)^2}}{2\pi\dfrac{r}{R}}$。

若$\lambda > \lambda_A$，则$\sin\alpha_{\min} = \sin\dfrac{2}{3}\alpha_1$。

(3) 确定攻角、升力系数和阻力系数：

$$\alpha_A = \alpha - \alpha_{\mathrm{Bau}} \rightarrow \text{升力系数}\ C_A(\alpha_A)$$
$$\rightarrow \text{阻力系数}\ C_W(\alpha_A)$$

令$X = \sin\alpha$。

(4) 判断X的值：

若$X < \sin\alpha_{\min}$，则用Glauert公式

$$X = \frac{1}{4}\sin\left(\frac{2}{3}\alpha_1\right)\sqrt{9-2y^2+9y^4},\quad y = \frac{\sin\alpha}{\sin\dfrac{2}{3}\alpha_1}$$

若$X > \sin\alpha_{\max}$，则

$$X = \sin\alpha_{\max}$$

(5) 计算函数值：

$$f = tC_A(\alpha_A) - \left[\frac{8\pi r}{Z}X + tC_W(\alpha_A)\right]\tan(\alpha_1 - \alpha) \tag{7.54}$$

(6) 判断f：

若$f > 0$，则减小α值，返回第(3)步。

若$f < 0$，则增大α值，返回第(3)步。

如此循环来流角α，直至$f = 0$。气动力的计算变成了寻找零点。

计算时，一般要事先给定循环结束的判据。叶片的宽度t和半径r都是有量纲的量，而且叶片宽度t随半径r的增加急剧减小。因此，不能对整个叶片只设定一个判据，例如$f \leqslant 0.002$。适合叶尖的判据，可能不适合叶根。为解决这个问题，把式(7.54)变成无量纲表达式，即方程两边同除以叶片宽度t，即

$$\frac{f}{t} = C_A(\alpha_A) - \left[\frac{8\pi r}{Zt}X + C_W(\alpha_A)\right]\tan(\alpha_1 - \alpha)$$

这样只需给出一个相对判据，即$f/t \leqslant \varepsilon\%$，就可适合于整个叶片。

(7) 计算来流速度c：

$$c = c_1\cos(\alpha_1 - \alpha)\frac{\dfrac{8\pi r}{Z}\sin\alpha}{\dfrac{8\pi r}{Z}\sin\alpha + tC_W(\alpha_A)}$$

(8) 计算升力和阻力：

$$dA = \frac{\rho}{2}c^2 t dr C_A(\alpha_A)$$

$$dW = \frac{\rho}{2}c^2 t dr C_W(\alpha_A)$$

由此可算出

推力　$dS(r) = dA\cos\alpha + dW\sin\alpha$

周向力　$dU(r) = dA\sin\alpha - dW\cos\alpha$　(7.55)

驱动力矩　$dM(r) = dU \cdot r$

利用上述的扩展迭代算法，可以很好地计算所有工况下叶轮的气动力和功率。

7.7 叶片基元法的局限和三维计算方法

叶片基元法的优点是，不依赖于大规模求解方程，即可得到相对较准确的偏载特性。其中忽略了基元环间气流的相互影响。选择气流最佳状态作为设计点，设计出叶片最佳几何形状。但偏离设计点之后，即在小叶尖速比($\lambda < \lambda_A$)范围，计算的功率与实测的功率常常会出现明显的偏差，原因是失速的始发(气流分离)不能准确地预测。

近年来，流体的数字仿真，即计算流体力学(CFD)在叶轮机械设计和流体分析中获得应用。当然在此复杂的计算中，叶片的几何参数必须是已知的。叶片的几何参数可由基于叶片基元法的叶片设计得到。在对几个关键部位(例如，叶根或者叶尖)进行CFD计算后，可对叶片的几何参数进行改进或修正。

在 CFD 计算中，主要要考虑以下 3 个问题：

(1) 升力的分布。

(2) 三维效应引起的流动变化。

(3) 离心力和哥氏力产生的动态效应。

7.7.1 三维效应

在叶片基元法中，气流分离由升力系数C_A和阻力系数C_W来计及。这两个系数是在风洞稳态流动中假设叶片无限长的条件下得到的。但对于旋转的叶型，气流的分离方式与风洞中的方式是不同的。附面层和分离区将受到离心力和哥氏力的影响。由此，可能会使升力系数比二维情况下的升力系数大。图 7.18 表示二维和三维情况下的升力系数以及其实测值随攻角的变化。把叶型的升阻特性作为叶轮半径和安装角的函数进行修正，就可改进叶片基元法的适用性，一定程度上考虑了三维效应。

附面流产生的升力可用普朗特的修正公式来确定。公式(7.53)是基于椭圆升力分布得出的。更为复杂的奇点法或者欧拉方程也仅在附面流的范围内可用。一般情况下，仅在附面流至升力最大的范围内有测量到的叶型升力和阻力系数数据。飞机不在失速的情况下飞行，因此，很难在这个领域获得合适的数据。失速情况下的叶型数据很少，能够获得的失速数据大部分仅为气流刚刚开始分离时的数据。

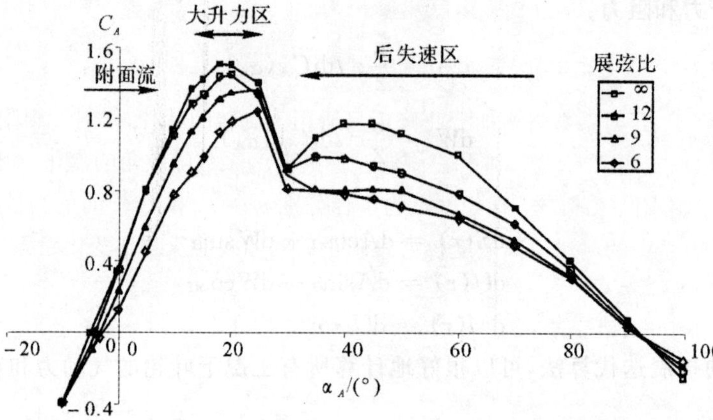

图 7.18　不同展弦比叶片的升力系数[7]

在气流全分离的情况下，叶型升力系数和阻力系数对于所有叶型都很相似。因此，可利用平板的数据作为修正的基础。对于平板，在气流分离状态，由近似公式描述升力和阻力系数[8]。Viterna 和 Corrigan 建立了公式和测量数据的关联[26]。以下介绍 Viterna 描述攻角在 15°～90° 范围升力系数和阻力系数的公式。

在气流分离状态下，阻力系数和升力系数由以下公式表达：

阻力系数

$$C_W = B_1 \sin^2\alpha_A + B_2 \cos\alpha_A \tag{7.51}$$

其中

$$B_1 = C_{W.\max}, \quad B_2 = \frac{1}{\cos\alpha_{A.s}}(C_{W.s} - C_{W.\max}\sin^2\alpha_{A.s})$$

对于风力机叶片，$C_{W.\max}$ 约为 1.3；$\alpha_{A.s}$，$C_{W.s}$ 为叶型手册中叶型数据最后一个数据点。

升力系数

$$C_A = A_1 \sin 2\alpha_A + A_2 \frac{\cos^2\alpha_A}{\sin\alpha_A} \tag{7.52}$$

其中

$$A_1 = \frac{B_1}{2}, \quad A_2 = (C_{A.s} - C_{W.\max}\sin\alpha_{A.s}\cos\alpha_{A.s})\frac{\sin\alpha_{A.s}}{\cos^2\alpha_{A.s}}$$

$C_{A.s}$ 为叶型手册中叶型数据最后一个数据点。

对样机测量之后，应把这些数据用实测结果进行修正。

当叶轮旋转时，气流还将出现进一步的三维效应。测量表明，在轮毂附近升力将增大。科氏力和离心力将影响气体流动。特别是，在升力最大的区域，升力系数和阻力系数将受到影响。Snel 在文献[9]中给出了确定附加升力系数的方法。除此之外，叶轮局部实心率(见图 6.15)也影响升力系数。

$$C_{A.3D.rot} = C_{A.2D} + \Delta C_A \tag{7.53}$$

附加升力系数 ΔC_A 为叶片弦长 $t(r)$ 和叶片局部半径 r 的函数，$C_{A.inv}$ 由方程(7.56)确定。

$$\Delta C_A = 3\left(\frac{t}{r}\right)^2 (C_{A.inv} - C_{A.2D}) \tag{7.54}$$

附加升力系数要符合以下要求：① 附加升力系数不能超过附面流动时的升力系数；② 在攻角为

90° 时，升力应为零。实际上，方程(7.54)可修正为

$$\Delta C_A = \tanh\left(3\left(\frac{t}{r}\right)^2\right)(C_{A,\mathrm{inv}} - C_{A,2D})\cos^2\alpha_A \tag{7.55}$$

根据这一修正，升力系数将增加。此修正只适用于旋转的叶片，仅对叶根附近叶片弦长较长的叶片部分产生影响。图 7.19 为二维和三维修正后的升力系数随攻角的变化。叶片局部半径分别为 30% 和 70%。图中用“+”和“✱”标识的点为半径分别为 30% 和 70% 时的测量数据。由图可见，在失速状态下，升力系数的测量值离散度较大。修正后的曲线能反映出变化趋势。

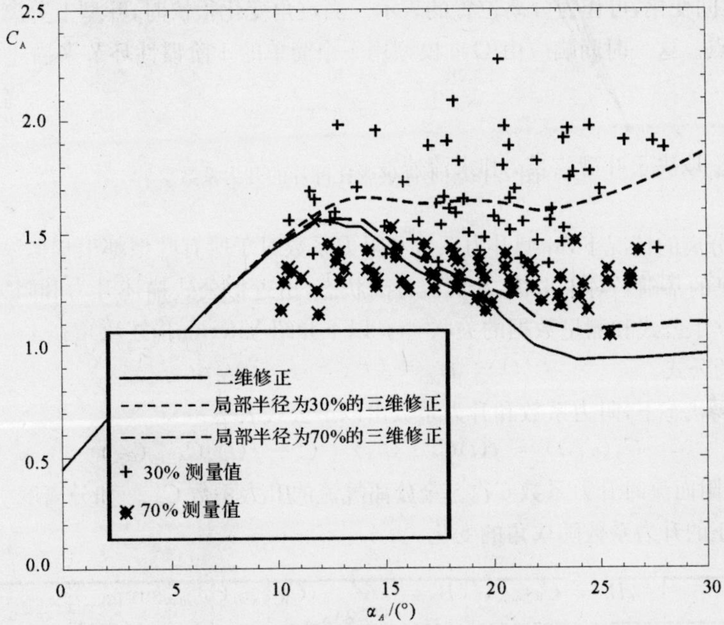

图 7.19　三维流动对升力系数 C_A 的影响

（二维和三维测量值、三维修正值；叶片局部半径分别为 30% 和 70%）[9]

在这些条件下，关于阻力系数有若干不同的理论。一般情况下，忽略其变化，因为它对风力机的影响很小。

当然，上述的修正只是近似描述气流开始分离时的复杂物理过程。今天可以用CFD来计算三维效应，并且考虑气流黏性。计算结果受到湍流模型和NS方程求解方法的影响[10]。这样的计算方法很耗时。因此，用这种方法进行二维计算似乎较合适，一般在计算动载荷的程序中加以应用。

7.7.2　动态分离（动态失速）

当在湍流中要确定弹性叶片上的气动力时，需要建立一个动态分离的模型，否则气动载荷将达到一个不切实际的幅度。其中的机理非常复杂，特别是在叶片前缘发生分离时，更为复杂。风力机叶片的雷诺数大，前缘较厚，因此，气流失速在尾缘发生。Beddoes - Leishman 曾为直升机建立了失速模型。Øye 把这一模型简化后，用于风力机[11]。此模型适合于后缘失速。

附面流条件下平板的升力系数为

$$C_{A,\mathrm{inv}}(\alpha_A) = 2\pi(\alpha_A - \alpha_{A,0})\text{（薄叶型）} \tag{7.56}$$

式中，$\alpha_{A.0}$ 为零升力时的攻角。然后，对分离的流动建模。根据 Hoerner[8] 的研究，完全分离的气流流过平板时，升力系数为

$$C_{A.\,sep}(\alpha_A) = C_{W.\,max}\sin(\alpha_A - \alpha_{A.0})\cos(\alpha_A - \alpha_{A.0}) \tag{7.57}$$

对于一个叶型，其升力系数可用一个分离度函数 f 来描述：

$$f_{stat}(\alpha) = \frac{C_A - C_{A.\,sep}}{C_{A.\,inv} - C_{A.\,sep}} \tag{7.58}$$

对每一个攻角 α，可确定稳态分离度 f。对应每一个分离度 f，就有一个相应的升力系数 C_A。分离度 f 在 0～1 之间变化，可作为分离位置的表示。当攻角变化很快时，叶型上分离点需要一定的时间才能达到稳态点。这一时间响应由 Øye 模型用一个简单的 1 阶惯性环节来描述[11]：

$$\frac{\mathrm{d}f}{\mathrm{d}t} = \frac{f_{stat} - f}{\tau_{fak}} \tag{7.59}$$

式中，时间常数 τ_{fak} 取决于叶型弦长 t 和来流速度 c：

$$\tau_{fak} = a\,\frac{t}{c} \tag{7.60}$$

系数 a 由测量确定。对于风力机 $a = 4$[11,12]。

时域仿真为

$$f_i(t) = f_{i-1} + (f_{stat} - f_{i-1})\Delta t/\tau_{fak} \tag{7.61}$$

于是升力系数

$$C_A(\alpha_A, t) = f(t)C_{A.\,inv}(\alpha_A) + (1 - f(t))C_{A.\,sep}(\alpha_A) \tag{7.62}$$

图 7.20 表示附面流时升力系数 $C_{A.\,inv}$，全分离气流的升力系数 $C_{A.\,sep}$ 和分离度 f_{stat} 随攻角 α_A 的变化以及由此修正的升力系数随攻角的变化。

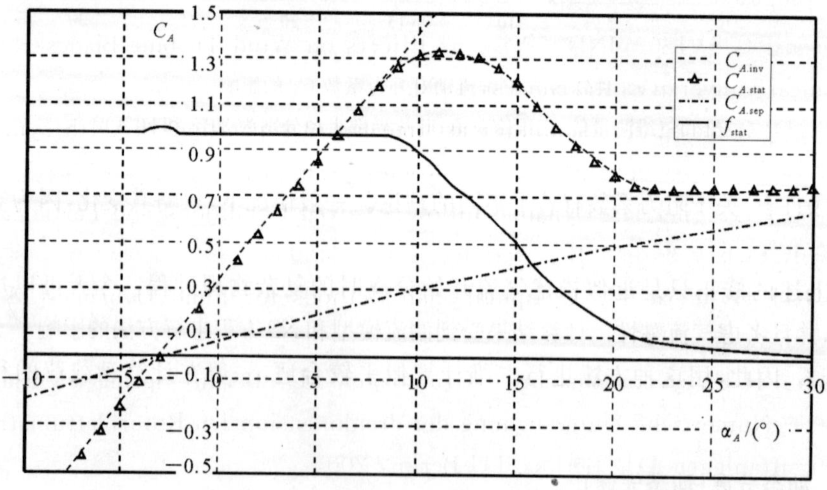

图 7.20　附面流时升力系数 $C_{A.\,inv}$，全分离气流的升力系数 $C_{A.\,sep}$ 和分离度 f_{stat} 随攻角 α_A 的变化以及由此修正的升力系数随攻角的变化

参考文献

［1］ Althaus D. Profilpolaren für den Modellflug[M]. Villingen Schwenningen：Neckar Verlag，1985.

［2］ Glauert H. The Analysis of Experimental Results in the Windmill Brake and Vortex Ring States of an Airscrew[J]. Reports and Memoranda，1926(1023).

［3］ Naumann A. Luftschrauben im Bremsbereich，Jahrbuch der Deutschen Luftfahrtforschung [R]. 1940.

［4］ Prandtl L，Oertel H. Prandtl-Führer durch die Strömungslehre，F. W. Durand：Aerodynamics，Bd. 4[M]. Braunschweig：Vieweg，1990.

［5］ Eggleston D M，Stoddard F S. Wind Turbine Engineering Design[R]. New York：Van Nostrand Reinhold，1987.

［6］ Fateev E M. Windmotors and Windpowerstations[R]. Moskau：[s. n.]，1948.

［7］ Ostowari C，Naik D. Post Stall Studies of Untwisted Varying Aspect Ratio Blades with NACA 44XX Series Airfoil Sections — Part II[J]. Wind Engineering，1985，9(3).

［8］ Hoerner S F. Fluid Dynamic Drag[M]. New Jersey：Eigenverlag，1965.

［9］ Snel H. Sectional Prediction of 3D-Effects for Stalled Flow on Rotating Blades and Comparison with Measurements，Proceedings ECWEC 1993[C]. Travemünde：[s. n.]，1993.

［10］ Sörensen J N. VISCWIND－Viscous Effects on Wind Turbine Blades[R]. [S. l.]：Technical University of Denmark，1999.

［11］ Øye S. Dynamic Stall－simulated as time lag of separation，IEA 4th symposium on aerodynamics for wind turbines[C]. Rome：[s. n.]，1990.

［12］ Schepers J G，Snel H. Dynamic Inflow，Yawed Conditions and Partial Span Pitch Control，ECN-C-95-056[R]. Petten：[s. n.]，1995.

［13］ Ferziger J H，Peric M. Computational Methods for Fluid Dynamics[M]. Berlin：Springer-Verlag，1997.

［14］ Siekmann H E. Strömungslehre－Grundlagen[M]. Berlin：Springer-Verlag，2000.

［15］ Hesse J. Numerische Untersuchung der dreidimensionalen Rotorblattumströmung an Windkraftanlagen[D]. Berlin：TU Berlin，2004.

［16］ Himmelskamp H. Profile investigation on a rotating airscrew[D]. Göttingen：[s. n.]，1945.

［17］ Milborrow D J，Ross J N. Airfoil characteristics of rotating blades，IEA，LS-WECS，12th expert meeting[C]. Kopenhagen：[s. n.]，1984.

［18］ Sörensen J. Prediction of three-dimensional stall with a wind turbine blade using three level viscous-inviscid-interaction model，Proc. European Windenergy Association Conference and Exhibition[C]. Rome：[s. n.]，1986.

[19] Corten G P. Flow Separation on Wind Turbine Blades[D]. Utrecht：Universität Utrecht，2001.

[20] Timmer W A. Schaffarczyk A P. The effect of roughness on the performance of a 30% thick wind turbine airfoil at high Reynolds numbers，Proc. EWEA Conference：The science of making torque from wind[C]. Delft：[s. n.]，2004.

[21] Phillips D，Schaffarczyk A P. Blade Element and Actuator Disk Models for a Shrouded Wind Turbine，Proc. 15th IEA Expert Meeting on Aerodynamics of Wind Turbines[C]. Athen：[s. n.]，2001.

[22] ENERCON. Firmenprospekt der Windenergieanlage E33[R]. [S. l.]:ENERCON，2006.

[23] Krämer T，Rauch J. Dreidimensionale Numerische Simulation der Umströmung eines WKA-Rotors mit besonderem Fokus auf den Nabenbereich[D]. Berlin：TU Berlin，2006.

[24] Paynter R，Graham M. Wind turbine blade surface pressure measurement in the field，Proceedings BWEA 17[C]. Warwick：[s. n.]，1995.

[25] Bierbooms W A A M. A comparison between unsteady aerodynamic models，Proceedings EWEC 1991[C]. Amsterdam：[s. n.]，1991.

[26] Spera D A. Wind Turbine Technology[M]. New York：ASME Press，1994.

[27] Björck A. Dynamic Stall and Three-dimensional Effects[R]. Stockholm：[s. n.]，1995.

[28] Rasmussen F. Response of Stall Regulated Wind Turbines—Stall Induced Vibrations，Risø-R-691(EN)[R]. Roskilde Denmark：Risø National Laboratory，1993.

[29] Gasch R，Twele J. Windkraftanlagen[M]. 5th ed. Wiesbaden：Teuber，2007.

[30] Gasch R，Twele J. Wind Power Plants[M]. Berlin：Solarpraxis，2002.

第 8 章 模拟原理及相似准则

风机的用途很广。若就供电而论，一个小的度假屋需要电功率约为 1.5 ～ 2 kW，一个中等旅馆的基本负载约为 15 ～ 25 kW，需电 75 kW，而一个大型的农家需电大约 50 ～ 100 kW(德国的情况)。对于第一种情况，若取额定风速为 9 m/s，则需风机叶轮直径 3.5 m。为旅馆供电的风机，叶轮直径则需 7 ～ 8 m。而功率为 50 ～ 100 kW 的风机，叶轮直径已达到 15 ～ 20 m。叶轮直径 80 ～ 100 m 的大型风机，可供电 3 MW。

为此，须研发系列风机，以满足不同的需求。若能依据小型风机的经验来研发大型风机，而不是从零开始，显然是非常经济的捷径。为避免风险，有时将大型风机的缩小模型放在风洞里，实验确定其功率、转矩和推力特性。对于上述两种情况，应用相似理论可简化计算，节省费用。

8.1 相似理论的应用

风机作为一种流体机械，用无量纲参数功率系数 C_P、推力系数 C_S 和力矩系数 C_M 来表征。要使两种大小不同的风机具有相同的特征参数，风机的气动关系必须相同。借助相似理论，可以采用如下方式达到这一目标：

(1) 叶尖速比不变，即风机叶尖切向速度与风速之比 $\lambda = \dfrac{R\Omega}{v_1}$ 不变。

(2) 叶型、叶片数目和材料相同。

(3) 所有尺寸以相同比例变化(半径、叶片弦长、主梁的尺寸)。

图 8.1(a) 表示两个叶轮。其中第 2 个叶轮叶片长度是第 1 个的 2 倍，它是根据上面的 3 条要求对第 1 个叶轮放大得到的。图 8.1(b) 表示对应两叶轮叶片截面的风速三角形。

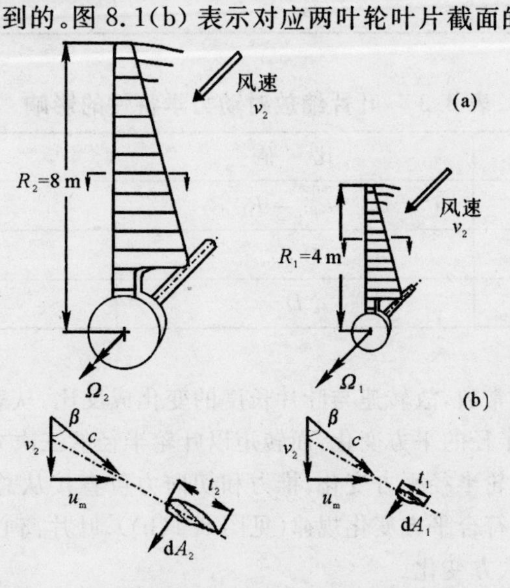

图 8.1 尺寸变化的两个叶片和翼型截面的风速三角形

由于叶尖速比相同，故半径放大 1 倍，则转速必须减小一半。因此，叶片切向速度、速度三角形及气流攻角都保持不变。由于所用叶型相同，只要雷诺数 $Re = \frac{ct}{v}$ 不产生影响，升力系数 $C_A(\alpha)$ 和阻力系数 $C_W(\alpha)$ 则相同。于是，两个叶轮的功率系数 $C_P = C_P(\lambda)$、推力系数 $C_S = C_S(\lambda)$ 和力矩系数 $C_M = C_M(\lambda)$ 保持不变。

根据上述讨论，可以说明在应用相似准则改变叶轮直径（即叶片尺寸）时，对叶轮特性参数、叶片上的力、叶根的负荷以及振动特性的影响。

表 8.1、表 8.2 和表 8.3 概括了这些影响规律。在导出这些影响规律之前，先对结论进行阐述。

表 8.1　叶片缩放的影响量

参量名称	比值	表达式	影响规律
功率	$P_2/P_1 = R_2^2/R_1^2$	$P = \rho C_P(\lambda) v^3 R^2 \pi/2$	R^2
转矩	$M_2/M_1 = R_2^3/R_1^3$	$M = \rho C_M(\lambda) v^2 R^3 \pi/2$	$\sim R^3$
推力	$S_2/S_1 = R_2^2/R_1^2$	$S = \rho C_S(\lambda) v^2 R^2 \pi/2$	$\sim R^2$
转速	$\Omega_2/\Omega_1 = R_1/R_2$		$\sim R^{-1}$
重力	$G_2/G_1 = R_2^3/R_1^3$		$\sim R^3$
气动力	$L_2/L_1 = R_2^2/R_1^2$		$\sim R^2$
离心力	$F_2/F_1 = R_2^2/R_1^2$		$\sim R^2$

表 8.2　叶片缩放对应力的影响

参量名称	应力比值	影响规律
重力	$\sigma_{G2}/\sigma_{G1} = R_2/R_1$	$\sim R^1$
气动力	$\sigma_{L2}/\sigma_{L1} = 1$	$\sim R^0$
离心力	$\sigma_{F2}/\sigma_{F1} = 1$	$\sim R^0$

表 8.3　叶片缩放对动力学特性的影响

参量名称	比　值	影响规律
自振频率	$\omega_{nR2}/\omega_{nR1} = R_1/R_2$	$\sim R^{-1}$
频率比	Ω/ω_n	$\sim R^0$
阻尼比	D	$\sim R^0$

由于叶尖速比保持为常数，故转速与叶片长度的变化成反比。从表 8.1 中所列的公式可以看到，功率和推力以叶轮半径的平方变化，而转矩以叶轮半径的三次方变化。

叶片上的气动力以叶轮半径平方变化。推力和切向力可直接从总推力和叶轮驱动力矩导出。当然，升力和阻力同样符合平方变化规律（见图 8.1(b)）。叶片离心力与叶片长度变化的平方成正比，而重力则以三次方变化。

叶片根部的气动应力和离心应力与叶片长度的变化无关，但重力引起的叶根应力与叶片长度线性变化（见表 8.2）。可见，叶轮的放大对气动力和离心力引起的应力无影响，而重力则是一个限制因素。

风机的振动参数符合与气动力及其产生的应力类似的相似原则。如表 8.3 所示，叶片的自振频率随叶片长度的增加而降低，而如上所述，叶轮的转速也以相同的比例降低。由于诸如塔架尾迹、风切变等激振力的频率总是与转速成正比，因此激振力频率和自振频率之比与叶片长度的变化无关。因此，一台无共振的风机，按相似准则放大之后同样也不会发生共振。

按照相似准则(1)、(2) 和(3)，可以把一台经过考核、功能正常的风力机作为研发系列风力机的原型机。但必须考虑两个限制因素：

(1) 重力是否可以承受（对于大型风机是关键问题）。

(2) 临界雷诺数不低于 200 000。

现在来证明表 8.1、表 8.2 和表 8.3 所列出的风机缩放对叶根负荷和风机动态参数的影响规律。对于叶根负荷，我们仅限于证明拉应力和弯曲应力。对于推力产生的应力，同样也是适用的。

8.2　弯曲应力

叶片根部的气动弯矩由挥舞方向的弯矩和周向弯矩合成。挥舞方向的弯矩由推力产生，周向弯矩由周向力引起，即驱动力矩除以叶片数目（见图 8.2）。

每个叶片上的推力
$$S_F = \frac{S}{Z} = \frac{1}{Z}C_S(\lambda)\,\frac{\rho}{2}v_1^2\pi R^2 \tag{8.1}$$

每个叶片上的力矩
$$M_F = \frac{M}{Z} = \frac{1}{Z}C_M(\lambda)\,\frac{\rho}{2}v_1^2\pi R^3 \tag{8.2}$$

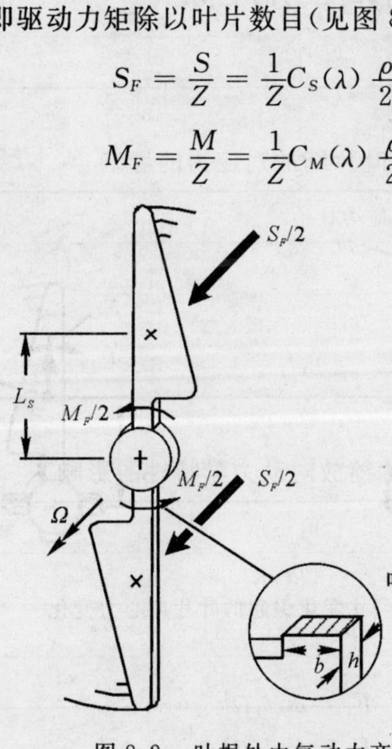

图 8.2　叶根处由气动力产生的弯矩

如果叶根是矩形截面，则弯曲应力为

$$\sigma_{B挥舞} = \frac{S_F L_S}{W_{B挥舞}} = \frac{1}{Z}\,\frac{C_S(\lambda)\,\frac{\rho}{2}\pi R^2 L_S v_1^2}{\frac{bh^2}{6}} = \left(\frac{3}{Z}C_S(\lambda)\rho v_1^2\pi\right)\frac{R^2 L_S}{bh^2} \tag{8.3}$$

$$\sigma_{B周向}=\frac{M_F}{W_{B周向}}=\frac{1}{Z}\frac{C_M(\lambda)\ \frac{\rho}{2}\pi R^3 v_1^2}{\frac{hb^2}{6}}=\left(\frac{3}{Z}C_M(\lambda)\rho v_1^2\pi\right)\frac{R^3}{hb^2} \tag{8.4}$$

式中,$W_{B挥舞}$ 和 $W_{B周向}$ 分别为叶根在挥舞方向和周向的抗弯模量。

$$W_{B挥舞}=\frac{bh^2}{6}$$

$$W_{B周向}=\frac{hb^2}{6}$$

按照相似准则,所有尺寸(R,b,h,L_S)都缩放相同的比例,因此弯曲应力保持不变:

$$\sigma_B \sim R^0 \tag{8.5}$$

8.3 离心力在叶根产生的拉伸应力

离心力 F 在叶根产生的拉伸应力为

$$\sigma_F=\frac{F}{A} \tag{8.6}$$

式中,A 为叶根截面积。

图 8.3 表示按相似准则放大叶片后,离心力的变化。

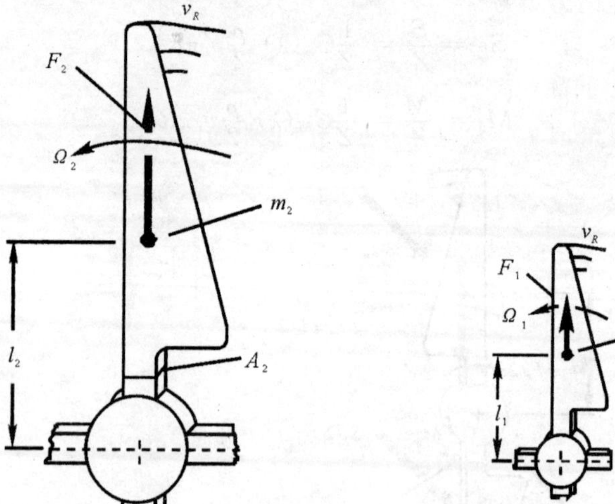

图 8.3 叶轮尺寸变化引起的叶片离心力变化

离心力为

$$F_1=m_1 l_1 \Omega_1^2 \tag{8.7}$$

$$F_2=m_2 l_2 \Omega_2^2 \tag{8.8}$$

式中,l_1 和 l_2 分别表示叶片 1 和叶片 2 的重心与叶轮轴心的距离。

根据相似准则,有

$$m_2=m_1\left(\frac{R_2}{R_1}\right)^3 \tag{8.9}$$

$$l_2 = l_1\left(\frac{R_2}{R_1}\right) \tag{8.10}$$

$$\Omega_2^2 = \Omega_1^2\left(\frac{R_1}{R_2}\right)^2 \tag{8.11}$$

将式(8.9),式(8.10)和式(8.11)代入式(8.8),得

$$F_2 = m_1 l_1 \Omega_1^2\left(\frac{R_2}{R_1}\right)^2 \tag{8.12}$$

叶根截面面积为

$$A_2 = A_1\left(\frac{R_2}{R_1}\right)^2 \tag{8.13}$$

代入式(8.6)得

$$\sigma_{F_2} = \frac{F_2}{A_2} = \frac{m_1 l_1 \Omega_1^2\left(\frac{R_2}{R_1}\right)^2}{A_1\left(\frac{R_2}{R_1}\right)^2} = \frac{F_1}{A_1} = \sigma_{F_1} \tag{8.14}$$

由此可见,离心力在叶根产生的拉伸应力与叶轮直径的缩放无关。

8.4　重力在叶根产生的弯曲应力

叶片重力在叶根产生的力矩为

$$M_E = mgl \tag{8.15}$$

式中,l 为叶片重心与叶根间的距离。

图 8.4 表示不同长度的两个叶片及其质量和质心距离的变化。

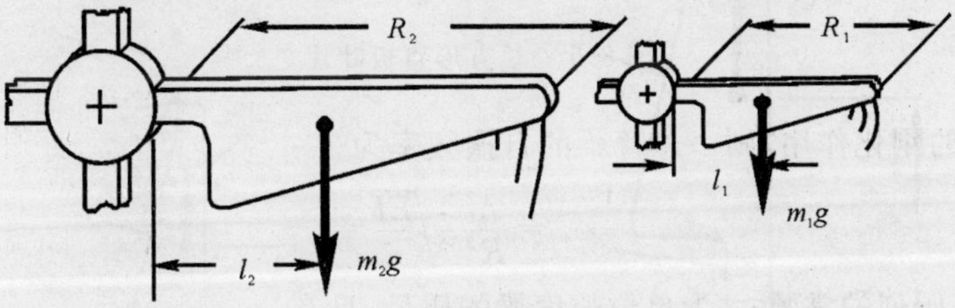

图 8.4　尺寸变化引起的叶片质量变化

由相似原则,得

$$m_2 = m_1\left(\frac{R_2}{R_1}\right)^3 \tag{8.16}$$

$$l_2 = l_1\left(\frac{R_2}{R_1}\right) \tag{8.17}$$

于是,重力弯矩为

$$M_{E2} = M_{E1}\left(\frac{R_2}{R_1}\right)^4 \tag{8.18}$$

叶根矩形截面的抗弯截面矩为

$$W_{B_2} = W_{B_1}\left(\frac{R_2}{R_1}\right)^3 = \frac{h_1 b_1^2}{6}\left(\frac{R_2}{R_1}\right)^3 \tag{8.19}$$

重力在叶片 2 叶根截面产生的应力为

$$\sigma_{B2}=\frac{M_{E2}}{W_{B2}}=\frac{M_{E1}}{W_{B1}}\left(\frac{R_2}{R_1}\right)=\sigma_{B1}\left(\frac{R_2}{R_1}\right) \tag{8.20}$$

由式(8.20)可见，叶片重力在叶根截面产生的应力随叶轮直径放大同比例地增大。这说明，风力机尺寸不能无限制地增大，对于大型风机，重力是一个关键的影响因素。同时，也揭示出，相似准则在大型风机上的适用性受到局限。

8.5 叶片自振频率和频率比的变化

为简单、明确起见，我们取一个平板直叶片来分析在按相似准则把叶片缩放之后，叶片自振频率的变化。设叶片根部固装，如图 8.5 所示。

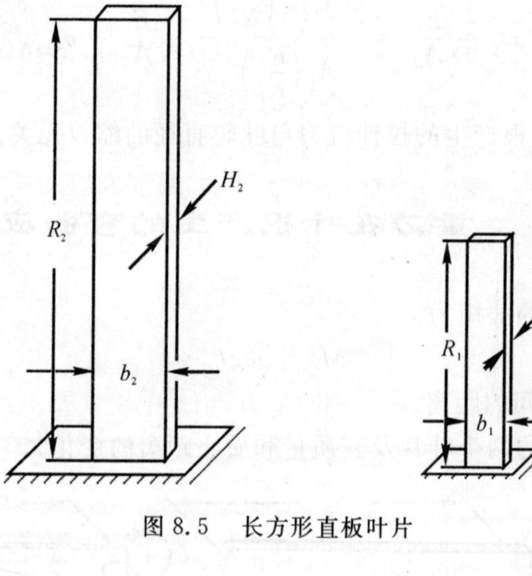

图 8.5 长方形直板叶片

忽略离心力的刚化作用，则一悬臂梁的自振频率为[4]

$$\omega_n=\frac{\Lambda_n^2}{R^2}\sqrt{\frac{EI}{\mu}} \tag{8.21}$$

式中，Λ 取表 8.4 所列的常数；μ 为单位长度梁的质量，且有

$$\mu=\rho bh \tag{8.22}$$

表 8.4 悬臂梁的频率常数

n	1	2	3	……	n 很大时
Λ_n	1.857 1	4.694 1	7.853 1	……	$\approx(2n-1)\pi/2$

在考虑梁的挥舞振动自振频率时(刚度小的方向)，截面矩为

$$I=\frac{bh^3}{12} \tag{8.23}$$

自振频率为

$$\omega_n=\frac{\Lambda_n^2}{R^2}\sqrt{\frac{Ebh^3}{\rho 12bh}}=\frac{\Lambda_n^2 h}{R^2}\sqrt{\frac{E}{12\rho}} \tag{8.24}$$

叶轮直径变化之后，自振频率比为

$$\frac{\omega_{n2}}{\omega_{n1}} = \frac{h_2}{h_1}\frac{R_1^2}{R_2^2} = \frac{R_1}{R_2} \tag{8.25}$$

式(8.25)说明，叶片自振频率与叶轮直径缩放成反比。对于叶片的摆振自振频率(刚度大的方向)，只需将截面矩中的 b 和 h 互换即可求得，其随叶轮直径缩放的变化规律是相同的。

诸如塔架尾迹、质量不平衡、气动不平衡或者风切变等激振力的频率都与叶轮的转速成正比。因为转速 Ω 与自振频率一样，随叶轮直径缩放同比例减小，故激振频率与自振频率之比保持为常数，即

$$\eta_n = \frac{\Omega}{\omega_n} \sim R^0 \tag{8.26}$$

8.6　气动阻尼

风机结构阻尼很小。风机振动的阻尼一部分来自发电机，但它仅对扭转振动起到阻尼作用。另一部分阻尼来自气动力，但气动力也可能成为失稳激振力[2,6]。

气动阻尼也符合相似准则：阻尼系数虽然与叶尖速比密切相关，但却与叶轮半径无关。

图 8.6 表示塔架-机舱系统在主风向上的振动，以及定风速下风机自由振动的衰减。气动阻尼系数 $d_{11}(\lambda)$ 与叶尖速比 λ 密切相关。图 8.7 表示叶轮阻尼的测量值和计算值。叶轮是按 Schmitz 理论设计的，$\lambda_{设计} = 6$，阻尼值为无量纲形式 d_{11}^*[6]。

$$d_{11}(\lambda) = d_{11}^* R^2 v_1 \frac{\rho}{2} \tag{8.27}$$

阻尼系数 d_{11} 乘以振动速度 $\dot{u}$，就得到阻尼力，用量纲来检验。

衰减因子 δ 描述了自由振动的包络线，其值为

$$\delta = \frac{d_{11}}{2m} \tag{8.28}$$

与自振频率相关的无量纲阻尼系数

$$D(\lambda) = \frac{d_{11}(\lambda)}{2m\omega} \tag{8.29}$$

根据相似准则知

质量　　$m \sim R^3$

自振频率　　$\omega \sim \dfrac{1}{R}$

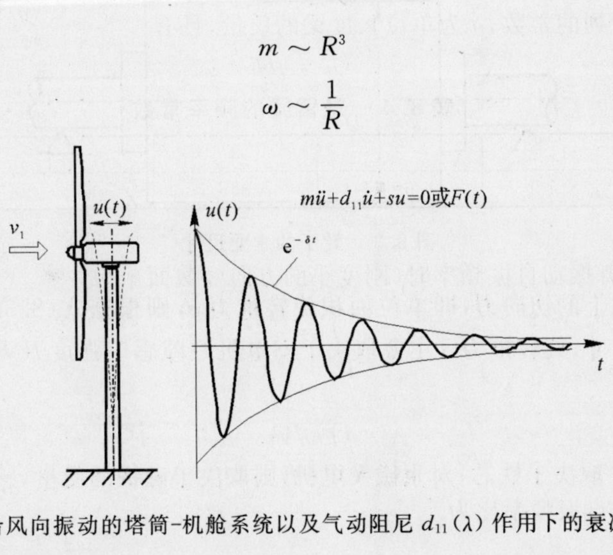

图 8.6　沿风向振动的塔筒-机舱系统以及气动阻尼 $d_{11}(\lambda)$ 作用下的衰减自由振动

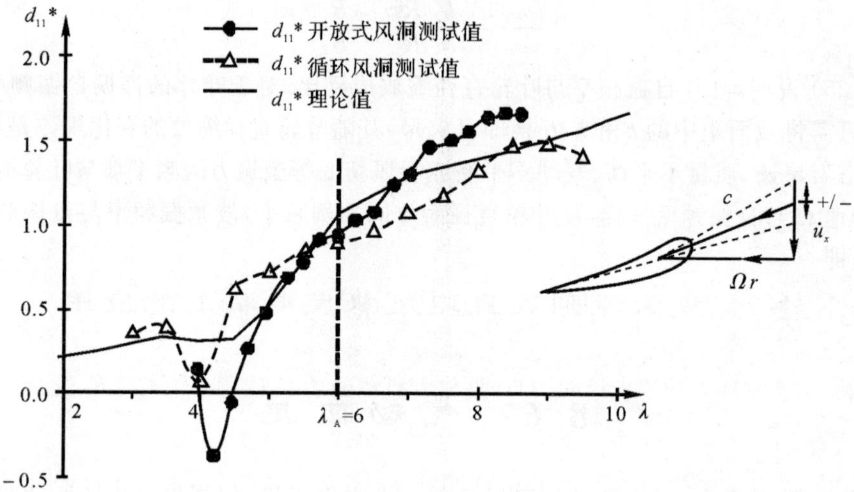

图 8.7　阻尼系数 $d_{11}^*(\lambda)$ 的计算值和测量值[6]

由式(8.27)可以看到，$d_{11} \sim R^2$。将式(8.27)代入式(8.29)，可得结论：塔架-机舱在轴向的振动阻尼系数与叶轮直径大小无关。

但值得注意的是，在 $\lambda < 5$ 的区域，由于气流失速，阻尼损失很大。

8.7　发电机的放大原则

发电机额定功率 P，转子直径 D，转子有效长度 L 以及额定转速 $n = 2\pi\Omega$ 之间存在关系

$$P = M\Omega = \frac{1}{2}D(\sigma\pi DL)\Omega \tag{8.30}$$

式中，σ 是所谓的单位面积旋转推力，与转子表面积相乘就是切向力，乘以转子半径即为转矩。转子的主要尺寸如图 8.8 所示。

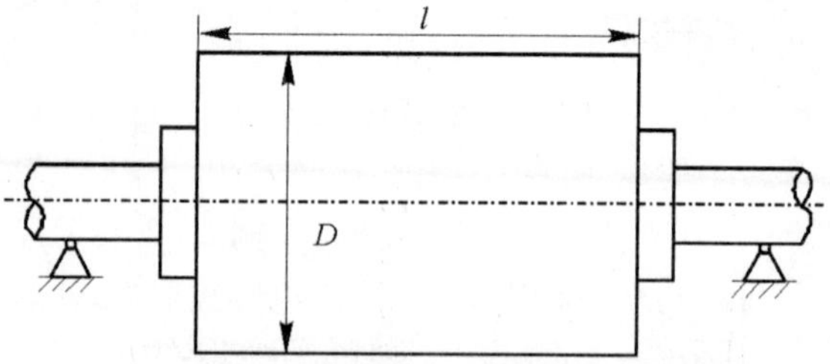

图 8.8　转子的主要尺寸

如果已知发电机上的切向力，即单位面积旋转推力 σ，则根据式(8.30)，立刻可得到同一类型大小发电机的尺寸。旋转推力 σ 主要取决于发电机磁隙感应强度 B 与转子上的电流密度 A 之积[8]，即

$$\sigma \sim BA \tag{8.31}$$

磁隙感应强度 B 取决于铁芯；对永磁发电机，则取决于磁铁的质量。感应强度 B 的单位为

特斯拉($1\ T=1\ V\cdot s/m^2$)。转子电流密度 A 主要取决于冷却方式:开式机器,通风冷却;密闭机器,表面通风冷却;水冷机器;等等。

绕组的绝缘对温度非常敏感。冷却问题的本质从式(8.30)就可明确看出。功率 P 与发电机尺寸的三次方成正比,而冷却面积只与尺寸的平方成正比。

对于大一些的机器,效率明显较高,相对而言,所产生的热损失较少。目前发电机可以达到的推力值 σ,可从制造商的产品目录中获得,其物理来源在参考文献[8]中给出了明确的描述。

8.8　放大原则在直驱风机发电机上的应用

在参考机型功率 P_{T_1},叶轮半径 R_1 与计划放大机型的功率 P_{T_2},叶轮半径 R_2 之间存在关系

$$P_{T_2}/P_{T_1}=R_2^2/R_1^2 \tag{8.32}$$

在 8.1 节曾说明,风机设计的 3 个相似性原则为:① 叶尖速比不变;② 叶型、叶片数目及材料不变;③ 所有尺寸都以相同因子放大。

叶尖速比为 $\lambda=R\Omega/v_1$,保持 λ 不变,意味着,对于给定的额定风速 v_1,叶轮半径 R 增加 1 倍,转速 Ω 则减小一半。$R\Omega$ 保持不变。

现在来讨论发电机。若单位面积旋转推力 σ 相同,则根据式(8.30)得到功率比为

$$\frac{P_{\text{gen2}}}{P_{\text{gen1}}}=\frac{D_2^3\bar{l}_2 n_2}{D_1^3\bar{l}_1 n_1} \tag{8.33}$$

式中,$\bar{l}_2$ 和 $\bar{l}_1$ 为转子无量纲长度,$\bar{l}=l/D$。由于叶尖速比为常数,叶尖切向速度也为常数,故

$$\Omega_1 D_1=\Omega_2 D_2 \quad 或 \quad n_1 D_1=n_2 D_2 \tag{8.34}$$

最终得到两台发电机的功率比为

$$\frac{P_{\text{gen2}}}{P_{\text{gen1}}}=\frac{D_2^2}{D_1^2}=\frac{R_2^2}{R_1^2}=\frac{P_{T_2}}{P_{T_1}} \tag{8.35}$$

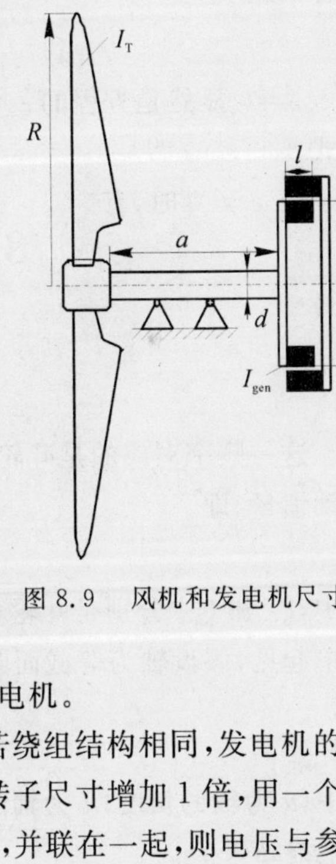

图 8.9　风机和发电机尺寸

从式(8.35)可见,与叶轮相同,发电机的功率随半径平方增大,适合于参考机型的额定运行状态,同样也适合于放大之后的发电机。

由于切向速度不变时,转子的尺寸以放大因子 q 增大;因此,若绕组结构相同,发电机的电压也随放大因子 q 线性增加。但还是存在调整的空间。例如,若转子尺寸增加 1 倍,用一个三相绕组,则电压增加 1 倍。若用两个三相绕组,每个绕组匝数取半,并联在一起,则电压与参考机型相同。

如 8.1.2 节所述,材料的离心力负荷也保持不变。在放大的机型中离心力不会比参考机型中的大。单位面积旋转推力 σ 不变,是上述放大原则的前提。

8.9　传动系统放大后的扭转振动

现在讨论传动系统动力学。传动系统扭转振动的激振频率是转动频率的倍频。首先是叶片通过塔架时产生的 3Ω 激振力。为避免共振,它必须与传动系统的自振频率留有足够的距离。

为简单起见，取图 8.9 所示的风机模型。叶轮的转动惯量为 I_T，发电机的转动惯量为 I_{gen}，轴系的扭转刚度为 S，振系的扭转振动方程则为

$$I_T\ddot{\theta}_T + S(\theta_T - \theta_{gen}) = 0 \tag{8.36}$$

$$I_{gen}\ddot{\theta}_{gen} + S(\theta_{gen} - \theta_T) = 0 \tag{8.37}$$

写成矩阵形式，则有

$$\begin{bmatrix} I_T & 0 \\ 0 & I_{gen} \end{bmatrix}\begin{Bmatrix} \ddot{\theta}_T \\ \ddot{\theta}_{gen} \end{Bmatrix} + \begin{bmatrix} S & -S \\ -S & S \end{bmatrix}\begin{Bmatrix} \theta_T \\ \theta_{gen} \end{Bmatrix} = \begin{Bmatrix} 0 \\ 0 \end{Bmatrix} \tag{8.38}$$

方程的解具有如下形式

$$\begin{Bmatrix} \theta_T \\ \theta_{gen} \end{Bmatrix} = \begin{Bmatrix} \theta_{T0} \\ \theta_{gen0} \end{Bmatrix} e^{j\omega t} \tag{8.39}$$

代入方程(8.38)后，可得到特征方程

$$(S - I_T\omega^2)(S - I_{gen}\omega^2) - S^2 = 0 \tag{8.40}$$

展开后得

$$I_{gen}I_T\omega^4 - S(I_T + I_{gen})\omega^2 = 0 \tag{8.41}$$

$\omega = 0$ 显然是方程的一个解，表示风机转子系统发生刚体运动。这不是我们所关心的运动形式。

当 $\omega \neq 0$ 时，有

$$I_{gen}I_T\omega^2 - S(I_T + I_{gen}) = 0 \tag{8.42}$$

解得

$$\omega = \sqrt{\frac{S}{I_T} + \frac{S}{I_{gen}}} = \sqrt{\frac{S}{I_T}}\sqrt{1 + \frac{I_T}{I_{gen}}} \tag{8.43}$$

这一频率对应的是叶轮与发电机发生反相振动。式中，I_T 和 I_{gen} 分别为叶轮和发电机的转动惯量，即

$$I_T = \zeta_T^2 m_T, \quad I_{gen} = \zeta_{gen}^2 m_{gen} \tag{8.44}$$

式中，ζ_T 和 ζ_{gen} 分别是叶轮和发电机的惯量矩；m_T 和 m_{gen} 则分别为叶轮和发电机的质量。为简单起见，假设轴为等截面圆柱轴，则轴的刚度为

$$S = \frac{GI_S}{a} = \frac{G\pi d^4}{32a} \tag{8.45}$$

式中，a 为轴的长度；d 为轴的直径；G 为轴的剪切模量。若取锥形轴或其他形状的轴，均不影响最终结果。

机型放大之后，激振频率和自振频率如何变化呢？

激振频率的变化是已知的。因为要保证叶尖速比不变，即切向速度不变，于是有

$$\Omega_1 D_1 = \Omega_2 D_2, \quad \frac{\Omega_1}{\Omega_2} = \frac{D_2}{D_1} = \frac{R_2}{R_1} = q \tag{8.46}$$

式中，q 为尺寸放大因子。

机型放大之后，叶轮的转动惯量 I_T 与发电机的转动惯量 I_{gen} 之比不变，即 $\frac{I_{T_1}}{I_{gen_1}} = \frac{I_{T_2}}{I_{gen_2}}$。把参考机型和放大机型的参数分别代入扭转自振频率的表达式(8.43)中，可求得自振频率之比

为$\frac{\omega_1}{\omega_2}=\sqrt{\frac{S_1/I_{T_1}}{S_2/I_{T_2}}}$。由于所有尺寸都放大 q 倍，即 $a_2=qa_1$，$d_2=qd_1$，$\zeta_2=q\zeta_1$，故

$$\frac{S_1}{S_2}=\frac{d_1^4}{d_2^4}\frac{a_2}{a_1}=\frac{1}{q^3},\qquad \frac{m_{T_2}}{m_{T_1}}=q^3 \tag{8.47}$$

于是得

$$\frac{\omega_1}{\omega_2}=\frac{R_2}{R_1}=q \tag{8.48}$$

此处条件是机型放大后材料不变。

这意味着，假设把机型放大 1 倍，即 $q=2$，则传动系统的自振频率 ω 减小 1 倍，但风机的转动频率也减小 1 倍。因此激振频率与自振频率之比在机型放大之后保持不变

$$\eta_{\text{torsion}}=\frac{\Omega_2}{\omega_2}=\frac{\Omega_1}{\omega_1} \tag{8.49}$$

这说明，参考机型的传动系统不发生共振，则按相似原则放大之后的机型也不会发生共振。坎培尔图可以直接应用(参见第 9 章)。综上所述，相似性原则对于风机研发部门很有帮助。改变图纸上的尺寸比例，就可得到一台新机器的设计图。

8.10　风机的放大边界

在第 6 和 7 章风机的设计和偏载计算中，总是假设升力系数 C_A 和 C_W 与风速 c 无关。对于常用的叶型，只要雷诺数

$$Re=\frac{\text{叶片弦长}\times\text{来流速度}}{\text{黏性系数}}=\frac{ct}{\nu}$$

大于 200 000，这个假设就是成立的。对于小型风机($D<5$ m)以及风洞实验，这个条件是不满足的。薄缘低雷诺数叶型[5,7] 在雷诺数低于约 50 000 时，不再具有升力。这就给出了风机的下限。

图 8.4 曾表明，按照相似准则放大机型时，叶片重力产生的弯曲应力随着叶轮直径的增加线性增大。因此，风机的尺寸就必然存在一个上界，并且叶片疲劳强度越高，上界越高；叶片材料密度越大，上界越低。

因此，玻璃纤维材料取代了铝材料。碳纤维材料比玻璃纤维材料还轻，强度还要高，但价格高，目前正在逐步获得应用。

另外，采用各种工艺方案的复合材料发挥了重要的减重作用。图 8.10 表示实际制造出的叶片质量与叶轮直径的关系。按照相似准则，图中叶轮直径从 $D=21$ m 开始，叶片质量从 300 kg 开始，画出了质量 $m\sim R^3$ 的关系曲线。由图可见设计师们发挥了聪明才智，应用复合材料，实现了叶片减重。

所用的两种材料玻璃纤维环氧树脂和玻璃纤维聚酯树脂，质量与半径的关系并非三次方的关系，而是 $m\sim R^{2.2}$ 的关系，如图 8.10 所示。

因此，难以简单地回答，风机到底可以大到什么程度。风机设计师们的智慧，加之新材料的应用，使得风机尺寸的上界不断突破。这是一个不断发展的过程。飞机的研制与风机一样，也遵循类似的缩放准则。波音 747 就是一个很好的实例。它于 1968 年首次下线，当初翼展为 60 m，后来增至 65 m。近 40 年来，它是世界上最大的民用飞机，达到了铝材料的极限。空客公司应

用复合材料(GRP,CFRP 等),推出客机 A380,翼展达到 80m。

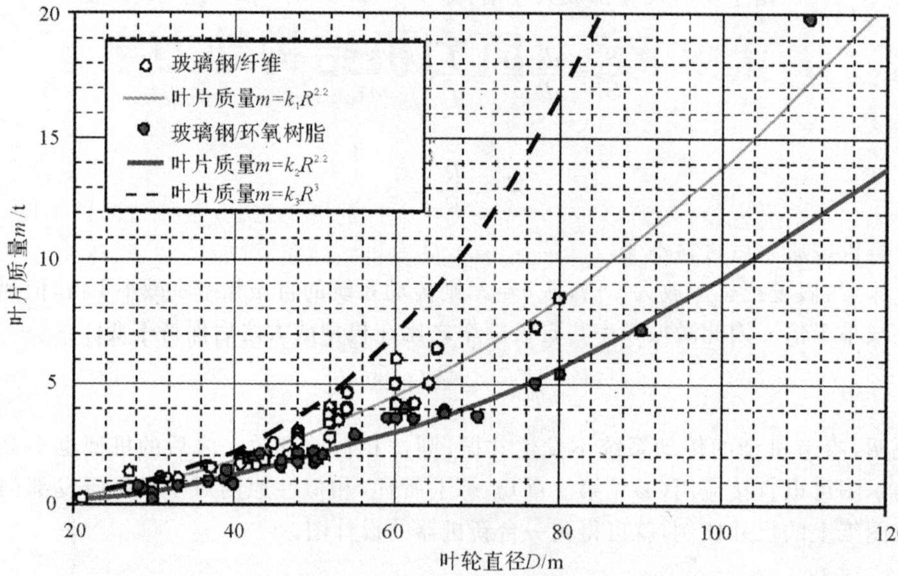

图 8.10　叶片质量与叶轮直径的关系

另外,实际中不能完全照搬风机缩放相似准则。例如,内陆风机的塔架较高$\left(\frac{H}{D}>1\right)$,以减小地面附面层的影响;而海岸风机的塔架则较低$\left(\frac{H}{D}<1\right)$。小风机或充电风机高度比更大,达到$\frac{H}{D}=2$,甚至更高。

因此,不能简单地缩放。但运用相似准则可快捷地估计出新机型设计的余地有多大,设计边界在何处。

参 考 文 献

[1] Wiedemann J. Leichtbau[M]. Berlin: Springer Verlag, 1989.

[2] Nordmann R, Gasch R, Pfützner H. Rotordynamik[M]. 2nd ed. Berlin: Springer-Verlag, 2002.

[3] Magnus K, Popp A. Schwingungen[M]. 5th ed. Stuttgart: Teubner Verlag, 1997.

[4] Gasch R., Knothe K. Strukturdynamik I und II[M]. Berlin: Springer-Verlag, 1987.

[5] Althaus D. Profilpolaren für den Modellflug [M]. VS-Villingen: Neckar-Verlag, 1980.

[6] Kaiser K. Luftkraftverursachte Steifigkeits- und Dämpfungsmatrizen in Windturbinen, VDI-Fortschritt-Bericht[R]. Düsseldorf: [s. n.], 2000.

[7] Althaus D. Niedriggeschwindigkeitsprofile[M]. Wiesbaden: Vieweg Verlag, 1996.

[8] Gasch R, Twele J. Windkraftanlagen[M]. 5th ed. Wiesbaden: Teuber, 2007.

[9] Gasch R, Twele J. Wind Power Plants[M]. Berlin: Solarpraxis, 2002.

第 9 章　风力机结构动力学

风力机的叶片细长，机舱质量很大，安装在柔性的塔架之上，这种结构易于振动。作用在其上的一系列动态载荷，例如风载、波浪(海上风力机)、地震、叶轮的转动、开关过程和控制过程等都有可能激起风力机剧烈振动。风力机振动会引起轴承、齿轮副、联轴器、叶片和塔架等部件的损坏，降低整机的可靠性，缩短风力机的寿命。因此，风力机的动力学设计是风力机设计的重要内容，其目的是避免或者尽可能减小风力机的振动。

本章将首先定性地描述风力机激振源的类型、激振机理和激振频率，然后分析塔架-机舱系统、叶片和传动系统的振动，介绍风力机整机建模的原则、方法，并给出传动系统的几个动力学模型，最后讨论风力机整机动力学响应的数字仿真。这些基本知识是风力机动力学设计的基础。

9.1　激　振　源

大部分部件设计时，都要考虑动态响应。有些部件的频响范围约为 10 Hz，而电气系统、传动系统以及齿轮箱(齿轮啮合频率、轴及机舱弹性、轴承故障等)会产生较高频率的振动。动态响应常以时间域的长短来描述。短时响应，即所谓的瞬态响应，例如开关过程、冲击作用等，在很短的时间内(约 1 min 之内)发生。与此相反，不确定性振源的响应在 10 min 至 1 h 内予以分析。其间工况条件和统计特性，例如平均风速、湍流或海浪等可视做常数。

外部作用在风力机上的激振力，按其作用时间分成如表 9.1 所列出的 4 类。

表 9.1　各种激振力类型分析

时间序列 \ 分析	受力类型	产生原因	运行状态
	重力 离心力 平均推力	质量 转子旋转 平均风速	正常运行
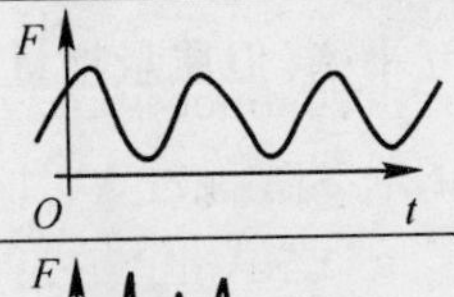	质量不平衡 气动力	风涡流 塔筒效应 斜向风速等	正常运行 受干扰
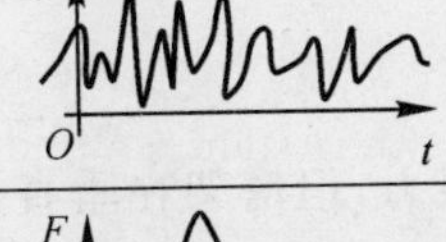	气动力 流体干扰力	风涡流 海浪 地表状况	正常运行
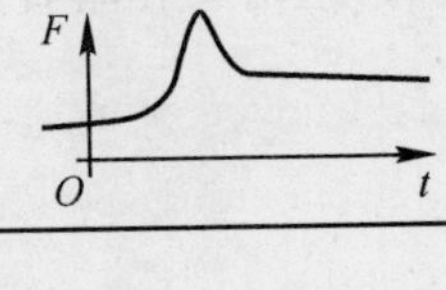	摩擦刹车力 气动力	停机 机舱突发振动	人为操作 干扰 极端条件

(1) 常力(近似常力)。

(2) 重复性的力(周期的)。

(3) 不确定的力(随机的)。

(4) 短时的力(瞬态的)。

除此之外,激振力也可按其物理性质来区分。例如,风力机运行时产生的质量惯性力、重力、气动力以及液压力等。另外,瞬态或受到干扰时,电磁力、摩擦力、刹车力、液压或电机调桨力等都可能是重要的激振力。

9.1.1 质量惯性力和重力

机舱、塔架以及地基等不旋转的部件,受有自重产生的恒定静载。由于机舱位移在塔架上产生附加弯矩,故塔架截面上的剪切量根据变形二阶理论来确定。

旋转部件的自重,例如叶片的自重,产生的作用力与不旋转部件不同。作用力相对于叶片的方向在不断变化。由此,在叶片中就产生一倍频交变载荷。重力在叶根产生的最大交变弯矩作用在旋转方向上,如图 9.1 所示。

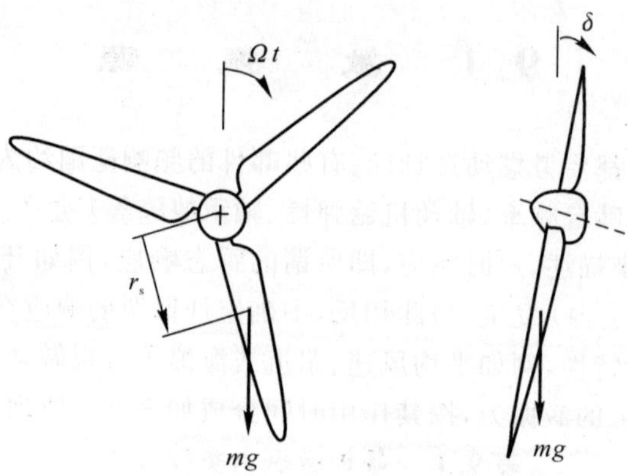

图 9.1 在平行叶片方向和垂直叶片方向上由叶片重力产生的交变载荷

$$M_{\mathrm{T}} \cong mgr_{\mathrm{s}}\sin\Omega t \tag{9.1}$$

转子轴一般要倾斜 4° ~ 5°,由此在叶片根部也要产生一倍频的交变载荷。

$$M_{\mathrm{A}} = mgr_{\mathrm{s}}\sin\delta\sin\Omega t \tag{9.2}$$

离心力在旋转的叶片中只产生稳态拉载荷。如果一个叶片比其他两个叶片重一点,即多出质量 Δm 时,如图 9.2 所示,当叶轮旋转时,三个叶片的离心力 F 相互平衡。但质量增量要产生一倍频的激振力

$$\Delta F = \Delta m r_{\mathrm{s}}\Omega^2 \tag{9.3}$$

在水平方向上的分力为

$$F_x = \Delta m r_{\mathrm{s}}\Omega^2\sin\Omega t \tag{9.4}$$

它将激起机舱和塔架横向振动。当然,在垂直方向也会产生激振力,但塔架在垂直方向刚度要大得多,因此,所产生的振动很小,可不予考虑。

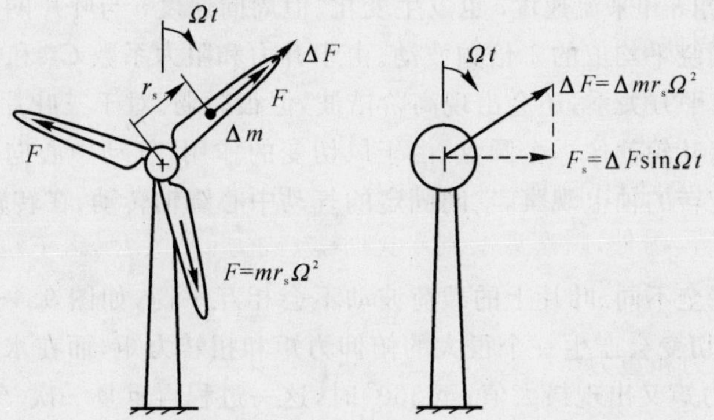

图 9.2　叶片质量不平衡的离心力激发机舱水平振动

9.1.2　气流激振力和水流激振力

风力机的气流激振力形式很多。下面首先介绍几种由不均匀流场所引起的周期激振力，然后再描述随机的风载（湍流场）和瞬态气动力。值得注意的是，根据空气动力学，由于空气密度与温度和海拔高度有关，故在不同地域的风场，气动载荷可能会变化 20％ ～ 30％。

1．风切变引起的激振力

在前面的章节中曾经介绍了地面附面层所引起的风切变特征和湍流现象。除此之外，还有诸如斜流等其他流动现象，也会产生很强的气流激振力。如图 9.3 所示，我们简单地假设在叶轮面内风切变为线性分布。

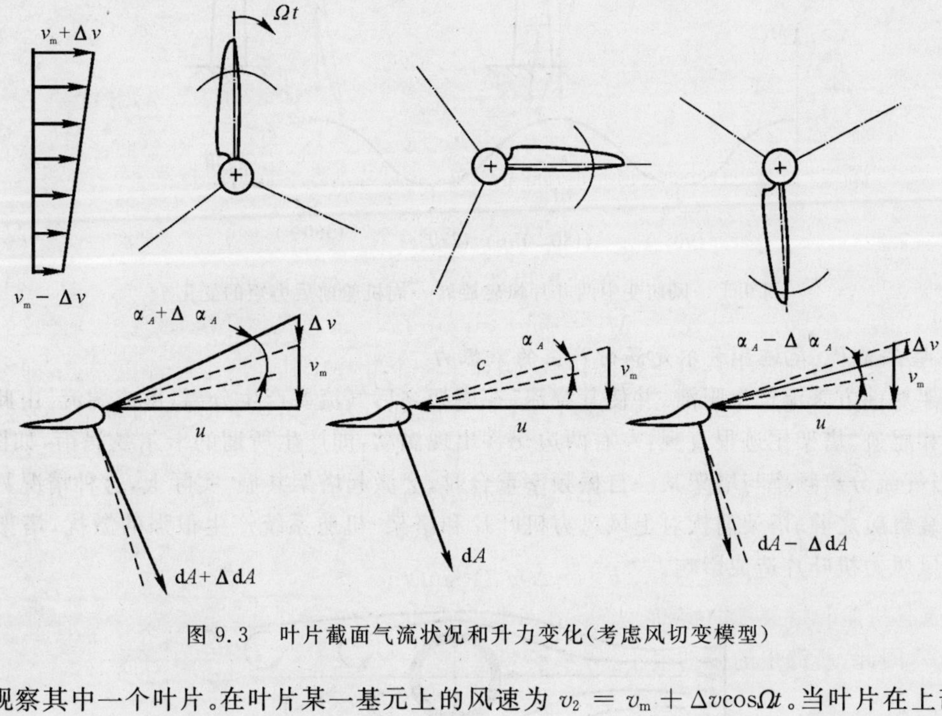

图 9.3　叶片截面气流状况和升力变化（考虑风切变模型）

观察其中一个叶片。在叶片某一基元上的风速为 $v_2 = v_m + \Delta v\cos\Omega t$。当叶片在上部位置时，$v_2 = v_m + \Delta v$；在底部位置时，$v_2 = v_m - \Delta v$。

与此相对应，攻角α和来流速度c也发生变化。但周向速度u与叶片的角位置Ωt无关。叶片上的气动力会产生围绕平均值的1倍频波动。由于升力和阻力系数C_A和C_W的非线性以及气动力与来流速度c的平方关系，还会出现高阶谐波，但很微弱。对于三叶片风力机，这种波动相互叠加后，完全平衡。叶轮就像一个圆盘，由于风切变的作用，气动中心向上移动(产生一个恒定的俯仰力矩)。从旋转的轴上观察，空间固定的气动中心绕轴转动，在转轴上产生1倍频的交变弯曲载荷。

两叶片风力机完全不同。叶片上的载荷波动不会相互平衡，如图9.4所示。当叶片在上部垂直位置(0°)时，风切变会产生一个很大的俯仰力矩和扭转力矩，而在水平位置(90°)时力矩消失，转到180°时，力矩又出现最大值；至360°时，这一过程再重复一次。气动作用中心在叶轮轴心上下移动。由此就产生2倍频的俯仰力矩和扭转力矩，使地基和塔架上承受很大的疲劳载荷。在转轴上产生1倍频的弯曲交变负荷。

两叶片风力机与三叶片风力机不同之处还表现在，机舱和塔架系统的自振频率与叶片的转角有关。由此产生参数激振，使得两叶片风力机的动力学问题很突出。

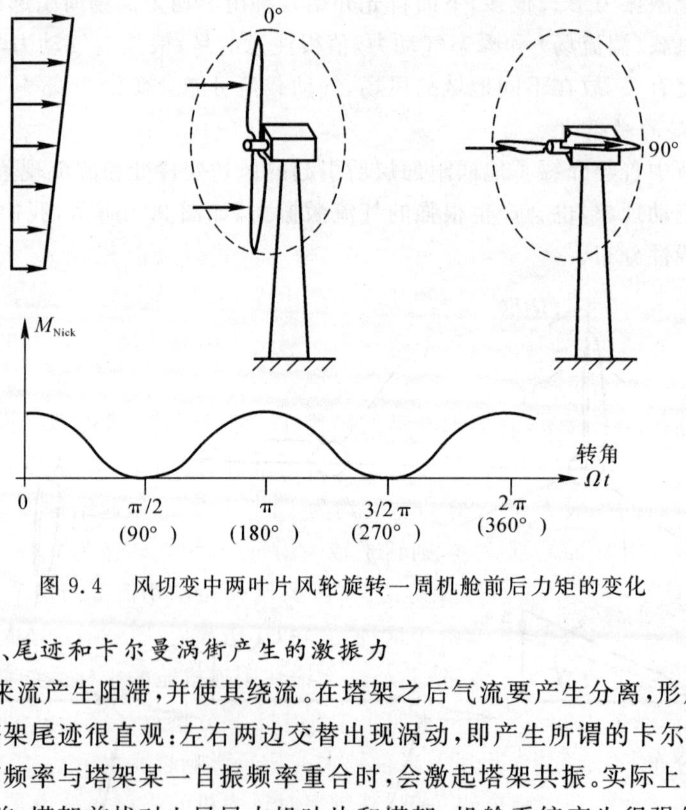

图9.4　风切变中两叶片风轮旋转一周机舱前后力矩的变化

2. 塔架前扰、尾迹和卡尔曼涡街产生的激振力

塔架对前方来流产生阻滞，并使其绕流。在塔架之后气流要产生分离，形成湍流。由此会产生前扰和尾迹。塔架尾迹很直观：左右两边交替出现涡动，即产生所谓的卡尔曼涡街，如图9.5所示。当气流分离频率与塔架某一自振频率重合时，会激起塔架共振。实际上，这种情况只会出现在吊装机舱之前。塔架前扰对上风风力机叶片和塔架-机舱系统产生很强的激扰，塔架尾迹只对下风风力机叶片造成影响。

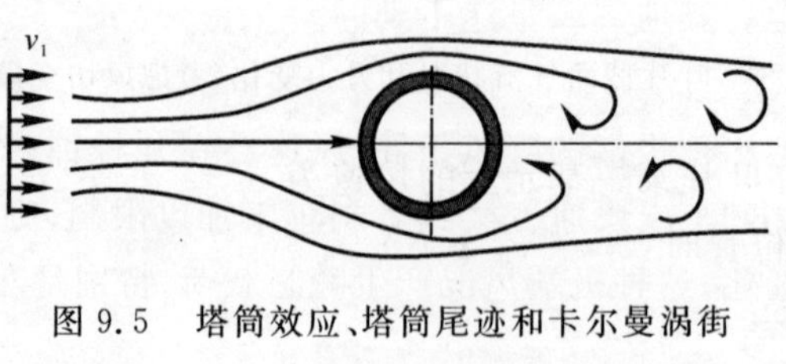

图9.5　塔筒效应、塔筒尾迹和卡尔曼涡街

叶轮每转一周，过塔架时叶片上的气动力在短时间内突减一次。由此产生 1 倍频为主的激振力。其中也包含 2 倍频、3 倍频、4 倍频等高阶分量，但高阶量衰减很快。

对于不转动的塔架-机舱系统，每一个叶片通过塔架时，就会产生一个作用力，如图 9.6 所示。对于三叶片风力机会使塔架-机舱系统产生 3 倍频为主的振动。6 倍频、9 倍频、12 倍频等高频分量也会出现。对于两叶片风力机则产生 2 倍频、4 倍频、6 倍频和 8 倍频振动。

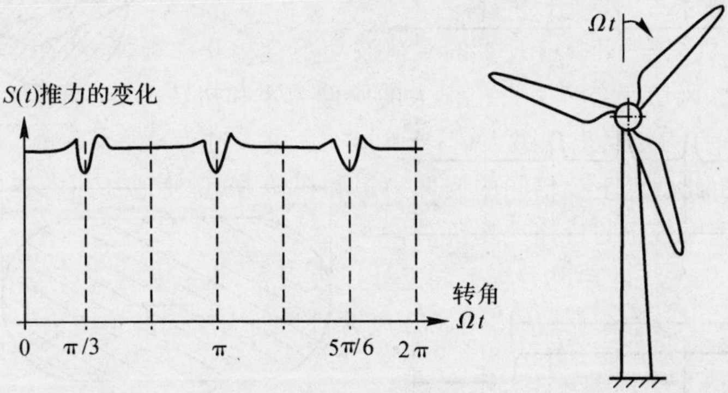

图 9.6　塔筒效应作用下风力机推力的变化

3. 斜流和气动不平衡

实际情况下，吹向叶轮的来流或多或少总有斜度。这可由山丘引起，也会由偏航滞后或者风力机轴与水平轴之间有倾角所产生。叶片上的负荷随着转频变化，塔架-机舱系统则受叶片通过频率成分的激励。从气体动力学角度来看，分析叶轮斜流相当复杂。

在安装或制造过程中，可能会使叶片攻角产生误差，会造成叶片上的气动力不平衡。这种气动不平衡会引起塔架-机舱系统在轴向和侧向发生 1 倍频振动。

4. 阵风和湍流

为了确定能量的获取量，我们把波动的风速在 1 ～ 10 min 内进行平均和分级（风级、风频分布）。对于几分钟范围内的变化，风力机的反应为准静态。

阵风的持续时间一般为 3 ～ 20 s，宽度约为 10 ～ 100 m。激起结构振动的频率约为 0.2 ～ 10 Hz。如果阵风从叶轮面局部吹过，则转子转一周每个叶片（转速为 12 ～ 30 r/min）都有几次通过阵风区，如图 9.7 所示。这种现象称之为“阵风偏载”或“切流”。与塔架前扰相似，阵风引起 1 倍频、2 倍频、3 倍频等激振力[1]。由于这种动载以 1 倍频或高倍频变化，故在英文文献中也称为 1X，2X，3X 激振力。在图 9.8 中，把湍流功率谱从固连机舱的坐标系变换到随叶片一起旋转的坐标系中，湍流激振力的宽带能量主要集中在 1 倍频分量及高倍频分量上。观察图 9.8 中阵风影响的时间分布，不难看出，叶片上半径越大的位置影响越突出。

湍流引起的交变载荷的幅度很关键，其频率对风力机的强度寿命也是至关重要的。一台现代风力机在其 20 年的寿命期内约运转 1 亿次，载荷交变的次数约为 $5\times10^8 \sim 1\times10^9$，这与汽车和飞机的情况相当，但在其他领域是达不到的。

5. 瞬态气动载荷

在风力机运行中，会出现极端的阵风条件，风速会在几秒钟内增加 1 倍或更多。如果不通过气流分离（失速型风力机）或快速变桨或者刹车来加以限制，则气动载荷会增加数倍。除此之外，风向也发生急剧变化。这种极端风况产生瞬态载荷。特别是对于变桨风力机，在设计时要考虑这种状态。在控制系统中用确定的短时阵风函数，例如用“$1-\cos\Omega t$”函数以及对应的风向变化来模拟[2]。

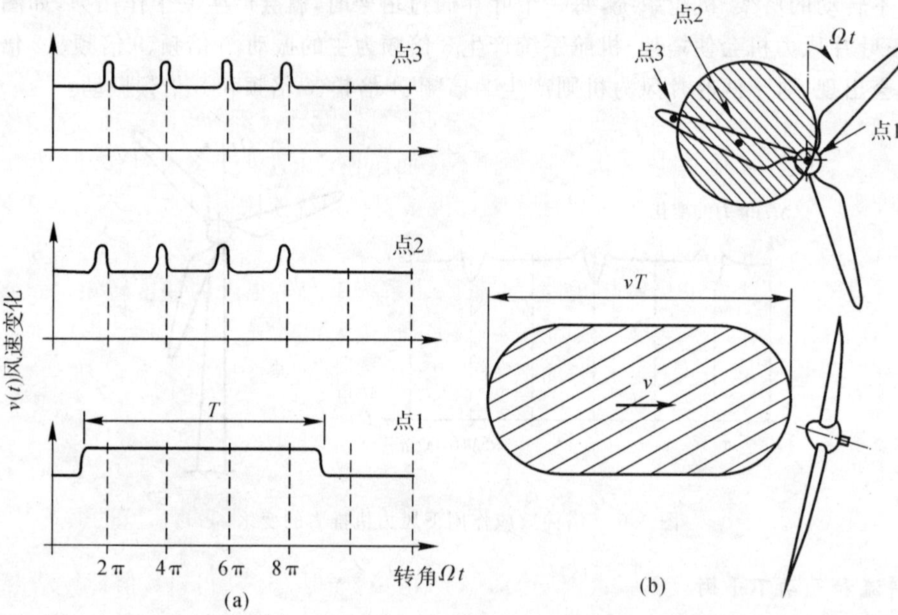

图 9.7　阵风偏载

(a) 叶片上的三点在局部阵风中风速随时间变化(点 1 是轮毂中心的点，点 2 是叶片中间位置的点，点 3 是靠近叶尖处的点)；(b) 作用在风轮上的局部阵风的正视图和侧视图

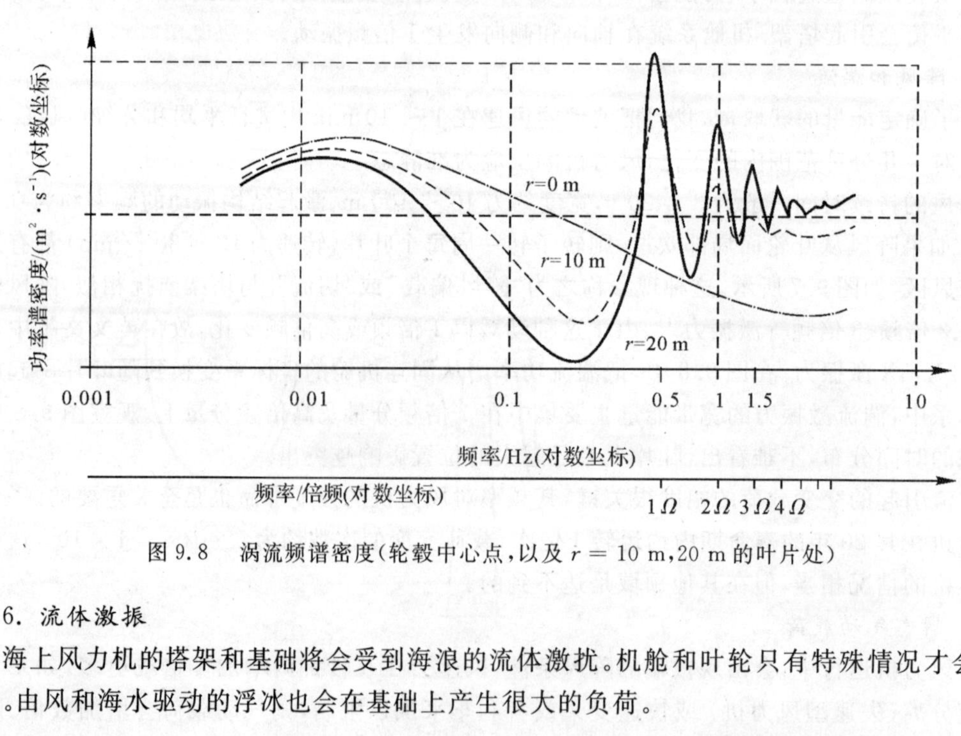

图 9.8　涡流频谱密度(轮毂中心点，以及 $r = 10$ m，20 m 的叶片处)

6. 流体激振

海上风力机的塔架和基础将会受到海浪的流体激扰。机舱和叶轮只有特殊情况才会受到影响。由风和海水驱动的浮冰也会在基础上产生很大的负荷。

9.1.3　机动和干扰产生的瞬态激扰

风力机偏航时的摆动原则上要很慢，以便使所产生的陀螺力矩很小。但对于被动偏航的风力机，陀螺力矩可能会较大[5]。

正常条件下的运行，例如起机和停机过程、转速范围的切换、变桨以及偏航等一般不会出现问题。但紧急停机会产生很大的载荷。对于变桨风力机，设计时要考虑的一种载荷条件是“超速后变桨失效”。在此假设中，风力机受到某种干扰而超速，由迎风变桨来刹车，但其中一个叶片的变桨机构失效。直到其余的2个叶片变桨及机械刹车系统使风力机在10～15 s内停机时，由于严重的气动不平衡在风力机上产生很大的俯仰和偏摆载荷[1]。

变频器紧急关停或发电机两相短路，会在传动系统中产生很大的冲击转矩。发电机短路时，会产生与电网频率同频的载荷，其幅值会比额定转矩大很多倍。

地震对于某些地域，也是要考虑的载荷因素。一般情况下，地震会和随机的基础激扰调制[2]。

9.2　风力机的自由振动和受迫振动

当今，风力机的动态响应用多自由度模型来数值仿真。但为了获得对数值计算结果的理解和定性检验，常用简化的局部模型来分析。

9.2.1　塔架-机舱的振动

把塔架-机舱系统简化成一个单自由度振系，现在来分析各种激振力所激起的振动。虽然这是一个极端简化的模型，但仿真结果与一个三叶片风力机的真实振动很相似。假设叶片是刚性的。叶轮可视做一个无质量的圆盘，盘心集中了叶轮和机舱的质量，如图 9.9 所示。塔架在横向是弹性的，只考虑轴向振动。可通过解析方法或者由带梁单元和拉伸弹簧构成的有限元模型来求解（参见 9.3 节）。

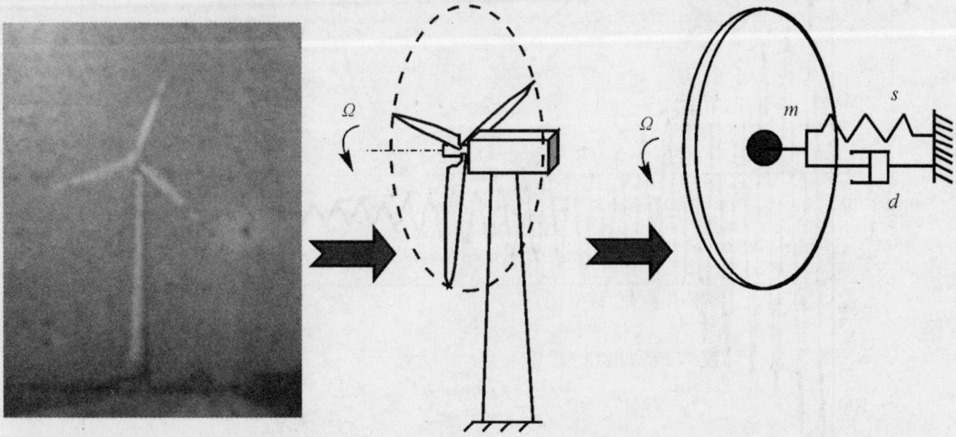

图 9.9　真实风力机（Enercon E112）和一个自由度的塔筒-机舱简化模型

塔架的质量分成和地基固连的部分以及参振的有效质量部分。有效质量约占塔架质量的 25%。

总的参振质量 m，横向刚度 s 和阻尼系数 d 确定之后，塔架-机舱系统的振动微分方程可写为[6,7]

$$m\ddot{u} + d\dot{u} + su = F(t) \tag{9.5}$$

式中，u 为振系轴向的位移；$F(t)$ 为风力机轴向激振力。

1. 自由振动

在无激振力时，方程(9.5)的右端为 0，振动仅由初始条件所决定：

$$u(0) = u_0, \quad \dot{u}(0) = \dot{u}_0 \tag{9.6}$$

称之为自由振动。当带负荷运行的风力机紧急停机时，就会出现这种振动，风力机在几秒钟内静止。对于大型风力机，叶轮上的推力可使风力机产生约半米的静态位移 u_0，风力机紧急停机后，推力突然消失。风力机在初始条件 $u(0) = 0.5\ \text{m}, \dot{u}(0) = 0$ 的激励下绕平衡位置前后振动，振动会持续一分钟以上。这种情况下，方程(9.5)的解析解为[7]

$$u(t) = u_0 \mathrm{e}^{-\omega_0 Dt}\left[u_0 \cos\omega t + \frac{\dot{u}_0 + \omega_0 D u_0}{\omega}\sin\omega t\right] \tag{9.7}$$

式中，$\omega_0 = \sqrt{\dfrac{s}{m}}$ 为振系的自振频率，单位为 rad/s；$D = \dfrac{d}{2\sqrt{ms}}$ 为无量纲阻尼系数。

自由振动的频率为

$$\omega = \omega_0 \sqrt{1 - D^2} \tag{9.8}$$

由于阻尼 D 的存在，$\omega < \omega_0$。

$D < 1$ 为欠阻尼情况，振系的自由振动为衰减的自由振动。如果 $D > 1$，振系就单调地回到静平衡位置而不发生往复运动(过阻尼情况 $d > 2\sqrt{ms}$)。图 9.10 表示风力机突然停机时所测量到的机舱振动。包络线 $\mathrm{e}^{-\omega_0 Dt}$ 是补画上去的。所测的是振动加速度，而不是振动位移，因为振动加速度易于测量。

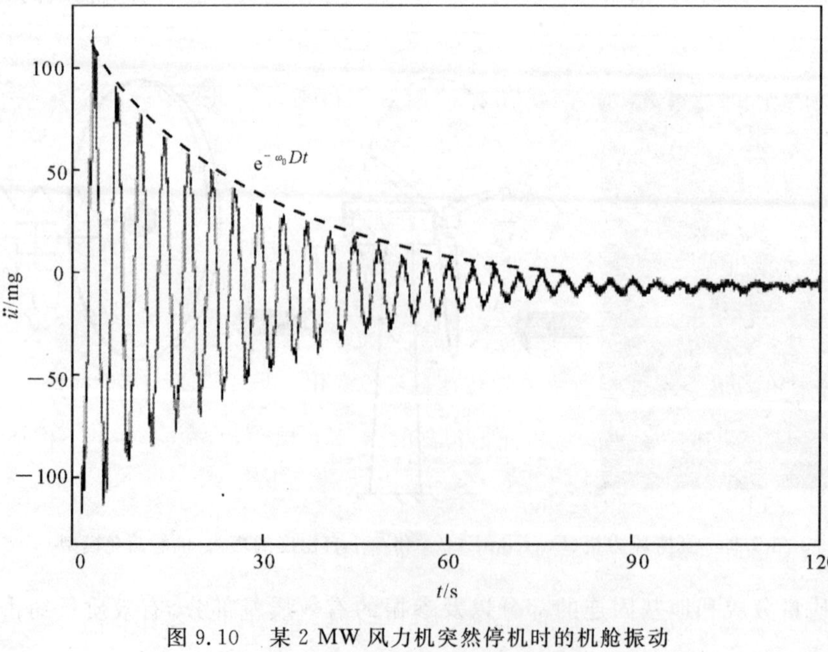

图 9.10　某 2 MW 风力机突然停机时的机舱振动

风力机的阻尼主要来自于塔架的连接部分、内部结构以及地基(半弹性空间)。在风力机运行状态,还会作用气动阻尼。阻尼一般比较小,因此,自由振动会持续 1 min 以上。图 9.10 所示的振动是在一台 2 MW 风力机塔顶所测到的。该风力机塔顶部分加装了流体阻尼器,阻尼系数从约 0.5% 提高到 2%。

阻尼可由实验来测定。对数衰减率为

$$\Lambda = \frac{1}{n-1}\ln\frac{A_1}{A_n} \tag{9.9}$$

可由相邻的两个振动峰值来确定,也可由相隔 n 个周期的峰值来确定。在小阻尼情况下($D \ll 1$),阻尼系数

$$D = \frac{\Lambda}{2\pi} \tag{9.10}$$

于是可求得实际物理阻尼值

$$d = 2D\omega_0 m_0 \quad \text{(单位为 kg/s)}$$

2. *质量不平衡引起的周期振动*

在实际中,要尽量减小叶轮质量不平衡、气动激振力以及塔架前扰和尾迹所引起的风力机周期振动。现在来分析叶轮质量不平衡引起的塔架-机舱振动。

取风力机横向位移为 $x(t)$(见图 9.2),不平衡激振力如式(9.4) 所表示,则风力机的运动微分方程为

$$m\ddot{x}(t) + d\dot{x}(t) + sx(t) = \Delta m r_s \Omega^2 \sin\Omega t \tag{9.11}$$

由于风力机塔架是圆柱或圆锥形的,故式(9.11) 中的 m,d 和 s 与式(9.5) 中的相同。

振动响应为

$$x(t) = \hat{F}\frac{\eta^2}{\sqrt{(1-\eta^2)^2 + (2D\eta)^2}}\sin(\Omega t + \gamma) = \hat{F}x(\eta, D)\sin(\Omega t + \gamma) \tag{9.12}$$

式中,$\hat{F} = r_s\dfrac{\Delta m}{m}$ 为质量不平衡幅值;$x(\eta, D)$ 为放大因子,与频率比 $\eta = \dfrac{\Omega}{\omega_0}$ 和阻尼系数 D 有关;γ 为相位角。

当频率比 $\eta = 1$,即 $\Omega = \omega_0$ 时,风力机振动幅值变得很大。此时,它只取决于阻尼系数 D 值。

$$x(1, D) = \frac{1}{2D} \tag{9.13}$$

把质量不平衡幅值的表达式代入式(9.12),则得

$$x(t) = r_s\frac{\Delta m}{m}\frac{\eta^2}{\sqrt{(1-\eta^2)^2 + (2D\eta)^2}}\sin(\Omega t + \gamma) = r_s\frac{\Delta m}{m}x(\eta, D)\sin(\Omega t + \gamma) \tag{9.14}$$

图 9.11 表示风力机不平衡响应幅值随转速比 η 的变化。当 $\eta = 1$ 时,发生共振。共振时的振幅只由阻尼系数 D 来限定。当转速增加得很高时,$\eta \gg 1$,风力机振动趋于一个恒值 $r_s\dfrac{\Delta m}{m}$。

由上述结果,可得到如下结论:

(1) 如果对转子进行很好的平衡,$r_s\dfrac{\Delta m}{m}$ 就会变得很小。

(2) 选择刚性塔架,自振频率 ω_0 应高于风力机运行转速 Ω,即 $\Omega < 0.9\omega_0$。

(3) 选择柔性塔架,自振频率 ω_0 低于风力机运行转速 Ω,即 $\Omega > 1.1\omega_0$。

两种塔架形式在实际中都有应用,但无论如何都要避免风力机在共振点邻近运行。

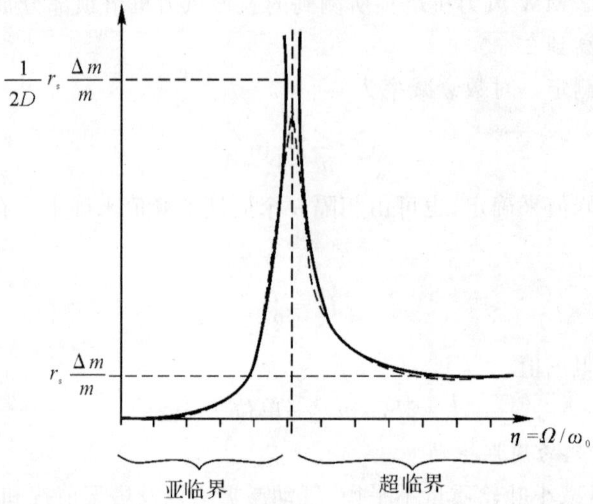

图 9.11　不平衡引起的机舱横向振动

3. 塔架前扰激起的机舱振动

在 9.1 节,我们已经看到,塔架前扰以及一定情况下塔架的尾迹在轴向(横向也有)产生周期激振力。此激振力以叶片通过频率成分为主,但也包含叶片通过频率的高阶分量。高阶分量的幅值随着阶数 $k(k = 1,2,3,\cdots)$ 衰减。考虑塔架激振力时,风力机轴向振动微分方程(9.5)的右端为

$$F(t) = F_0 + \hat{F}_{1n}\cos(3\Omega t) + \hat{F}_{2n}\cos 2(3\Omega t) + \hat{F}_{3n}\cos 3(3\Omega t) + \cdots \tag{9.15}$$

式中,F_0 为平均推力。把式(9.15) 代入方程(9.5) 后,得到风力机的振动为

$$u(t) = \frac{F_0}{s} + \sum_{k=1}^{\infty} \frac{\frac{\hat{F}_{kn}}{s}\cos(k3\Omega + \varphi_k)}{\sqrt{(\omega_0^2 - (k3\Omega)^2)^2 + (6Dk\Omega\omega_0)^2}} \tag{9.15'}$$

与式(9.14) 描述的质量不平衡类似,当激振频率与塔架-机舱振系的自振频率重合时,振系共振,即当 $\Omega = \frac{1}{3}\omega_0, \frac{1}{6}\omega_0, \frac{1}{9}\omega_0$ 时,发生共振。图 9.12 定性地表示了塔架激振力激起风力机振动的幅频特性。

风力机侧向的振动与轴向很相似。如图 9.6 所示,当叶片通过塔架时,不仅是叶片上的推力,而且叶片上的周向力都将发生突变。因此,在风力机侧向也会产生 $3\Omega, 6\Omega, 9\Omega$ 的激振力。由于塔架-机舱振系在轴向和侧向的自振频率几乎无差异,因此,侧向振动的幅频特性与图 9.12 所示结果是一致的。

叶轮质量不平衡的影响以侧向为主,而轴向则不突出。图 9.12 中用虚线画出了侧向的不平衡响应。

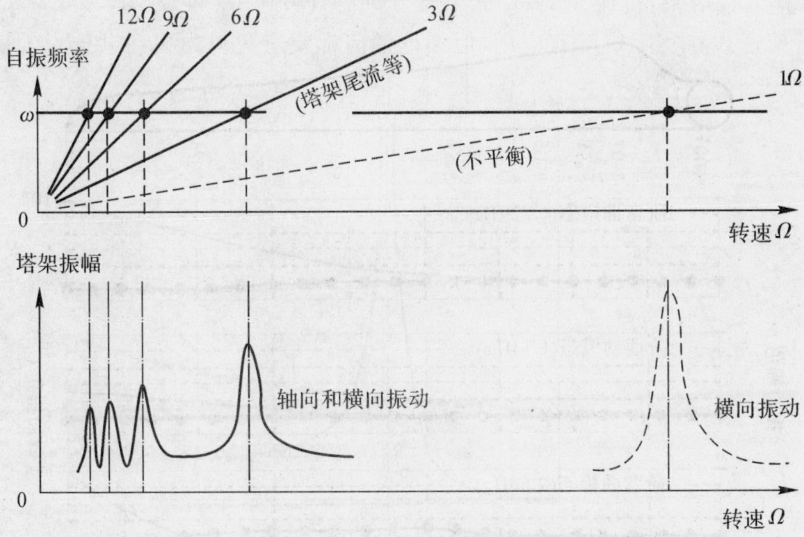

图 9.12　坎培尔图和塔筒响应

9.2.2　叶片振动

如 9.1 节所述，叶片振动可能会由风切变、斜风、塔架前扰等 1 倍频及高倍频激振力所激起。叶片的弯曲和扭转振动可借助传递矩阵或有限元法来计算。其中用梁单元和壳单元就足以达到要求。如第 4 章所述，叶片振动特性的重要影响因素是叶片的重心线、弹性线、径向线（通过法兰盘中心）以及气动中心线。气动中心位置由来流条件所决定。

一般情况下，叶片的模态按以下顺序排列：

ω_1：第 1 阶弯曲自振频率；

ω_2：第 1 阶摆动自振频率；

ω_3：第 2 阶弯曲自振频率；

ω_4：第 2 阶摆动自振频率；

ω_5，ω_6：扭转自振频率。

图 9.13 表示一个 44 m 长叶片的前几阶模态。图 9.14 为叶片的坎培尔图。由于离心力的刚化作用，弯曲自振频率随转速略有增加。离心力的刚化作用在图 9.14 中的第 1 阶弯曲自振频率 ω_1 上可以看到。离心力对摆动自振频率的影响很小。在额定转速附近可以辨别潜在的共振点。

在额定转速 16 r/min 处，即 0.27 Hz，不存在严重的共振点。3 倍频与第 1 阶弯曲自振频率在 18 r/min 处重合。5 倍频在额定转速 16 r/min 处与第 1 阶摆动自振频率重合，但 5 倍频激振力很弱，因此不会产生强烈共振。而在偏载转速区，风力机变转速运行，将发生 4 倍频及高倍频共振。由于风速不断波动，风力机转速也相应在不断变化。因此，不会出现严重的共振。但要注意，若低倍频激振频率和风力机自振频率重合，则可能出现较强的共振。

叶片制造商在静态条件下（把叶片固定在一个很大的刚性基础上）通过振动试验来检验计算的叶片模态，并确定前几阶模态阻尼。

实际中，叶片在不规则风况下（随机的，并有很强的湍流度）的振动要比所讨论的周期振动复杂得多。

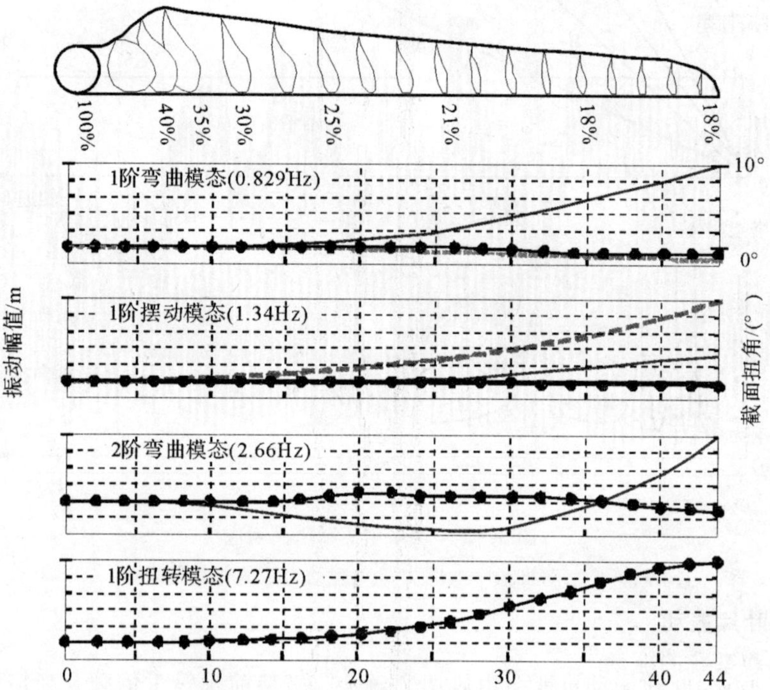

图 9.13　44 m 长的叶片的振动模态(EUROS EU 90.2300－2[9])

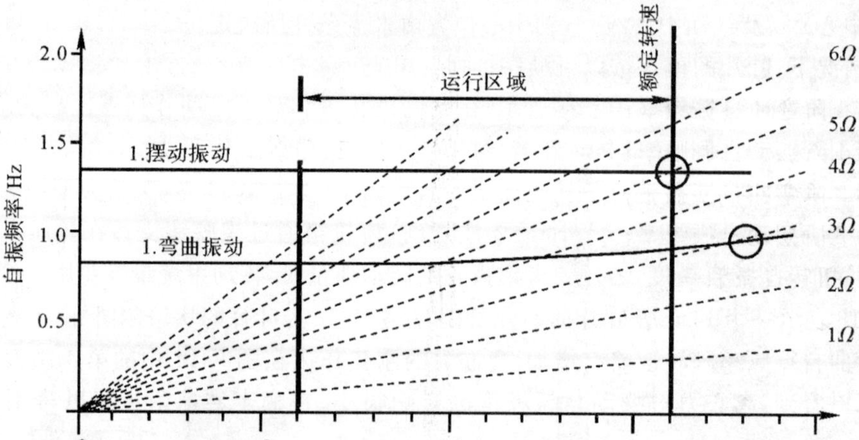

图 9.14　图 9.13 中叶片的坎培尔图

图 9.15 给出一台 500 kW 风力机叶片根部在挥舞方向和摆动方向的仿真弯矩。持续 10～20 s 的阵风使平均载荷发生慢变。而高频的湍流激起叶片弯曲自振。摆动力矩为窄带信号,主要是由叶片自重引起的 1 倍频交变弯矩。阵风的影响很小。

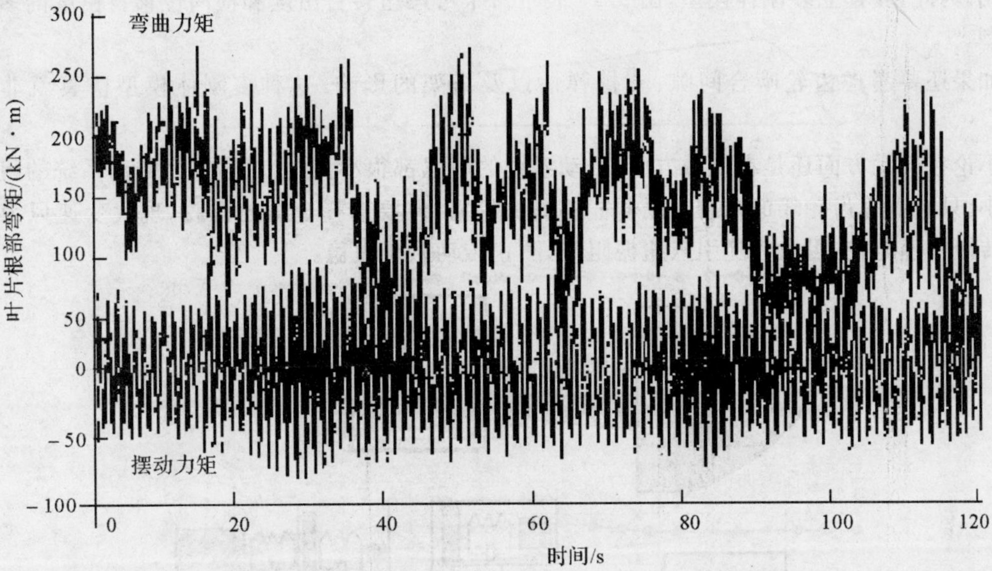

图 9.15　随机风下弯曲力矩和摆动力矩的仿真结果

9.2.3　传动系统的振动

传动系统的激振源主要来自：① 叶片通过频率：叶片数目乘以转速，并含有高频部分；② 湍流风；③ 风切变对单叶片或双叶片风力机的影响；④ 控制器的切入、变桨以及发电机转矩的变化；⑤ 齿轮啮合；等等。

在分析小型风力机($D<5$ m)的扭转振动时，用2个自由度或者3个自由度的模型就足以解决问题，如图 9.16(a) 和图 9.16(b) 所示。在发电机转子和静子之间作用着电磁力，对于同步发电机可模拟为与负荷相关的扭转弹簧。对于异步发电机，如图 9.16 所示，用一个扭转阻尼器来模拟，阻尼系数由同步转速点处转矩曲线的斜率确定，参见第 11 章。分析大型风力机的扭转振动时，要考虑叶片摆振模态。另外，还要注意到，齿轮箱通过橡胶垫支撑在机舱承力框架上。为此，要增加模型的自由度。若还要考虑齿轮的转动惯量时，传动系统最终要用 5 个自由度的模型来仿真，如图 9.16(c) 所示。

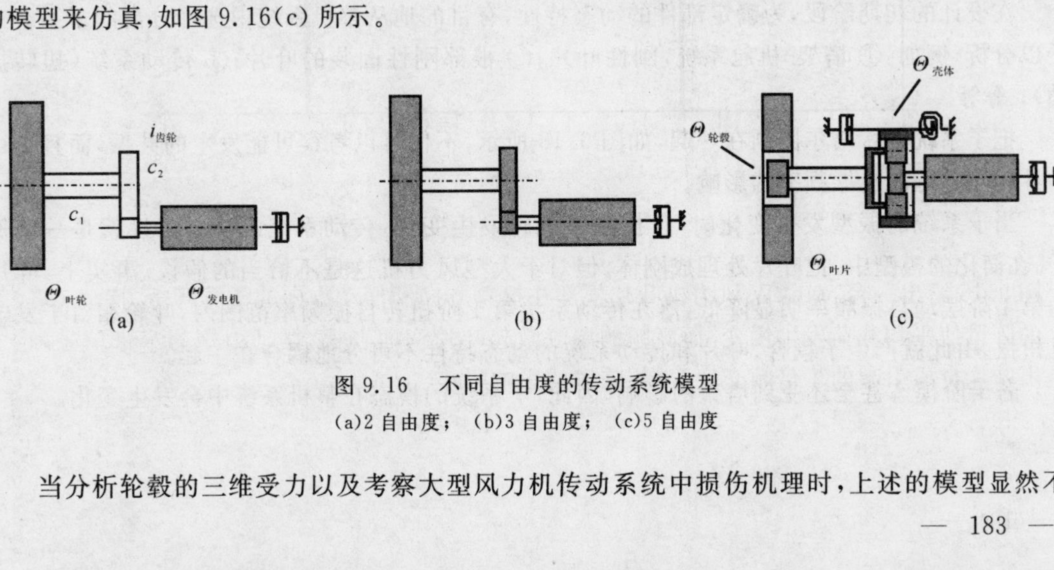

图 9.16　不同自由度的传动系统模型
(a)2 自由度；　(b)3 自由度；　(c)5 自由度

当分析轮毂的三维受力以及考察大型风力机传动系统中损伤机理时，上述的模型显然不足为用。为此，要建立多刚体模型。图 9.17 表示一个考虑扭转自由度和横向位移自由度的多刚体模型[10]。

如果还要考虑齿轮啮合间隙、支撑弹性以及塔架的影响，这种多刚体模型仿真就非常复杂。

不论在气动方面还是在机械方面，传动系统的阻尼都很小。由叶轮输入到传动系统的阻尼非常小。只有支撑齿轮箱的橡胶阻尼器能够提供阻尼，但要选择合适的橡胶。现代变速风力机通过转矩快速电控，可人为地引入扭振阻尼，防止传动系统失稳。

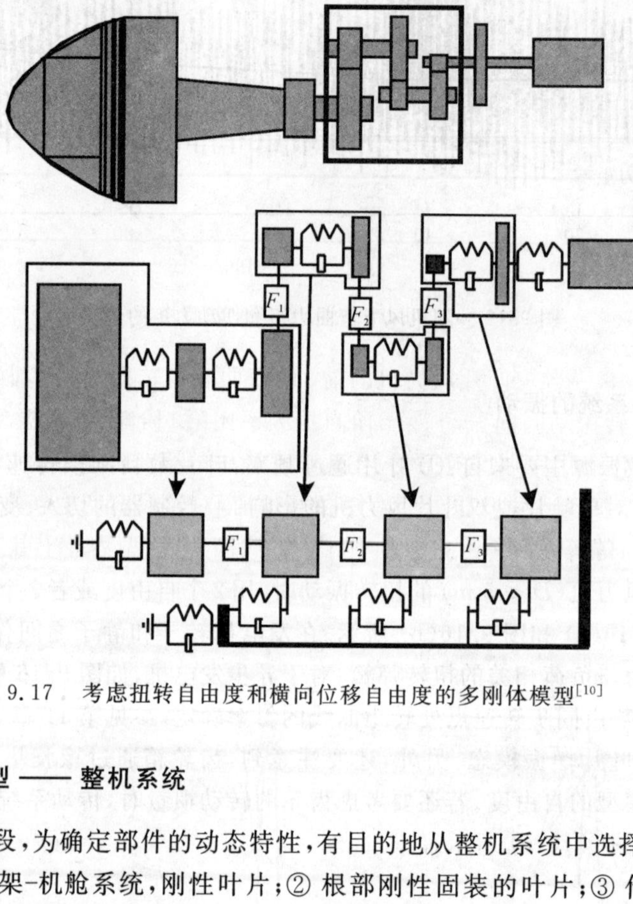

图 9.17　考虑扭转自由度和横向位移自由度的多刚体模型[10]

9.2.4　局部模型 —— 整机系统

在设计的初期阶段，为确定部件的动态特性，有目的地从整机系统中选择分离的子系统来予以分析。例如：① 塔架-机舱系统，刚性叶片；② 根部刚性固装的叶片；③ 传动系统（扭转振动）；等等。

把子系统的坎培尔图画在一起，如图 9.18 所示，不仅可以考察可能发生的共振，而且也可估计相互邻近的自振频率的影响。

当子系统的振型发生变化时，自振频率也将发生变化。传动系统的动态特性就是一个例子。在简化的模型中，把叶片处理成刚体。但对于大型风力机这是不恰当的假设。事实上，叶片的第 1 阶摆动自振频率明显降低，落在传动系统第 1 阶扭转自振频率范围内，叶轮相对于发电机扭振。由此就产生了耦合。叶片和传动系统的动态特性不可分地耦合在一起。

若干阶模态甚至还受到塔架的影响。因此，子系统的模态在整机系统中会发生变化。

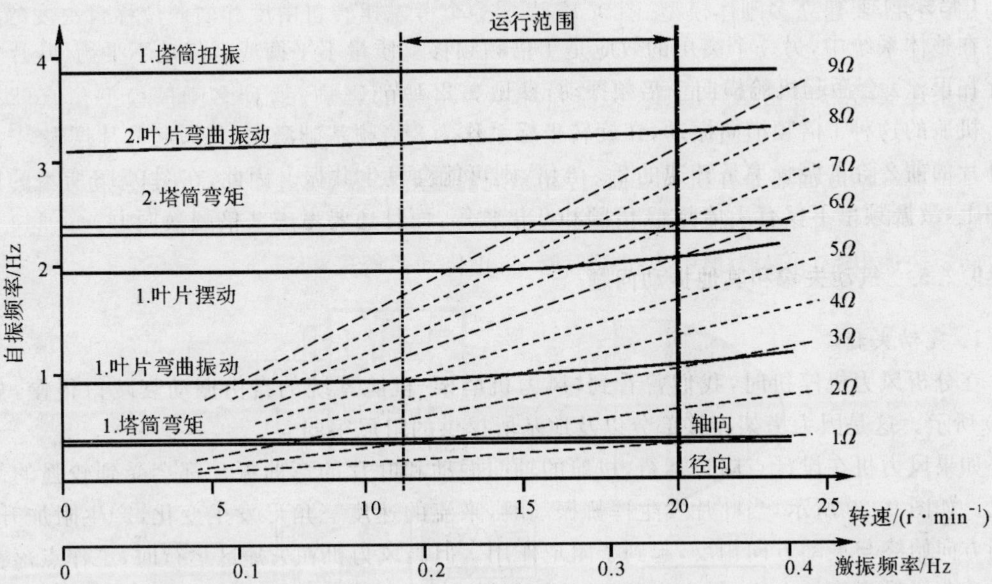

图 9.18　某 1.5 MW 变速风力机的坎培尔图(包括塔筒-机舱系统和叶片、偏航)

如图 9.19 所示，一台三叶片风力机的前 3 阶弯曲和扭转自振频率非常接近。第 1 阶振型为 3 个叶片随轮毂扭转振动同向振动。第 2 阶自振频率比第 1 阶略高，其振型为 2 个叶片随轮毂扭振同向振动，而第 3 个叶片则反向振动。在此频率簇中的第 3 阶振型为 2 个叶片反向振动，第 3 个叶片则不振。2 个振动叶片叶根处的弯矩相互抵消，对轮毂不产生转矩，但却产生横向力，使塔架-机舱发生横向振动。第 4 阶自振频率比前 3 阶高，其振型为 3 个叶片同向振动，轮毂反向振动。

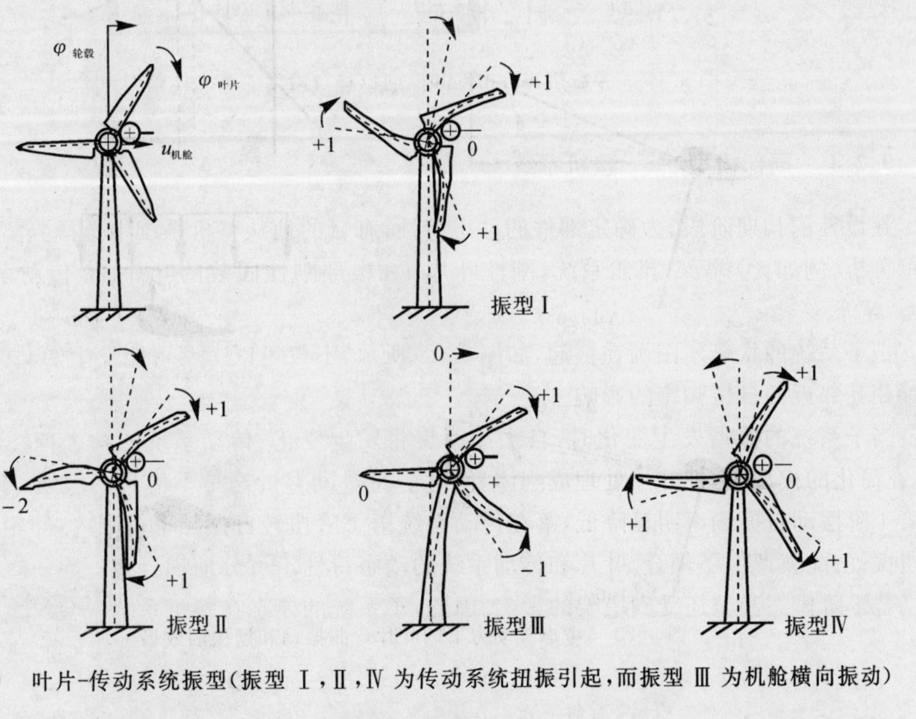

图 9.19　叶片-传动系统振型(振型 Ⅰ，Ⅱ，Ⅳ 为传动系统扭振引起，而振型 Ⅲ 为机舱横向振动)

1 倍频频移

在整体系统中，另一个突出的效应是 1 倍频频移。质量不平衡或者气动不平衡(叶片安装角存在误差）会激起机舱横向 1 倍频振动，参见 9.2.1 节。

机舱的这种 1 倍频横向振动，在旋转坐标系作为 2 倍频基础激振，将激起叶片摆振[11]。如果叶片的前 2 阶自振频率是转速的 2 ～ 3 倍，则可能会发生共振。因此，在图 9.18 所示的坎培尔图上，激振频率不仅有 1 倍频、3 倍频和 9 倍频等，而且还要考虑 2 倍频激振力。

9.2.5　气动失稳和其他振动问题

1. 气动失稳

在分析风力机停机时，我们曾看到，风力机塔架-机舱系统的自由振动衰减得很慢，如图 9.10 所示。这是因为塔架连接部分以及地基所提供的阻尼很弱。

如果风力机在设计点附近运行，机舱的轴向振动和叶片的弯曲振动都会受到较强的气动阻尼。如图 9.20 所示，当叶片发生挥舞振动时，来流的速度三角形发生变化，产生附加升力，作用方向始终与振动方向相反，起到了阻尼作用。但当风力机在失速区运行时，工作点落在升力系数曲线最大值的右边，斜率为负，叶片挥舞振动产生的附加升力沿叶片振动同方向作用。这表明，气动力为失稳激振力。如果没有足够的结构阻尼镇定，叶片就会以自振频率失稳。当然，在失速区，还须考虑气动阻力 C_W 的影响，分析时，稍微复杂一些[12,13]。

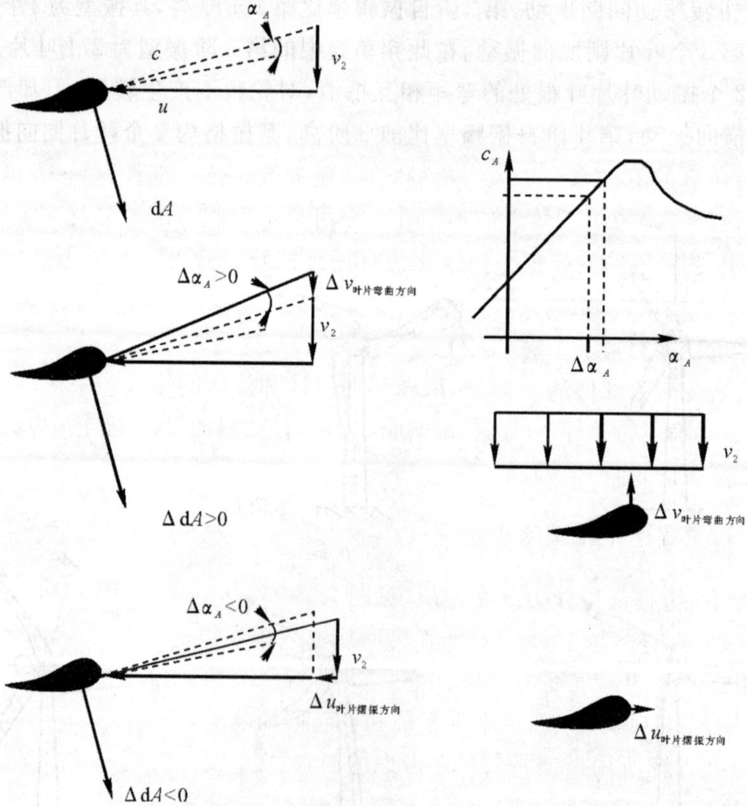

图 9.20　考虑气动力下的叶片弯曲振动和摆振的效果

由图 9.20 可见，叶片的摆振几乎不带入气动阻尼。这是因为切向速度要比叶轮面风速大得多，摆振所引起的攻角变化甚微，故几乎不引起气动力变化。摆振产生的速度与切向速度相比非常小。由此导致的结果是，叶片摆振为主的几阶模态几乎无气动阻尼，失稳的风险较大。因此，有时在失速风力机叶片尖部加装阻尼器，抑制叶片摆振。

2. 其他振动问题

在风力机上还会出现其他振动问题。例如：

(1) 气流失速引起的叶片自激摆振(失速引起的叶片侧振)，在叶片尖部引入阻尼可予以抑制。

(2) 传动系统与叶片、发电机或发电机-变流器系统耦合的失稳扭振。

(3) 塔架-机舱轴向振动($u,\dot{u}$) 会给叶片变桨控制器提供不真实的风速 $v_2 \pm \dot{u}$，控制器的动作会使气动阻尼减小，甚至会增强塔架-机舱的振动。

(4) 机舱涡动[11,14]，转子中心绕平衡位置沿椭圆轨迹涡动。

(5) 塔架-机舱系统横向失稳振动[13]。

(6) 叶片扭转和挥舞振动耦合，有可能发生颤振。

9.3　整机动力学仿真

对于大型风力机，在设计的初期，人们就得建立整机动力学模型，考虑各个子系统的耦合，计及控制与调节系统电气的影响。通过数字仿真在时域来求解运动微分方程。与频域解法相比，优点是可以处理非线性和求解瞬态响应。

由于风况和风力机运行的非平稳性，很难建立一个解析模型直接确定变形和负荷。因此，一般采用时域仿真的方法来分析风力机的响应，例如设计传力部件，估计发电量等[1,15]。简而言之，风力机这样一个机电一体化的模型在一个可见的时间范围内要与真实风况匹配。“数字风况”是最接近真实风况的模拟。数字化仿真还可扩展到分析海上风力机，考虑海浪的影响，根据需要，还可预估地震载荷。

仿真计算的主要任务：

(1) 确定某些相关部件的剖面量，用做部件设计和认证的输入。

(2) 确定在所有运行条件下风力机的响应，以验证风力机的设计，确定风力机的功率曲线。

(3) 控制系统的设计和优化。

9.3.1　仿真程序中模型的建立

一般情况下，仿真模型分为 3 个模块(见图 9.21)：

(1) 外部环境条件(风况、海浪等) 作为时序输入模块。

(2) 作用在叶片上的气动力模块。

(3) 模型的结构动力学(包括电气系统和控制器的响应)。

下面分析在选择所用模型时要折中考虑的因素。

1. 模型的深度和仿真的速度

不同的模型有不同的用途，这取决于仿真的目标。预设计时，要初步估计功率特性和载荷，可选简单一点的模型，短时间内就可计算出结果。若要验证控制器的特性，就需选择复杂的风力机模型，当然计算时间就要长一些。一个完整的认证计算包含数百次仿真验证。

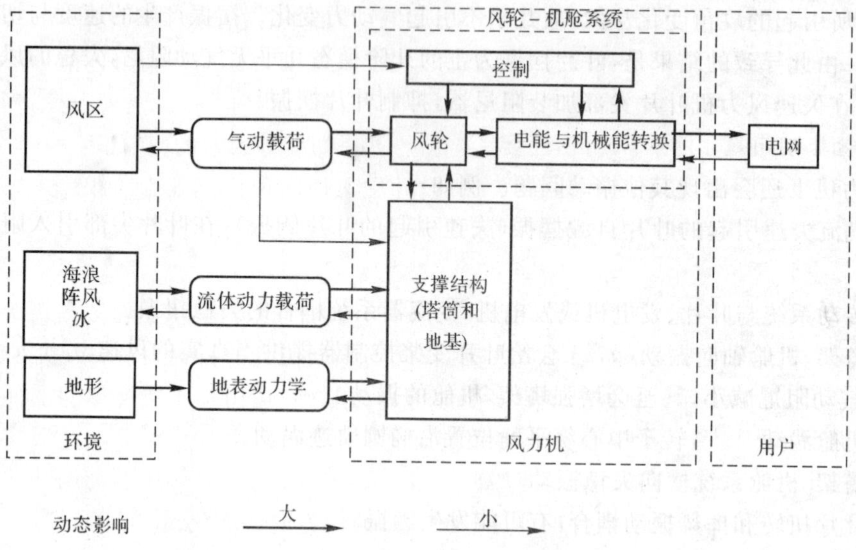

图 9.21　某仿真程序方框图

2. 风况的模拟

风况的模拟是风力机仿真的关键之一，同时也是仿真的目的。过去在设计计算时，仅用简单的风况模型，由稳态风确定的阵风、风切变或斜风等风况构成。主要载荷可由这些模型来确定，如10.1节和10.2节所述。根据国际标准IEC61400中的设计载荷条件（DLC(Design Load Case)1.3）要模拟方向急剧变化的强阵风。风力机运行的可靠性越来越受到重视，需要特别关注湍流风况。

为此，利用风的统计信息，例如平均风速、湍流度、长度参数以及湍流谱来构造风况时间序列。在这个时间序列中，还包含垂直于主风向的分量。在叶轮面上选择数百个点（见图9.22），不仅在时间上，而且在叶轮面的空间上来模拟“真实风况”。只有通过这样复杂的模拟，才能考虑偏载阵风（参见9.1节）的影响。

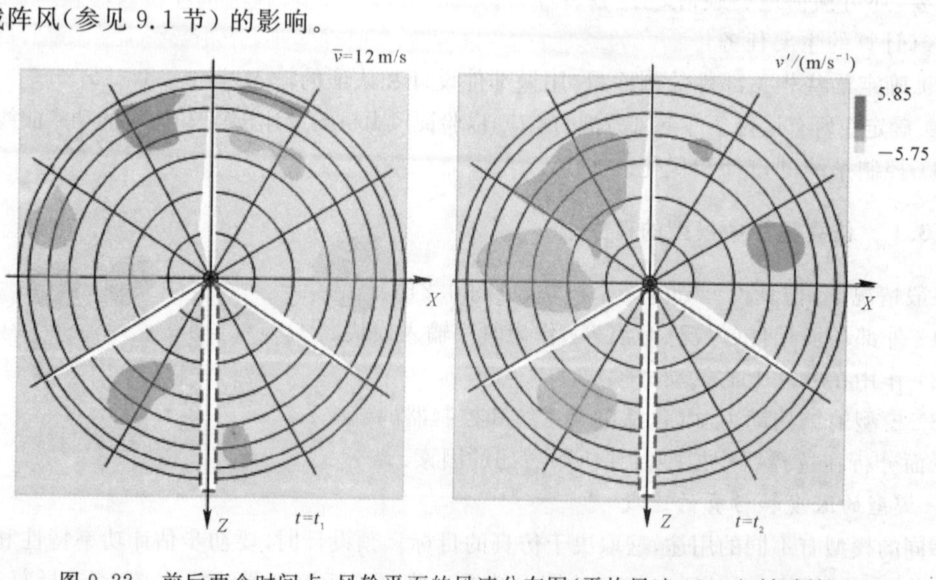

图 9.22　前后两个时间点，风轮平面的风速分布图（平均风速 12 m/s 被减掉了）

3. 气动力的模拟

仿真的第2步是确定叶片上风的流动、气动力和气动力矩。在此，主要应用第6章和第7章所述的叶片基元法来计算。仿真的每一步，都迭代求出气动力。最好利用近似方法把气流三维的影响从三维变换到二维。本质上，还是运用第7章的方程对每一个叶片基元进行计算，但在平均风速流动的基础上叠加湍流，还要考虑斜风和风切变等因素的影响。

由于仿真速度的限制，在航空和地面汽轮机设计中所用的现代三维流场计算还未获大量应用。如上所述，这要求在非稳态风况下，考虑叶片上每一点的流动。

4. 结构力学的模拟

结构力学仿真是总体仿真的一部分，有很多不同的结构模拟方法，关键是要考虑大变形引起的非线性。用目前现有方法求解已不成问题，在此要根据仿真的目标，权衡模型深度、求解方法和仿真速度的折中选择。目前主要以多刚体仿真为基础，运用基于梁模型的部件模态分析。对于“快速”仿真，一个运动方向上不会超过前2阶模态。若要加大模型深度以深入分析部件特性，则可用有限元法来仿真，但仿真时间会加长。另外，气弹力学还要考虑叶片及整个结构变形和运动所引起的风速三角形的变化和叶片基元段方向的变化。

9.3.2　仿真程序的应用

前面已经说明，仿真程序主要用于载荷计算、认证计算、预设计、确定功率曲线以及结构优化。

载荷的确定和认证计算是两个完全不同的仿真任务，所用方法也不相同。关于疲劳载荷和极端载荷的计算，详见10.1.7节。虽然仿真的基本运算步骤和所用的模型是一致的，但仿真的控制和结果的处理是不同的。一般用10 min平均风速的风级仿真来确定疲劳载荷。载荷谱用Weibull风频分布加权后的仿真载荷直接计数求得。每一个风级的载荷根据其概率以20年寿命外推。极端载荷的计算，要在各种不同的环境条件下尽可能准确地仿真，例如，前面所述的IEC－61400中规定了强阵风的模拟。

另外一个应用领域是风力机的控制软件和仿真的耦合。在此，风况的模拟直接和一个“真实”的硬件控制器耦合，利用传感器的测量，在一定程度上把真实环境“预演”一遍，风力机的响应又反馈到仿真模型上。其目的是，一方面检验控制器；另一方面考核风力机在真实控制条件下的结构载荷。其间，在真实控制器和仿真控制器中运行的是相同软件，只是操作平台不同。由此，使得控制仿真的结果更易于向真实控制器移植。

9.4　实验验证

如果仿真计算结果不能通过风力机的实测结果验证，则风力机设计和仿真程序就不能得到应用。从研发工程师的角度出发，如下几个方面须予以关注：

（1）模型参数的验证，例如，自振频率、阻尼和时间常数等。

（2）风力机特性及控制器对功率曲线和发电量的影响。

（3）疲劳载荷的考核和验证。

（4）运行载荷和机动载荷的确证。

（5）风况模型的验证。

最关键的问题仍然是风速的可靠测量，以及与所建立的风速时间序列的比较。风速的精确测量应该是在整个叶轮面上的每一点都测风，如图 9.22 所示。但由于测量技术的限制，实际上这是不可能的。即使要较准确地确定功率曲线，也常受到标定问题的困扰。为此，可用的结果只能通过长时间测量数据的统计来获得。10 min 得到一个平均风速，然后按照"Bin"级来排列。除按风速分类外，还要按湍流强度分类。

表 9.2 给出了一个典型的测量值的分类矩阵。行和列分别是湍流强度和风速"Bin"的时间序列。按照这个分类矩阵，可计算力和力矩。将计算的结果与测量结果进行比较。必须要按照某一时间分布（例如 IEC61400 规范中的 Weibull 分布）来加权，并且把波动范围也标识出来（与计算结果比较）。

用如下的几个量来评估载荷：叶根的弯矩（或整个叶片上的力矩）、轴承力和力矩、传动系统的力矩以及塔架根部的弯矩。根据这些数据，可以确定很多部件的载荷。

表 9.2　测量风速数据的分类矩阵

额定功率运行；风速级宽度为 1 m/s；湍流度宽度为 2%																			
时间序列长度	10 min 风速数据个数																		
风速/($m \cdot s^{-1}$) 湍流度/(%)	4	5	6	7	8	9	10	11	12	13	14	15	16	17	18	19	20	21	23
＜3	0	1	0	0	0	0	0	0	0	0	0	0	0	0	0	0	0	0	0
3～5	2	10	2	0	0	0	0	0	0	0	0	0	0	0	0	0	0	0	0
5～7	5	23	9	6	1	0	0	0	0	0	0	0	0	0	0	0	0	0	0
7～9	8	30	28	23	16	5	3	1	3	1	0	0	0	0	1	0	0	0	0
9～11	13	45	62	51	45	45	21	15	10	7	8	1	6	2	6	4	0	0	0
11～13	14	74	121	170	125	88	75	52	48	43	18	18	29	29	25	10	2	2	0
13～15	15	89	116	191	200	146	103	77	86	64	46	49	51	50	23	6	2	0	0
15～17	17	70	101	160	147	108	109	65	51	61	49	57	39	18	11	6	2	0	0
17～19	9	29	53	57	48	49	36	29	22	30	34	31	32	8	4	0	0	0	0
19～21	5	16	21	13	15	16	10	9	2	8	9	6	4	2	0	0	0	0	0
21～23	4	1	1	10	6	3	6	1	0	4	1	0	0	0	0	0	0	0	0
23～25	0	1	4	3	1	0	0	0	0	1	0	0	0	0	0	0	0	0	0
25～27	1	3	0	1	1	0	0	1	0	0	0	0	0	0	0	0	0	0	0
27～29	1	0	1	0	0	0	0	0	0	0	0	0	0	0	0	0	0	0	0
＞29	1	1	1	0	0	0	0	0	0	0	0	0	0	0	0	0	0	0	0
每个湍流度级下出现 3 个以上时间序列的湍流度个数	9	10	9	10	8	8	8	6	6	7	6	5	6	4	5	4	0	0	0
总个数	95	393	520	695	613	468	363	256	228	226	171	167	167	113	75	30	6	2	0

参考文献

[1] Burton T, et al. Wind Energy Handbook[M]. Chichester: John Wiley & Sons, 2002.

[2] IEC. IEC 61400－1 [S]. [S. l.]:IEC, 2005.

[3] Kühn M. Dynamics and Design Optimisation of Offshore Wind Energy Con version Systems[D]. Delft: TU Delft, 2001.

[4] Gasch R, Twele J. Windkraftanlagen [M]. 3nd ed. Stuttgart: Teubner, 1996.

[5] Maurer J. Windturbinen mit Schlaggelenkrotoren — Baugrenzen und dynamisches Verhalten[M]. Düsseldorf: VDI-Verlag, 1992.

[6] Magnus K, Popp K. Schwingungen[M]. 5th ed. Stuttgart: Teubner, 1997.

[7] Gasch R, Knothe K. Strukturdynamik [M]. Berlin: Springer-Verlag, 1987.

[8] WindGuard Dynamics GmbH. Messung der Dt[R]. Berlin: WindGuard Dynamics GmbH, c2001.

[9] EUROS. Daten der EUROS Entwicklungsgesellschaft für Windkraftanlagen GmbH[R]. Berlin: EUROS, c2000.

[10] Institut für Maschinenelemente und Maschinenkonstruktion, TU Dresden. Dynamikanalyse von Antriebssystem[EB/OL]. http://www. me. tu-dresden. de/forschung/dynamik. shtml.

[11] Gasch R, Nordmann R, Pfützner H. Rotordynamik[M]. 2nd ed. Berlin: Springer, 2002.

[12] Det Norske Veritas (DnV). Guidelines for Design of Wind Turbines[R]. 2nd ed. Høvik: DnV, 2002.

[13] Kaiser K. Luftkraftverursachte Steifigkeits- und Dämpfungsmatrizen von Windturbinen und ihr Einfluβ auf das Stabilitätsverhalten[M]. Düsseldorf: VDI-Verlag, 2000.

[14] Hansen M H. Improved modal dynamics of wind turbines to avoid stall-induced vibrations[J]. Wind Energy, 2003(6): 179-195.

[15] Quarton D C. The Evolution of Wind Turbine Design Analysis — A Twenty Years Progress Report[J], Wind Energy, 1998(1): 5-24.

[16] Gasch R, Twele J. Windkraftanlagen[M]. 5th ed. Wiesbaden: Teuber, 2007.

[17] Gasch R, Twele J. Wind Power Plants[M]. Berlin: Solarpraxis, 2002.

第 10 章　风力发电机组的标准和认证

风力发电机组是集机械、能源、电力电子、信息等多个领域技术于一体的发电系统。与其他发电系统一样，要有设计标准、产品认证标准、试验标准以及并网规定等一系列的标准和规范，才能保证规模化生产和持续发展。为此，本章列举出目前有关风力发电机组的国际规范和标准，重点介绍 IEC 61400－1 关于风速分级和风电机组设计要求的内容，描述风力发电机组设计验证的要求、局部安全系数的概念、验证的内容和方法，最后给出塔架、轮毂和叶片设计验证的实例。

10.1　认　　证

所谓认证是检查企业、生产流程或者产品是否满足一定的标准。在风电行业，一般是对产品和制造商进行认证。认证由独立的机构(或个人)来完成，他们对被认证方提供的数据、设计方案、设计方法、工艺过程、质量管理、试验结果以及样机试验等内容和环节进行检验，出具认证报告，说明所检验的内容是否符合标准或者标准的引用文件(EN45011，EN45012，EN45013)。

图 10.1 表示认证的主要内容和步骤。

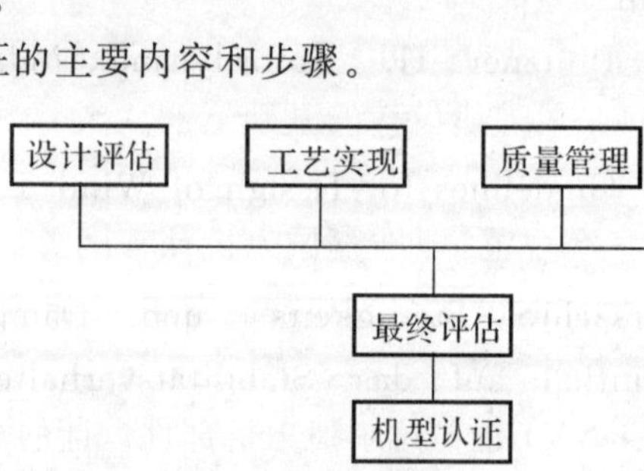

图 10.1　认证的主要内容和步骤[1]

认证的基础是有关风力发电机组设计和认证的标准及其引用文件。

在此，要区分用于风电的专用标准和通用标准。下面首先介绍专用标准，在后面的章节中，也会提到所涉及的相关通用标准。

除对产品和制造商进行认证之外，有时还会针对具体项目进行评估，特别是当风场条件与一般认证标准不完全一致时，要考虑增加项目评估。

专门针对风场匹配的评估称为所谓的“尽职审查”，其重点是评估项目的“可行性”，其中包括风场条件是否在一般认证标准规定的范围内，设计条件是否适合。由于风场匹配认证的委托方原则上是未来的业主，即投资方，因此，这项工作甚至拓展至评估发电量预估的准确性、质量保证以及服务方案。

1. 认证标准:IEC 61400

国际电学委员会(IEC)在61400标准中,总共颁布了涉及风电不同领域的11个标准。这些标准一直都处在不断修订的过程中,最近几年对其中几个标准已做了若干修订。表10.1概括地介绍了这11个标准,读者自己应及时了解最新的修订情况。

表 10.1　标准 IEC 61400

IEC61400－1	安全要求 / 设计要求
IEC61400－2	小风力机的安全要求
IEC61400－3	海上风力机的设计要求
IEC61400－11	噪声测量技术
IEC61400－12	风力机性能试验
IEC61400－121	并网风力机功率特性测量
IEC61400－13	机械载荷测量
IEC61400－21	并网风力机功率品质特性的测量和评估
IEC61400－23	叶片全尺寸结构试验
IEC61400－24	雷击防护
IEC61400－25	风电场控制和监测的通信标准

上述所有这些标准是专门针对风电行业制定的。其中IEC61400－1特别重要,它定义了风力机的分级和风场风参数的关系,描述了风力机仿真时,风场数据和载荷条件之间的基本关系,提出了主要部件设计的基本要求,是风力机设计的基础。

2. 劳伊德关于风力机认证的规范

文献[1]并不是一个标准,而是一个规范,即推荐风力机认证的方式。认证的主要内容由IEC标准给出,重点在于描述风力机部件的设计方法和验证方法,突出产品的安全性。

3. DNV关于风力机设计的指导原则

与劳伊德的规范类似,文献[2](DNV)也描述了风力机部件设计的方法。它阐明了认证必须要考虑的基本关系和因素。设计方法仍然以IEC61400和相关的专业标准为基础。

4. 风力机塔架和地基的标准

在德国,规定风力机塔架和地基为建筑物,按建筑许可程序执行[3]。德国建筑技术研究所(DIBt)制定了一个规范,把风力机验证所需的方法综合在一起。该规范所规定的条件,目前仍然适用。期间,经过大量修订后,它发布了第2版。在载荷的定义上,以IEC61400为依据。关于建造方案则在其他标准中给出。

5. 其他标准和规范

除上述的标准和规范之外,个别国家对标准做了修订。在荷兰的NVN标准中,兼用了IEC标准,但对几处的保险系数做了修订。丹麦的标准DS472(风力机的载荷和安全)以及一系列的标准,规范了对风力机的要求,可参见网址 http://WWW.dawt.dk/UK/TGUK.pdf/。

6. 风级及风场的分类

国际标准IEC61400－1一个重要的概念是风况分级。在IEC61400－1(2005年版)中,定义了 3 个不同的风级。在每一个风级中都包含了主要设计参数间的固定关系，其中包括平均风速 v_{ave}，湍流度 T_1 和阵风速度 v_e。表 10.2 给出了这 3 个风级及其包含的参数。

表 10.2　设计风速 v 和湍流度 T_1（IEC61400－1，2005）

风级	Ⅰ	Ⅱ	Ⅲ	单位	备注
			极端风况		
v_{m50}	50.0	42.5	37.5	m/s	50 年一遇，10 min 平均
v_{e50}	70.0	59.5	52.5	m/s	50 年一遇，3 s 平均
v_{m1}	40.0	34.0	30.0	m/s	1 年一遇，10 min 平均
v_{e1}	56.0	47.6	42.0	m/s	1 年一遇，3 s 平均
			运行风况		
v_{ave}	10.0	8.5	7.5	m/s	年平均风速
T_{1A}	16.0	16.0	16.0	%	平均湍流度 A 级
T_{1B}	14.0	14.0	14.0	%	平均湍流度 B 级
T_{1C}	12.0	12.0	12.0	%	平均湍流度 C 级

在 IEC61400－1(2005 年版）中，定义了上述风速之间的换算关系：

$$v_{e50}=1.4v_{m50};\quad v_{e1}=1.4v_{m1};\quad v_{e1}=0.8v_{e50};\quad v_{m1}=0.8v_{m50};\quad v_{ave}=0.2v_{m50}$$

根据上述的标准，在开始设计时应选择与目标风场最贴近的风级，这样就为既可靠又经济的设计提供了保证条件。由所选择的风级，可定义一系列的载荷条件。必须针对这些载荷条件，对风力机进行考核和验证。在此后实施具体的风电项目时，风场的风况条件必须在设计风级的范围之内。否则，应重新进行载荷计算，以确证针对例外的风况条件，风力机是否具有足够的设计裕度。

对于不完全符合上述标准的风场，可规定一个“特殊风级”。可针对风场来自定义风参数间的关系。

7. 载荷条件的定义

在 IEC61400－1 中定义了两个不同的载荷条件。一个是极端的载荷条件，保证风力机的安全性；另一个是运行载荷条件，用于分析风力机的疲劳寿命。

极端载荷条件主要是根据阵风速度来定义的。典型的载荷条件（设计载荷条件，DLC）为引起高负荷的风况条件，即 50 年一遇的飓风(DLC6.1）以及运行时的阵风且具有极端的风向变化(DLC1.3)。另外，还存在由控制系统失效造成的载荷条件。例如变桨系统失效后，超速造成的紧急刹车所产生的载荷条件。

为了描述飓风的空间分布，对上述载荷条件运用确定的分布形式，同时在时域采用统计方法来描述，并考虑较高的湍流强度。

运行载荷条件主要是由风速空间分布的随机时间序列来计算的。首先在切入风速和切出风速之间若干个风速级，生成 10 min 平均风速时间序列，然后代入载荷计算的仿真程序。再对所选风级的平均风速进行加权，然后计算 20 年的运行寿命。除此之外，还要模拟开机和关机过程，考虑由此产生的载荷。

所有载荷都要乘以安全系数。安全系数的大小取决于对风况条件预测的准确性和概率分布假设的准确性。还要考虑每一种载荷条件下风力机的安全性，并针对不同的承载部件分别选取。

10.2　验　证

本节介绍风力机部件验证的基础。在后续的 10.3 节和 10.5 节中重点阐明三个典型部件验证的特殊性，即选择塔架、轮毂和叶片作为验证对象。

风力机部件验证的基本假设是不能超过某一限定条件。部件承载的限定条件如下：

(1) 不超过承载能力(断裂、大塑性变形、屈曲和疲劳)。

(2) 结构不能失稳，例如刚体的倾倒。

允许条件是由风力机正常使用时的允许值来确定的，例如变形、振动位移或振动加速度、裂纹宽度、应力或应变等。还要考虑承载能力和载荷的概率分布，如图 10.2 所示。

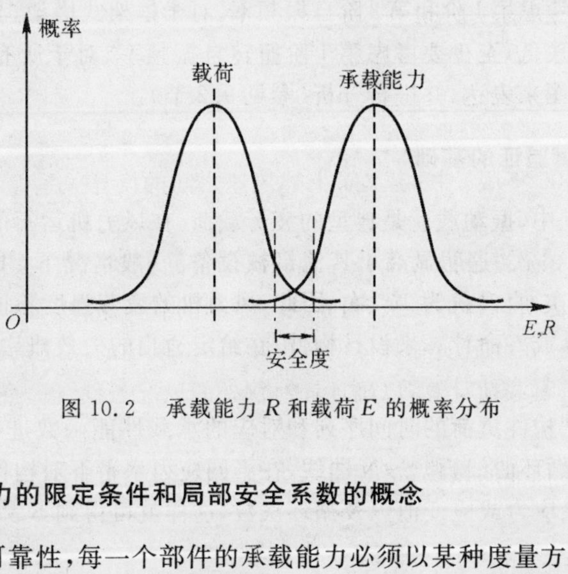

图 10.2　承载能力 R 和载荷 E 的概率分布

10.2.1　承载能力的限定条件和局部安全系数的概念

为了达到足够的可靠性，每一个部件的承载能力必须以某种度量方式来验证。

为此，考虑作用在部件截面上的弯矩、拉力、剪力和转矩。所谓载荷的局部安全系数 γ_F，计及每一种载荷出现的概率(例如正常载荷、极端载荷、疲劳载荷)与其特征量的可能离差以及载荷获取的精度。一般情况下，验证所取的载荷设计值 F_d 由仿真获得的特征载荷 F_k 来确定，即

$$F_d = \gamma_F F_k$$

式中，γ_F 为载荷局部安全系数。

构件强度局部安全系数 γ_M 则计及了材料的类型、材料的处理方法、构件的几何形状以及加工方法。强度的设计值 R_d 则由材料性能值 R_k 来确定，即

$$R_d = R_k / \gamma_M$$

构件最大极限状态的负荷值 S 由相应的载荷设计值 F_d 来确定，即 $S = S(F_d)$。验证的方法是，确证构件实际的负荷(应力、应变、弯曲)是否在最大值允许范围之内，即 $S < R_d$。

安全系数 γ_F 和 γ_M 可在相关的标准(GL－标准，IEC61400－1)中查得。由于在不同的标准

中安全系数有可能不完全一致，因此，风力机验证时应使用统一的标准。

有时根据特殊的规定或国家规定，要用其他的标准，而不用此处介绍的局部安全系数标准。例如在德国，根据标准 DIN1054，要用全局安全系数来进行验证，不区分载荷和强度安全系数。

10.2.2 适用性验证

适用性的典型判据之一是叶尖与塔架之间的距离。在运行过程中，不允许叶尖接触到塔架表面。风力机运行时，由于叶片在推力的作用下发生明显的弯曲，因此在每一种载荷条件下（极端载荷和运行载荷条件下，参见 10.1.7 节）都要计算叶片的弯曲以及叶片与塔架间的距离。叶片发生弯曲时，叶尖和塔架的距离不允许小于静态时距离的 30%[1]。

考虑到整个风力机系统的振动特性，在设计中要避免风力机运行时，系统的自振频率与转频或转频的倍频重合或非常接近(参见第 9 章)。例如，典型的系统自振频率为叶片第 1 阶挥舞自振频率和摆振自振频率。在大部分情况下，叶片高阶自振频率不在关注的范围之内。对于机舱-塔架-基础系统，要考虑第 1 阶和第 2 阶自振频率。对于框架式塔架，与钢筒式和钢筋混凝土式塔架相比，扭转刚度较低，至少要考虑第 1 阶扭转自振频率。对于所有运行转速下的频率关系，要用所谓的坎培尔图来表达，并进行分析(参见 9.2 节)。

10.2.3 疲劳强度验证的基础

在风力机运行过程中，振动载荷是典型的疲劳载荷。在风力机运行的 20 年设计寿命中，载荷交变次数可以达到 10^9 次。这明显高于其他机械设备。一般情况下，飞机载荷的交变次数为 5×10^6 次，桥梁为 10^7 次，直升机为 10^8 次。因此，风力机的疲劳强度验证非常重要。

利用疲劳强度计算或寿命计算来设计构件，在给定适当的失效概率和设计寿命条件下，进行疲劳强度验证[5]。

疲劳强度验证是把构件负荷的时间序列和对应的承载性能函数进行比较。构件的承载性能函数就是应力-应变循环曲线，即 $S-N$ 曲线。在不同应力水平下对构件试样进行循环加载试验，直至出现裂纹，记录应力或应变值以及循环次数，这样就可得到 $S-N$ 曲线，即应力或应变关于循环次数的曲线。

为把负荷与 $S-N$ 曲线进行比较，需将实测或仿真得到的负荷时间序列整理成不同应力水平的循环，并以累积的形式计数。有各种不同的计数方法，但最好用雨流法来计数。雨流法为双参数法，既计及循环应力的交变幅值 σ_a，也计及应力的平均值 σ_m，以矩阵的形式来表达，如图 10.3 所示。

交变应力的循环特征如图 10.4 所示。在应力循环中，最小应力 σ_{min} 与最大应力 σ_{max} 之比称为应力比，即

$$R=\frac{\sigma_{min}}{\sigma_{max}}$$

交变应力的幅值 σ_a 和平均应力 σ_m 则为

$$\sigma_a=\frac{1}{2}(\sigma_{max}-\sigma_{min})=\frac{1}{2}(1-R)\sigma_{max}$$

$$\sigma_m=\frac{1}{2}(\sigma_{min}+\sigma_{max})=\frac{1}{2}(1+R)\sigma_{max}$$

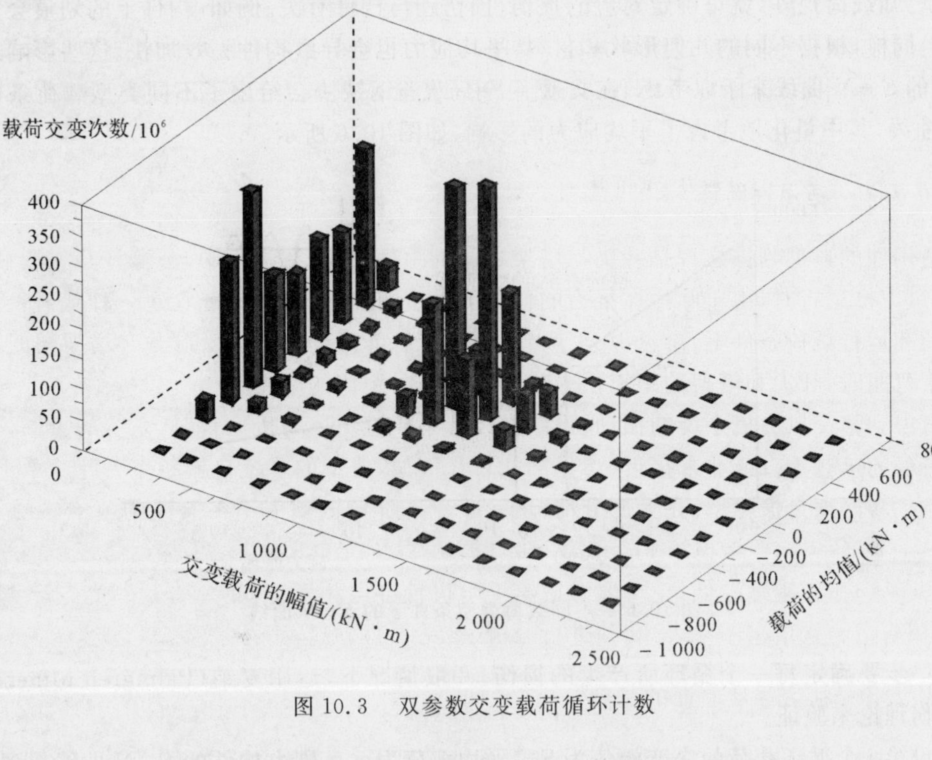

图 10.3　双参数交变载荷循环计数

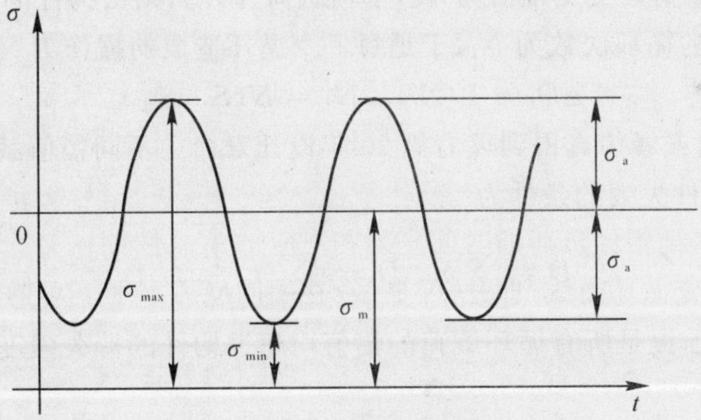

图 10.4　交变应力的循环特征

当 $R=-1$ 时，最小应力 σ_{min} 与最大应力 σ_{max} 大小相等，符号相反，这种交变应力为对称循环应力，如图 10.5 所示。当 $R=1$ 时，代表静应力。若 R 在此二者之间，则代表不对称循环应力。

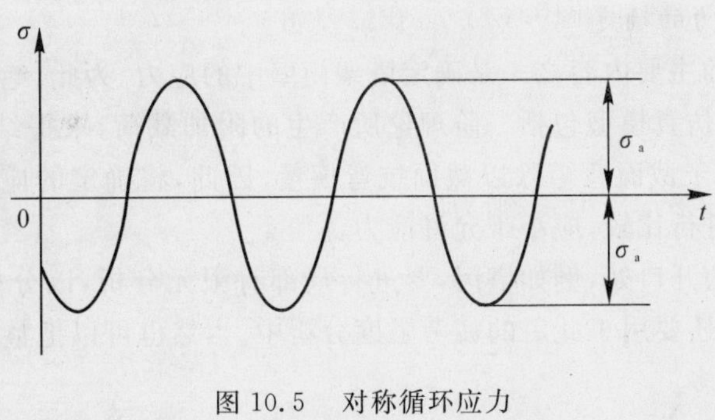

图 10.5　对称循环应力

若已知载荷矩阵，就可确定对应的损伤。损伤还与构件有关。例如，构件上的划痕会加快构件失效。同样，根据不同的几何形状和材料，平均应力也会导致构件失效加快。这些影响通过选择合适的 $S-N$ 曲线来予以考虑。在文献[6]中，欧洲钢铁协会给出了不同类型载荷条件下的 $S-N$ 曲线，其中量化地考虑了平均应力的影响，如图 10.6 所示。

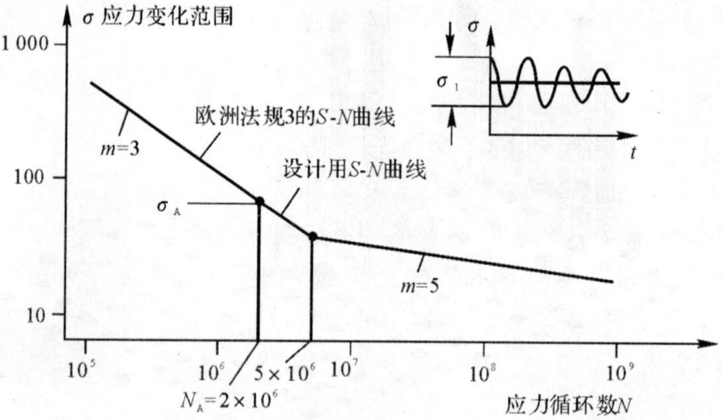

图 10.6　不同载荷类型条件下的 $S-N$ 曲线

下一步要确定每一个循环所产生的损伤。一般情况下，运用麦纳(Palmgren-Miner)线性累积损伤理论来验证。

假设第 i 个循环载荷的交变幅值为 S_{ai}，平均载荷为 S_{mi}，则由构件的 $S-N$ 曲线得到，在此条件下循环至失效时的循环次数为 N_i。于是每一个循环造成的损伤为

$$\Delta D_i = 1/N_i, \quad N_i = N(S_{ai}, S_{mi})$$

如上所述，由测量或者仿真得到风力机 20 年设计寿命中不同幅值载荷的循环次数分别为 $n_1, n_2, n_3, \cdots, n_Z$，则构件失效的条件为

$$D = \sum_{i=1}^{Z} n_i \Delta D_i = \sum_{i=1}^{Z} n_i \frac{1}{N_i} \geqslant 1$$

以上验证方法的前提是所有循环载荷的幅值均超过构件的持久强度极限。

10.3　验证实例：钢筒塔架 —— 单轴应力状态和各向同性材料

10.3.1　承载能力验证 —— 极端载荷

1. 塔架筒壁中应力的确定

钢筒式塔架验证的主要内容之一是确定塔架筒壁中的应力。为此，绝大多数情况下应用全局假设，从各个截面的仿真模型包括二阶理论所产生的附加载荷，求得结果。应力可由简单的公式获得：弯曲应力等于截面弯矩除以截面抗弯模量。因此，将确定的应力与 DIN18800 或欧洲标准 3 的允许应力进行比较，应小于允许应力。

对于带有加强边的开口处，例如塔门，要进行局部有限元分析，以分析刚度变化所引起的应力升高。应力的升高还要用于此后的疲劳强度分析中。当然也可以把整个结构处理成有限元模型，但计算量要大得多。

与塔筒直径相比，筒壁很薄（$t=10\sim50$ mm），故塔筒属于薄壁结构。筒壁屈曲是一种可能的失效形式，如图 10.7 所示。这种非线性失效出现时，筒壁发生塑性变形，导致新的力平衡状态。

对屈曲的验证要根据 DIN18800－4 进行。对于风力机塔架，要考虑针对弯曲载荷下的屈曲做出修正，因为弯曲载荷是风力机塔架的主要载荷[8]。对于连接截面，还要进行深入的局部分析。

2. 法兰边连接的验证

由于加工和运输的原因，风力机塔架加工成几段，在现场再用环形法兰边，通过螺栓连接起来。对于这种连接形式，有一系列的验证方法[9]。以下仅描述最基本的力学关系。

塔筒壁中的力 Z 和螺栓中的力 F_s 之间的关系与法兰边的几何尺寸、螺栓的几何尺寸以及预紧条件有关。图 10.8 描述了无缺陷螺栓连接的不同载荷范围。要使图 10.8 所示的法兰边／螺栓连接中的预紧力有效，必需保证配合面的边界条件。要特别注意法兰面的平整度，连接出现缝隙会急剧增大螺栓上的载荷。

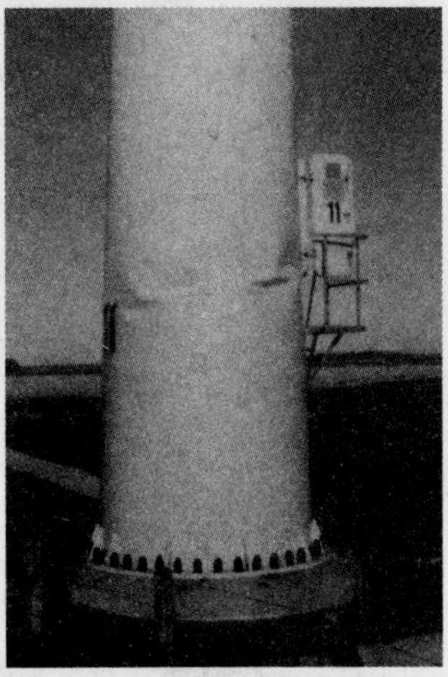

图 10.7　塔筒的屈曲

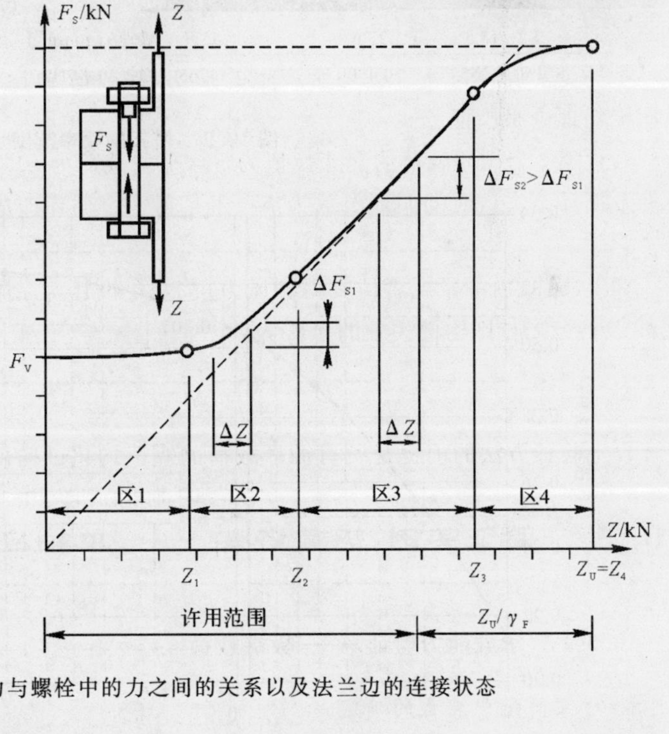

图 10.8　塔架壁中的力与螺栓中的力之间的关系以及法兰边的连接状态

10.3.2　疲劳强度的校核

钢筒式塔架的疲劳强度根据额定应力的概念来校核。由仿真程序得到的载荷作为被验证部件的负荷，并且换算成局部应力。然后根据循环载荷和 DIN4131 或者欧洲标准 3 计算总的损伤。

对于复杂部件，例如，法兰边和开口处，须用有限元模型来确定应力水平。针对这些部件，如果已经计及相应的寿命曲线，则由有限元模型算得的应力升高不宜再用于该寿命曲线，因为在这些寿命曲线中已经计及了应力的升高。

10.3.3　适用性验证 —— 自振频率的校核

大部分情况下，用有限元模型来确定塔架的自振频率。也可用文献[9]给出的近似公式。

塔架的自振频率至少与激振频率 1Ω 和 3Ω 保持10%的距离。图10.9表示允许和不允许的频率范围。图中 $p = 30\Omega/\pi$，为风机转速(r/min)。

在计算自振频率时，要注意恰当地考虑固定条件。如果地基很软(例如，海上风力机的塔基)，整个系统的自振频率可能会降到不允许的频率范围。一般情况下，在塔架设计中，要规定一个最低的地基刚度，在对地基评估时，要予以验证。图10.10给出了地基刚度和自振频率的关系[9]。

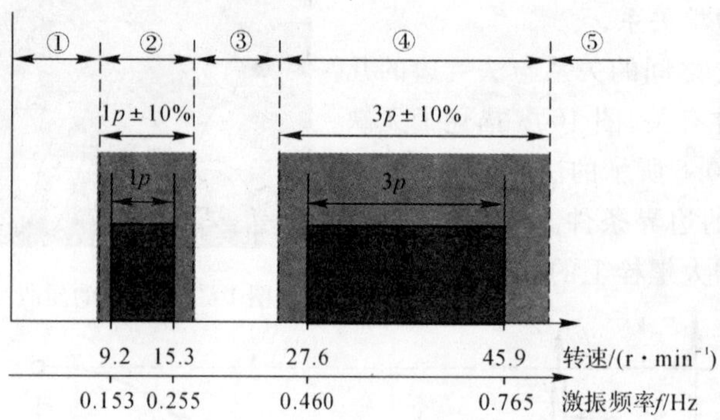

① 超柔性设计，由于强度原因一般不可行。
② 柔性设计，通过自振频率时要予以控制。
③ 传统设计范围，自振频率比转频高，但低于3倍转频。
④ 共振区，自振频率须避开。
⑤ 刚性设计，不经济。

图 10.9　塔架的频率范围[10]

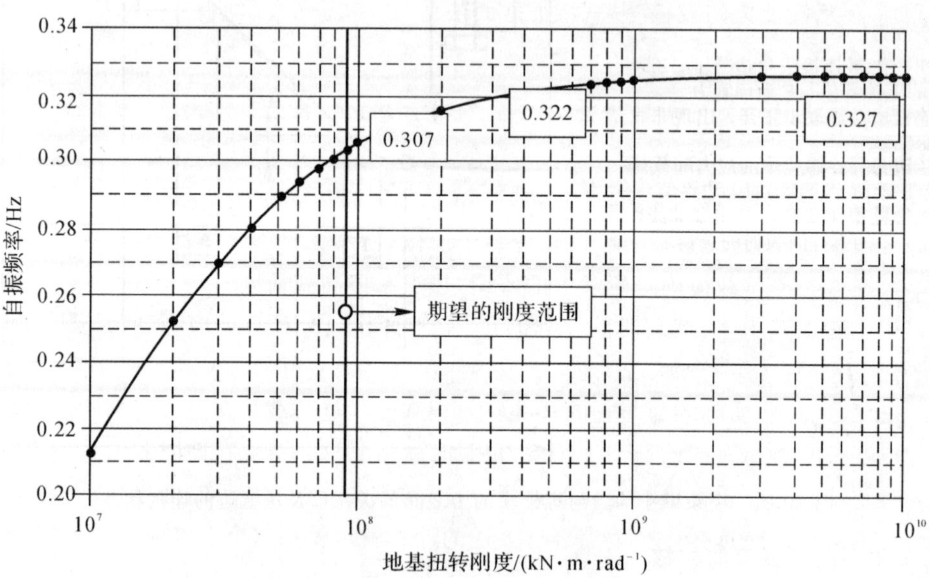

图 10.10　地基刚度和塔架自振频率的关系[9]

10.4　轮毂多轴应力状态的校核 —— 材料各向同性

如第4章所述，现代风力机的轮毂一般为铸造件(GGG40.3)。利用这种材料可铸造出形状复杂、疲劳强度较高、质量也较轻的轮毂。

10.4.1　几何形状设计

作为叶片和转轴间的连接部件，轮毂的几何形状和尺寸由叶片和轴决定。特别是叶片法兰边的直径以及叶片变桨轴承的直径决定了轮毂的大小。

如果连接尺寸已知，则轮毂的形状就基本上确定了。由于形状的复杂性，一般用有限元软件设计。直至几年前，轮毂的形状要么是球形的，要么是星形的。用星形轮毂通过加长圆柱段，可增大叶轮直径(见图 10.11)。最近几年，轮毂优化为拓扑结构，用有限元软件中的优化功能，根据应力分布设计壁厚，寻优减重。这样的轮毂似苹果形，在某些无须材料的位置还开有孔，如图 10.11 所示。

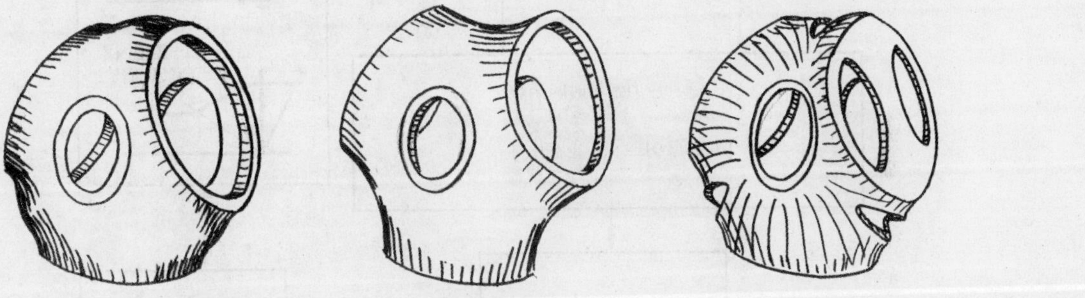

图 10.11　不同几何形状的轮毂

10.4.2　承载能力的校核 —— 特征截面法

与 10.3 节所述的塔架校核不同，由于轮毂几何形状复杂，以及叶片所加的瞬态载荷，使得轮毂上的主应力在空间和时间上都发生变化。这就使得验证计算复杂得多，特别是进行寿命计算时，难度较大。

特征截面法是计算交变应力的常用方法。下面简单地介绍该方法的步骤：

(1) 对作用在轮毂上的每一个载荷，取一个单位载荷。

(2) 根据这些单位载荷确定轮毂上的所谓“热点”，即高载荷区。

(3) 在这些区域内，对载荷时间序列的每一个时间步长，计算剪应力和正应力，由此确定基准应力。

(4) 在某一时刻，实际载荷与它的基准应力相乘就是这一载荷在这一时刻所产生的应力。

(5) 把这一时刻所有的载荷产生的应力相加，就得到这一节点在此时刻的总应力。

(6) 对每一时间步长都进行这样的计算，可得到所选节点的应力时间序列。

(7) 对大载荷区域选择多个节点进行上述的计算就可得到这个区域内应力的空间分布和时间变化。

(8) 最后用雨流法来计算应力循环数，根据材料寿命曲线来计算累积损伤，确定寿命。

基于这种方法的计算相当复杂，故应通过简化时间序列来计算。

图 10.12 描述了特征截面法的计算流程。

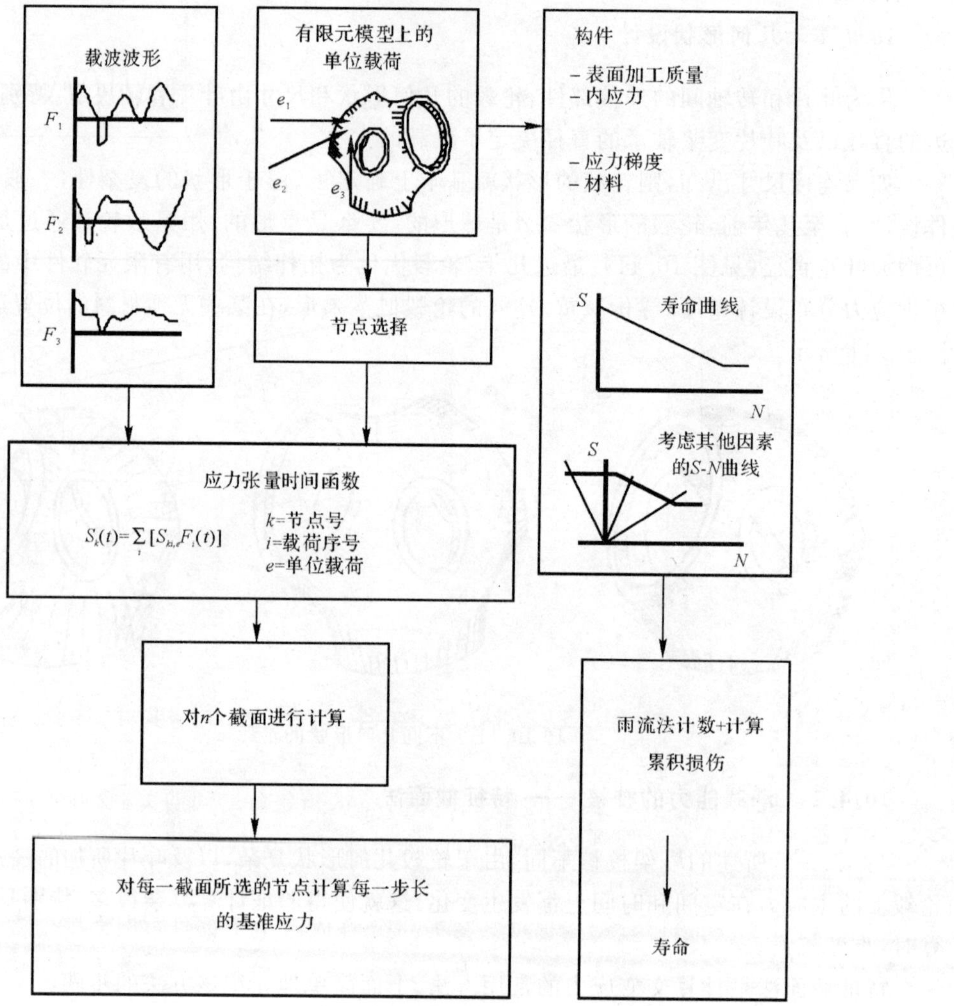

图 10.12　特征截面法的计算流程

10.4.3　疲劳强度校核——与方法有关的寿命曲线

在 10.3 节中曾介绍利用额定应力的概念校核疲劳强度，而对于铸件先确定基准应力。基准应力是空间分布的应力，它计及了部件的几何形状和尺寸，局部开口和局部支撑的影响。为此，须运用不同的方法来选择所用的寿命曲线，以考虑未计及的影响因素，例如表面质量和材料的多孔性。

为此，选用合成寿命曲线。文献[1]介绍了用于风力机认证的相关方法。图 10.13 表示合成寿命曲线。

在图中，$S_{pü}$ 和 S_d 为折扣因子，考虑了生存概率和材料的影响。详细内容请查阅文献[1]。

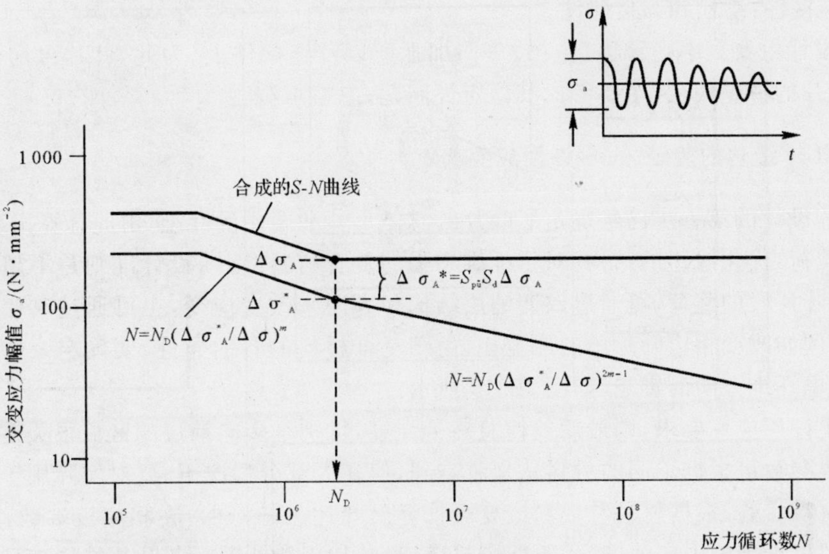

图 10.13　合成寿命曲线[1]

10.5　单轴应力状态和各向异性材料叶片的验证

与其他部件不同，叶片设计的难度是几何形状和载荷之间的关联。叶片的形状若发生变化，则会影响载荷以及所期望的效率。因此，为得到气动效率、质量及造价综合优化目标，叶片设计必须是一个多循环的迭代过程。

对于设计和验证，叶片结构根据其功能将分解成若干个部件，如图 4.9、图 4.11、图 4.12 和图 10.14 所示。

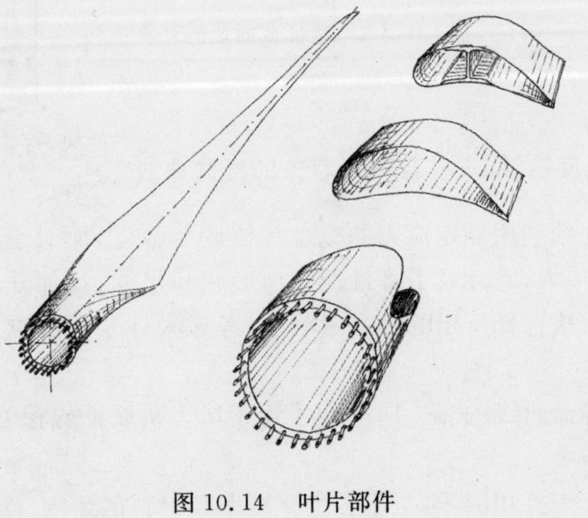

图 10.14　叶片部件

(1) 承载结构：缘边、主梁、多向加强筋。

(2) 面层。

(3) 连接件：螺栓和黏接部件。

强度设计主要集中在缘边、主梁、多向加强筋以及连接件上。为此，叶片可简化成“工”字梁。对于叶片的簿壁面层，主要考虑其稳定性问题，忽略承载。

10.5.1 缘边的验证 —— 许用应变

在叶片设计的第一步已经确定了叶片的总体尺寸和要用的叶型，由此计算出载荷。按照叶片段分配载荷，优化缘边的结构。对于纤维增强的复合材料叶片，设计准则是不超过最大许用应变。给定叶片段的载荷，可通过改变铺层结构和方向来改变应变，也可通过改变几何尺寸来改变应变，例如改变相应叶片段的厚宽比。由于复合材料的各向异性，要确定缘边在每一层的应变，以考虑纤维方向的影响，如图 10.15 所示。

若满足许用应变要求，则最后要检验疲劳强度，特别是多向铺层的区域很关键。为此，检验所用的材料参数可根据不同的材料从文献查到，但在大部分情况下，要对实际用于制造叶片的材料进行材料实验。根据材料参数和应变可计算出叶片总的弯曲。在相应极端载荷情况下，总弯曲不能超过给定的限定值(叶尖不能击打塔架，叶片不能断裂)。若叶片结构满足所给定的边界条件，则根据所产生的几何尺寸和质量分布再计算一次载荷。所得结果经常会偏离初始假设，若是这样，再循环进行一次设计。

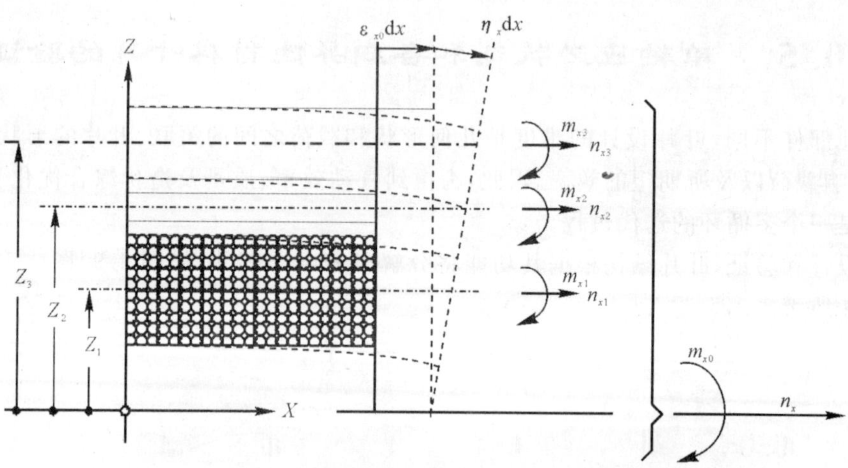

几何关系：

$$\varepsilon_k = \varepsilon_0 + z_k\eta$$

$$\eta_k = \eta$$

力平衡关系：

$$n = \sum n_k$$

$$m_0 = \sum (m_k + z_k n_k)$$

层的弹性变形和受力的关系：

$$n_k = C_{Sk}\varepsilon_k$$

$$m_k = C_{Pk}\eta$$

整体的弹性变形和受力的关系：

$$n = C_S\varepsilon_0 + C_k\eta$$

$$m_0 = C_k\varepsilon_0 + C_P\eta$$

整体刚度：

$$C_S = \sum C_{Sk}$$

$$C_k = \sum z_k C_{Sk}$$

$$C_P = \sum (C_{Pk} + z_k^2 C_{Sk})$$

刚度系数的举例：

$$c_{11} = \sum c_{11k}$$

$$c_{14} = \sum z_k c_{11k}$$

$$c_{44} = \sum (c_{44k} + z_k^2 c_{11k})$$

图 10.15　铺层的结构、纤维方向、变换关系[12]

10.5.2　部件局部失效

叶片承载结构(缘边-主梁)设计之后,下一步就要检验叶片某些单元的局部失效。不论是叶片表层、加强筋,还是缘边都不能出现屈曲失效。特别是支撑距离较大、压应力水平高的区域为关键部位。屈曲分析要用有限元模型。要检验叶片黏接部位的剪切和脱落。检验所用的限定值由所用的黏接剂确定。叶片根部的螺栓连接(见图 10.14 和图 4.13)要用有限元模型来分析。根据连接形式的不同,传到黏接孔或传到横向螺杆上的力不同。叶片连接螺栓的检验可采用常用的方法(VDI2230)进行。

10.5.3　材料的选择与加工方法

20 世纪 80 年代,第一批系列生产的风力机叶片即为聚酯纤维所制,直到今天这种复合材料仍然被广泛使用。其优点是,材料相对便宜,易于加工,耐久性长。同时,环氧树脂也获得应用。环氧树脂的耐疲劳性能比聚酯树脂好(见图 4.10),固化过程中的收缩也小。另外,人们一直寻求玻璃纤维的替代材料,特别是对于大型风力机,叶片的刚度要求较高,因此,逐步使用碳纤维复合材料。使用碳纤维复合材料存在的主要问题是,碳纤维材料价格很高,对加工工艺要求也高,雷电保护困难,因为碳纤维是导电的。

除碳纤维之外,木材和环氧树脂复合材料也用于制造叶片。使用这种材料,追求的不是刚度,而是木材的阻尼特性。这种材料的叶片经常用于失速型风力机,以增加结构阻尼,改善风力机的运行。

直到20世纪90年代末,叶片的加工一直靠手工完成,如图 10.16 所示。在一个模具中铺设纤维层,然后用树脂浸润。

随着叶片数量的增加和尺寸的增大,叶片加工过程逐步自动化。目前已发展了两种不同的工艺:一种是航空业常用的玻璃纤维或碳纤维预浸工艺,成形后在可加热的模具中固化;另一种为真空吸注法,利用玻璃纤维或碳纤维层间的真空吸入树脂。两种工艺提高了产品质量(例如影响强度的气穴少),可控制树脂的用量(节省材料),缩短了加工时间。

图 10.16　叶片加工(丹麦 LM 公司)

参考文献

[1] Germanischer Lloyd. Richtlinie für die Zertifizierung von Windenergieanlagen[R]. Hamburg: [s. n.], 2003.

[2] Risø. Guidelines for Design of Windturbines[R]. 2nd ed. Roskilde Denmark: Risø National Laboratory, 2002.

[3] DIBt. Richtlinie für Windenergieanlagen, Einwirkungen und Standsicherheitsnachweise für Turm und Gründung[R]. Berlin: DIBt, 2004.

[4] Schneider. Bautabellen für Ingenieure[M]. 16th ed. Neuwied: Werner Verlag, 2004.

[5] Gudehus H, Zenner H. Leitfaden für eine Betriebsfestigkeitsrechnung, Empfehlung zur Lebensdauerabschätzung von Maschinenbauteilen[M]. 3rd ed. Dässeldorf: Verlag Stahleisen mbH, 1995.

[6] European Convention for Constructional Steelwork. Recommendations for the Fatigue Design of Steel Structures[R]. [S. l.]: European Convention for Constructional Steelwork, 1985.

[7] Haibach E. Betriebsfestigkeit: Verfahren und Daten zur Bauteilberechnung[M]. Düsseldorf: VDI-Verlag, 1989.

[8] Schaumann P, Seidel M, Messenburg L. Weiterentwicklung des Beulnachweises von WEA-Türmen mit elasto-plastischen FEM-Analysen, DEWEK[C]. 1998.

[9] Petersen C. Stahlbau-Grundlagen der Berechnung und baulichen Ausbildung von Stahlbauten[M]. Braunschweig: Vieweg, 1993.

[10] Seidel M. Zur Bemessung geschraubter Ringflanschverbindungen von Windenergieanlagen[D]. Hannover: Universität Hannover, 2001.

[11] Willmerding G, Häckh J, Schnödewind K. Fatigue Calculation using winLIFE[R]. Wiesbaden: NAFEMS-Tagung Wiesbaden, 2000.

[12] Wiedemann J. Leichtbau, Bd. 1: Elemente, Bd. 2: Konstruktion[M]. Berlin: Springer-Verlag, 1996.

[13] Gasch R, Twele J. Windkraftanlagen[M]. 5th ed. Wiesbaden: Teuber, 2007.

[14] Gasch R, Twele J. Wind Power Plants[M]. Berlin: Solarpraxis, 2002.

第 11 章　风力发电机组的电学基础

当今，风力机主要用于发电，几乎全部使用交流发电机，即使须用直流电的地方，也是用便宜的交流电机配整流器来替代直流电机。

如果交流发电机直接并网，则它以50Hz（在美国为60Hz）驱动，以定转速或接近定转速运行。此时，风力机只在某一个风速下获得最大风含功率（如图 11.1(a) 中的 8m/s）。随着变流技术的高速发展，变转速并网成为可能，如图 11.1(b) 和图 11.2(b) 所示。变转速并网一方面使得风力机能够更多地获取风含功率；另一方面，在强风条件下，可大大减小风力机和发电机之间传动系统的载荷。

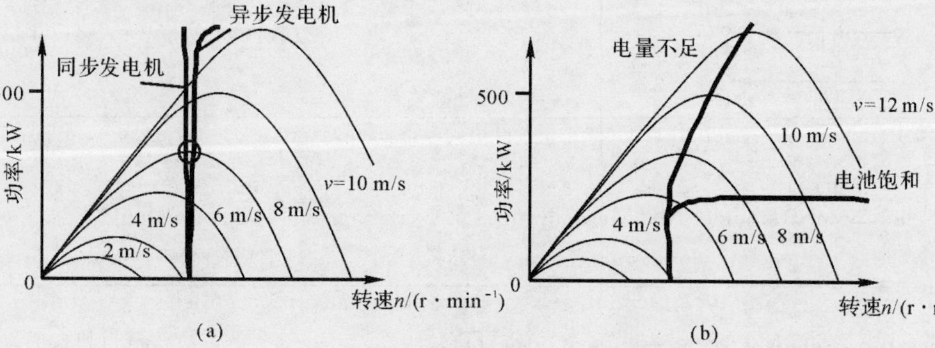

图 11.1　风力机和发电机的工作点

(a) 直接并网；(b) 独立运行的充电风力机

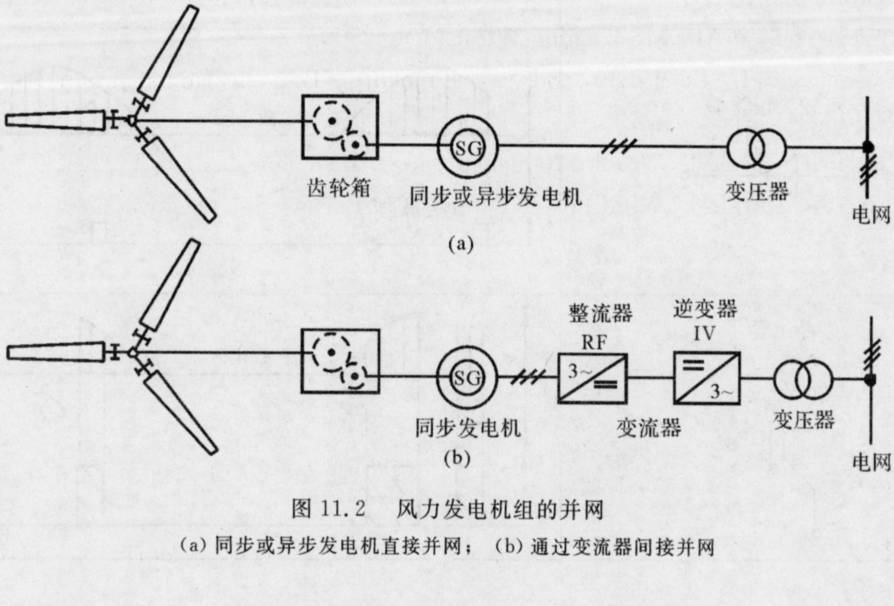

图 11.2　风力发电机组的并网

(a) 同步或异步发电机直接并网；(b) 通过变流器间接并网

第 6 章和第 7 章描述了风轮的气动特性，本章详细介绍发电机和变流器的特性，以便读者对整个风力机系统有一个全面的了解。关于风力机的控制技术和控制装置将在第 12 章和第 13 章介绍。并网的有关问题则在第 14 章讨论。

表 11.1 表示后面章节所涉及的电气元件示意图及其特性。

除了传统的电阻、电容和电感外，大功率元件也发挥着重要作用。这些元件由硅材料制成，其特性和应用将在 11.4 节中介绍。

表 11.1　电气元件及其动态特性

电气元件	动态特性
电阻 R 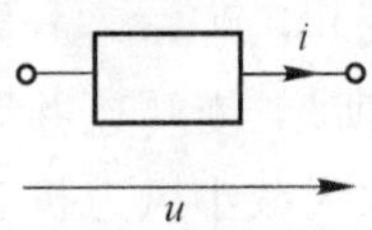	$u = Ri$ 电压 = 电阻 × 电流
电容 C 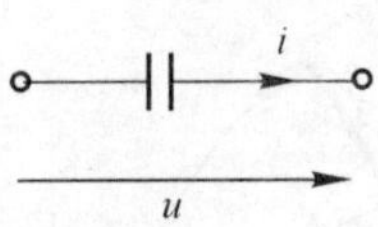	$u = \frac{1}{C}\int i\mathrm{d}t$
电感 L 	$u = L\frac{\mathrm{d}i}{\mathrm{d}t}$
二极管 D 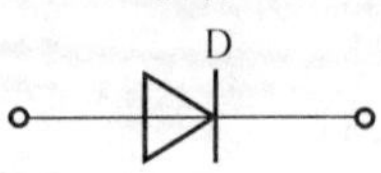	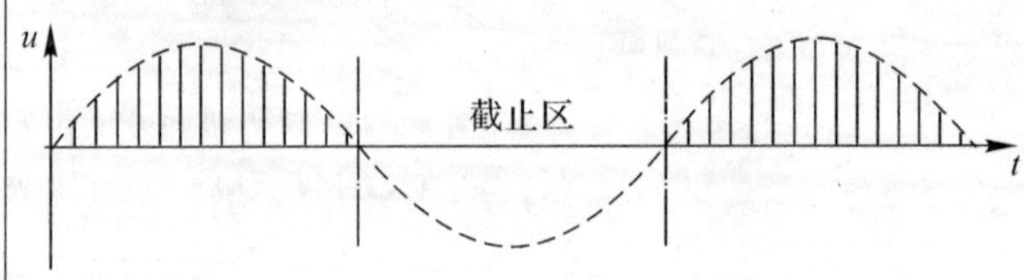
可控二极管 D_z 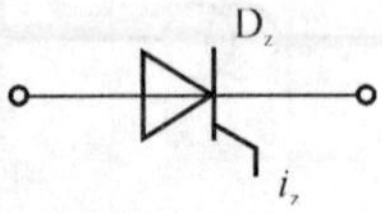	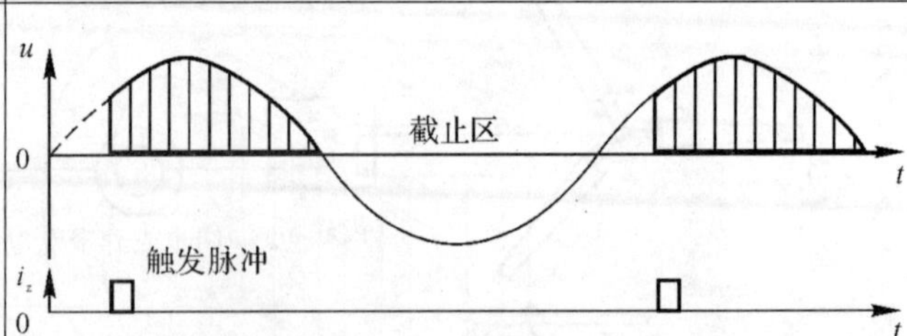
晶闸管 T 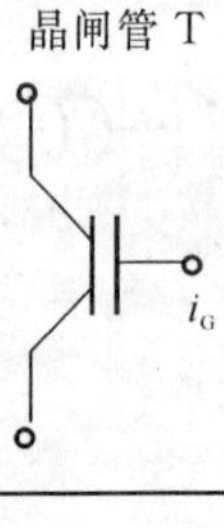	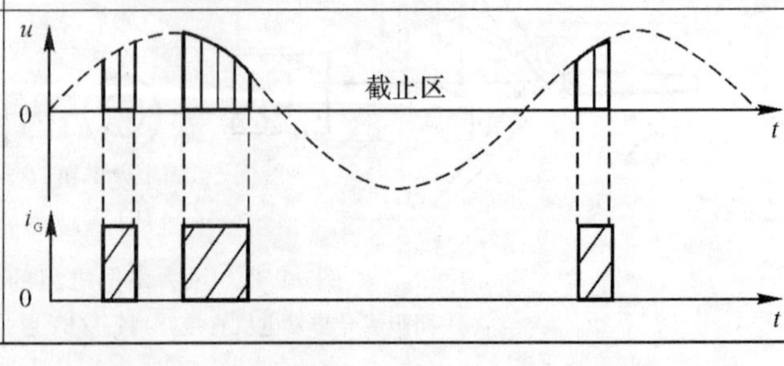

11.1　交流电机

11.1.1　岛屿上运行的交流电机

一根导体若以速度 $v(t)$ 在均匀磁场中垂直于磁力线运动，如图 11.3 所示，则在此导体中产生电压

$$e(t)=Blv(t) \tag{11.1}$$

电压与导体的运动速度 v，导体长度 l 和磁通密度 B 成正比。磁通密度 B 是度量磁场强弱的量，其单位为特斯拉($\mathrm{T}, 1\ \mathrm{T}=1\ \mathrm{V \cdot s/m^2}$)。这一效应在交流电机中用于产生单相交流电压。最简单的情况就是一个导体环在永久磁铁中旋转。环的有效长度为 $2l$，由两个集电环所输出的电压为

$$e(t)=B2lr\Omega\sin\Omega t=E_S\sin\Omega t \tag{11.2}$$

如图 11.4 所示，其中角度 $\Psi=\Omega t$ 从水平轴标起。速度 $r\Omega\sin\Omega t$ 是切向速度 $r\Omega$ 在垂直于磁力线方向上的投影，与图 11.3 中的 $v(t)$ 对应。

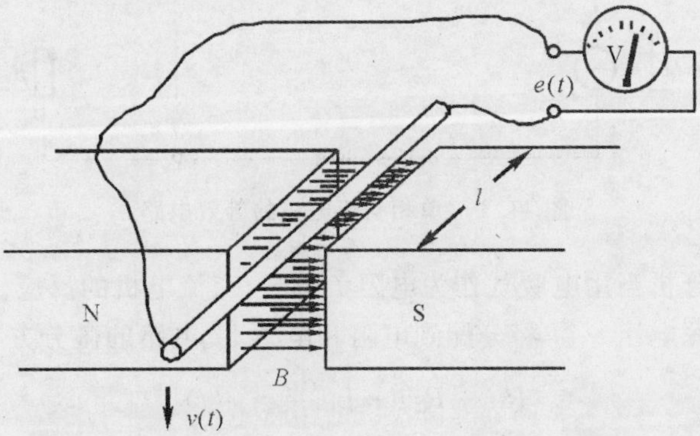

图 11.3　在均匀磁场中运动的导体产生感应电压 $e(t)$

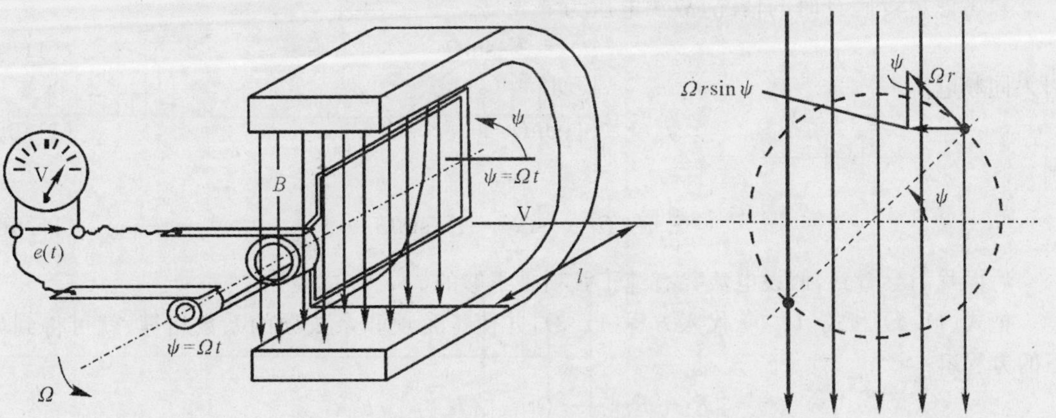

图 11.4　交流电机的原理及有效速度分量

正如所预料的，电压的幅值 E_S 和切向速度成正比，即与转速 $n(\Omega=2\pi n/60)$ 成正比。在图 11.4 中，线圈匝数为 1。如图 11.5 所示，当线圈所围的磁通量 Φ 变化量最大时，感应电压最大。

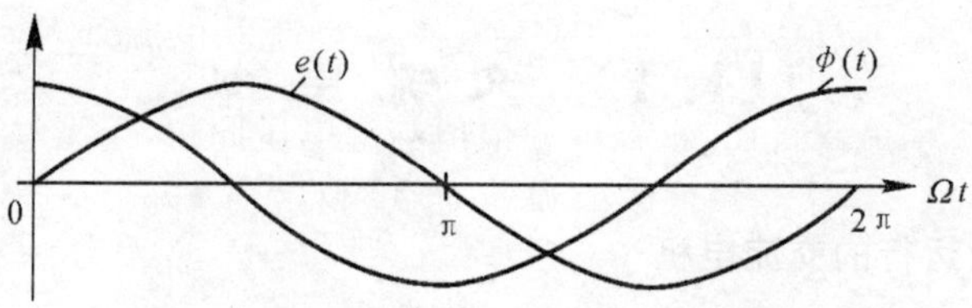

图 11.5　电压 $e(t)$ 和磁通量 $\phi(t)$ 的波形

对于实际的电机，依据精确的物理关系来确定其运行特性往往很烦琐。人们一般用所谓的等效电路来分析。等效电路包含了实际机器最重要的物理特性。

图 11.6 表示一台负载为电阻 R_L 的交流电机，其中电压源为 $e(t)$，内电阻为 R_i，内电感为 L_i。内电阻可在机器停机状态下用电阻计测出，源电压可在机器无负载时测量，同时用短路电流可计算电感量 L_i。所有的电机都可用这种等效电路来表达，其中的参数大部分用简单的实验测量获得。

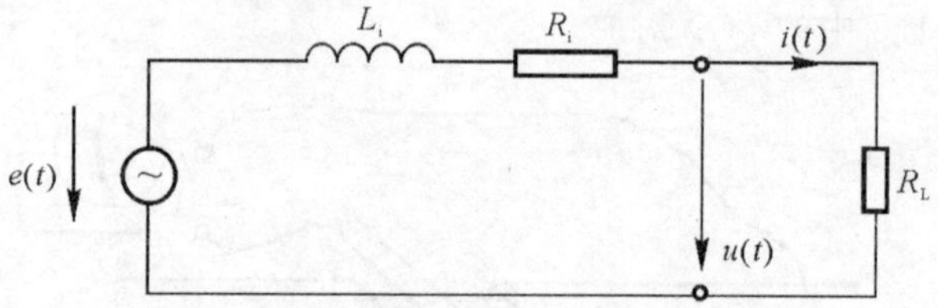

图 11.6　单相交流电机的等效电路

下面我们来精确分析当用电暖气作为电阻负载时，交流电机的反应。

如图 11.6 所示，源电压 $e(t)$ 将分配到电阻和电感上。电路的微分方程为

$$R_i i + R_L i + L_i \frac{di}{dt} = e(t) \tag{11.3}$$

线圈中的电压不是正比于电流，而是正比于电流的变化率$\frac{di}{dt}$。

只考虑定转速 Ω 时的情况，故源电压为

$$e(t) = E_S \sin\Omega t \tag{11.4}$$

引入同频电流

$$i(t) = I_S \sin\Omega t + I_C \cos\Omega t \tag{11.5a}$$

则

$$\frac{di}{dt} = \Omega I_S \cos\Omega t - \Omega I_C \sin\Omega t \tag{11.5b}$$

后面我们会看到，假设电流只有纯正弦项是不够的。

把式(11.4)和式(11.5)代入方程(11.3)，并使正弦项和余弦项的系数相等，就可得到如下的方程组：

$$\begin{pmatrix} R_i + R_L & -\Omega L_i \\ +\Omega L_i & R_i + R_L \end{pmatrix} \begin{pmatrix} I_S \\ I_C \end{pmatrix} = \begin{pmatrix} E_S \\ 0 \end{pmatrix} \tag{11.6}$$

由此解得

$$I_S = E_S \frac{R_i + R_L}{(R_i + R_L)^2 + (\Omega L_i)^2} \quad \text{（有功电流）} \tag{11.7a}$$

$$I_C = E_S \frac{-\Omega L_i}{(R_i + R_L)^2 + (\Omega L_i)^2} \quad \text{（无功电流）} \tag{11.7b}$$

可见，电流幅值与源电压幅值成正比，正弦项的幅值与源电压同相，当无电阻时($R_i + R_L = 0$)，它为 0。当无电感($L_i = 0$) 时，余弦项的幅值为 0。如式(11.7b) 所示，余弦项的幅值为负。后面我们还要加以解释。

电流随时间的变化为

$$i(t) = E_S \left(\frac{R_i + R_L}{(R_i + R_L)^2 + (\Omega L_i)^2} \sin\Omega t - \frac{\Omega L_i}{(R_i + R_L)^2 + (\Omega L_i)^2} \cos\Omega t \right) \tag{11.8}$$

式中，正弦项称之为有功电流，余弦项称之为无功电流。当求出电功率时，就可清楚地知道这样定义的原因。功率为电流与电压的乘积

$$P(t) = i(t) \cdot e(t)$$

或

$$P(t) = \underset{\text{有功功率}}{E_S I_S \sin^2 \Omega t} + \underset{\text{无功功率}}{E_S I_C \sin\Omega t \cos\Omega t} \tag{11.9}$$

式中，第一项为有功功率，始终为正。但由于

$$\sin^2 \Omega t = \frac{1 - \cos 2\Omega t}{2} \tag{11.10}$$

故它绕平均值

$$P_m = \frac{1}{2} E_S I_S = \frac{1}{2} (2Blr)^2 \Omega^2 \frac{R_i + R_L}{(R_i + R_L)^2 + (\Omega L_i)^2} \tag{11.11}$$

波动，如图 11.7 所示。波动的频率为转速的 2 倍。第二项为无功功率，它也以 2 倍频波动，但均值为 0，故称无功功率。

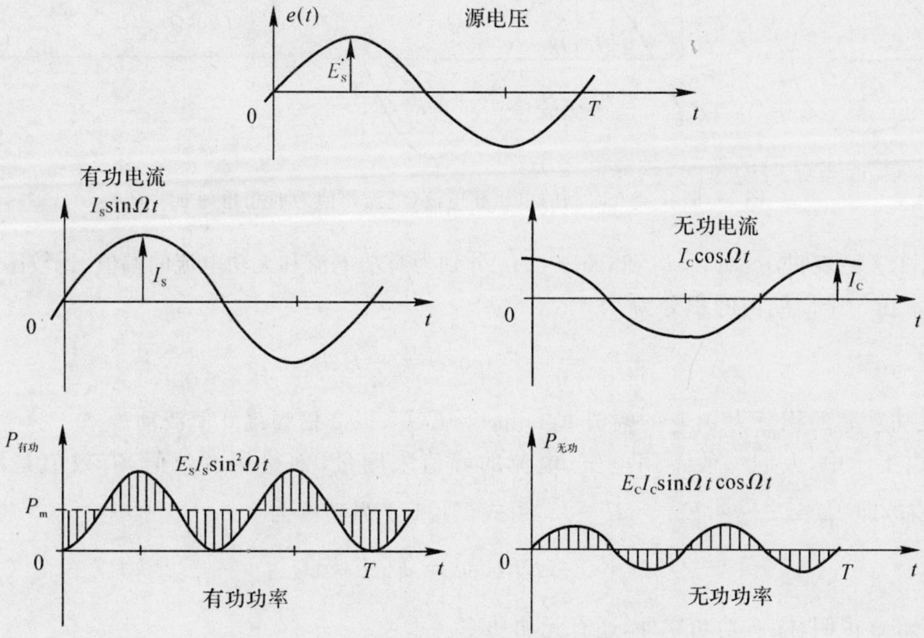

图 11.7　有功功率和无功功率

一般把正弦和余弦分量合成为

$$i(t) = I_S \sin\Omega t + I_C \cos\Omega t = \hat{i}\sin(\Omega t + \varphi) \tag{11.12}$$

式中，$\hat{i}$ 为电流峰值，φ 为电流相位。它描述了电流和源电压之间的滞后关系。

电流幅值 $\hat{i}$ 和相位角 φ 由 I_S 和 I_C 来确定：

$$\hat{i} = \sqrt{I_S^2 + I_C^2}, \quad \tan\varphi = \frac{I_C}{I_S} \tag{11.13}$$

由于 $\hat{i}\sin(\Omega t + \varphi) = \hat{i}(\sin\Omega t \cdot \cos\varphi + \cos\Omega t \cdot \sin\varphi)$，由式(11.12) 可得

$$I_C = \hat{i}\sin\varphi, \quad I_S = \hat{i}\cos\varphi$$

于是，就得到式(11.13)。其中 $\cos\varphi$ 称为功率因数。

用峰值和相角来描述电流，优点是测量很方便，如图 11.8 所示。

把表达式(11.12) 带入式(11.9) 后，就得到功率

$$P(t) = i(t)e(t) = \underbrace{E_S\hat{i}\cos\varphi[\sin^2\Omega t]}_{\text{有功功率}} + \underbrace{E_S\hat{i}\sin\varphi[\cos\Omega t\sin\Omega t]}_{\text{无功功率}} \tag{11.14}$$

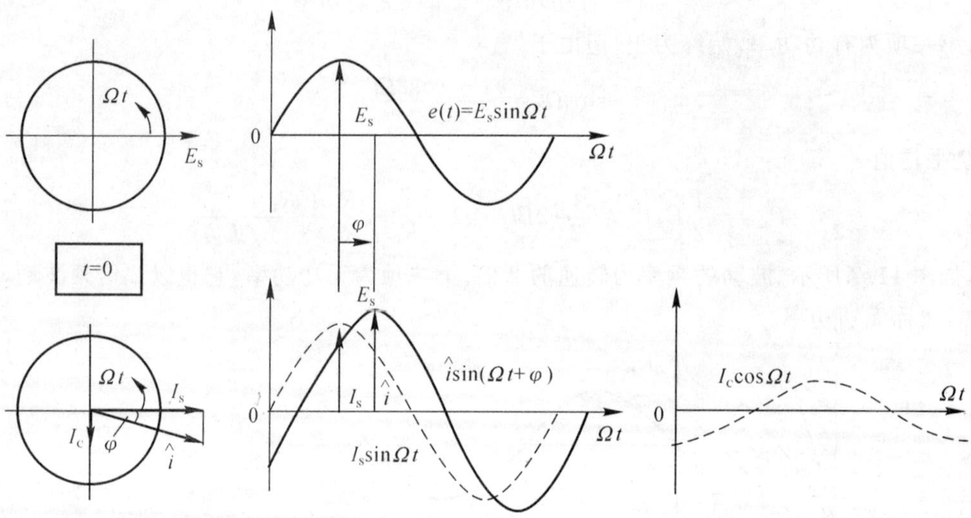

图 11.8　$t = 0$ 时刻的电压和电流(电流幅值为 $\hat{i}$；相角为 φ)

图 11.7 已表明，$\hat{i}\cos\varphi = I_S$ 和 $\hat{i}\sin\varphi = I_C$ 分别为有功电流和无功电流的幅值，比较图 11.8。

功率在一个周期内的积分为

$$P_m = \frac{1}{2}E_S\hat{i}\cos\varphi = \frac{1}{2}E_S I_S \tag{11.15}$$

式中，无功功率的积分为 0。它的幅值 $E_S\hat{i}\sin\varphi = E_S I_C$，以 2 倍频绕 0 值波动。

在电工学中，人们一般不用电压、电流的峰值来度量，而是用有效值。有效值是峰值的 70% 左右，即 $I_{eff} = \hat{i}/\sqrt{2}$，$E_{eff} = E_S/\sqrt{2}$。由式(11.15) 得功率为

$$P_m = \frac{1}{2}E_S\hat{i}\cos\varphi = E_{eff}I_{eff}\cos\varphi \tag{11.16}$$

式中的 $\cos\varphi$ 说明，除有功功率外，还有无功功率。

根据式(11.11) 可求出单相电机的平均转矩为

$$M_m = P_m/\Omega = \frac{1}{2}(2Blr)^2\Omega\frac{R_i + R_L}{(R_i + R_L)^2 + (\Omega L_i)^2} \tag{11.17}$$

其中不计诸如摩擦、发热等形式的损失。

在式(11.17)中，括号里的项$(2Blr)$代表了机器常数。对于 N 匝线圈，其值要比一匝大。

再仔细地考察式(11.11)表达的电功率。由负载 R_L 所耗的功率为有用功率，而由内阻 R_i 所耗的功率为损耗功率。于是，式(11.11)可分成两部分：

$$P_m = P_{loss} + P_{use}$$

$$P_{loss} = \frac{1}{2}(2Blr)^2\Omega^2\frac{R_i}{(R_i + R_L)^2 + (\Omega L_i)^2}$$

$$P_{use} = \frac{1}{2}(2Blr)^2\Omega^2\frac{R_L}{(R_i + R_L)^2 + (\Omega L_i)^2}$$

则效率为

$$\eta = \frac{P_{use}}{P_m} = \frac{R_L}{R_i + R_L} = \frac{1}{1 + \dfrac{R_i}{R_L}} \tag{11.18}$$

与风力机匹配时，功率和转矩与转速间的关系很重要。式(11.17)和式(11.18)给出了转矩、功率与转速的关系。转矩有一个最大值，而功率则随转速升高向最大值趋近，如图 11.9 所示。

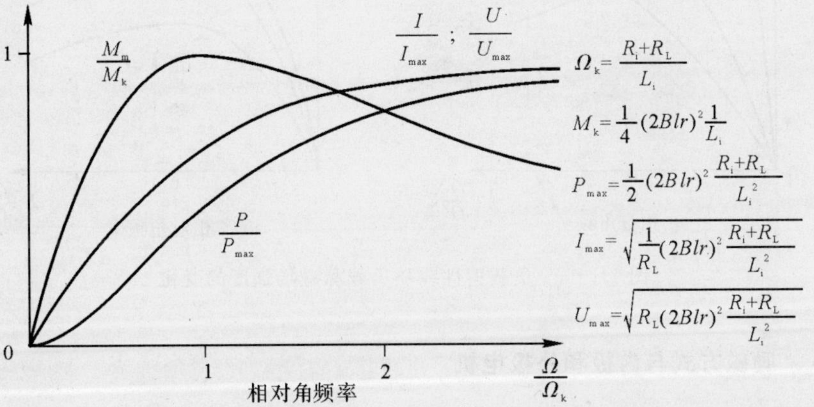

图 11.9　电阻为负载的单相电机中功率、转矩、电流和电压随转速的变化

令

$$\Omega_k = \frac{R_i + R_L}{L_i}$$

则功率为

$$P_m = P\frac{1}{2}(2Blr)^2\Omega^2\frac{\Omega_k/L_i}{\Omega_k^2 + \Omega^2}$$

转矩为

$$M_m = \frac{1}{2}(2Blr)^2\frac{\Omega}{\Omega_k L_i}\frac{1}{1 + \left(\dfrac{\Omega}{\Omega_k}\right)^2} = \frac{1}{2}(2Blr)^2\frac{1}{L_i}\frac{\dfrac{\Omega}{\Omega_k}}{1 + \left(\dfrac{\Omega}{\Omega_k}\right)^2}$$

对 M_m 关于 $\frac{\Omega}{\Omega_k}$ 求导数，即

$$\frac{dM_m}{d\left(\frac{\Omega}{\Omega_k}\right)}=\frac{1}{2}(2Blr)^2\frac{1}{L_i}\frac{1-\left(\frac{\Omega}{\Omega_k}\right)^2}{1+\left(\frac{\Omega}{\Omega_k}\right)^2}$$

令 $\frac{dM_m}{d\left(\frac{\Omega}{\Omega_k}\right)}=0$，解得 $\frac{\Omega}{\Omega_k}=1$。

当 $\frac{\Omega}{\Omega_k}=1$，即 $\Omega=\Omega_k$ 时，$M_m=M_k=\frac{1}{4}(2Blr)^2\frac{1}{L_i}$，即在 $\frac{\Omega}{\Omega_k}=1$ 时，转矩达到最大值。

对于系统的电气设计，电压和电流也很重要。如图 11.9 所示，电机的输出电压和电流，与功率相似，当转速增高时，趋近最大值；而源电压则随转速线性增加。

如图 11.10 所示，当负载电阻或者励磁（磁场强弱）变化时，负载特性线将会移动。因此，对于给定的风力机转子和发电机，就可以在一定的范围内根据需要调节负载特性线，如图 11.1(a) 和图 11.1(b) 所示。

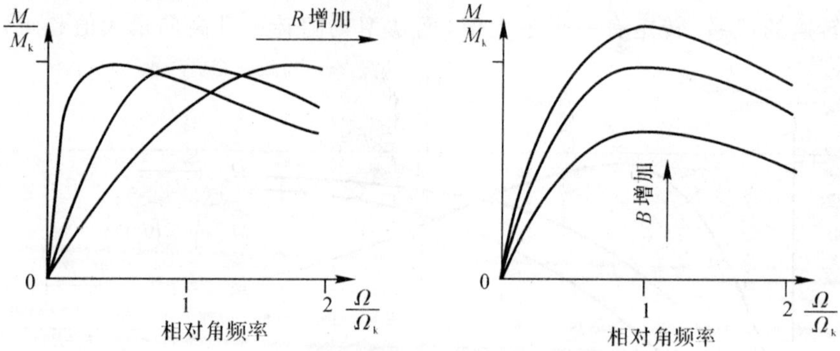

图 11.10　负载特性线随负载和磁场强度的变化

11.1.2　励磁方式与内极和外极电机

前面讨论的永磁发电机，所需的磁场是由永久磁铁产生的（见图 11.11(a)）。发电机的输出电压只能通过转速来调节。如果用电磁铁来替代永久磁铁，则可通过改变励磁电流来改变磁通密度 B。于是当转速固定时，也可调节源电压。这种发电机称为他励电机，如图 11.11(b) 所示。

一个铁磁体充磁之后，即使励磁电流中断，铁磁体中仍然会保留剩余磁场。此时，即使无励磁电流，发电机仍然会产生电压，即所谓的剩磁电压。若将此电压反馈到励磁电路，则发电机可自励，而无须他励。为此，需要一个整流器，把发电机发出的交流电整流成励磁所需的直流电。只有当发电机超过一个限定转速之后，自励才开始工作。这是因为首先要超过整流器的击穿电压（大约 1.4 V），才能自励，如图 11.11(c) 所示。

图 11.4 所示的原始发电机为外极电机。由于励磁安装在外部静子上，故缺点是功率通过集电环输出，功率大时输出较困难；另外，还容易磨损。因此，人们一般反过来设计：励磁为转子，而线圈安装在静子上，称为内极电机，如图 11.12 所示。对于他励内极发电机，尽管总需集

电环来传输励磁电流，但所传功率要比发电机额定功率小得多（约 2％ ～10％）。

(a) 永磁电机 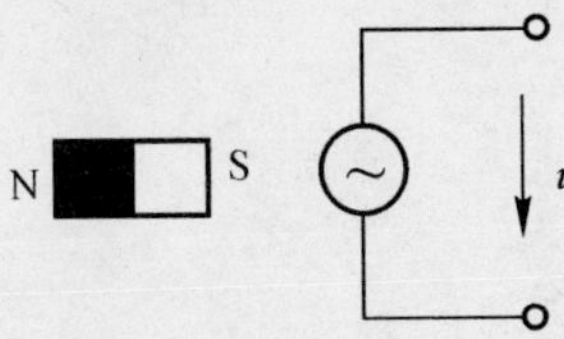	优点：无须外部励磁；效率高 缺点：输出电压不易调节
(b) 他励电机 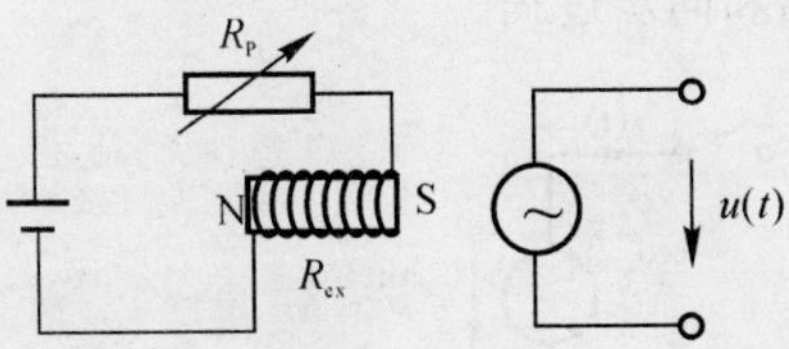	优点：输出电压易于通过励磁电流来调节 缺点：需要励磁电源
(c) 自励电机 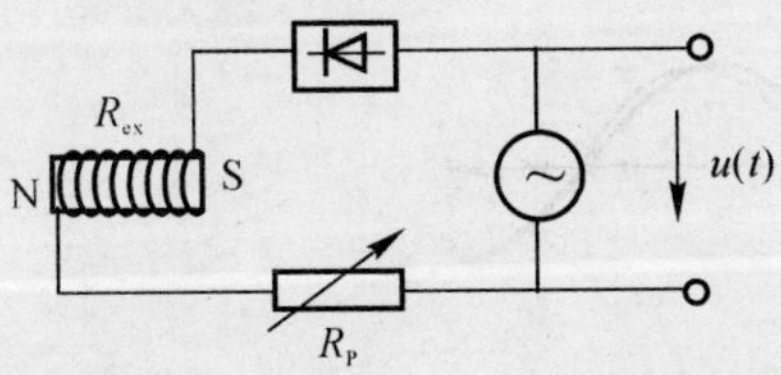	优点：无须外部励磁电源；输出电压易于调节 缺点：较贵；效率相对较低

图 11.11　励磁类型

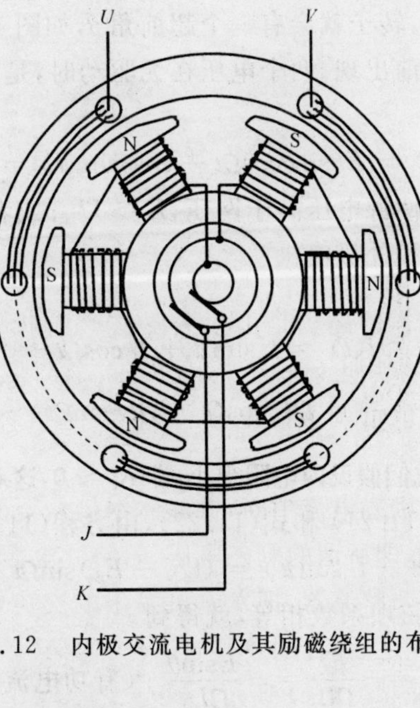

图 11.12　内极交流电机及其励磁绕组的布局[14]

11.1.3　与电网并网的同步发电机

如果一台同步发电机并网，则必须满足并网条件，即频率（转速）、幅值和相位必须与电网一致。只有当这三个条件满足时，才无须平衡过程。下面不妨列出微分方程来说明。

$$R_i i + L_i \frac{di}{dt} = U_N \sin\Omega_S t - e(t) \tag{11.19}$$

只有当

$$e(t) = E_S \sin(\Omega t + \alpha_0) \tag{11.20}$$

满足

$$U_N = E_S, \quad \Omega = \Omega_S, \quad \alpha_0 = 0$$

时，方程(11.19)的右端项才会完全消失。此时，无平衡过程，也无振荡过程，只有一个转速，故去掉下标 S。图 11.13 表示单相同步电机的等效电路和同步过程。

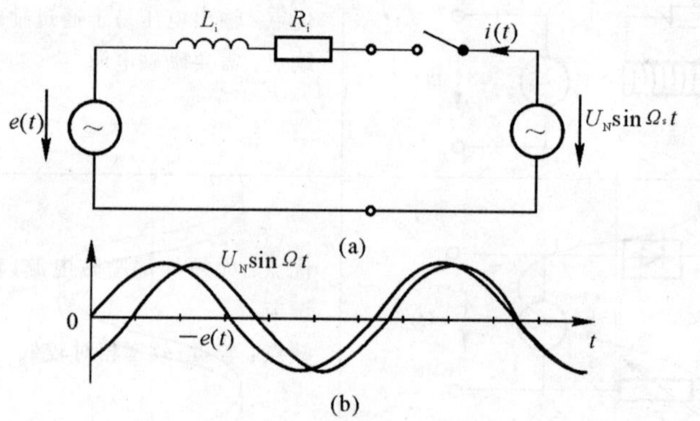

图 11.13 单相同步电机

(a) 单相同步电机的等效电路；(b) 同步过程

给转子施加一个驱动力矩，转子就会有一个超前角 θ，如图 11.14 所示。结果是源电压 $e(t)$ 的峰值在时间上比电网电压提前出现。两个电压在无驱动时，是同相的。

源电压为

$$e(t) = E\sin(\Omega t + \theta) = E(\sin\theta\cos\Omega t + \cos\theta\sin\Omega t) = E_C\cos\Omega t + E_S\sin\Omega t \tag{11.21}$$

可通过增强转子上的励磁使源电压高于网压，$E > U_N$；或者相反，使源电压低于网压。下面很快就能看到结果。

设电流为

$$i(t) = I_S\sin\Omega t + I_C\cos\Omega t \tag{11.22a}$$

$$\frac{di}{dt} = \Omega I_S\cos\Omega t - \Omega I_C\sin\Omega t \tag{11.22b}$$

带入方程(11.19)，为简单起见，我们假设内电阻很小，即 $R_i \approx 0$，这对中型和大型发电机是成立的。

对于 $R_i \ll \Omega L_i$，考虑到式(11.21)和式(11.22)，由方程(11.19)可解得

$$\Omega L_i(I_S\cos\Omega t - I_C\sin\Omega t) = (U_N - E_S)\sin\Omega t - E_C\cos\Omega t \tag{11.23}$$

使方程两端的正弦项和余弦项系数相等，就得到

$$I_S = -\frac{E_C}{\Omega L_i} = -\frac{E\sin\theta}{\Omega L_i} \quad （有功电流） \tag{11.24a}$$

$$I_C = -\frac{U_N - E_S}{\Omega L_i} = -\frac{U_N - E\cos\theta}{\Omega L_i} \quad （无功电流） \tag{11.24b}$$

功率为

$$P(t)=\underbrace{U_{\mathrm{N}}I_{\mathrm{S}}\sin^2\Omega t}_{\text{有功功率}}+\underbrace{U_{\mathrm{N}}I_{\mathrm{C}}\sin\Omega t\cos\Omega t}_{\text{无功功率}} \tag{11.25}$$

式中，等号右端第一项为有功功率，第二项为无功功率。将式(11.24)代入，得

$$-P(t)=\frac{1}{2}\frac{U_{\mathrm{N}}E\sin\theta}{\Omega L_{\mathrm{i}}}(1-\cos2\Omega t)+ \quad \text{(有功功率)} \tag{11.26a}$$

$$\frac{1}{2}\frac{U_{\mathrm{N}}(U_{\mathrm{N}}-E\cos\theta)}{\Omega L_{\mathrm{i}}}\sin2\Omega t \quad \text{(无功功率)} \tag{11.26b}$$

功率均值为

$$P_{\mathrm{m}}=-\frac{1}{2}\frac{U_{\mathrm{N}}E\sin\theta}{\Omega L_{\mathrm{i}}} \tag{11.27}$$

转矩的均值为

$$M_{\mathrm{m}}=-\frac{1}{2}\frac{U_{\mathrm{N}}E\sin\theta}{\Omega^2 L_{\mathrm{i}}} \tag{11.28}$$

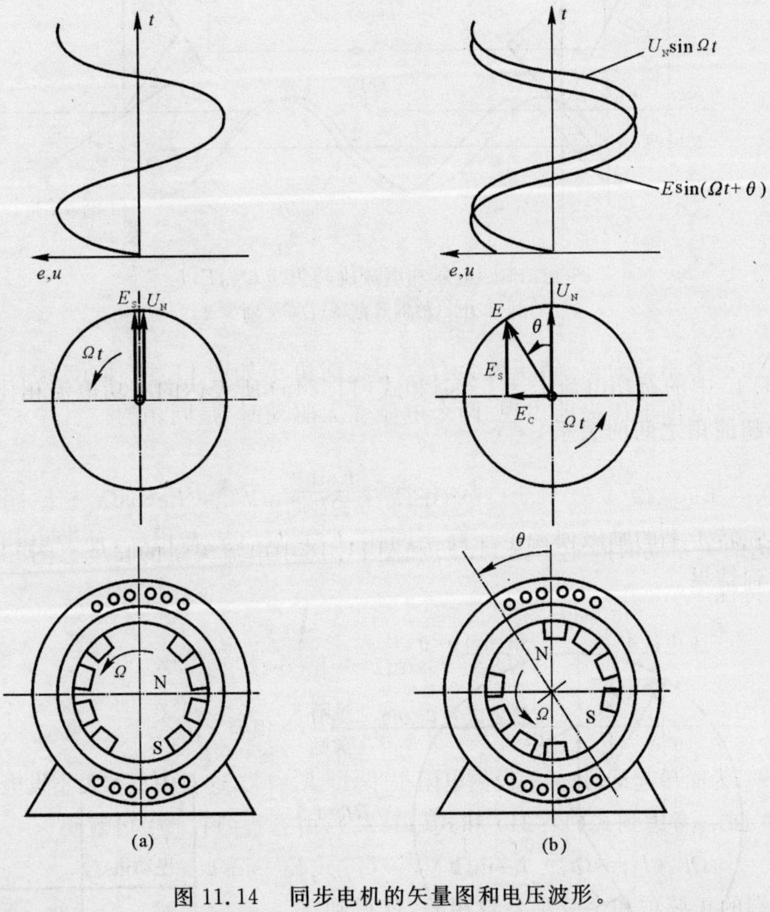

图 11.14　同步电机的矢量图和电压波形。

(a) 完全同步的电机及其矢量图和电压波形；(b) 驱动力矩产生的超前角 θ 及其矢量图和电压波形

有功电流式(11.24a)和有功功率式(11.27)是由转子的超前角 θ 产生的。若 $\theta>0$(超前角)，则为发电机，它向电网输出功率($P_{\mathrm{m}}<0$)。若机器转子输出一个驱动力矩，则超前角为负，即 $\theta<0$，此时，为电动机模式，从电网提取功率($P_{\mathrm{m}}>0$)。一般情况下，在额定功率状态，超前角约为 20°～30°。若转子超载，使超前角大于 90°，则机器就失稳。对于电动机，根据电机参

数和转矩 载荷，机器的转速将低于同步转速。对于发电机，失稳时，转速迅速增加。两种情况下，都会出现转速波动，电流增大，将导致机器损坏。因此，必须避免发生机器失稳。

无功电流和无功功率前的符号可以通过 $E_S = E\cos\theta$ 的值来改变，见式(11.24b) 和式(11.26b)。改变转子上的励磁电流，就可改变源电压 E。

若超前角 $\theta=0$，且 $E_S > U_N$(过励)，则由式(11.26b) 可见，电网将获取无功功率(电容)。若 $E_S < U_N$(欠励)，则将从电网提取无功功率(电感)。

在绝大多数情况下，用过励同步发电机并网，以补偿网上所接的大量的异步电动机、变压器等所需要的无功功率。

图 11.15 表示旋转矢量电压 E,U_N 和电流 I，其投影就是图 11.8 和图 11.14 所示的波形。

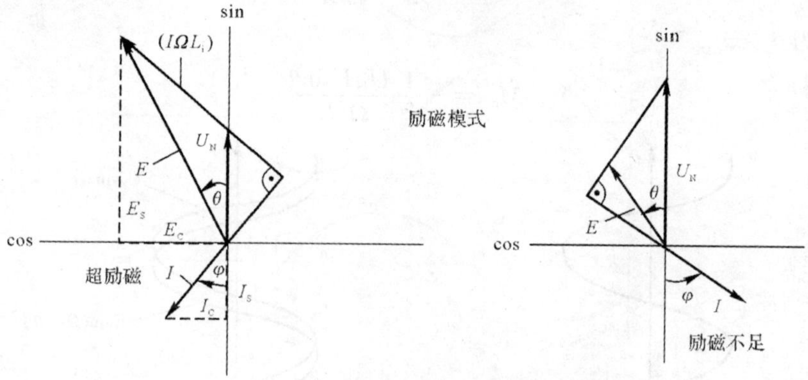

图 11.15 电压和电流旋转矢量 U_N,E,I

$E_S > U_N$ 过励； $E_S < U_N$ 欠励

若把图 11.15 中的有功电流 $I_S = I\cos\varphi$ 和式(11.24a) 所表达的有功电流相比较，就得到电流相角和转子超前角之间的关系

$$I\cos\varphi = -\frac{E\sin\theta}{\Omega L_i} \tag{11.29}$$

式(11.29) 表达的关系同时确定了图 11.15 和图 11.16 中电流矢量的长度。图 11.16 表示了并网同步电机的特性。

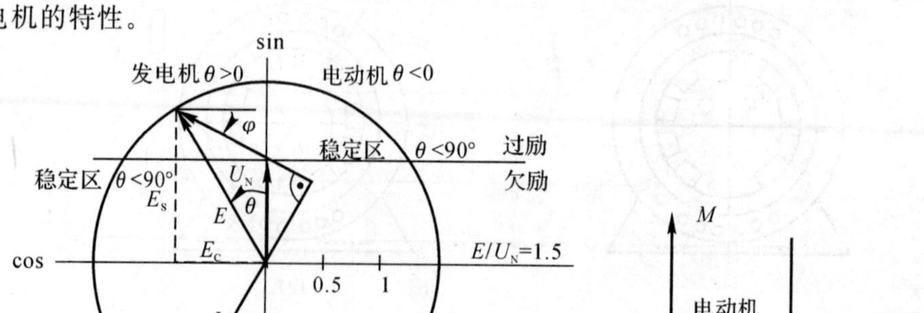

图 11.16 并网同步电机的特性

(a)Heyland 图； (b) 力矩转速曲线

11.2　交流电机、电机结构和三相同步电机

前面讨论的单相电机的缺点是所输出的电功率或者机械功率总是在 0 和最大值之间变化，如图11.7 所示。为克服这一缺点，把单相电机设计成三相，三个绕阻安装在定子上，相隔120°。这种结构形式的电机，皆称之为三相交流电机。

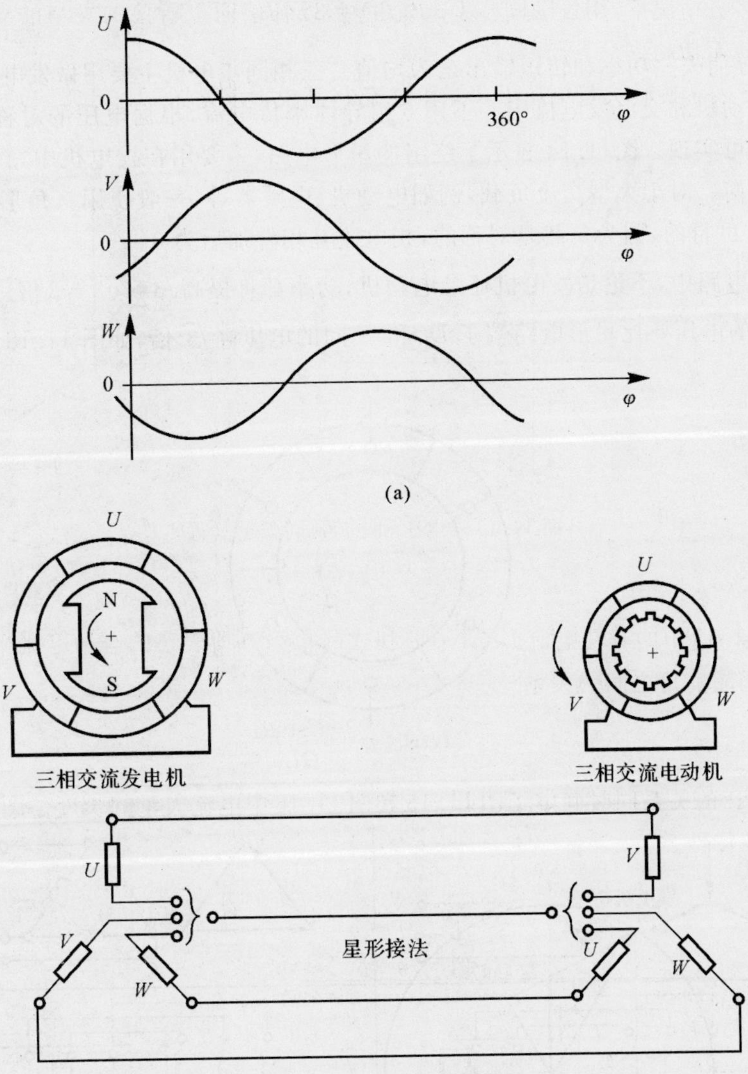

图 11.17　三相交流电机的原理

(a) 三相电压波形；(b) 星形连接

同步交流电机的工作原理与单相电机相同。单相电机的等效电路原理上与三相交流电机是一致的。描述交流电机运行特性的方程可由单相电机的方程导出（参考 11.1 节）。图 11.17表示三个相的电压波形。每一相与单相电机的电压曲线是相同的，只是相角分别移了 120° 和

240°。电流和功率同样符合相移原则。电机的平均功率增加 3 倍，每一相的功率相互补充，使得总的输出功率恒定。

把图 11.7 左下方所示的有功功率

$$E_S I_S \sin^2 \Omega t = \frac{1}{2}(1-\cos 2\Omega t)E_S I_S$$

移相 120° 和 240°，然后画在一起。把三个功率矢量相加，最后就得到总功率的均值

$$3\left(\frac{1}{2}E_S I_S\right) = 3E_{\text{eff}} I_{\text{eff}}$$

可见，振荡部分消失。功率和转矩输出全为均值。三相同步电机主要用做发电机。

在交流电动机和交流发电机中并不用 6 组导体来传电流，根据电压的对称性仅用 4 组或者 3 组导体就可实现。图11.18 表示了绕组的星形电路，主要用在发电机中，在发电机中各相负载往往不均衡。对于大型交流负载，例如电动机、电暖器等，一般使用三角形接法，如图 11.18 所示。这是可行的，因为负载是对称的，相电流互相叠加后为 0。

在三角形电路中，不论是发电机还是电动机，功率都将提高$\sqrt{3}\times\sqrt{3}=3$倍。故在线圈端子 L_1 和 L_2 之间的电压要比星形电路端子 L_1 和 N 间的电压高$\sqrt{3}$ 倍，如图 11.18 所示。

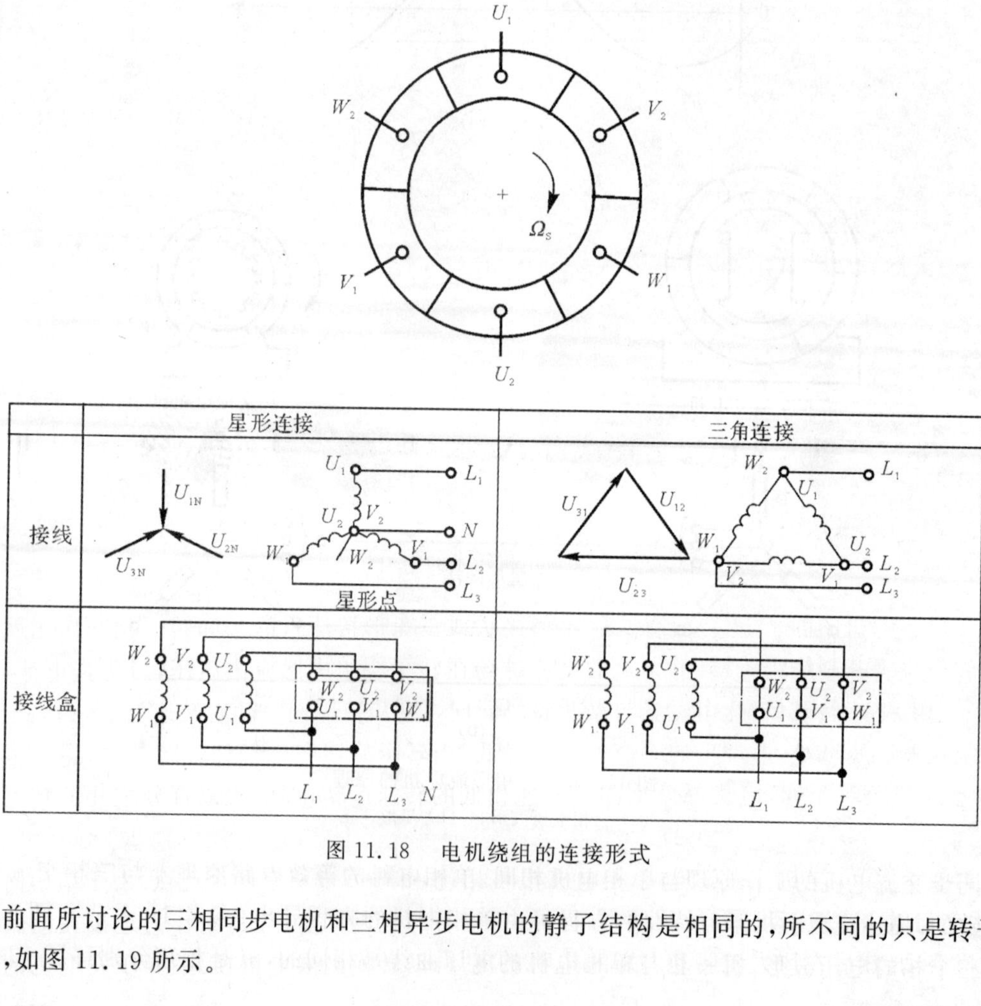

图 11.18　电机绕组的连接形式

前面所讨论的三相同步电机和三相异步电机的静子结构是相同的，所不同的只是转子的结构，如图 11.19 所示。

在交流同步电机中，转子带有冲压的铁芯磁极或者全磁极。励磁为永磁或者电励磁。对于电励磁所需的励磁电流用滑环引入。有的机器不用滑环，而是在同一轴上配置一台励磁机，提供所需的励磁电流(无电刷励磁)。作为电动机，当今主要使用交流异步电机，其转子上也布置有多相绕组。如果多相绕组在转子上直接短路连接，则称为短路转子或者鼠笼转子。这种结构使得机器可靠性高、造价低。对于集电环转子，可干涉转子上的电路。这种电机转子上带有交流绕组，其末端由集电环引出。

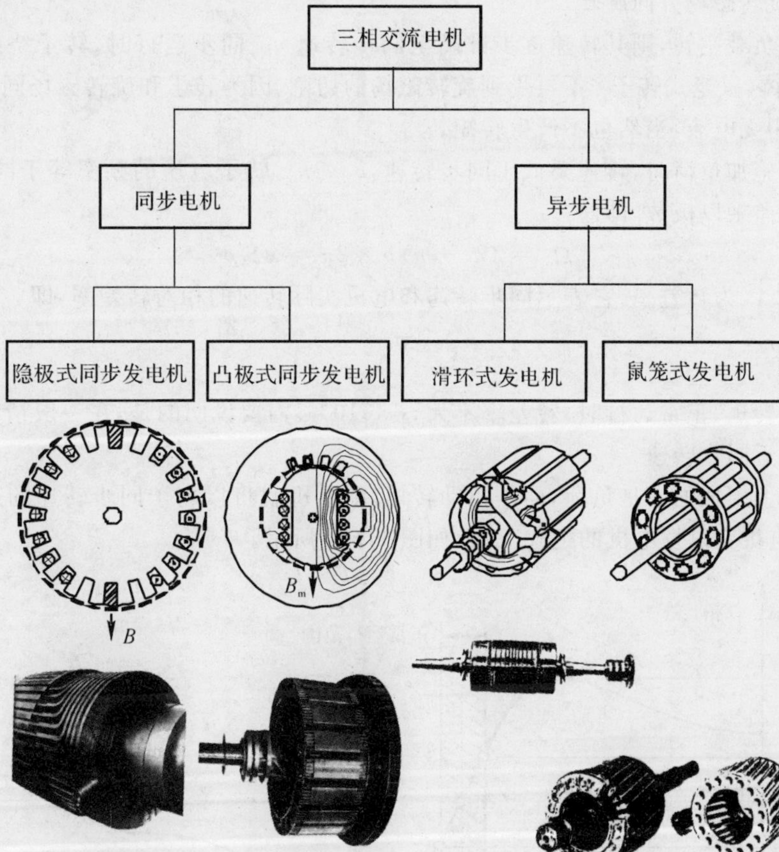

图 11.19　交流电机转子的结构

如果在异步电机的静子上有交流磁场(星形接法或三角形接法)，静子和转子相互作用就像变压器的原绕组和副绕组一样。静子上的交流磁场在转子绕组中感应出电压，产生强电流，进而在转子上产生旋转磁场。这个磁场与静子磁场同向，使得转子旋转。随着转速增加，相当于变压器副绕组的频率减小，所产生的感应电压也降低。当转子旋转和磁场旋转同步时，感应电压为 0。根据电机负载不同，电机就以比同步转速稍低的转速运转，即电机以百分之几的转差异步运行。

在风力机中，异步电机用做发电机。与同步电机相比，异步发电机有两个优点。由于结构简单，以及生产量大(作为电动机)，故很便宜；另外，很容易与电网同步。先将它作为连接在电网上的电动机启动，然后在风力机驱动力矩的作用下，它自动转换到发电机模式。异步发电机的缺点是需要无功功率。

当异步电动机定子三相绕组通入三相对称电流时，产生旋转磁场，它以同步转速旋转，旋转的磁场在短接的转子导体中产生感应电动势。其频率与转子的转速有关。如果转子不旋转，则转子导体上的电动势频率与电网频率（同步频率）相同，即 $\Omega_S = 2\pi n_S$。此时，电机如同一个变压器，带有短路输出。

转子电流与旋转磁场相互作用，就产生作用于转子导体的电磁力，电磁力作用于转子切向，使转子沿旋转磁场方向旋转。

若转子无负载空转，则其转速逐步升高至同步转速 n_S。同步运行时，转子绕组（绕线式转子）或转子导体（鼠笼式转子）不再受到旋转磁场的切割，因为转子和旋转磁场同步旋转。故此时，转子导体中无电流，当然也不产生转矩。

当给转子施加负荷时，转速要低于同步转速，$n < n_S$。转子电压的频率等于同步转频与转子机械转频之差乘以极数，即

$$\Omega_2 = (n_S - n)p \times 2\pi = s\Omega_S p \tag{11.30}$$

式中，p 为极数，s 为转差率，它表示同步转速和电机实际转速的相对转差率，即

$$s = \frac{n_S - n}{n_S} \tag{11.31}$$

转子电流产生转矩。正常运行时，转差率不大，$s < 10\%$。需要说明的是，在一般情况下，异步电机转速也很接近同步转速。

若在转子上施加的不是负荷，而是驱动转矩，则电机就将以高于同步转速的速度运转，即 $n > n_S$，这时电机就以发电机的模式工作，如图 11.20 所示。

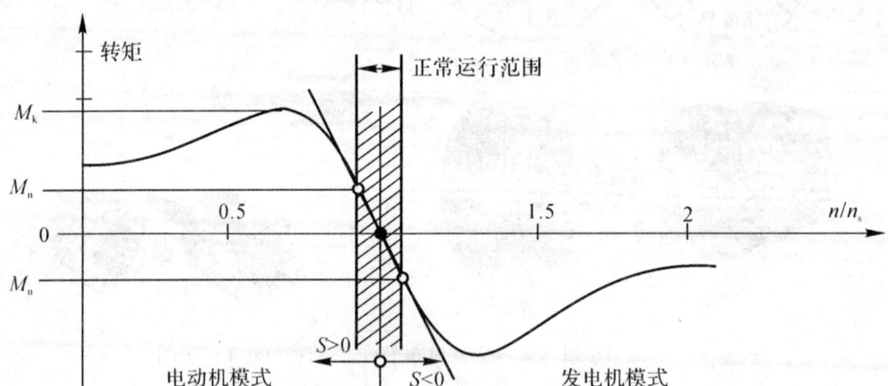

图 11.20　异步电机的力矩-转速曲线

前面曾经指出，异步电机与变压器的工作原理相似。如图 11.21 所示，从变压器的等效电路中可以得到电压方程，即

$$u_1(t) = R_1 i_1 + L_{1\sigma}\frac{\mathrm{d}i_1}{\mathrm{d}t} + L_{1h}\frac{\mathrm{d}i_1}{\mathrm{d}t} + M\frac{\mathrm{d}i_2}{\mathrm{d}t} \tag{11.32a}$$

$$u_2(t) = R_2 i_2 + L_{2\sigma}\frac{\mathrm{d}i_2}{\mathrm{d}t} + L_{2h}\frac{\mathrm{d}i_2}{\mathrm{d}t} + M\frac{\mathrm{d}i_1}{\mathrm{d}t} \tag{11.32b}$$

式中，$L_{1h} = \Lambda_h W_1^2$，$L_{2h} = \Lambda_h W_2^2$ 分别为右端和左端电路的电感；M 表示左右电路间的互感，

$M = \Lambda_h W_1 W_2$；W_1 和 W_2 分别为左端和右端的绕组匝数；R_1 和 R_2 为两个绕组的电阻；$L_{1\sigma}$ 和 $L_{2\sigma}$ 分别为绕组漏磁电感。漏磁电感表示磁通不通过铁芯，而是通过空气或者其他非导磁介质而闭合。

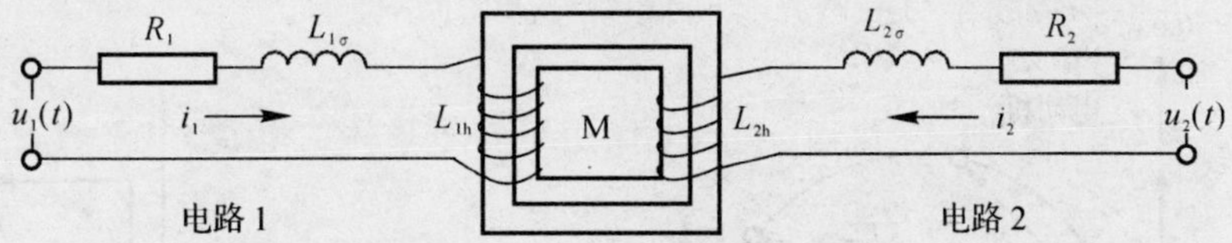

图 11.21　变压器的等效电路

对于鼠笼式异步电动机，$u_2 = 0$。电路 2 的频率与变压器不同，是由转差率决定的，即 $n_2 = n_S s$。

通过一系列变换，可得到异步电机的等效电路，如图 11.22 所示，详细内容可参考文献[3]。图中的电流 i'_2 是由副绕组电流乘以绕组匝数比 W_1/W_2 而得到的：

$$i'_2 = i_2 \frac{W_2}{W_1} \tag{11.33}$$

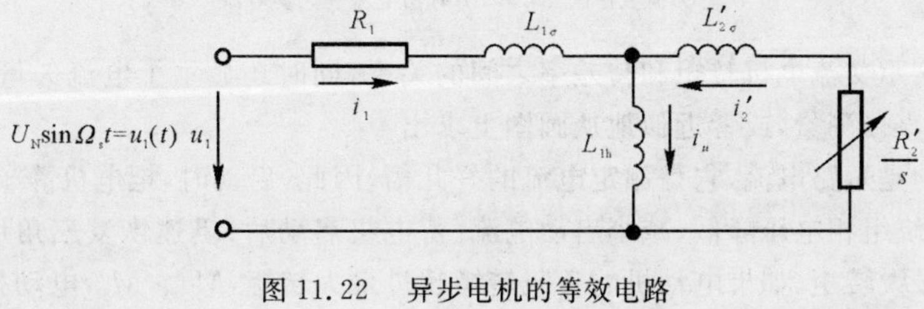

图 11.22　异步电机的等效电路

其他变量为

$$L_h = M \frac{W_1}{W_2} = L_{2h} \left(\frac{W_1}{W_2}\right)^2 = L_{1h} \tag{11.33a}$$

$$R'_2 = R_2 \left(\frac{W_1}{W_2}\right)^2 \tag{11.33b}$$

$$L'_{2\sigma} = L_{2\sigma} \left(\frac{W_1}{W_2}\right)^2 \tag{11.33c}$$

在电路 2 中，频率为 Ω_2，说明转子的电阻与转差率有关。图 11.22 所示的等效电路可以给出转差率的直观说明。如前所述，当转子同步运转时，$s = 0$，转子上既无电压也无电流。在等效电路中，对应电阻 R'_2/s 无穷大。

在此，不详细讨论异步电机中电流的计算，而是用荷兰德(或者奥斯纳) 圆图来说明。圆图以转子短路和空转为基础确定[2,5]。从图中可以得到静子和转子电流幅值、相位与转差率之间的关系。一般情况下，图中用有效值。为使圆图简明，忽略静子电路中的电阻 R_1，对于大型和中型机器来说，这是可以接受的。

转子空转时，$s = 0$，可测定静子中的电流 I_0。由于 R_1 很小，I_0 和电网电压相位相差 90°。在等效电路图 11.22 中，$R'_2/s = \infty$。因此，空转时的电流就由主电感 L_h 和漏磁电感 $L_{1\sigma}$ 来决定。而在短路时，$s = 1$，转子被停刹，测量静子中的电流 $I_{短路}$ 及其相位 $\varphi_{短路}$。通过这两次测量，就可确定圆图中的圆。于是与转差率相关的电流，就可表示成圆上的矢量，如图 11.23 所示。如文献

[5]所述，用几何方法就可确定对应转差率。

图 11.23(b) 中电流分解为有功电流和无功电流，分别乘以电压 U_N 就得到有功功率和异步电机所需要的无功功率。

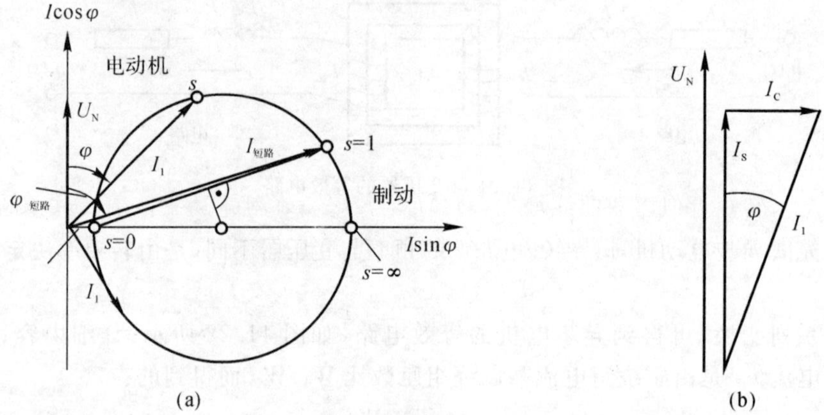

图 11.23　荷兰德（或者奥斯纳）圆图

(a) 荷兰德圆图；(b) 有功电流和无功电流

图 11.24 表示交流电机转矩和转差率之间的关系，同时还显示了电流矢量以及效率的变化。这些量可以直接测量，或者近似地从圆图上求出。

值得注意的是短路电流，它是额定电流的好几倍。因此，启动时，把电机静子绕组改成星形接法，可使定子绕组相电压降低，减小启动电流。待电机启动后，迅速恢复三角形接法。另一个重要的参数是最大转矩。如果电动机的负载转矩超过最大转矩，$M > M_k$，电动机就会停止，这时 $s = 1$，电动机的定子和转子电流立即增加 6～7 倍，可使电动机烧坏。对于发电机，若驱动转矩超过最大转矩，$M > M_k$，则发电机会超速。

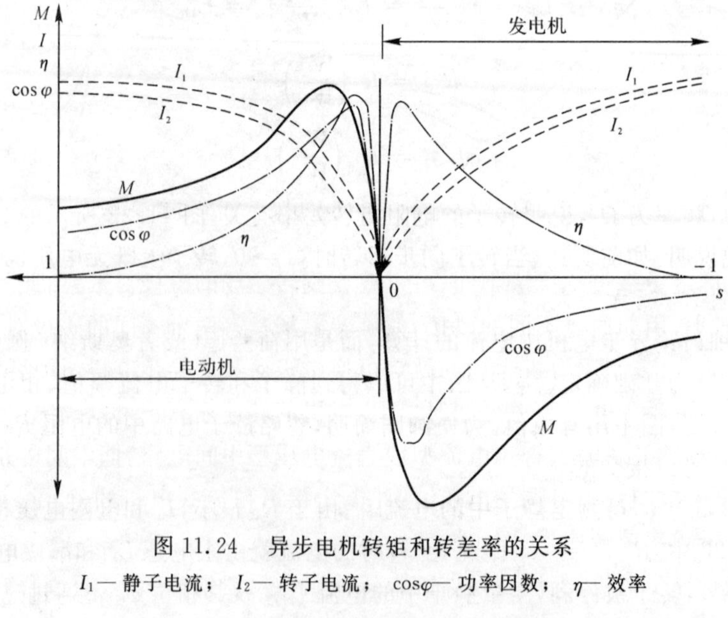

图 11.24　异步电机转矩和转差率的关系

I_1— 静子电流；I_2— 转子电流；cosφ— 功率因数；η— 效率

转矩和转速的关系对于风力机设计很重要，它可由最大转矩和临界转差率来描述。式(11.17) 两边同时除以 $M_k = \frac{1}{4}(2Blr)^2 \frac{1}{L_i}$，并考虑到

$$\Omega_k = \frac{R_i + R_L}{L_i} = s_k \Omega_s p, \quad \Omega = s\Omega_s p$$

于是得到

$$\frac{M}{M_k} = \frac{2}{\frac{s}{s_k} + \frac{s_k}{s}} \tag{11.34}$$

启动时($s \gg s_k$)，转矩近似以双曲线增加，$M/M_k = 2s_k/s$。在额定功率范围，转矩沿通过同步转速点的直线变化。最大转矩和临界转差率在设计时可计算确定。

$$M_k = \frac{mpU_{N,eff}^2}{2\Omega} \frac{1-\sigma}{\sigma \Omega L_1}, \quad \sigma = 1 - \frac{L_h^2}{L_1 L'_2} \tag{11.35}$$

$$L_1 = L_{1h} + L_{1\sigma}, \quad L'_2 = L_{1h} + L'_{2\sigma}$$

对于已有的异步电机，最好通过实验确定。

最大转矩对应的转速可由电阻 R'_2 来改变，即临界转差率为

$$s_k = \frac{R'_2}{\Omega \sigma L_1} \tag{11.36}$$

由此，可确定同步转速邻域转矩曲线的斜率。此斜率描述了转速与负载转矩的关系。

在大型风力机中，利用异步电机这一机械特性，当飓风来临时，允许发电机转速短时适当增加，即增加转差率，故阻力矩增加以平衡飓风引起的驱动转矩的突增。有关的详细内容将在第 12 章介绍。从式(11.35) 可见，功率和转矩与外加电压 U_N 的平方成正比，如图 11.25 所示。

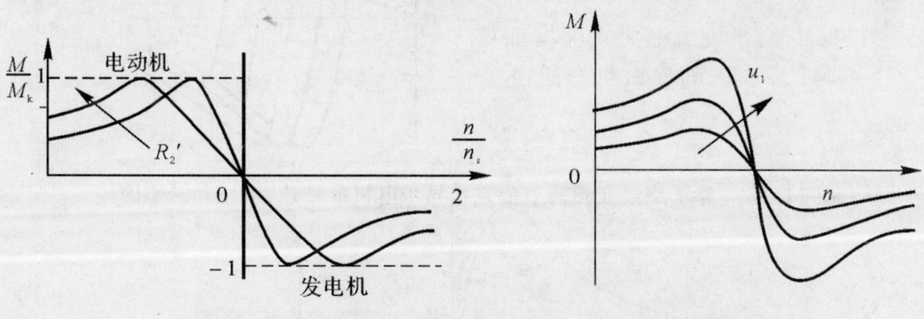

图 11.25　转子绕组电阻和网电压 U_G 对转矩的影响

三相异步电机定子绕组的接法不同，可以改变旋转磁场的磁极对数，由此可改变电机的转速，如图 11.26 所示。例如通过不同的改接，使旋转磁场具有两个不同的磁极对数，故就产生两个不同的同步转速。丹麦型风力机运用的就是可换磁极对数的异步电机，详见第 12 和 13 章。

当转子频率不依赖于电源频率可调时，异步电机的转速才真正可以操纵。当今用闸流管来实现。电网电压经过整流后输入直流电流型或直流电压型中间电路。把中间电路接到一个三相交流变换器，产生大范围频率可调的电压。把此电压接入鼠笼式电机的静子绕组，就可较大范围地无级调节定子频率或转速，如图 11.27 所示。

对于线绕转子异步电机，交流变换器的电压输出可反馈到转子上，通过影响转子的旋转磁场来改变转速[6]，如图 11.28 所示。这种机器称之为双馈电机。它可变转速运行，在当今兆瓦级

风力机中获得大量使用。关于变频技术将在下一节讨论。

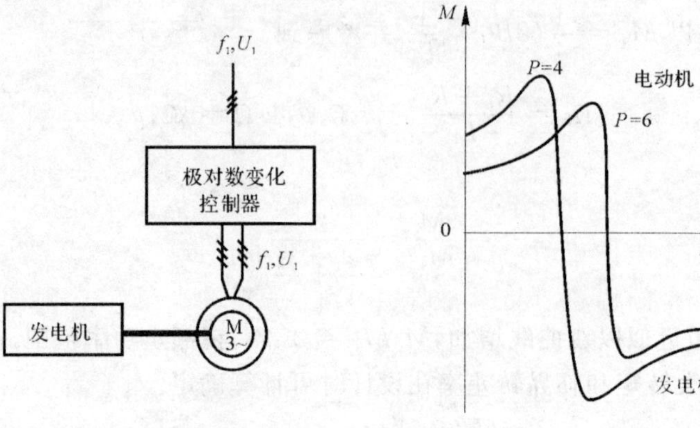

图 11.26　磁极对数可变的异步电机的转矩和转速曲线

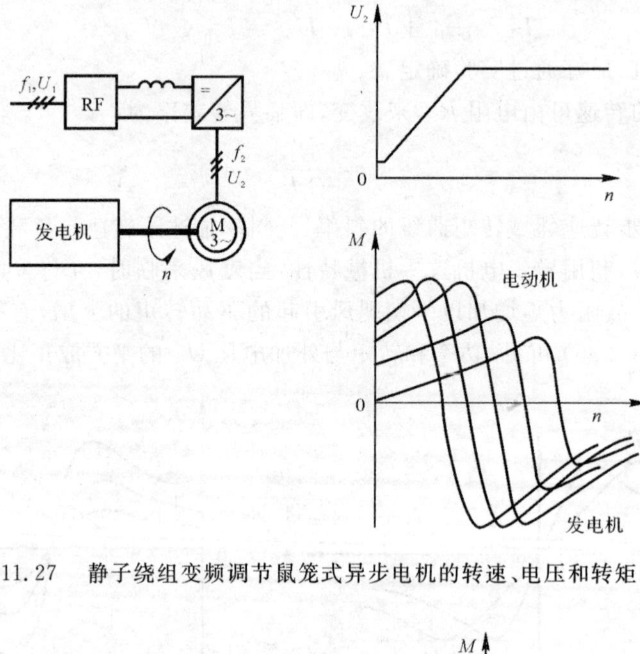

图 11.27　静子绕组变频调节鼠笼式异步电机的转速、电压和转矩曲线

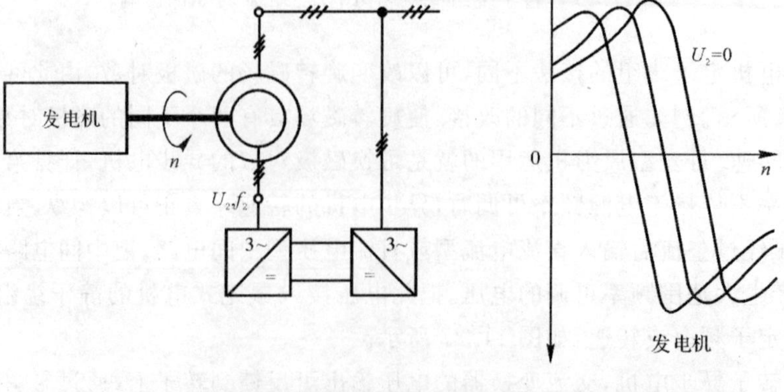

图 11.28　交流变频调节线绕转子异步电机的转矩和转速曲线

11.3　风力机的大功率电子元件——整流器

大功率电子学的发展，使得上网风力机的转速不再受到电网 50 Hz 频率的限制。整流器、交流变换器和转换器(交流-直流-交流转换) 通过简单的闸流管集成在一起，就可实现风力机变速。不妨首先讨论功率元件的特性。二极管是最简单的半导体元件，它只允许交流电的正半波通过，电流只能沿一个方向流动(见表 11.1)，负半波将阻断。二极管只是被动工作元件，无须控制。晶闸管具有相似的特性，但正半波导通可由触发脉冲来控制。晶闸管一旦导通，其状态即被“锁定”，门控电流失去作用，此时如同二极管特性一样。门电流不能控制晶闸管的关断，当晶闸管的阳极主电流减小至小于维持电流时，它便由通态转变为阻态而关断，并且保持主电流为零。当晶闸管处于正向阻断状态时，可由门控极再次触发导通。可关断晶闸管(GTO) 在导通后，可在负的门极电压作用下关断。它在半个周期内可以几百赫兹的频率导通和关断。

大功率晶体管的可控性更好。它是一个电流阀，其导通范围几乎可任意开通和关闭，开关频率可达到数千赫兹(例如 IGBT)。它可把交流电转换成直流电，或把直流电转换成任意频率的交流电。

为使电流在两个方向都能导通，分别把两个串联在一起的二极管连接成如图 11.30 和图 11.31 所示的电路，就构成全波整流电路。如果对整流电路再进行改进，就可以得到直流整流器或交流整流器。

11.3.1　半波整流电路[16]

图 11.29 表示单相半波整流电路，负载为电阻 R_L。

在电压 u_2 的正半周，二极管 D 导通，电流经二极管流向负载 R_L，在 R_L 上就得到一个上正下负的电压。在 u_2 的负半周，二极管 D 因承受反向电压而截止，电流近似为 0。因此，在负载两端得到的输出电压是单方向的，且为半个周期的正弦波，如图 11.29(b) 所示。单相半波整流电路结构简单，所用元件少，但输出电压平均值低，波形脉动大，有半个周期电流为零，利用率低。

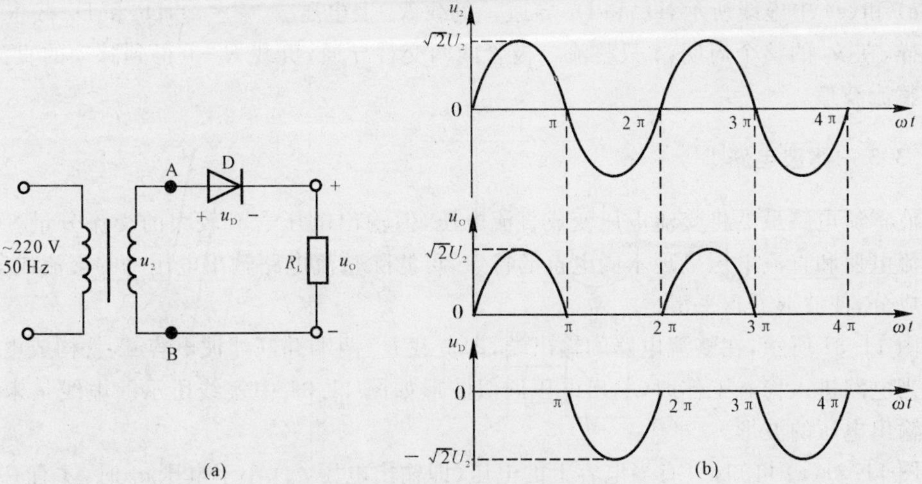

图 11.29　单相半波整流电路[16]

11.3.2 桥式整流电路[16]

为了提高交流电源的利用率,减小输出电压的脉动,将 4 个二极管连接成桥式电路,如图 11.30(a) 所示。

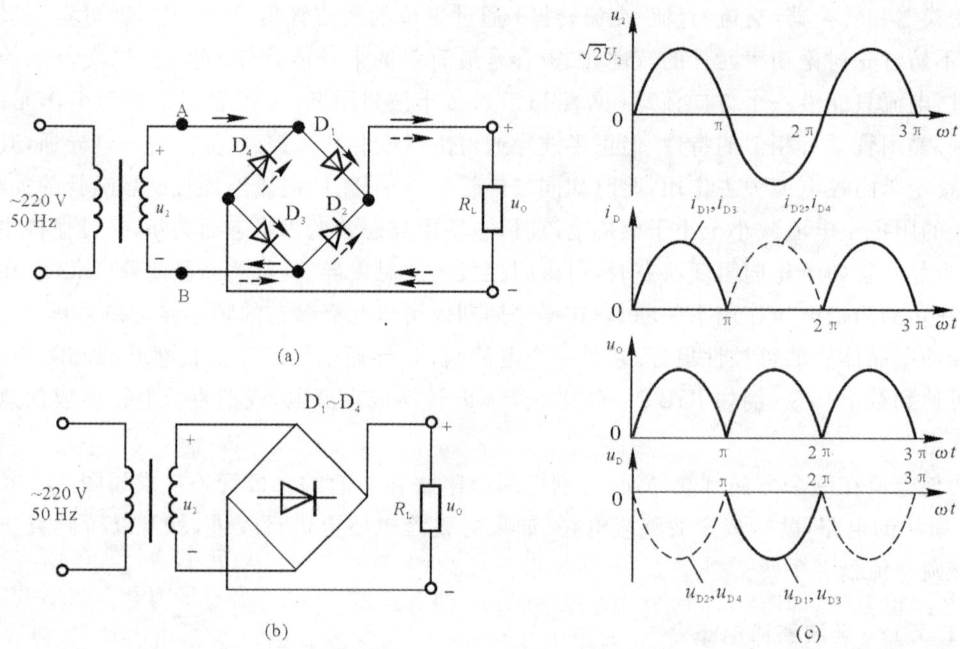

图 11.30 桥式整流电路

(a) 一般画法; (b) 简化画法; (c) 波形分析

若电压为正半周,即 A 为"+",B 为"—",则从 A 往 D_1,R_L,D_3 至 B,形成电流通路,如图 11.30(a) 中实线所示,D_1 和 D_3 导通。负载 R_L 上电压 $u_o = u_2$,D_2 和 D_4 截止。

若为负半周,即 B 为"+",A 为"—",则从 B 往 D_2,R_L,D_4 至 A,形成电流通路,如图 11.30(a) 和(c) 中虚线所示,D_2 和 D_4 导通。负载 R_L 上电压 $u_o = -u_2$,D_1 和 D_3 截止。

这样,在 u_2 的整个周期,4 只整流二极管两两交替导通,负载 R_L 上得到脉动的直流电压,为全波整流波形。

11.3.3 滤波电路[16]

全波整流电路虽然将交流电压变成直流电压,但输出电压含有较大的交流分量。利用电容对交流电压和直流电压呈现不同电抗的特点,可滤除整流电路输出电压中的交流成分,保留其直流成分,使波形变得平滑。

如图 11.31 所示,在整流电路的输出端,即负载 R_L 两端并联滤波电容 C,就构成电容滤波电路。当电路进入稳态工作时,输出电压近似波形如图 11.31 中实线所示。虚线是未加滤波电路时输出电压的波形。

由图 11.31(a) 可知,只有当电容上的电压(即输出电压 u_o) 小于电压 u_2 时,才有一对二极管导通,给电容充电。

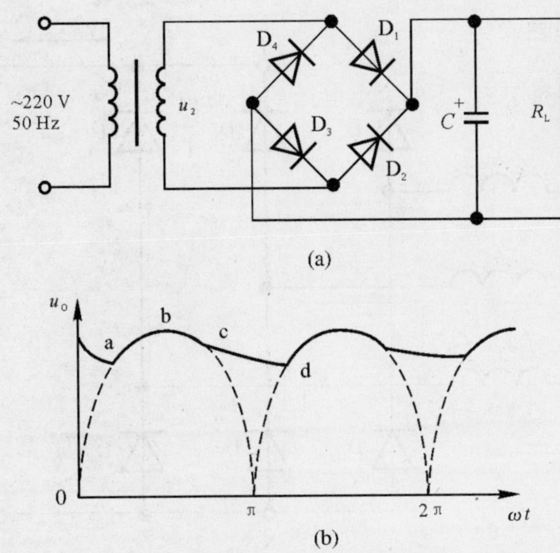

图 11.31　滤波全波整流电路[16]

(a) 滤波整流电路；(b) 滤波和未加滤的电压

若电压 u_2 在正半周，且电容上的电压在 a 点，a 点对应的时间为 t_1，则当时间 $t > t_1$ 时，D_1 和 D_3 因加正向电压而导通，u_2 一方面提供负载电流，另一方面对 C 充电。u_o 按 u_2 的变化规律充电至峰值电压，即图 11.31(b) 中 b 点。此后 u_2 的下降使得 $u_2 < U_C$（U_C 为电容两端电压），所有二极管均截止，滤波电容 C 向负载电阻 R_L 放电，时间常数为 R_LC。在放电的 b ~ c 段，u_o 基本按 u_2 的变化规律下降，但到 c 点后，u_o 比 u_2 变得缓慢，见曲线的 c ~ d 段。电容 C 放电到图 11.31(b) 中的 d 点后，又重复前述 a 点以后的过程，但在 u_2 的负半周电容充电时，D_2 和 D_4 导通。如此周而复始，形成了滤波电容周期性的充、放电过程。

从图 11.31 所示波形可以看出，电容滤波电路使输出电压的交流分量减小，输出电压平均值增大。

11.3.4　三相不可控桥式整流器[17]

在有三相交流电源时，使用三相整流电路要比单相整流电路好。这是因为三相桥式整流器的输出电压波动小，而且功率处理能力较高。图 11.32 为三相六脉动桥式整流电路，这是常用的三相整流桥式电路。

把二极管 D_1，D_3，D_5 的引出端连成共阴极，在交流电源作用下，连接在最高正向电压下的二极管将导通。同理，把二极管 D_2，D_4，D_6 的引出端连成共阳极，连接在绝对值最大负电压下的二极管将导通。

如图 11.32 所示，任一时刻，总有两个二极管导通。一个在共阴极组中，另一个在共阳极组中。每个二极管导通区间为 120°，每间隔 60° 便有一个二极管开始导通。

如果把图 11.32 中的二极管换成晶闸管，就可调节直流输出电压的幅度。

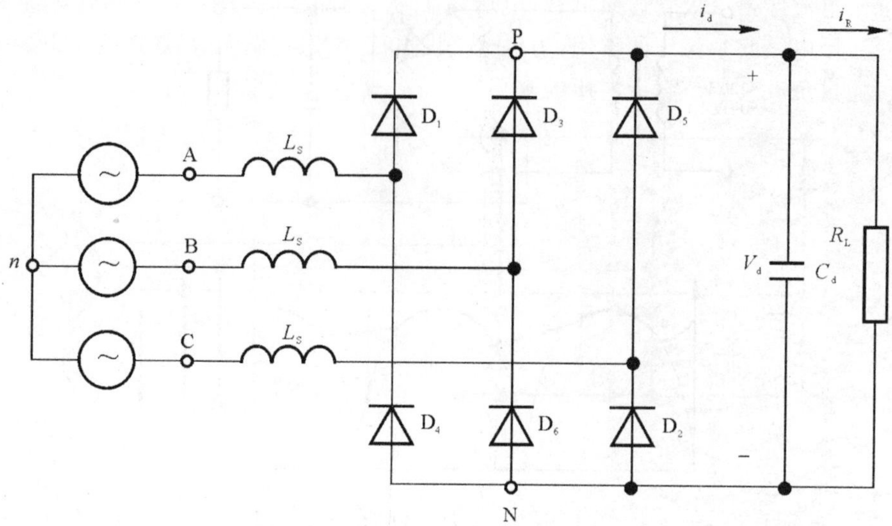

(a)

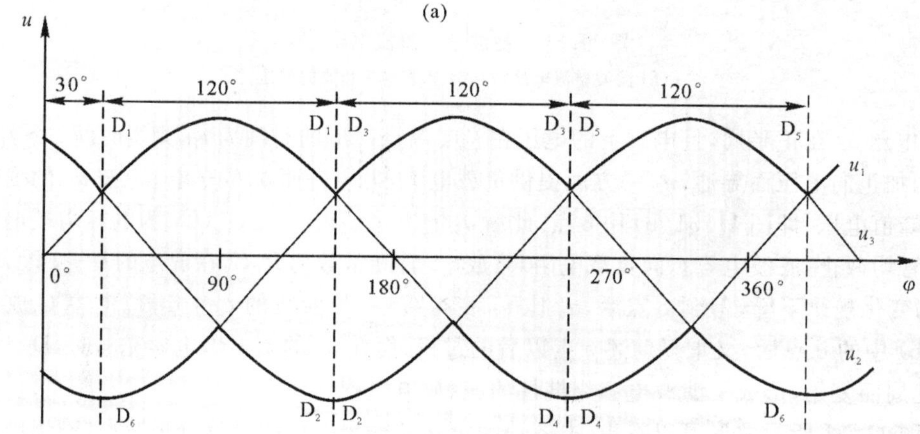

(b)

图 11.32　三相不可控桥式整流电路

(a) 整流电路；(b) 整流后的波形

11.3.5　交流逆变器

交流逆变器用于将直流电转换成交流电。为此，要用如图 11.33 所示的桥式电路。通过晶闸管适当地导通和关断，就可将直流电通过闸流管并到电网上。由于闸流管中电流不会跳变，并到网上的电流和电压近似为正弦波形。除了运用图 11.33 所示的大功率晶体管外，也可应用晶闸管或可关断晶闸管。由于它们的开关频率低，使得输出电压或电流波形与正弦波电压偏差较大。与正弦波电压的偏差，会产生电网不需要的高频成分。为此，须设计电路，尽可能少地产生高频成分。

如果电网电压太高或太低，就不能直接把交流逆变器的输出电压并网。在这种情况下，在直流侧通过直流升压 / 降压变换器来匹配电压水平。

图 11.34 表示直流变换器的原理电路。直流电压源 u_1 串联电感、二极管和负载，且与二极管和负载并联一个大功率晶体管。若晶体管导通，则电流将流过晶闸管和晶体管。若晶体管关

断，则电感产生电流经由二极管通向负载，电压高于 u_1。当晶体管导通时，晶闸管和晶体管中再次有电流流过。电容起到稳压的作用，为负载提供恒流，电感视做无效。选择电路中合适的元件参数，就可通过负载来调节直流电压的水平。

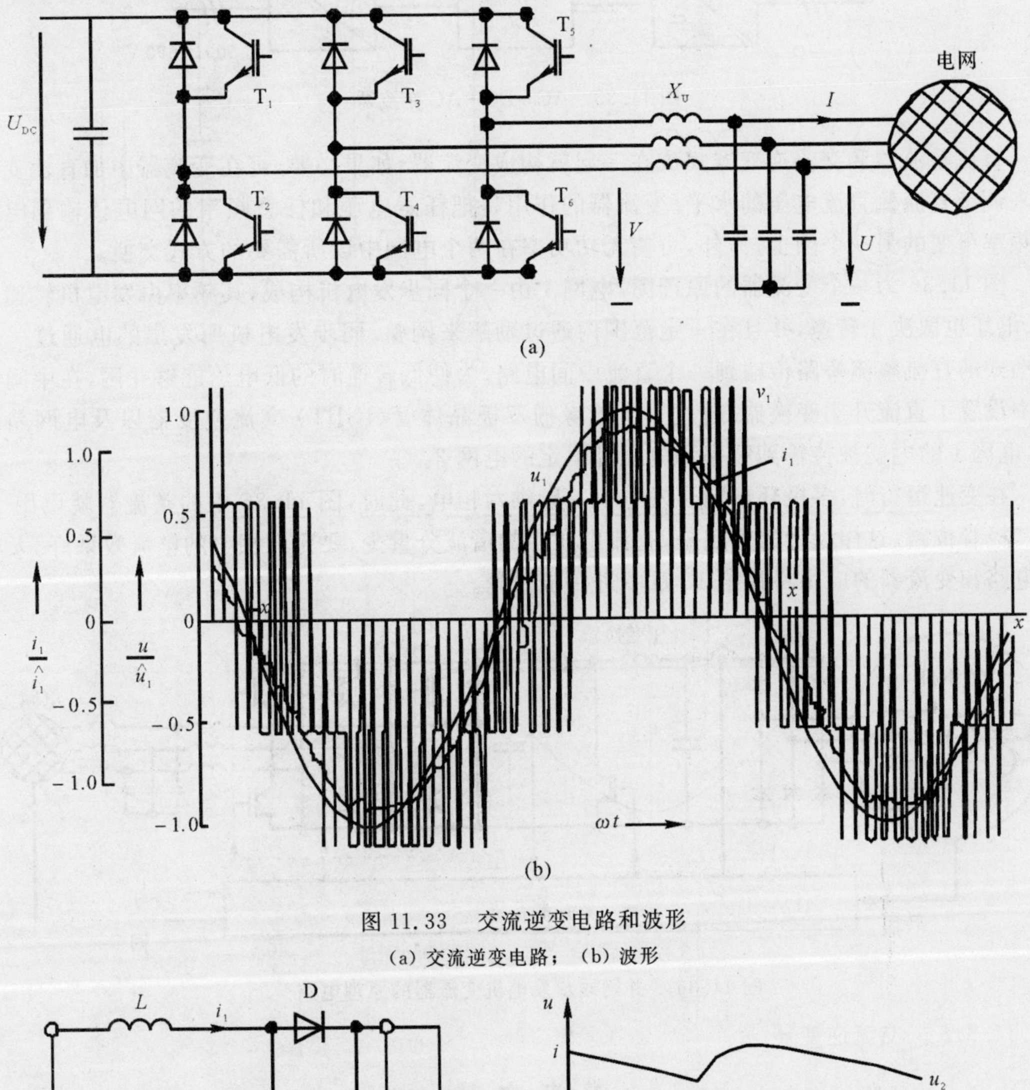

图 11.33　交流逆变电路和波形

(a) 交流逆变电路；(b) 波形

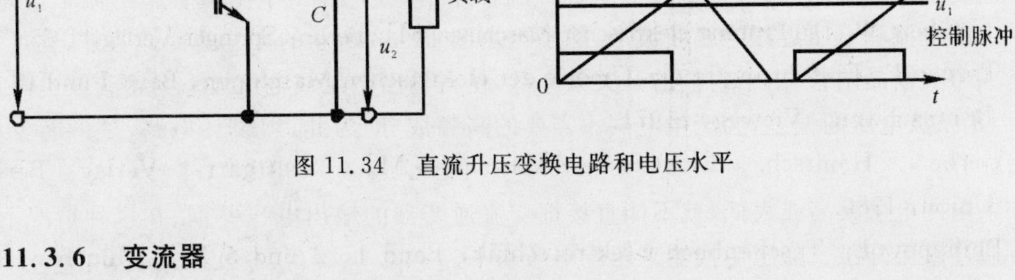

图 11.34　直流升压变换电路和电压水平

11.3.6　变流器

当今，兆瓦级风力机在额定风速以下（4 ～ 12 m/s）变转速运行，始终工作在设计点 λ_{opt}。由同步或异步发电机所产生的电压既不是恒频(50 Hz),也不是恒压(690 V或400 V)。只有通过AC-DC-AC变流器,其电功率才能输出并网,如图11.35所示。

图11.35　AC-DC-AC变流器

直流整流器和交流逆变器集成在一起就构成变流器。如果必要,可在变流器中加直流变换器来调节直流侧直流电压的水平。变流器的作用是把任意电压和任意频率的网电传输到电压和频率可变的另一个网上。另外,可使无功功率在两个电网中以所需要的方式交换。

图11.36为一个变流器的原理图。电网1由一个同步发电机构成,其频率由发电机转速决定。电压也取决于转速,并且在一定范围内通过励磁来调整。同步发电机所发出的电通过一个被动式的直流整流桥路传输到一个直流中间电路。为使低转速时的低电压能够并网,在中间电路中设置了直流升压变换器。通过一个绝缘栅双极晶体管(IGBT)交流逆变器以及电网晶体管,电网1的电能被传输到频率和电压都恒定的电网2。

在变速运行时,多极环形同步发电机一般供六相电。此时,图11.36中的整流器就要用12个二极管桥路。这样设计的优点是,直流电压中的谐波分量少,要比三相电的整流效果好。大功率电路和变流器的应用将在第13章中进一步讨论。

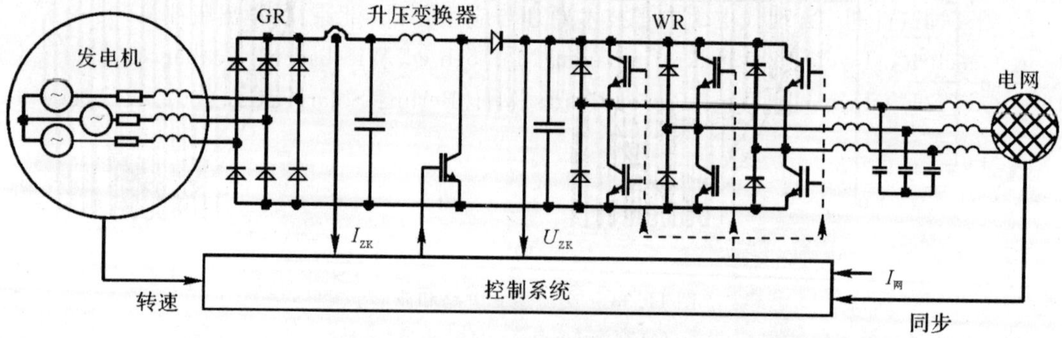

图11.36　并网同步发电机变流器的原理电路

参考文献

[1]　Nürnberg W. Die Prüfung elektrischer Maschinen[M]. Berlin: Springer-Verlag, 1965.

[2]　Taegen F. Einführung in die Theorie der elektrischen Maschinen, Band I und II[M]. Braunschweig: Vieweg, c1971.

[3]　Gerber, Hanitsch. Elektrische Maschinen[M]. Stuttgart: Verlag Berliner Union, 1980.

[4]　Philippow E. Taschenbuch Elektrotechnik, Band 1, 2 und 5[M]. München: Carl Hanser Verlag, c1965.

[5]　Beitz W, Küttner K H. Dubbel, Taschenbuch für den Maschinenbau[M]. Berlin:

Springer-Verlag，1984.

[6] Heumann K. Grundlagen der Leistungselektronik[M]. Stuttgart：Teubner，1996.

[7] Geiger H，Scheel K. Handbuch der Physik，Band 17[M]. Berlin：Verlag von Julius Springer，1926.

[8] TKOTZ K. Fachkunde Elektrotechnik[M]. 22th ed. Haan-Gruiten：Europa-Lehrmittel Nourney，2000.

[9] Heier S. Windkraftanlagen[M]. Stuttgart：Teubner GmbH，2003.

[10] Fischer R. Elektrische Maschinen[M]. München：Carl Hanser Verlag，1979.

[11] Weh H. Elektrische Netzwerke und Maschinen in Matritzendarstellung[M]. Mannheim：Hochschultaschenbücherverlag，1968.

[12] Pfaff G. Regelung elektrischer Antriebe[M]. München：Oldenbourg Verlag，1984.

[13] Fuest K，Döring P. Elektrische Maschinen und Antriebe[M]. 6th ed. Wiesbaden：Vieweg-Verlag，2004.

[14] Quaschning V. Regenerative Energiesysteme[M]. 4th ed. München：Hanser-Verlag，2006.

[15] Kremser A. Elektrische Maschinen und Antriebe[M]. 2nd ed. Wiesbaden：Teubner-Verlag，2004.

[16] 华成英. 模拟电子技术基本教程[M]. 北京：清华大学出版社，2006.

[17] 张一工，肖湘宁. 现代电力电子技术原理与应用[M]. 北京：科学出版社，1999.

[18] Gasch R，Twele J. Windkraftanlagen[M]. 5th ed. Wiesbaden：Teuber，2007.

[19] Gasch R，Twele J. Wind Power Plants[M]. Berlin：Solarpraxis，2002.

第 12 章　风力发电机组的控制和运行

美国风力机是最早的可在无人干预下运行的风力机。在这种风力机中，控制和运行完全交织在一起，主风向舵使风力机迎着风向工作。这是一个最简单的控制系统。它既是一个风向仪，感受风向和转子轴向的偏差，同时又是一个执行器，产生驱动力，调整风力机轴向和风向的偏差，如图 12.1 所示。

主风向舵与偏航舵一起从停机到飓风整个运行范围对风力机进行控制。当风很强时，弹簧发生变形，风轮斜对风向。转速、功率和塔架的推力都将减小，如图 12.1 所示。本章的 12.6 节中列举了其他用于小型风力机的简单机械控制系统。

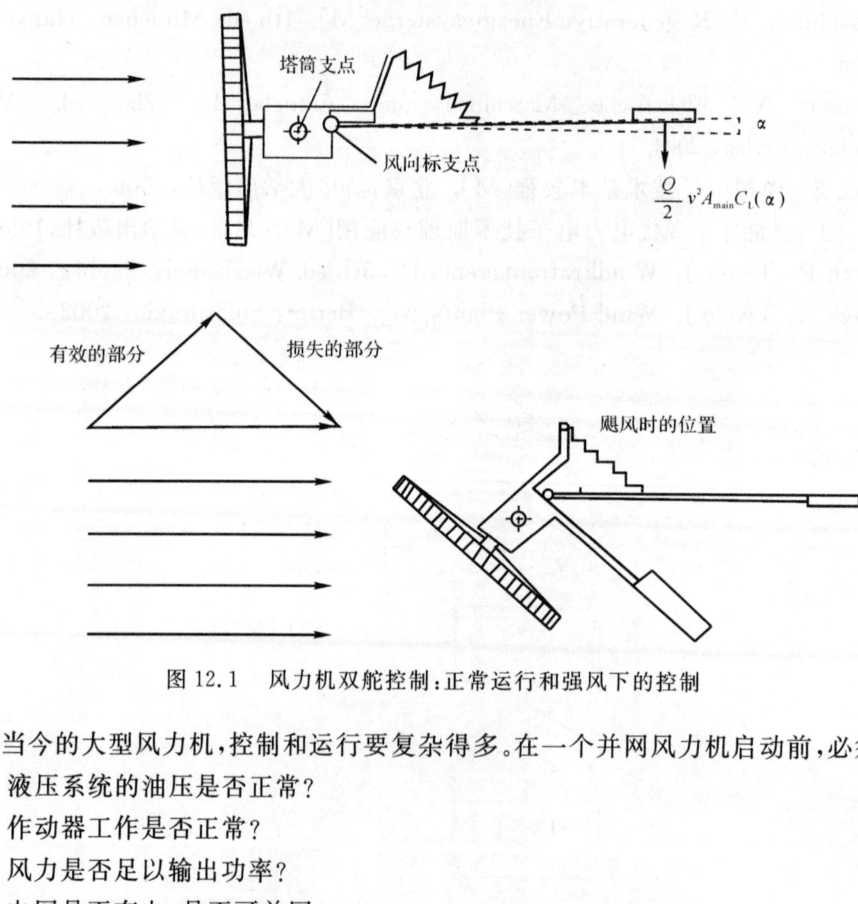

图 12.1　风力机双舵控制：正常运行和强风下的控制

对于当今的大型风力机，控制和运行要复杂得多。在一个并网风力机启动前，必须要检查：

—— 液压系统的油压是否正常？

—— 作动器工作是否正常？

—— 风力是否足以输出功率？

—— 电网是否有电，是否可并网？

等等。

这就是运行系统的任务。还应进行试运行。例如，可以从空转到并网工作区 1 运行；从正常工作区 1 到强风工作区 2 过渡，如图 12.2 所示。

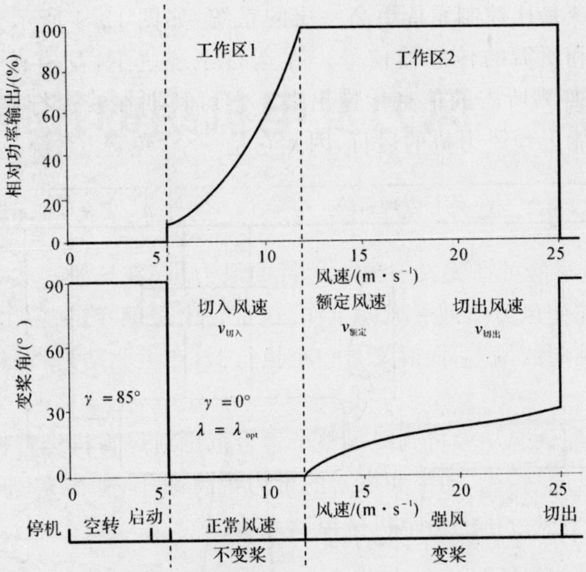

图 12.2　一台大型风力机功率和桨角随风速的变化

尽管控制系统要及时给运行系统传递信息，指示所处状态，但在每一个工作区，例如正常工作区 1(风速为 4 ～ 12 m/s)，控制系统都将自动运行。

只有这样才能决定，控制任务是否继续执行或者是否向另一个工作区转换。图 12.3 表示简化的风力机运行控制流程。

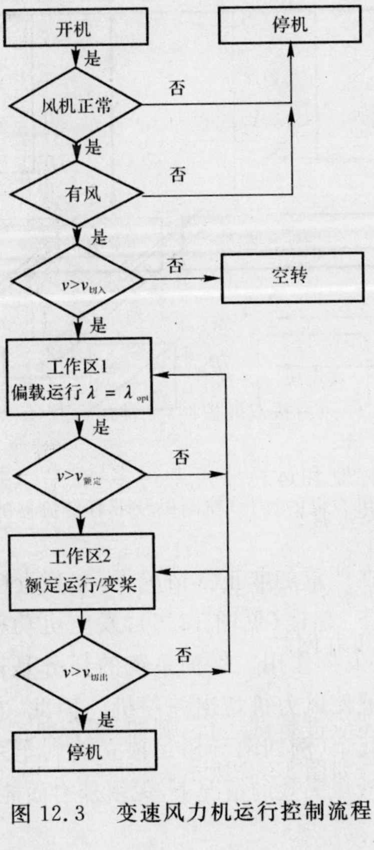

图 12.3　变速风力机运行控制流程

风力机的运行系统是比控制系统更高一层的系统，如图 12.4 所示。图 12.5 表示变速风力机的关键控制单元和所需的传感器信号。在运行系统之下，配有监测系统，如图 12.4 所示。监测系统把远程监测所需的信息传递出来。它可长期在线运行或可通过调制解调器读取。但监测系统并不能干预风力机的运行，因此它是一个“免责”系统。

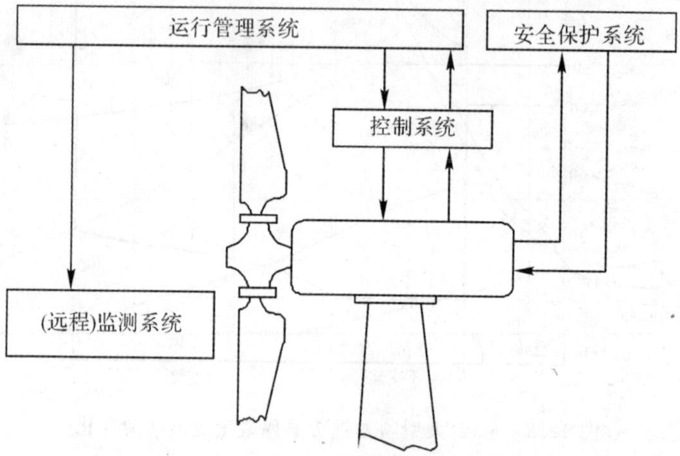

图 12.4　各个系统的层次

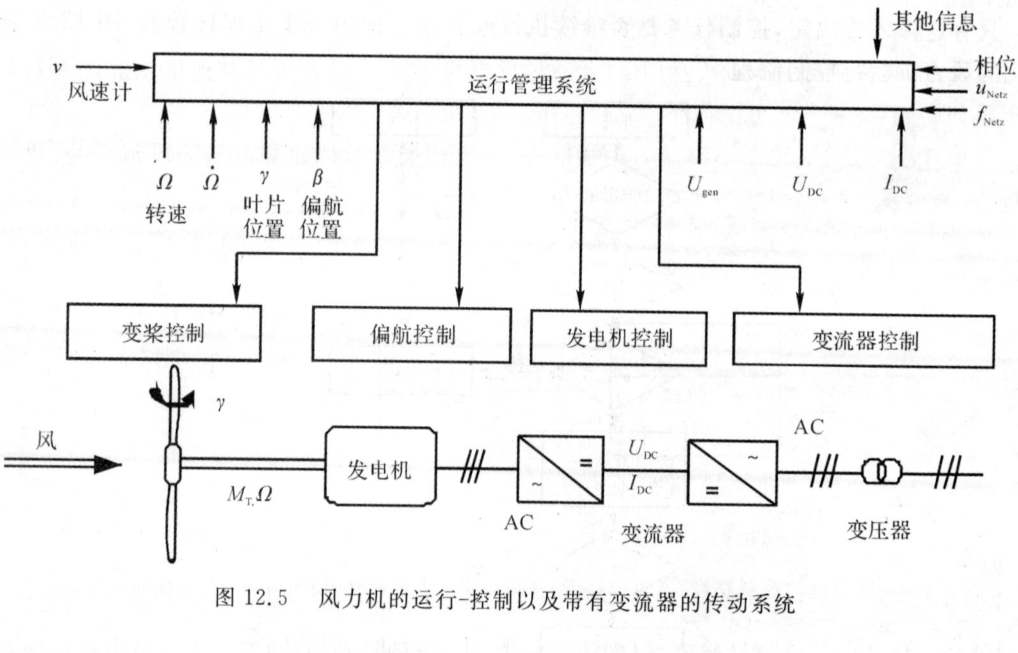

图 12.5　风力机的运行-控制以及带有变流器的传动系统

保护系统则完全不同。它在严重的非正常情况下，立刻直接采取行动，而无须得到运行系统的指令。例如在下列情形之下：超速（见图 12.6）；发电机功率或转矩过大；振动超标（叶片结冰）；油温过高等，保护系统将发挥作用。保护系统的任务是避免风力机损坏。它必须在上述的非正常情况下，快速、可靠地使风力机切出并停机。因此，它必须简单、稳健（最好以硬件为基础），同时最关键的部件要冗余（例如两套相互独立的刹车系统），并且能容错运行。这就意味着，保护系统在电气中断或液压失效的情况下，无须外力而能自动地把风力机转入安全状态

(例如刹车至停机)。在风力机任何运行状态和试运行中这些功能都要能起作用。

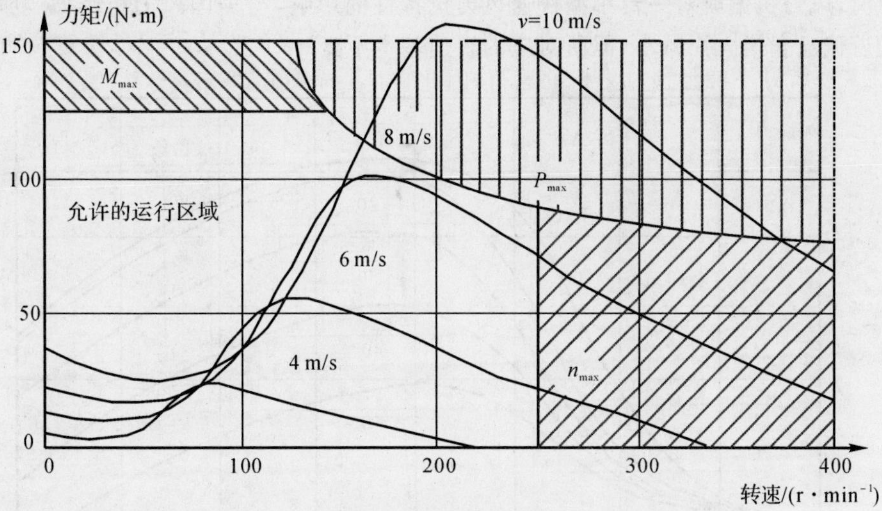

图 12.6　由转速和转矩所确定的工作范围

12.1　对传动系统施加影响的可能性

原则上,可以通过风轮的气动力或者通过发电机的负荷或者通过其他传动部件来对传动系统施加影响。

如第 3 章所述,风轮产生驱动力矩和推力。力矩和推力与风速和气流的攻角有关,攻角则与转速、桨角以及转子轴线与风向的偏航角有关。

驱动力矩驱动机器做功。驱动力矩减去负荷力矩所剩余的力矩使得传动系统加速,如图 12.7 所示。

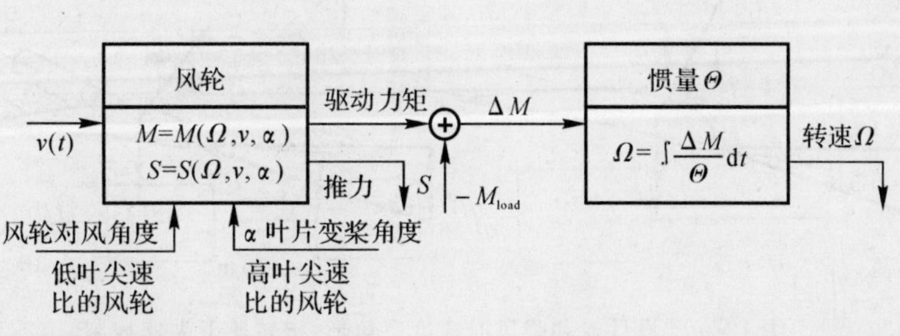

图 12.7　风力机的控制路径:通过偏航(慢速风力机)或者变桨(快速风力机)来施加气动影响

在对控制过程进行定量研究时,必须考虑传动系统的转动惯量。对于大型风力机还要考虑其扭转振动特性。叶片上气动力的作用形成得很快,使得稳态所得到的偏载特性仍然可以应用,参考 12.7 节。

12.1.1　气动作用的可能性

在强风时减小风轮功率的措施有:使风轮偏航(美国风力机);固定转速,使气流在叶片上分离;叶尖刹车动作。更好的方法是改变叶片的桨角。对此我们在下面要详细讨论。图 12.8 表示当强风时,风力机偏航对一台小型快速风力机特性的影响,与美国风力机类似。功率曲线的最大值随着偏航角增大而减小,但所对应的转速基本不变。

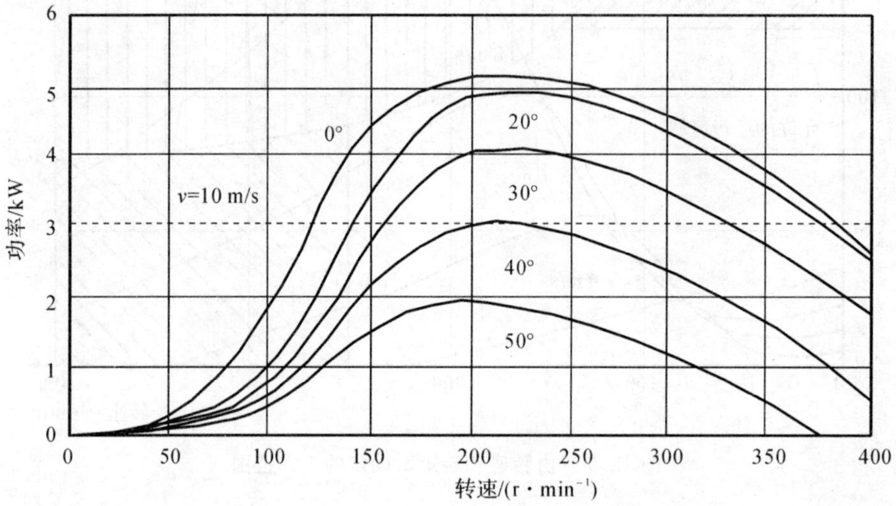

图 12.8　偏航对快速风力机功率输出的影响

如果使转子转速恒定,当强风时,风速三角形的切向分量不变,如图 12.9 所示。20 世纪 50 年代,丹麦型风力机的发明者 Johannes Juul 就发现,由气流分离就可限制风力机的功率。强风时,攻角 α_A 增大,流过叶片的气流分离,即失速。此时,阻力急剧增大,使得合力 F 向后转。如果叶型设计得合适,由于转速恒定,可使气动力 F 在切向的投影基本不变(强风时),因而风力机功率就不变。

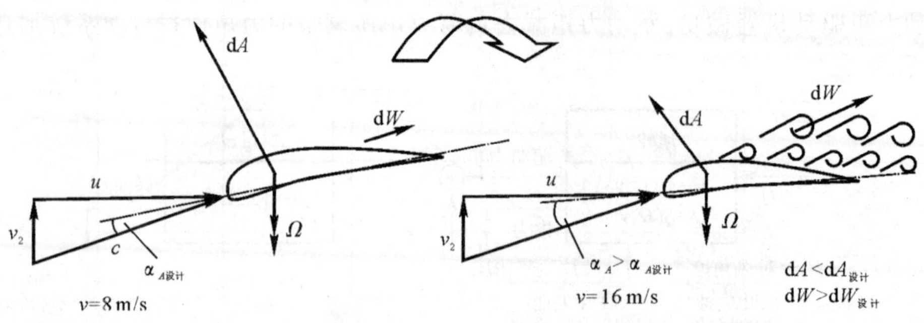

图 12.9　设计点和强风时速度三角形:定转速下失速控制

Juul 利用异步发电机设计出了“丹麦型”风力机。异步发电机的转速与电网的频率(50 Hz)基本一致。关键是如何利用气流分离来实现功率控制。

叶尖刹车机构作为气动刹车,防止风力机超速,限制和控制功率。它在气动力和离心力的共同作用下动作,或者由液压系统来控制。

翻转板的刹车力矩很容易估算。假设翻转板位于叶片外半径 R 处,来流速度只考虑切向速度 ΩR。使转子上的驱动力矩 M_R 与刹车力矩 M_{K1} 相等,就可得到

$$C_M(\lambda)v^2 A_R R\rho/2 = C_{WK1} A_{K1} R(\Omega R)^2 \rho/2 \tag{12.1}$$

式中，A_R 和 A_{K1} 分别表示转子和翻转板的面积；C_{WK1} 为翻转板的阻力系数，根据翻转板的型面，C_{WK1} 一般取值为 1.2～2.0；$C_M(\lambda)$ 表示转子的力矩系数。刹车力矩 M_{K1} 阻止风力机转子旋转。

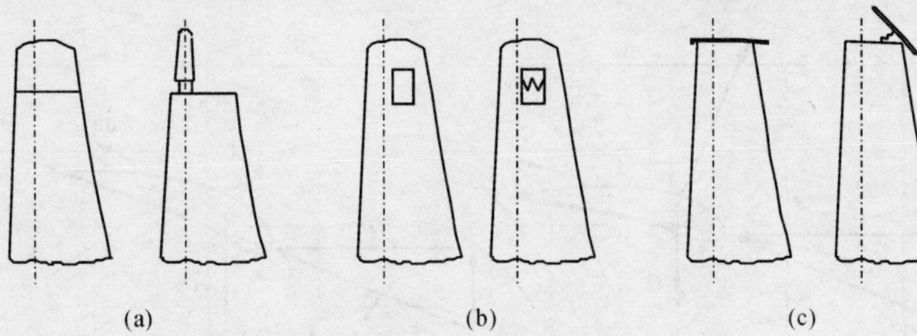

图 12.10　叶尖刹车的结构形式

(a) 可旋转的叶尖；(b) 叶片上的翻转板；(c) 可翻转的叶尖

方程(12.1)可用翻转板的力矩系数无量纲表达为

$$C_M(\lambda) = C_{MK1}(\lambda) \tag{12.2}$$

代入方程(12.1)可得

$$C_{MK1} = C_{WK1}\lambda^2 A_{K1}/A_R = f\lambda^2 \tag{12.3}$$

式中，系数 $f = C_{WK1}A_{K1}/A_R$ 包含了翻转板的面积和转子面积之比。

把式(12.3)表示的关系式和风力机的 $C_M(\lambda)$ 曲线画在一起，就得到图 12.11，其中面积比 f 作为参数示出。曲线的交点就是带有翻转板风力机的工作点。

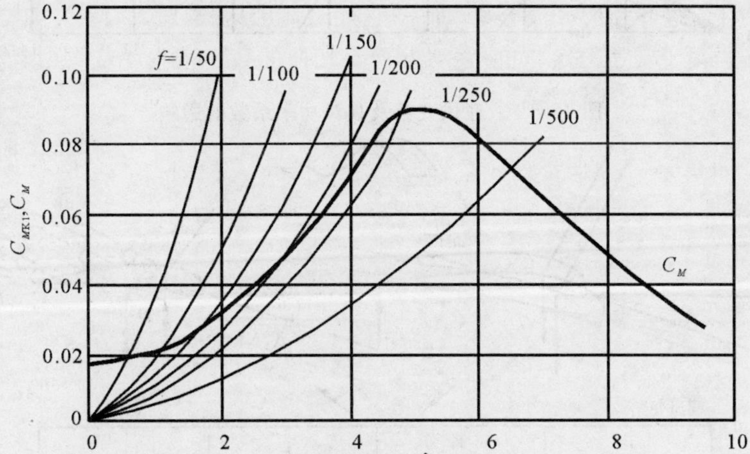

图 12.11　转矩系数曲线 $C_M(\lambda)$ 和翻转板的工作点

对于快速风力机，只需要很小的翻转板面积。例如，风力机设计叶尖速比 $\lambda_A = 7$，当超速时，面积比约为 1/500 的翻转板动作后，风力机空载叶尖速比 λ_{Leer} 就从 13 降到约 6.5。

与快速风力机不同，慢速风力机则需要很大面积的翻转板。这样的叶尖刹车机构显然不合适。

对转子施加最精准的气动影响方式是调整叶片的角度，即变桨。可采取两种变桨形式：

(1) 迎风变桨。通过增大叶片安装角 γ，使气流攻角 α 变小，即使叶片前缘迎风旋转，如图 12.12

所示。

(2) 顺风变桨。通过减小叶片安装角 γ，使气流攻角 α 变大，即使叶片前缘顺风旋转，如图 12.13 所示。

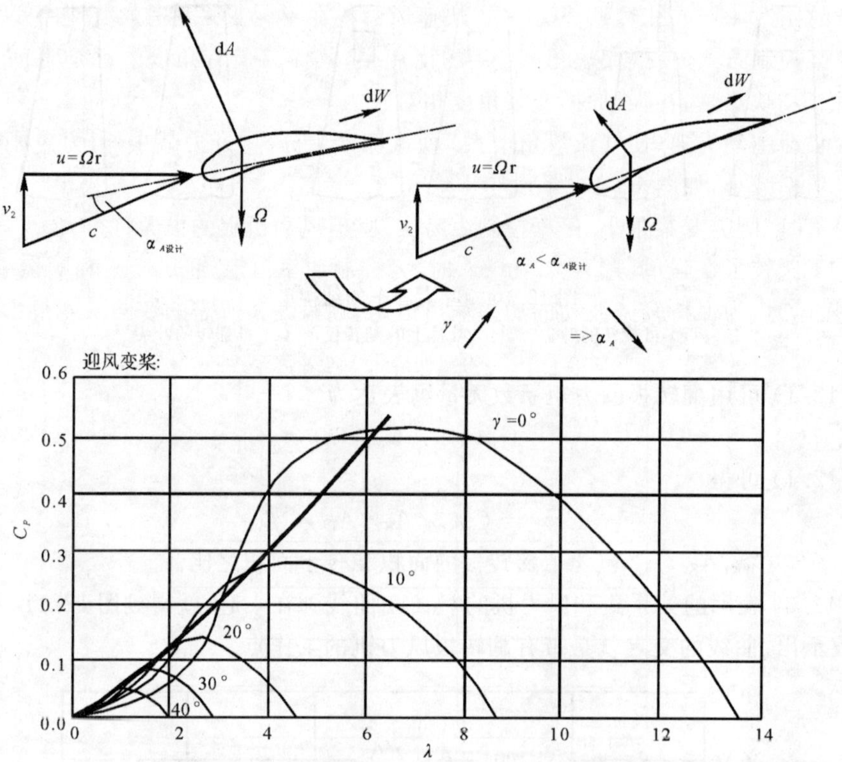

图 12.12　迎风变桨及其对功率系数的影响

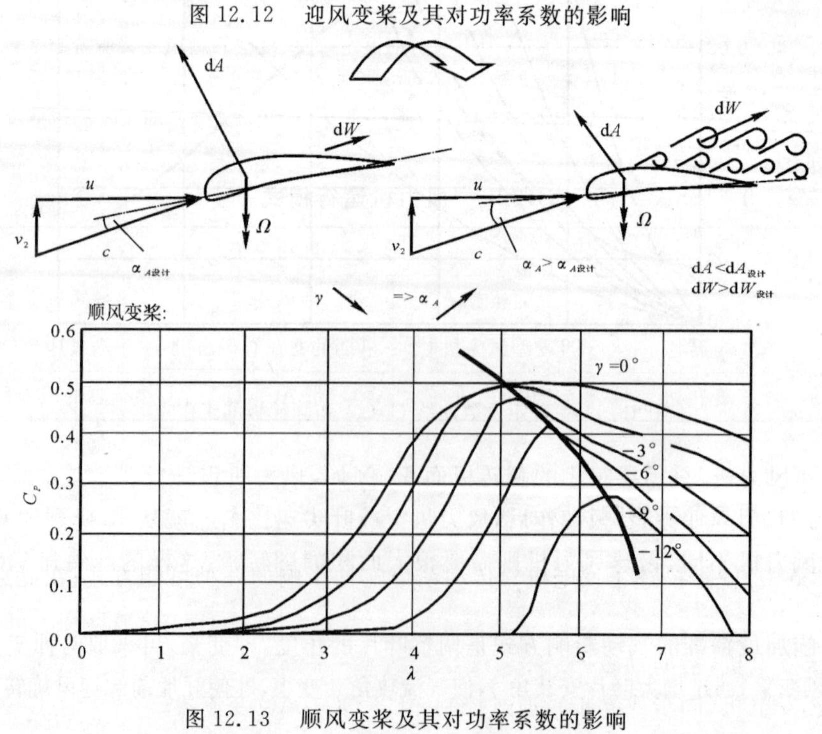

图 12.13　顺风变桨及其对功率系数的影响

如图 12.12 所示，迎风变桨使气流攻角 α_A 比设计点处的最佳攻角 $\alpha_{A设计}$ 小，则叶片上的升力将减小，于是，在同样风速下，风力机功率将减小。升力的切向分量是转子的驱动力，当攻角减小时，它将减小。图 12.12 下部的曲线表示变桨对功率系数的影响。

第 7 章的图 7.11 ～ 图 7.13 表示一台快速风力机在不同变桨角时的特性曲线。

迎风变桨控制方式(使气流攻角减小)的优点是，气流在所有角度下都是附面流，故较为精确，运行稳定。缺点是，在强风时，变桨角度相对较大。

顺风变桨即主动失速(使气流攻角增大)使气流产生分离，升力减小，阻力急剧增大，从而导致风力机功率减小，如图 12.13 所示。

顺风变桨时，所需变桨角小，停车控制容易实现，但风力机上的推力将很大。

图 12.14 比较了在强风(12 ～ 25 m/s)时，为控制功率恒定，迎风变桨和顺风变桨所需的变桨角。在强风时，为保持轻微波动的功率输出恒定，顺风变桨所需的变桨角度很小。

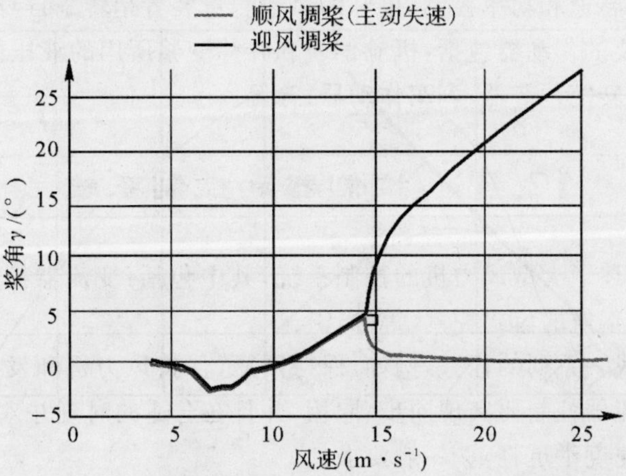

(12 ～ 25 m/s)时，为控制功率恒定，迎风变桨和顺风变桨所需的变桨角度

把对转子施加影响的各种可能方式归纳起来，就可得到表 12.1 所列的各种方案。每种方案在实际中都有应用实例。

表 12.1　风力机运行模式

		叶片变桨		
		定桨	迎风变桨	顺风变桨
叶轮转速	定转速	丹麦型风力机	早期的兆瓦级风力机	主动失速型风力机
	变转速	充电风力机	带 AC－DC－AC 变流器的风力机	

12.1.2　利用负荷来影响传动系统

在第 11 章中，曾经描述了发电机对传动系统施加影响的几种可能方式。在此只简单地回顾如下：

(1) 同步发电机：借助励磁。

(2) 变速发电机(同步或异步)：通过控制 AC－DC－AC 变流器。

(3) 异步发电机:通过极数切换,4 级切换到 6 级。

(4) 带滑环的异步发电机:通过改变转子的电阻。

12.2　传感器和作动器

像美国风力机中的偏航舵一样,在传统的离心调节器中,传感器和作动器的特性也是一体的。即使今天,这种控制仍然用于小型风力机的调桨,参见 12.6 节。对于较大型的风力机,一般情况下,传感器和作动器是分开的,因为在风力机上若干个位置要安装不同类型的传感器。大型风力机上最重要的传感器包括:机舱上安装的风速和风向仪;转速传感器;电压、电流和相位传感器;振动传感器;油温和油位传感器;机舱齿位和叶片桨角传感器;限位器;等等。

值得注意的是,机舱风速仪给出的并非真实的风速,而只是"机舱风速"。因此,这个信号只用于开机,而不能用于转速和功率控制。更好的风速测量装置是转子自身,后面将要讨论。

大型风力机最重要的作动器包括:机舱偏航和叶片变桨所用的液压作动筒;执行上述任务的调节电机;发电机的转矩调节器;刹车作动器;等等。

12.3　控制器和控制系统

曾在图 12.5 中描述了大型风力机的控制系统,其中包括:变流器控制,发电机励磁控制,桨角控制(变桨),机舱偏航的齿式控制,等等。

变流器控制要完成一系列的任务,例如,保持网压,保持风力机和发电机转矩的最佳匹配等。风力机并网时,变流器控制要实现同步、同相,并且在合适的时刻并入电网。

控制系统的响应速度举足轻重。一般要求:

(1) 偏航:360°/5 min。

(2) 变桨:(2° ～ 8°)/s。

(3) 发电机转矩控制:快速。

(4) 频率控制:高速。

由发电机实施的转矩控制响应速度是变桨速度的 10 倍左右。

风力机中用的控制器大部分是简单的 P-I-D 控制器。因无输入信号,截至目前很少应用诸如状态控制器或者基于观测器的控制器等复杂系统。表 12.2 归纳了标准控制器最重要的特性。

美国风力机的风向舵以及离心调节器就是纯线性反馈控制:控制量 y 与控制输入信号成正比,即 $y = kx$。线性控制器响应快,但控制结果与目标会存在一定的偏差。

在 P-I 控制器的反馈中,引入了积分项,可使得控制偏差逐渐趋于 0。

如果要使控制偏差迅速消除,则要运用 P-I-D 控制器,即在反馈中引入微分项,但其中时延 T_d 是不可避免的。

过去可在市场上买到模拟器件形式的 P-I-D 控制器,它由放大器、电阻、电容和线圈构成。现在可在控制计算机中实现数字化的 P-I-D 控制,同时,风力机的运行控制也在同一台控制计算机中完成。某些风力机制造商自己研发控制系统;而另外一些制造商则利用标准化的工业控制器,例如 PLC(可编程控制器),可根据不同类型风力机的特殊需要来编程。

表 12.2　标准控制器的主要特性

	时域	频域	数字化
比例控制	$y = k_{\mathrm{p}} x$	$\hat{y} = k_{\mathrm{p}} \hat{x}$	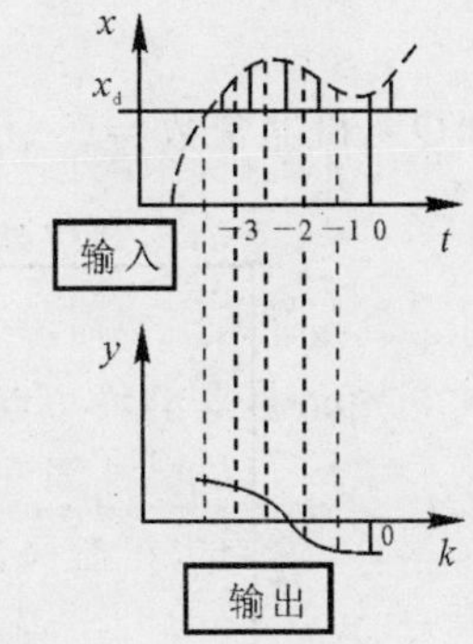
比例积分	$y = k_{\mathrm{p}} x + k_{\mathrm{i}} \int x \mathrm{d}t$	$\hat{y} = \left(k_{\mathrm{p}} + \dfrac{k_{\mathrm{i}}}{s}\right) \hat{x}$	
比例积分微分	$y + T_{\mathrm{d}} \dot{y} = k_{\mathrm{p}} x + k_{\mathrm{i}} \int x \mathrm{d}t + k_{\mathrm{d}} \dot{x}$	$\hat{y} = \left(k_{\mathrm{p}} + \dfrac{k_{\mathrm{i}}}{s} + k_{\mathrm{d}} \dfrac{s}{1 + sT_{\mathrm{d}}}\right) \hat{x}$	
	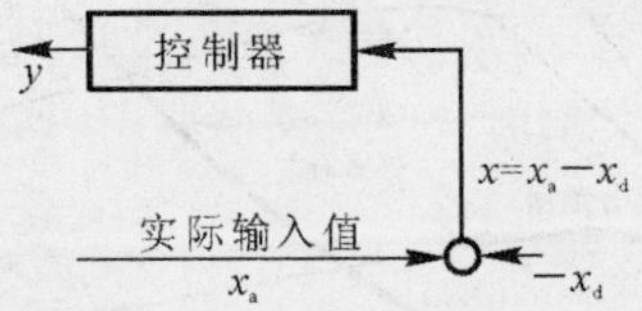		$y_0 = (a_0 x_0 + a_{-1} x_{-1} + a_{-2} x_{-2} + \cdots) + (b_{-1} y_{-1} + b_{-2} y_{-2} + \cdots)$ 注意:时间延迟,飞点

在数字化的控制系统中,以千赫的速度来采集传感器测得的信号 x_{a},与目标值 x_{d} 进行比较,$x = x_{\mathrm{a}} - x_{\mathrm{d}}$,然后在计算机中根据 P-I-D 控制进行加权,如图 12.5 所示。

数据采集会有一个时间间隔 Δt。实际中,有时由于大功率元件或其他干扰源的干扰,传感器信号 x 在某些点会出现伪值。因此,风力机的控制就不能仅依据最后 2 个或 3 个数据 x_0,x_{-1} 和 x_{-2} 来实现。在控制器处理之前,必须检验数据的有效性,例如,利用最小二乘法来检验。远离置信区间的数据将被识别出来并剔除掉,用可靠的估计值来替代。

12.4　变速变桨风力机的控制律

图 12.2 表示了一台风力机的理想运行律。在正常风速区域(4 ~ 12 m/s),即工作区 1,风力机始终在最佳工作点运行,即叶尖速比 λ 始终等于功率系数最大所对应的最佳叶尖速比 λ_{opt}。在强风区,即工作区 2,风力机功率和转速通过变桨而保持恒定。如何实现这一控制过程呢?

由于转子和机舱的影响,机舱测风仪所测数据是不可信的。因此,须用转速信号来支持。在工作区 1,即最佳运行状态,转速与风速成正比,即

$$\lambda_{\mathrm{opt}} = R\Omega / v \tag{12.4}$$

分析图 12.15 所表示的力矩-转速图,将得到进一步的结果。图中还表示出最佳功率曲线。在正常风速区域,发电机要达到图示的最佳功率输出。

发电机的功率为

$$P_{\mathrm{opt}} = M_{\mathrm{G}} \Omega \quad 或 \quad M_{\mathrm{G}} = P_{\mathrm{opt}} / \Omega$$

而

$$P_{\mathrm{opt}} = C_{P\mathrm{opt}} \rho v^3 \pi R^2 / 2 \tag{12.5}$$

故

$$M_G = \frac{C_{Popt}\rho v^3 \pi R^2/2}{\Omega} = \frac{C_{Popt}\rho\pi R^2 R^3}{2\Omega\Omega^2 R^3/v^3}\Omega^2 =$$

$$\frac{C_{Popt}\rho\pi R^5}{2\lambda_{opt}^3}\Omega^2 = Q\Omega^2 \tag{12.6}$$

式中，Q＝机器常数＝$C_{Popt}\rho\pi R^5/(2\lambda_{opt}^3)$。

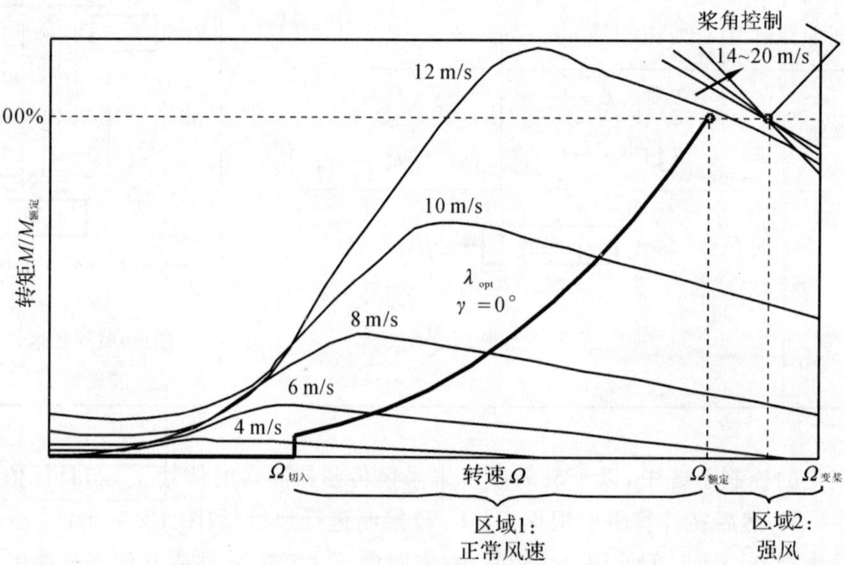

图 12.15　转矩和转速特性线以及最佳功率曲线

如果发电机按式(12.6)所给出的控制函数来控制，则在正常风速区域输出功率达到最佳值。此时，风速并不出现在控制函数中。机器常数 Q 则由设计值得到。机舱风速仪的信号不用于控制系统，而用转速信号来代替(最好的风速仪是转子本身)。

在大于 12 m/s 的强风区，控制律发生改变。此时最简单的情况是保持转矩恒定。为此必须变桨，以保证转速和功率恒定。考虑到控制系统的动态特性，只能近似地保持转速恒定。另外，为减小结构负荷，平滑功率输出，转速需要有微量的变化。

为了避免在正常风速控制区和强风控制区之间频繁切换，在强风控制区确定一个"固定"的变桨转速 $\Omega_{变桨}$，比额定风速对应的过渡转速略高一些，并且在控制区域切换前引入适量的滞后。

此处仅概要介绍了控制的思路。事实上，在强风区并不总是简单地保持转矩恒定。围绕"固定"转速点的控制策略可以是保持转矩恒定，也可以是保证功率恒定。由此可避免在强阵风时，发电机过载。

12.5　控制器的设计

在设计阶段，通常的做法是，把整个系统首先分成若干个关联较小的子系统，进行分离设计。例如：

—— 机舱的步进控制(偏航)；

—— 传动系统转矩和转速的控制；

—— 由发电机或变流器来完成的转矩电控(快速)；

—— 机电联动的变桨控制。

在开始阶段，应用传统的分析方法分析子系统很有帮助。设计P-I-D控制器时，线化近似处理常常能满足要求。若得到一个较好的解，则开始进行非线性数字化模拟，输入放大界值、幅值界值和分段非线性特性，如 $P = P(v, \Omega, \gamma)$ 等参数。然后考虑各个控制子系统的关联，例如，在传动系统上既作用有发电机端的快速转矩控制，也作用着慢速的变桨控制。除此之外，还要考虑扭转振动特性。

为此，可借助软件 SIMULINK。该软件以较简单的方式把传动系统的振动模型和控制器的设计关联在一起。

如图 12.16 所示，考虑到塔架-机舱的轴向振动，需把结构动力学融合在控制系统中。由于塔架振动 $\dot{u}_T(t)$ 的存在，转子感受到的不再是风速 $v(t)$，而是风速和塔架振动速度之差。另外，叶片变桨将改变塔架推力，从而影响塔架的振动。于是就会产生互相作用。

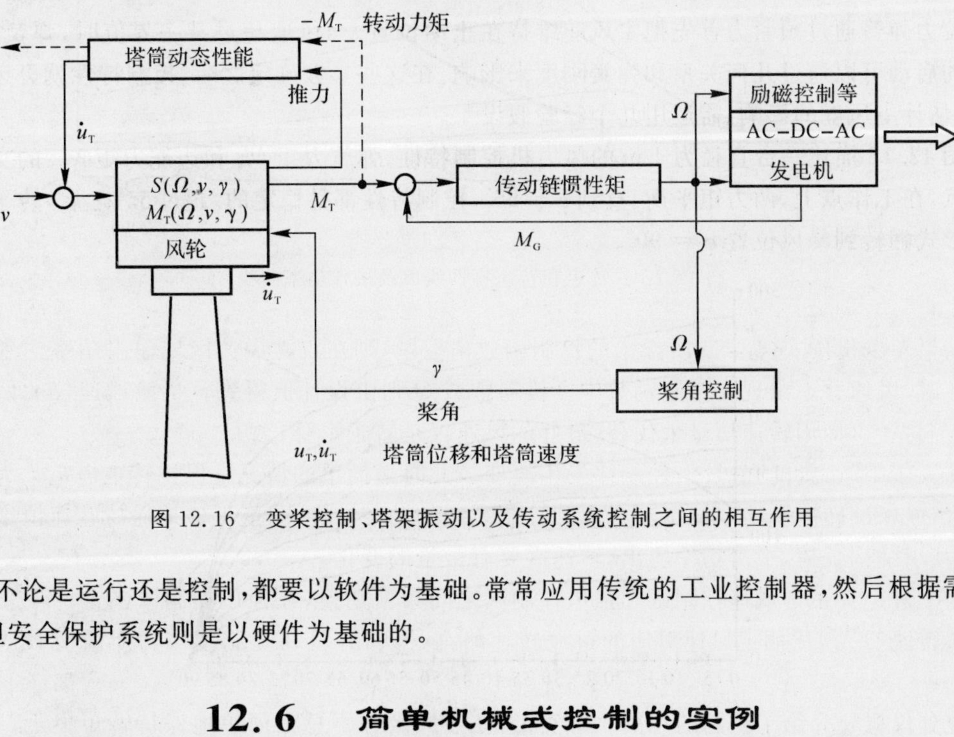

图 12.16　变桨控制、塔架振动以及传动系统控制之间的相互作用

不论是运行还是控制，都要以软件为基础。常常应用传统的工业控制器，然后根据需求编程，但安全保护系统则是以硬件为基础的。

12.6　简单机械式控制的实例

在此介绍几种简单的机械控制形式。这些控制利用风压或者离心力来实现功率以及转速的调节，适用于直径不大于 5 m 的风力机。

12.6.1　基于风压的慢速风力机的控制

图 12.1 描述了双风舵控制的美国风力机。图 12.17 表示所谓的日蚀式控制，其中并不是用边舵来控制，而是转子上的推力起作用。

在图 12.1 所示的双舵控制中，当风力机正常运行时，主风舵上的气动力矩和边舵上的气

动力矩保持平衡，即

$$l_q \frac{\rho}{2}v^2 A_{\text{quer}} C_W = l_H \frac{\rho}{2}v^2 A_{\text{Langs}} C_A(\alpha) \tag{12.7}$$

式中，l_q 和 l_H 分别表示边舵和主风舵的力臂。

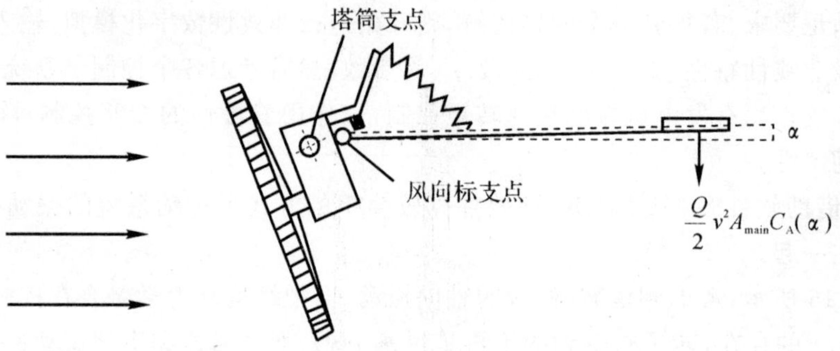

图 12.17　日蚀式控制

拉力弹簧通过预紧力首先把主风舵维持在止动位置。当风速超过某一界值时，弹簧变形。控制的启动可以通过几何关系和弹簧刚度来影响。在这些参数确定之后，控制特性就可计算得到。为估计主风舵的影响，需运用几个经验假设[6]。

图 12.18 描述一台直径为 4 m 的风力机控制特性。弹簧力矩 M_s 和边舵力矩 M_{tr} 的交点为工作点。在工作点上，两力矩平衡。直到 $\varphi = 55°$，控制特性都是稳定的。超过 55° 之后，转子以冲击的形式翻转到暴风位置 $\varphi = 90°$。

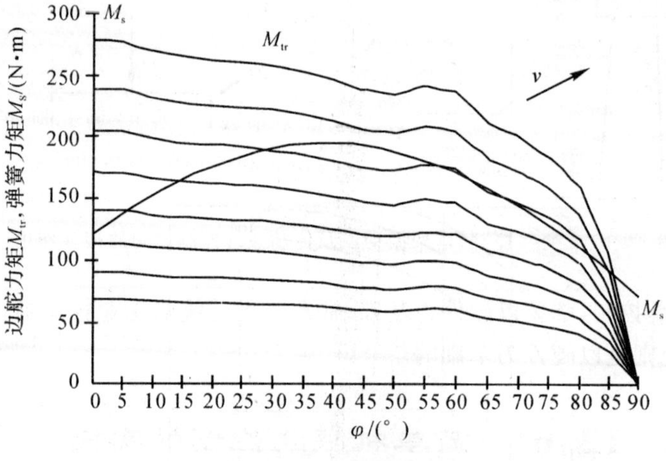

图 12.18　双舵控制特性

在图 12.17 所示的日蚀式控制中，转子的推力替代了边舵上的力，从而使转子偏离主风向。

12.6.2　基于风压的快速风力机控制

对于快速风力机，也可应用风压来控制。图 12.19 表示了一种控制形式。转子的推力和转子的重力在平衡位置 α（翻转角）处平衡。转子的重心位置可以由一根带质量的杆来调整。使转

子倾斜的推力为

$$S = C_S(\lambda)\frac{\rho}{2}A_{\mathrm{Rotor}}(v')^2 = C_S(\lambda)\frac{\rho}{2}A_{\mathrm{Rotor}}v^2\cos^2\alpha \tag{12.8}$$

由力矩平衡可得

$$Gl\cos(\alpha+\beta) = C_S(\lambda)\frac{\rho}{2}A_{\mathrm{Rotor}}v^2 e\cos^2\alpha \tag{12.9}$$

由此方程就可解出使倾斜角 α 为 0° 时的风速为

$$v_{\mathrm{begin}} = \sqrt{\frac{Gl\cos\beta}{C_S(\lambda)\frac{\rho}{2}A_{\mathrm{Rotor}}e}} \tag{12.10}$$

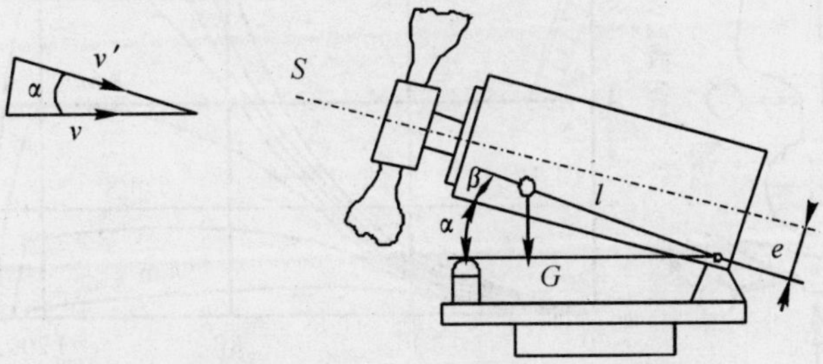

图 12.19　可倾式转子的结构

控制区 $v > v_{\mathrm{begin}}$ 时，则为

$$v = \sqrt{\frac{Gl}{C_S(\lambda)\frac{\rho}{2}eA_{\mathrm{Rotor}}}\frac{\cos(\alpha+\beta)}{\cos^2\alpha}} \tag{12.11}$$

对于快速风力机，推力系数与负荷关系不大。根据 Betz 理论，在设计点，推力系数 $C_S(\lambda_{\mathrm{opt}})=8/9$，空载时，$C_S(\lambda_{\mathrm{Leer}})=1.0\sim1.2$。取推力系数 $C_S(\lambda_{\mathrm{Leer}})$ 为1，则可得到图 12.20 所示的控制特性。如果重心位置足够低（$\beta<0$），翻转角 α 和风速的关系曲线就会较平缓。

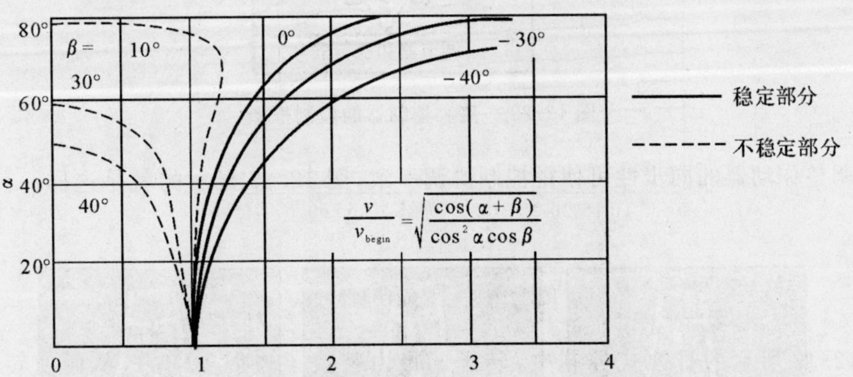

图 12.20　可倾式转子的控制特性

已经证实，上述简单的计算与实际情况符合得相当好。

12.6.3 基于离心力的快速风力机的控制

在强风区,从某一转速开始,随着转速增加,离心机构调节叶片桨角或者刹车板。单独的或者联动的所谓螺桨力矩调桨控制就属此类。图 12.21 表示这种控制的原理和转子的控制特性,图 12.22 则描述不同结构形式的控制流程。线性控制机构在所谓的线性离差范围内使转速恒定。

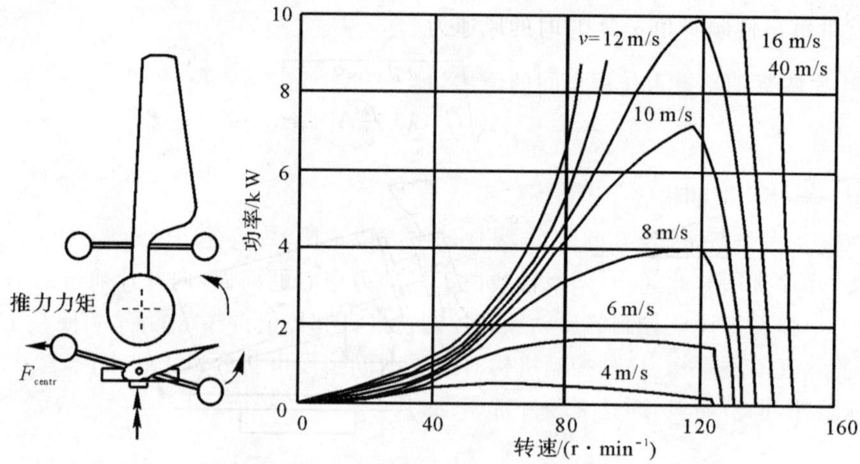

图 12.21　离心控制器的原理和特性

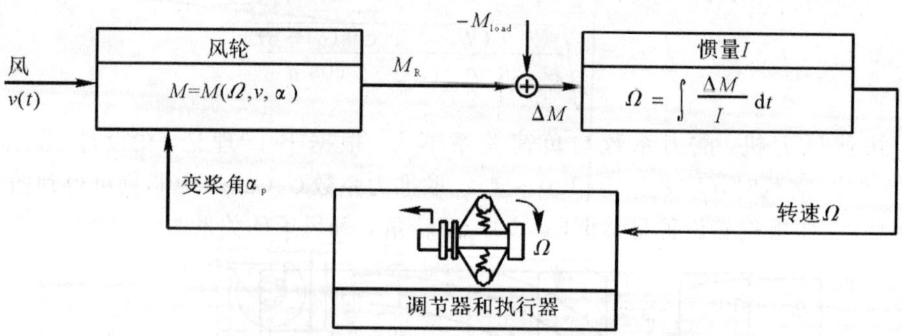

图 12.22　离心控制器的控制框图

通过调整作动器的同步性可使得控制协调一致。图 12.23 显示的就是这样一种同步调整的转子。

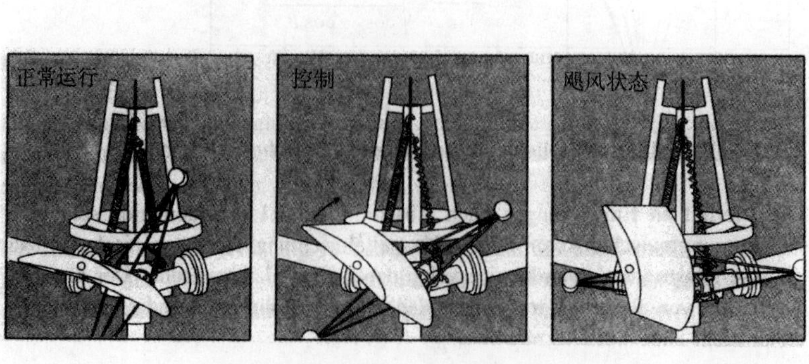

图 12.23　离心调桨风力机的轮毂

12.6.4　基于气动力的被动变桨

第 4 章和第 6 章曾经说明，在一定的攻角范围，气动升力和阻力都作用在叶片弦长的约 25％ 处。如果一个叶片不是按所谓的 $t/4$ 气动中心成型，就会产生转矩。根据叶片不同的成型形式，气动力矩使叶片迎风向扭转或顺风向扭转。扭转力矩 M_{stell} 可由调桨轴线和推力 S 间的距离 x 求得，即

$$M_s = xS \tag{12.12}$$

式中，x 为叶片调桨轴与推力作用点间的距离，且

$$S = \frac{\rho}{2}\frac{A}{3}v^2 C_S \tag{12.13}$$

S 为作用在一个叶片上的推力。

与其他气动力类似，扭转力矩 M_s 与风速的平方成正比，故适合用做调桨。对于一般使攻角变小的调桨，叶片必须如此成型，调桨轴线位于气动力中心的前面(向叶片前缘)。与离心调桨相仿，须用一个弹簧来调整控制的启动点和控制特性。同时，值得注意的是，须使 3 个叶片对称一致，以便消除气动不平衡。这种控制机构对于驱动同步发电机的风力机来说，除了叶片一致性调整较麻烦外，调节简单，而且无须外部驱动力。

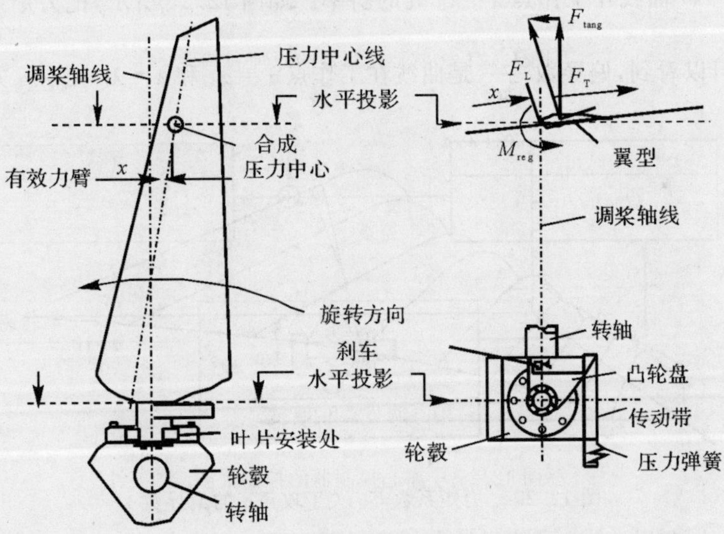

图 12.24　气动力被动变桨的原理[2]

12.7　风力机控制系统的微分方程及其在工作点的线化

对于变桨控制，必须注意，控制系统反应要足够快，以便在飓风来临时，能够保证风力机转速恒定。此外，控制系统必须稳定，不能出现发散的振荡。为此，必须分析描述控制系统特性的微分方程。图 12.7 曾经描述了风力机的控制流程。在此列出与之对应的控制微分方程

$$\Theta\dot{\Omega} + M_L(\Omega, P_{an}) - M_T(\Omega, v, \alpha) = 0 \tag{12.14}$$

式中，Θ 为转子和传动系统的惯性矩；M_L 为阻力矩；M_T 为驱动力矩；Ω 为风力机转速；P_{an} 为电功率；v 为风速；α 为攻角。

在变桨控制中，风力机的驱动力矩是关键参数，通过改变攻角 α 来改变它。此外，驱动力矩还与风速和转速相关，如图 7.11 和 7.12 所示。为近似地分析控制系统的动力学特性，宜将所给定的微分方程在固定的工作点进行线化处理。为此，可把驱动力矩 M_T 按泰勒级数展开。驱动力矩 M_T 由力矩系数 C_M 来表达。它取决于叶尖速比 λ 和攻角 α。

$$M_T = \frac{\rho}{2} A_R C_M(\lambda,\alpha) v^2 R = \frac{\rho}{2} A_R C_M\left(\frac{\Omega R}{v},\alpha\right) v^2 R \tag{12.15}$$

式中，ρ 为空气密度，R 为叶轮半径，A_R 为叶轮面积，λ 为叶尖速比。

对 M_T 关于 v，α 和 Ω 分别求偏导：

$$\frac{\partial M_T}{\partial v} = C_M(\lambda,\alpha) R \frac{\rho}{2} 2vA_R + \frac{\partial C_M}{\partial \lambda}\frac{\partial \lambda}{\partial v}\frac{\rho}{2} v^2 A_R R = \frac{\rho}{2} A_R R\left(2C_M(\lambda,\alpha)v - \frac{\partial C_M}{\partial \lambda}\Omega R\right) \tag{12.16}$$

$$\frac{\partial M_T}{\partial \alpha} = \frac{\rho}{2} A_R \frac{\partial C_M}{\partial \alpha} v^2 R \tag{12.17}$$

$$\frac{\partial M_T}{\partial \Omega} = \frac{\rho}{2} A_R \frac{\partial C_M}{\partial \lambda}\frac{\partial \lambda}{\partial \Omega} v^2 R = \frac{\rho}{2} A_R \frac{\partial C_M}{\partial \lambda} R^2 v \tag{12.18}$$

以上给出的偏导公式具有明显的含义。在以攻角 α 为参数、叶尖速比 λ 为横坐标的力矩图示中，$\frac{\partial C_M}{\partial \lambda}$ 表示 $C_M(\lambda)$ 曲线在工作点 $\lambda=\lambda_B$ 处的斜率。如图 12.25 所示，把力矩系数表示在 λ 和桨角 α 平面上，可以看到，偏导数 $\frac{\partial C_M}{\partial \alpha}$ 是曲线在工作点 $\alpha=\alpha_B$ 和 $\lambda=\lambda_B$ 处沿 α 方向的斜率。

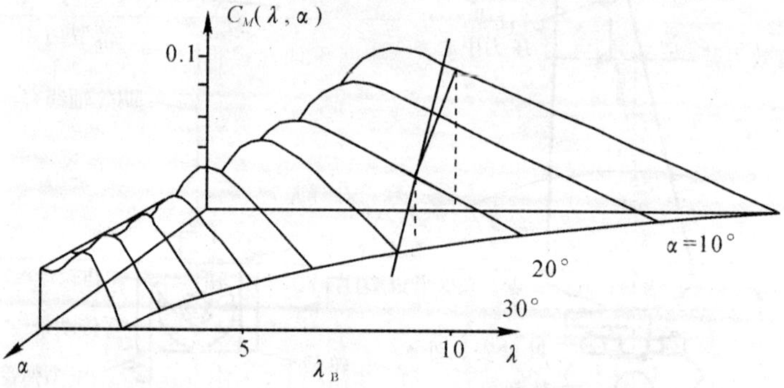

图 12.25　力矩系数 C_M 关于攻角 α 的偏导数

根据力矩系数的泰勒展开式，就可得到风力机驱动力矩 $M_T = M_T(\alpha,\Omega,v)$ 在工作点 $\lambda=\lambda_B$ 和 $\alpha=\alpha_B$ 附近的线化表达式

$$\begin{aligned}\Delta M_T &= \left.\frac{\partial M_T}{\partial v}\right|_{\substack{\alpha=\alpha_B\\ \lambda=\lambda_B}}\Delta v + \left.\frac{\partial M_T}{\partial \alpha}\right|_{\substack{\alpha=\alpha_B\\ \lambda=\lambda_B}}\Delta \alpha + \left.\frac{\partial M_T}{\partial \Omega}\right|_{\substack{\alpha=\alpha_B\\ \lambda=\lambda_B}}\Delta \Omega = \\ &\frac{\rho}{2} A_R R\left[2C_M(\lambda_B,\alpha_B)v_0 - \left.\frac{\partial C_M}{\partial \lambda}\right|_{\substack{\alpha=\alpha_B\\ \lambda=\lambda_B}}\Omega_0 R\right]\Delta v + \\ &\frac{\rho}{2} A_R R\left[\left.\frac{\partial C_M}{\partial \alpha}\right|_{\substack{\alpha=\alpha_B\\ \lambda=\lambda_B}} v_0^2\right]\Delta \alpha + \frac{\rho}{2} A_R R^2\left[\left.\frac{\partial C_M}{\partial \lambda}\right|_{\substack{\alpha=\alpha_B\\ \lambda=\lambda_B}} v_0\right]\Delta \Omega\end{aligned} \tag{12.19}$$

假设负载 M_L 只随转速线性变化，于是在 $\Omega=\Omega_0$ 和 $v=v_0$ 处就得到线性化的微分方程

$$\Theta\Delta\dot{\Omega}-\frac{\rho}{2}A_{\mathrm{R}}\frac{\partial C_M}{\partial\lambda}\Big|_{\substack{\alpha=\alpha_{\mathrm{B}}\\ \lambda=\lambda_{\mathrm{B}}}}R^2v_0\Delta\Omega+\frac{\partial M_{\mathrm{L}}}{\partial\Omega}\Delta\Omega=\frac{\rho}{2}A_{\mathrm{R}}R\left[2C_M(\lambda_{\mathrm{B}},\alpha_{\mathrm{B}})v_0-\frac{\partial C_M}{\partial\lambda}\Big|_{\substack{\alpha=\alpha_{\mathrm{B}}\\ \lambda=\lambda_{\mathrm{B}}}}\Omega_0 R\right]\Delta v+\frac{\rho}{2}A_{\mathrm{R}}R\left[\frac{\partial C_M}{\partial\alpha}\Big|_{\substack{\alpha=\alpha_{\mathrm{B}}\\ \lambda=\lambda_{\mathrm{B}}}}v_0^2\right]\Delta\alpha \tag{12.20}$$

从式(12.20)可见，力矩的变化由转速、风速和攻角的变化所引起，其中只有攻角的变化由控制器来控制。设计时，必须注意，要足够迅速地把转速的变化转换成桨角的变化，并且不能引起控制器振荡。

利用控制论中常用的流程图可将式(12.20)所表示的控制方程描述在图 12.26 中。

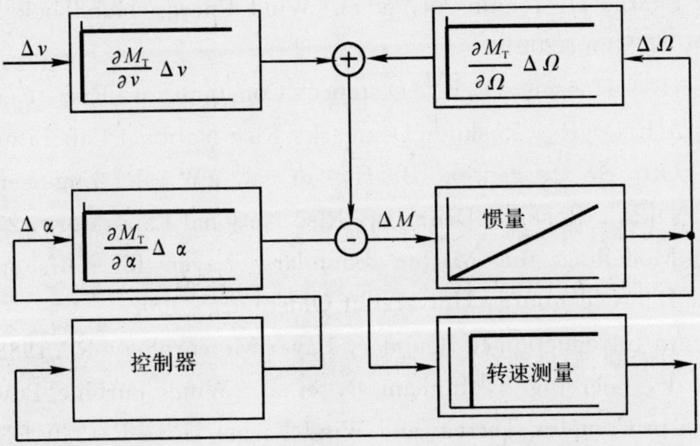

图 12.26　风力机特性线性化处理后的控制框图

参 考 文 献

[1] Petersen E L, Mortensen N G, Landberg L, et al. Wind Power Meteorology, Risø-I-1206[R]. 1997.

[2] WMO. Meteorological Aspects of The Untilisation of Wind as an Energy Ressource[R]. Geneva：WMO, 1981.

[3] IEA. Recommended Practices for Wind Turbine Testing, Part 11：Wind Speed Measurement and Use of Cup Anemometry[R]. [S.l.]:IEA, 1999.

[4] IEC. IEC 61400 - 12 - 1：Wind Turbine Generator Systems — Part 12：Wind Turbine Performance Testing[R]. [S.l.]:IEC, 2005.

[5] Troen I, Petersen E L. European Wind Atlas[R]. Roskilde Denmark：Risø National Laboratory, 1989.

[6] Mortensen N G, Petersen E L. Influence of Topographical Input Data on the Accuracy of Wind Flow Modelling in Complex Terrain, Proceedings of the European Wind Energy Conference[C]. Ireland：[s.n.], 1997.

[7] Hübner H, Otte J. Windenergienutzung im Mittelgebirgsraum, Gesamthoch-schule

Kassel[M]. Kassel: [s. n.], 1990.

[8] Antoniou I. On the Theory of SODAR Measurement Techniques, Risø-R-1410(EN), 2003[R]. Roskilde Denmark: Risø National Laboratory, 2003.

[9] Energia Eolica. Le Gouriérès[R]. Masson: Energia Eolica, 1982.

[10] Schirmer H. Meyers kleines Lexikon der Meteorologie[M]. Mannheim: Meyers Lexikon-Verlag, 1987.

[11] Courtney M S. An atmospheric turbulence data set for wind turbine research, Proceedings of the 1oth British Wind Energy Association Conference[C]. London: [s. n.], 1988.

[12] Burton T, Sharpe D, Jenkins N, et al. Wind Energy Handbook[M]. Chichester: John Wiley & Sons, 2001.

[13] Kristensen L, Hansen O F. Distance Constant of Risø Cup Anemometer, Risø-R-1320(EN) [R]. Roskilde Denmark: Risø National Laboratory, 2002.

[14] Mann J, Ott S, Jørgensen B H, et al. WAsP Engineering 2000, Ris -R-1356(EN)[R]. Roskilde Denmark: Risø National Laboratory, 2002.

[15] Lange B. Modelling the Marine Boundary Layer for Offshore Wind Power Utilisation[D]. Oldenburg: Universität Oldenburg, 2002.

[16] Stull R B. An Introduction to Boundary Layer Meteorology[R]. 1988.

[17] Petersen T F, Gjerding S, Ingham P, et al. Wind Turbine Power Performance Verification in Complex Terrain and Wind Farms, Risø-R-1330(EN)[R]. Roskilde Denmark: Risø National Laboratory, 2002.

[18] FGW. Technische Richtlinien für Windenergieanlagen, Teil 2: Bestimmung von Leistungskurve und standardisierten Energieerträgen, Rev. 13[R]. [S. l.]: FGW, 2000.

[19] IEC. IEC 61400 - 1: Wind Turbine Generator Systems — Part 1: Safety Requirements[S]. [S. l.]:IEC, 2005.

[20] Germanischer Lloyd. Richtlinie für die Zertifizierung von Windenergieanlagen[R]. Hamburg: Germanischer Lloyd, 2003.

[21] DIBt. Richtlinie für Windturbinen[R]. Berlin:DIBt, 2004.

[22] Kaiser K, Langreder W. Site Specific Wind Parameter and their Effect on Mechanical Loads, Proceedings EWEC[C]. Copenhagen: [s. n.], 2001.

[23] Frandsen S, Thøgersen L. Integrated Fatigue Loading for Wind Turbines in Wind Farms by Combining Ambient Turbulence and Wakes[J]. Wind Engineering, 1999, 23(6).

[24] Katic I, Højstrup J, Jensen N O. A Simple Model for Cluster Effeciency, European Wind Energy Association Conference and Exhibition[C]. Rome Italy: [s. n.], 1986.

[25] Högström U. Non-dimensional wind and temperatur profiles[J]. Bound Layer Meteor, 1988, 42: 55-78.

[26] Barthelmie R, Hansen O F, Enevoldsen K, el al. Ten years of Measurements of

offshore Wind farms—what have we learnt and where are Uncertainties? Proceedings The Art of making Torque of Wind EAWE[C]. Delft: [s. n.], 2004.

[27] Kaiser K, Langreder W, Hohlen H. Turbulence Correction for Power Curves, Proceedings EWEC 2003[C]. Madrid: [s. n.], 2003.

[28] Riedel V, Strack M. Entwicklung verbesserter MCP-Algorithmen mit Parameteroptimierung durch Verteilungsanpassung, Deutsche Windenergie-Konferenz[C]. Wilhelmshaven: [s. n.], 2002.

[29] Thomsen K, Madsen H A. A new simulation method for turbines in wake applied to extreme response during operation, Proceedings: The Art of making Torque of Wind, EAWE[C]. Delft: [s. n.], 2004.

[30] IEC. IEC 61400 - 121: Wind Turbine Generator Systems — Part 121: Power Performance Measurements of Grid Connected Wind Turbines[S]. [S. l.]: IEC, 2005.

[31] Obukhow A M. Turbulence in an Atmosphere with non-uniform temperature[J]. Transl. in Boundary Layer Meteor, 1946(1).

[32] TA-Luft. Technische Anleitung zur Reinhaltung der Luft, Bundesministerium für Umweltschutz, Raumordnung und Reaktorsicherheit[R]. Bonn: [s. n.], 2002.

[33] Molly J P. Windenergie[M]. Karlsruhe: C. F. Müller-Verlag, 1990.

[34] Manwell J F. Windenergy explained — Theory, Design and Application[M]. New Jersey: John Wiley & Sons Ltd., 2002.

[35] Thomsen W T. Theory of vibration [M]. 4th ed. New Jersey: [s. n.], 1993.

[36] Christoffer J. Die bodennahen Windverhältnisse in der BR Deutschland, Offenbach, Deutscher Wetterdienst, Bericht Nr. 147[R]. 1989.

[37] Hoffmann R. Signalanalyse und -erkennung[M]. Berlin: Springer-Verlag, 1998.

[38] Ammonit. Messtechnik für Klimaforschung und Windenergieprognose 2006/07[R]. Berlin:Ammonit Gesellschaft für Messtechnik mbH, 2006.

[39] 宫靖远,等. 风电场工程技术手册[M]. 北京:机械工业出版社,2004.

[40] 贺德馨,等. 风工程与工业空气动力学[M]. 北京:国防工业出版社,2006.

[41] Gasch R, Twele J. Windkraftanlagen[M]. 5th ed. Wiesbaden: Teuber, 2007.

[42] Gasch R, Twele J. Wind Power Plants[M]. Berlin: Solarpraxis, 2002.

第13章　风力机的类型及应用

根据不同的应用场合，风力发电机组可以分为3种类型：并网风力机；岛用风力机；互补系统所用的风力机，例如风力机-柴油机-发电机或风-光互补发电系统。

13.1 节将详细介绍并网风力发电机组。它具有明显的优点，任何时间都可发电。其过剩电量（例如夜间的过剩电量）存储在电网中，主要由泵储电站来吸收。在德国，泵储电站的装机容量约为 6 000 MW。不仅仅是风电场有时发出过量的电能，即使作为基础电源的核电站也不总是直接向用户供电。夜间核电作为“红电”流上山（由泵储电站泵水至山上水库），日间用电高峰期则作为“绿电”流下山（泵储电站水库放水发电）。

当无风时，风电场发电不足，也要通过电网来调节。此时蒸汽电站必须投运，能快速反应的燃气轮机电站也要运行发电。

因此，对于并网风力发电机组，发电过剩和发电不足的问题很容易解决。但另一方面，风力机启动后，必须以恒定电压、恒定相位和恒定频率平稳联网。电网对电压和频率的恒定以及限制高阶谐波的要求相当高（参见第 14 章），这就要求应用大功率电子元件来实行控制。

如 13.2 节所述，对于单独使用的风力机以及岛用风力机，在大部分情况下，上述要求不是很苛刻。很多农用机械，是以 47 Hz 还是以 52 Hz 来驱动，并无大碍，对电压和频率恒定的要求，也并不严格。关键问题是如何处理超量的电能，有时只能利用所谓的“盲负荷”来消耗多余的电量。

对供电不足的情况更要有调节方案。此时，如洗衣机、家用空调等相对不重要的负荷，将根据优先等级断开。如果具备条件，则接上储电器。

如果储电器储电不足，当无风时，就必须利用互补系统（例如风力机-柴油机互补系统）来保证供电。13.3 节将详细介绍有关内容。

13.1　并网风力机

1980—2007 年，系列化生产的并网风力机得以快速发展。1980 年叶轮直径为 10 m，而现在 3 MW 以上的风力机叶轮直径超过 100 m。

不仅仅是叶轮直径的增大，在电气方面的发展也是前所未有的。在相当长一段时间里，不论是用同步发电机还是用异步发电机，风力机转速都与网频相同或基本保持一致。

由第 6 章所描述的空气动力学可知，风力机只有在以设计叶尖速比运行时，才能达到最佳状态，即只有根据风速的变化运行时，风力机才能提供最大功率。这就要求转速与不断变化的风速相适应，使转速和风速维持一个恒定的比例。

20 世纪 80 年代至 90 年代，在大功率电子学领域的技术发展使得今天可以制造出兆瓦级的变速风力机。风力机首先发出电压变化、频率变化的“粗电”，然后经过变流再变换成 50 Hz 的交流电。值得庆幸的是，十多年来，价格适中的 AC－DC－AC 变流器的功率变换能力一直与风力机的功率并行增长。

Enercon 公司是变速运行风力机的首创者。该公司于 1993 年把这种新概念风力机E—40投放市场，经济上获得了很大成功。该风力机用同步发电机发电，然后通过变流器并网。

20 世纪 90 年代初，Vestas 公司利用可调转差的方案也使异步发电机转速在一定范围内可变。在发电机转子上配有可变电阻，当飓风来临时，发电机转速短时允许升高 20%。

异步发电机最终变成转速完全可调，是通过转子电路中的一个变流器来实现的，即所谓带超同步和亚同步整流器的双馈异步发电机。这种风力机(Loher—SEG)1996 年投入市场。其优点是，并不必把发电机所有的功率都变流，而只需要把转子所需和所产生的电功率进行变流即可，这与同步发电机不同。由此，异步发电机就突破了需从网上提取无功功率的局限。它与带变流器的同步发电机一样，可向电网提供可调的无功功率。

表 13.1 概括表示了以下 4 种类型的风力机：

(1) 丹麦型风力机，风力机通过齿轮箱驱动异步发电机直接并网。

(2) 改进的丹麦型风力机，滑差(转速差) 动态可调。

(3) 全变流的并网变速风力机，用同步发电机发电。

(4) 仅转子变流的并网变速风力机，用异步发电机发电。

这 4 种机型在可见的时间内有可能会通过永磁同步发电机和全功率 AC-DC-AC 变流器替代或改进[9]。2004 年样机已经投运。

13.1.1　丹麦型风力机-异步发电机直接并网

丹麦型风力机的典型特征是，风力机通过齿轮箱驱动异步发电机，直接并网。这种类型的风力机主导了 20 世纪 80 年代至 90 年代的市场。20 世纪 50 年代由 Johannes Juul 提出方案，1957 − 1967 年，在 Gedser 风力机中进行了实验考核(参见第 2 章)。

早期的丹麦型风力机功率在 30 ～ 450 kW(叶轮直径 $D=12\sim35$ m)，绝大部分装有一大一小异步发电机。但现在用级数可切换的发电机来替代，当风速达到切入风速时，小功率发电机先并网。启动时，发电机以电机模式运转，当转速超过同步转速时，自动切换到发电机模式运行。如果风力增强，就从小发电机向大发电机切换。其转速将升高，在如图 13.1 所示的特性线上转速点右移，以便发电机与风力机的功率输出相匹配，并在一个风速条件下达到最佳点。大发电机一直运行至风速 25 m/s。风速再高时，风力机将切出停机。

如 11.3.1 节所述，当发电机设计得足够强，使得翻转不会发生时，发电机就使得叶轮转速(通过齿轮变速) 维持在同步转速附近。叶片上的气流分离以“自然” 的方式限制了叶轮的功率吸收。因此，无须用变桨方式来限制转速和功率。只是当电网断电时，在离心力作用下叶尖刹车机构动作，避免风力机超速(参见 12.1.1 节)。

对于大型风力机($P>600$ kW)，许多制造商不再用叶尖刹车结构，而是用全叶变桨。但对一直到直径 $D=64$ m，功率 $P=1\,500$ kW 的风力机，NEG-Micon 公司仍然使用叶尖刹车机构。图 13.2 表示完全被动式运行的丹麦型风力机的运行原理框图。

图 13.3 表示作用在一台失速型风力机叶片中间叶素上的气动升力、阻力以及切向力和推力($r=0.5R$)。该风力机的设计叶尖速比为 5.6，设计风速为 7.5 m/s，切出风速为 30 m/s。

表 13.1 并网风力机的类型

通过变流器并网、变转速 $n_{max}/n_{min}\approx 2:1$ 可调无功功率	直接并网 固定转速 需要无功功率		
变速变桨	滑差动态调节(有或无变桨)	定桨	
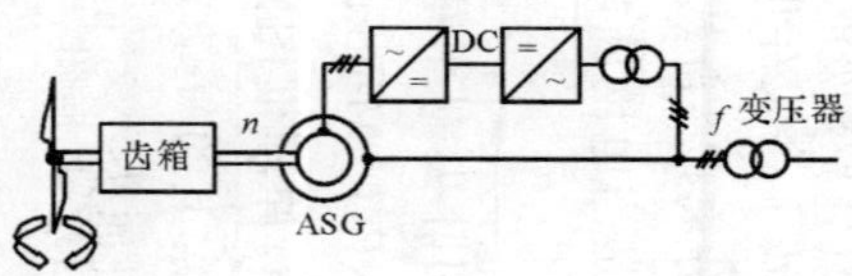	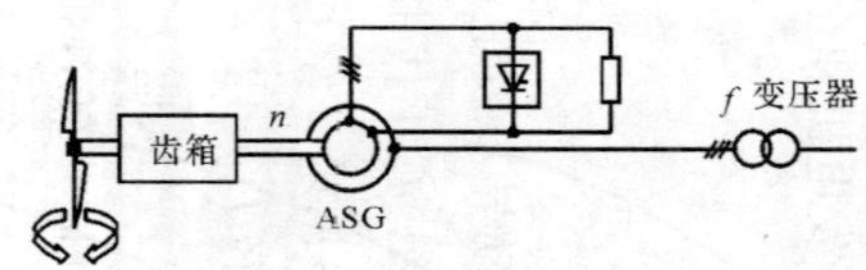	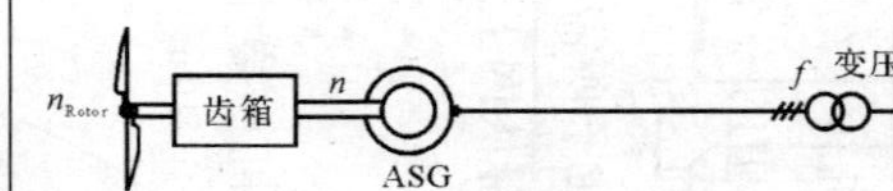	异步发电机
同步发电机永磁铁励磁 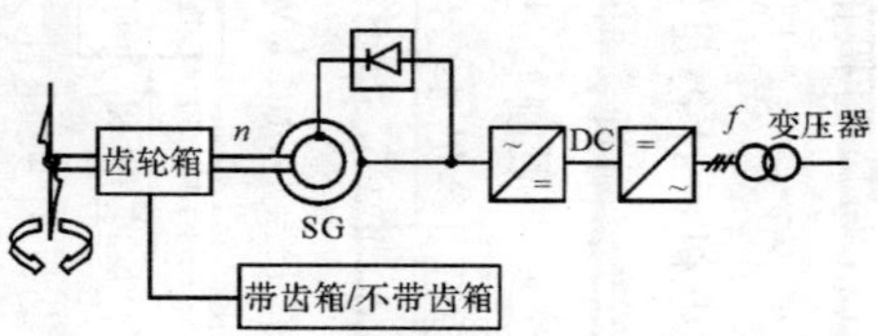	—	—	同步发电机

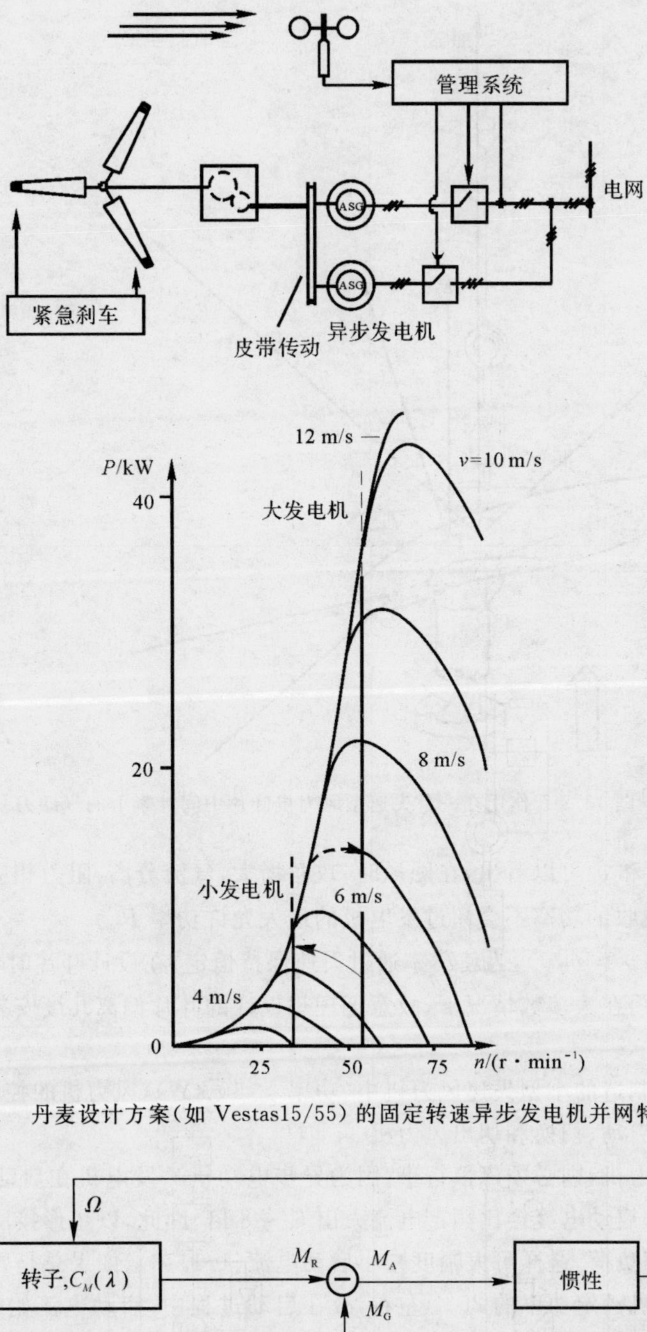

图 13.1　丹麦设计方案(如 Vestas15/55)的固定转速异步发电机并网特性曲线

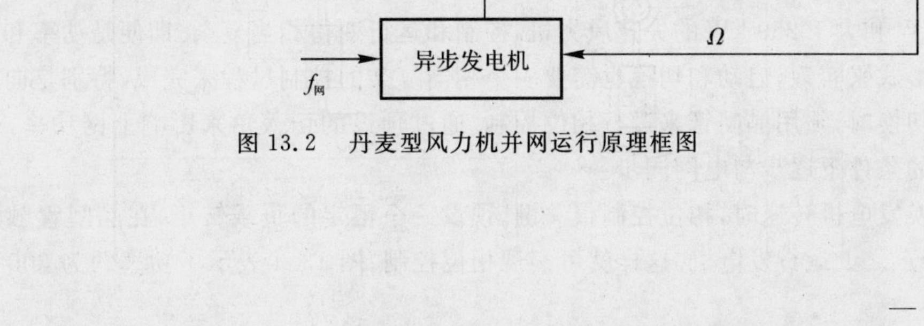

图 13.2　丹麦型风力机并网运行原理框图

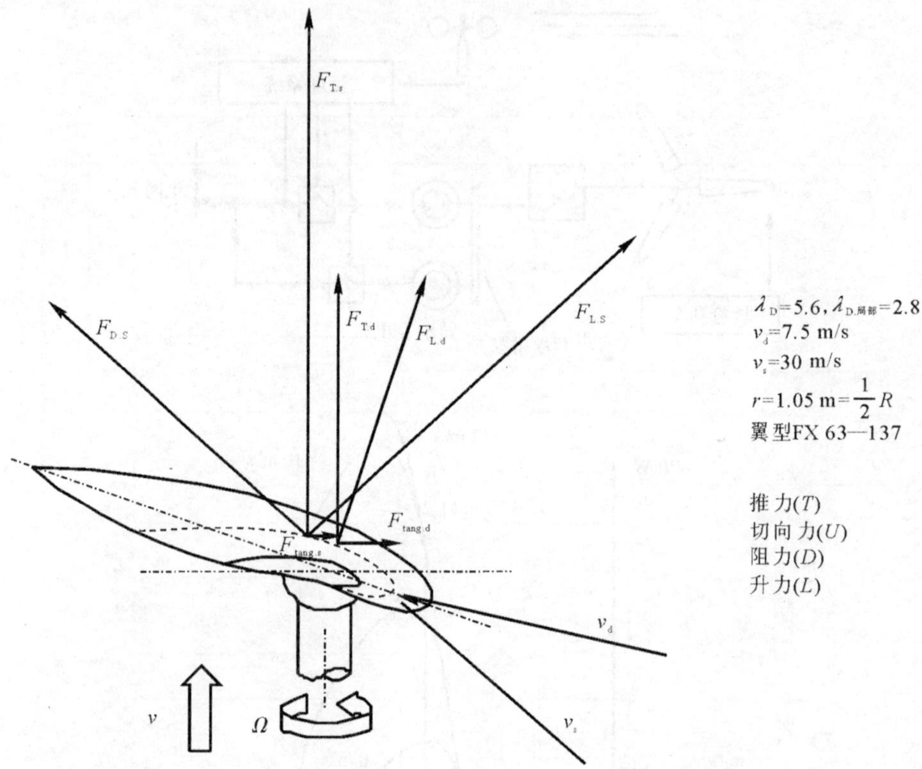

图 13.3　作用在一台失速型风力机叶片中间叶素上的气动力

从来流速度 v_d 和 v_s 可以看出，在飓风时，攻角增大，气流分离，阻力相应增大。于是切向力减小，使得风力机吸收的功率不会超过发电机的最大允许功率 P_{max}。

在强风条件下($v > v_{额定}$)，为使功率通过失速保持恒定，在设计叶片时，须适量偏离 Betz-Schmitz 理想设计值。在大多数情况下，故意把理想设计的叶片偏离几度安装，足以达到保持功率恒定的目的。

在第一代系列制造的小型失速风力机中(功率 < 50 kW)，风力机的控制和运行只局限于依据风速和功率来启动、切换和切出风力机。

对于较大的风力机，则必须谨慎行事。因为异步电动机 / 发电机在启动时刻，短路的转子还处于静止状态，故启动电流会比额定电流大出 6 ~ 8 倍。因此，以星形接法启动，然后切换到三角形接法，达到满负荷。这样可大幅度减小启动电流(1/1.73)。如果总是先启动小发电机，由于其功率只是风力机额定功率的 25% 左右，故在启动过程中，启动电流始终不会超过大发电机的额定电流。风力机的所有参数都是根据大发电机的额定值设计的。

250 kW 和大于 250 kW 的失速风力机，控制和运行变得相当复杂。即便是功率和转速限制以被动的形式来实现，启动和切换也需要一个相当复杂的控制过程来完成。特别是向大功率发电机平稳切换时，须用晶闸管来进行相位控制。通过预设的切入角来影响上网功率，保证在无切入冲击的条件下逐步与电网同步。

在切换发电机转速时，相位控制很关键。预设一个恒定的负载转矩，在晶闸管触发角很小时，在翻转点之上运行发电机。这样就可实现相位控制。图 13.4 表示了功率约为 300 kW 失速风力机的控制和运行流程。虽然丹麦型风力机结构简单、稳健，但仍有 3 个问题是研究的焦点。

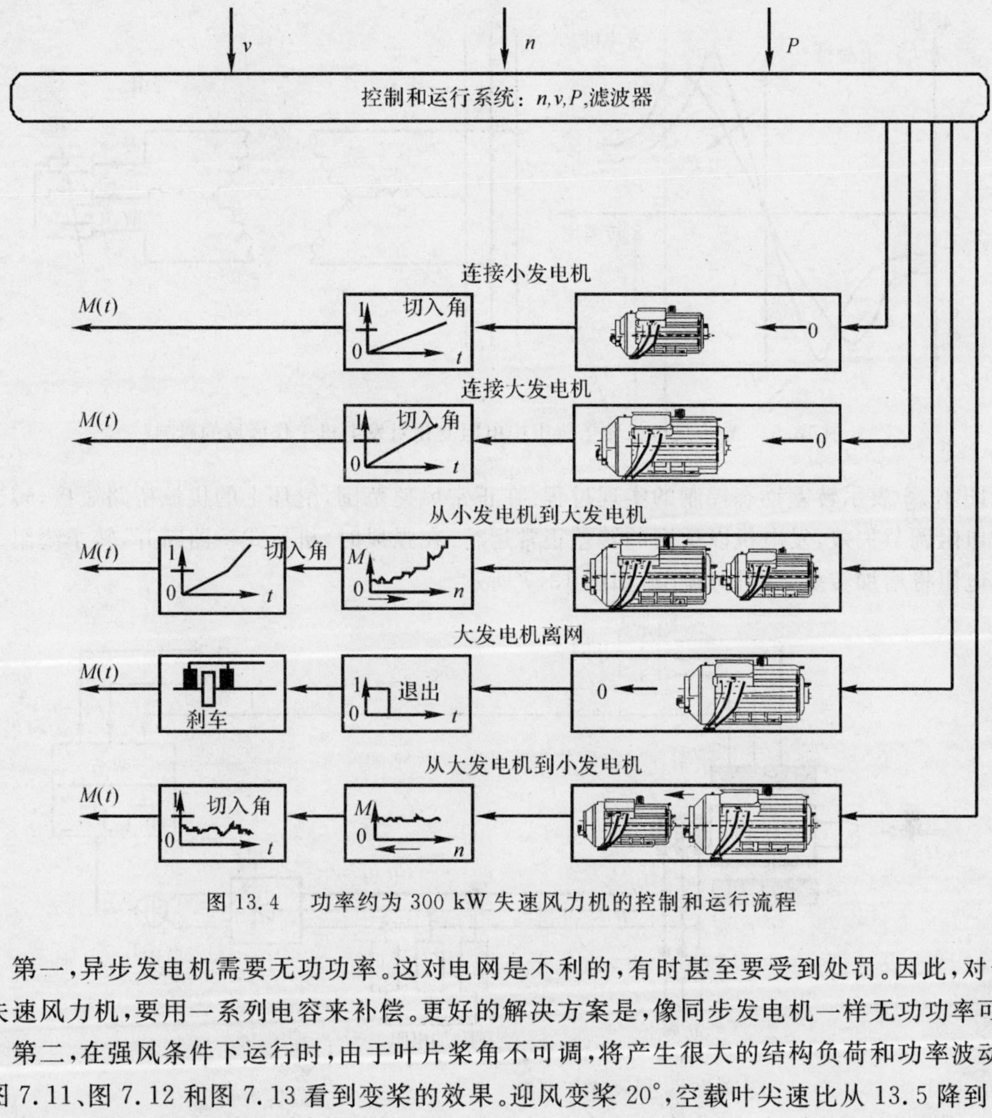

图 13.4　功率约为 300 kW 失速风力机的控制和运行流程

第一，异步发电机需要无功功率。这对电网是不利的，有时甚至要受到处罚。因此，对于大型失速风力机，要用一系列电容来补偿。更好的解决方案是，像同步发电机一样无功功率可控。

第二，在强风条件下运行时，由于叶片桨角不可调，将产生很大的结构负荷和功率波动。可从图 7.11、图 7.12 和图 7.13 看到变桨的效果。迎风变桨 20°，空载叶尖速比从 13.5 降到 5 左右，对应的推力系数从 1.25 降到 0。

第三，如图 13.1 所示，失速风力机显而易见的缺点是恒速运行。在正常风速范围(3.5 ～ 12 m/s)，风力机只在 2 个工作点达到最佳功率状态。理想的情况应该是，风力机始终在设计叶尖速比下运行，直至发电机达到满负荷。这就要求风力机转速和风速 $v(t)$ 匹配。

13.1.2　带有动态转差控制的并网异步发电机

异步发电机转速和电网频率的强耦合在强风或飓风时将产生很大的结构负荷。特别是大型异步发电机，为减小功率损失，以很小的转差($s < 0.02$)运行。在飓风时，若允许转差短时间增大，则结构负荷会减小，功率输出适度，并且不会持续降低效率。

用滑环异步发电机就可实现这一目标。在滑环异步发电机中，转子不是鼠笼式结构，而是带有交流绕组，在其中接有可变电阻。如图 13.5 所示，转子电路中电阻增大，则转差增大，在图

11.25 中曾经描述过。

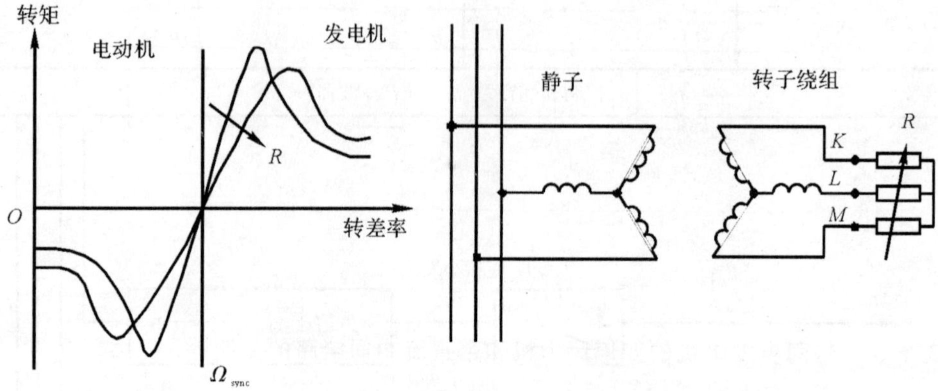

图 13.5　异步发电机转子绕组中电阻变化对发电机工作区域的影响

图 13.6 表示转差动态控制的实现过程。在正常风速范围，滑环上的机械桥路短接，转子绕组的电阻调节失效，发电机以适度的转差正常运行。在强风时，机械式桥路断开，转子绕组上的附加电阻将增加转差，并且可调节，如图 13.7 所示。

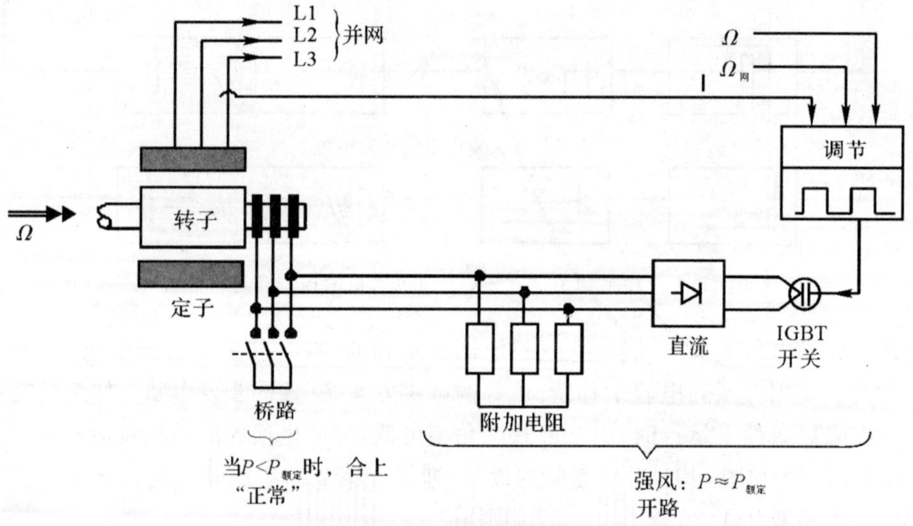

图 13.6　异步发电机转差动态控制的实现过程

若将整流器后的可控门电路断开，则附加电阻和转子绕组的内阻串联。这使转差增大。若可控门电路接通，则附加电阻无效，与机械式桥路短接一样。

控制器可通过千赫兹频率范围的触发，把电阻在 R_i 和 R_i+R_{zus} 之间调节。这种转差动态控制的缺点是，转子绕组上的功率必须由滑环传输。同时也具有优点，可将附加电阻安置在机舱顶部。若转子绕组功率使电阻发热，则散热不成问题。其他控制方案可参阅文献[5]。若把转差控制和叶片变桨控制联合运用，则可构成一个分工控制系统：在短时间飓风时，运用转差控制，其他风速范围运用变桨控制（Vestas，Bonus 等）。

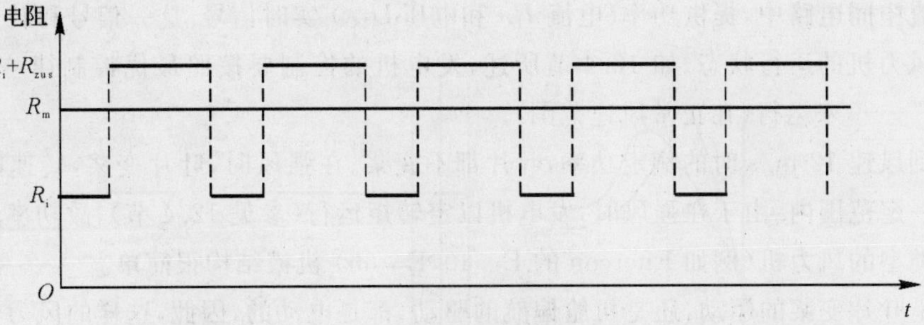

图 13.7　通过触发调节的附加电阻来改变转差率

13.1.3　带同步发电机的变速风力机和带直流中间电路的变流器

图 13.8 描述了这种风力机的原理和结构。风力机直接驱动大直径的多极环形同步发电机，无齿轮箱。在变流器的第一部分 AC－DC1 中，频率变化的交流电被转换成直流电。即便是励磁饱和，发电机在低转速时输出电压也达不到 400 V，故需用升压变换器[4] 把直流电压升高（从 DC1 升到 DC2，见图 13.8）。接着把 400V 的直流电变换成 50 Hz 的交流电，然后通过变压器接入电网。

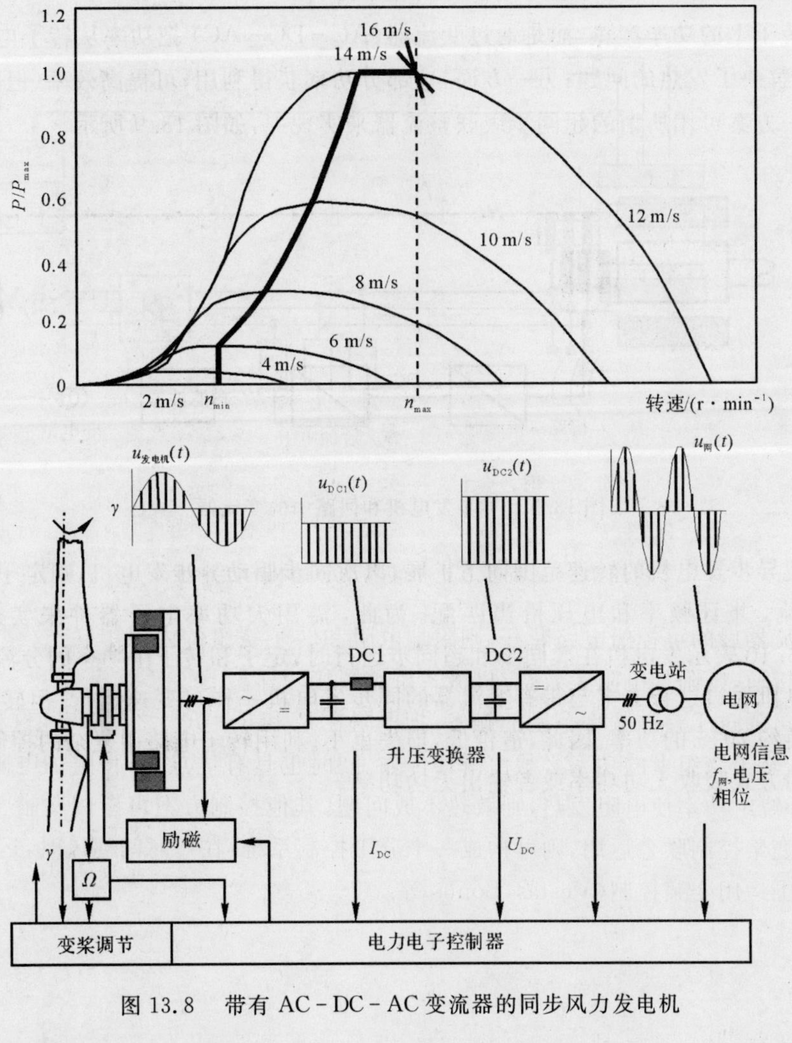

图 13.8　带有 AC－DC－AC 变流器的同步风力发电机

在直流中间电路中，提供功率(电流 I_{DC} 和电压 U_{DC}) 实时信号。这一信号和转速信号一起用以预报风力机的运行状态。如 12.4 节所述，发电机的控制要按照最优控制律 ——“转矩与 Ω^2 成正比”—— 来运行(在正常风速范围)。

一直到风速 12 m/s 时的额定功率，叶片都不变桨。在强风时，叶片变桨，转速限制在设定值附近的一定范围内。由于在强风时，发电机以定转矩运行(参见 12.4 节)，故功率输出恒定。

这种类型的风力机(例如 Enercon 的 E—40，E—66) 机械结构很简单。

不论是叶片变桨的驱动，还是机舱偏航的驱动，都是电动的，因此，这样的风力机可称之为无油风力机。无功功率输出从电容性到电感性任意可控，不存在异步发电机需要无功功率的问题。但是当风力机的直径增大到超过 100 m 时，机舱的质量巨大(例如 E—112，约 500 t)，而在此情况下，带齿轮箱的风力机质量要轻得多。

13.1.4　带双馈发电机的变速风力机及转子电路上的变流器

如 13.1.2 节所述，转差动态控制式的异步发电机和电网的连接有一定柔性(转差率 $s = 0.02 \sim 0.2$)，为此，需要把鼠笼式转子改成较复杂的滑环式转子。由于 1% 的转差对应着 1% 的功率损失，因此实际上只允许短时间在大转差下运行。

若不使转子上的功率产热，而是通过变流器(AC - DC - AC) 把功率从转子电路上并入电网，则一方面解决了发热的问题；另一方面，这部分功率获得利用，可提高效率(但在强风时，并不重要)。这一方案可用所谓的超同步级联整流器来实现[1]，如图 13.9 所示。

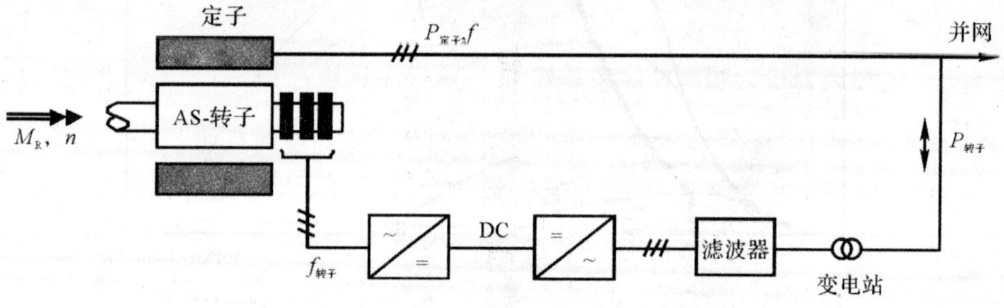

图 13.9　异步发电机和回路中的变流器

如果要把异步发电机的转速范围向下扩展，以次同步驱动异步发电机，则定子功率必须向转子电路分流，并且频率和电压恰当匹配。为此，需用大功率电子器件来实现控制和调节[2,3,6]。图 13.10 表示发电机在次同步和超同步运行时，定子和转子中功率的分流。

异步发电机通过这种方案与带有变流器的同步发电机一样可变速运行。但转子电路中的变流器只变换约 20% 的功率。因此，造价低，损失也小。利用转子电路中复杂的控制系统，这种方案以可选的方式吸收无功功率或者输出无功功率。

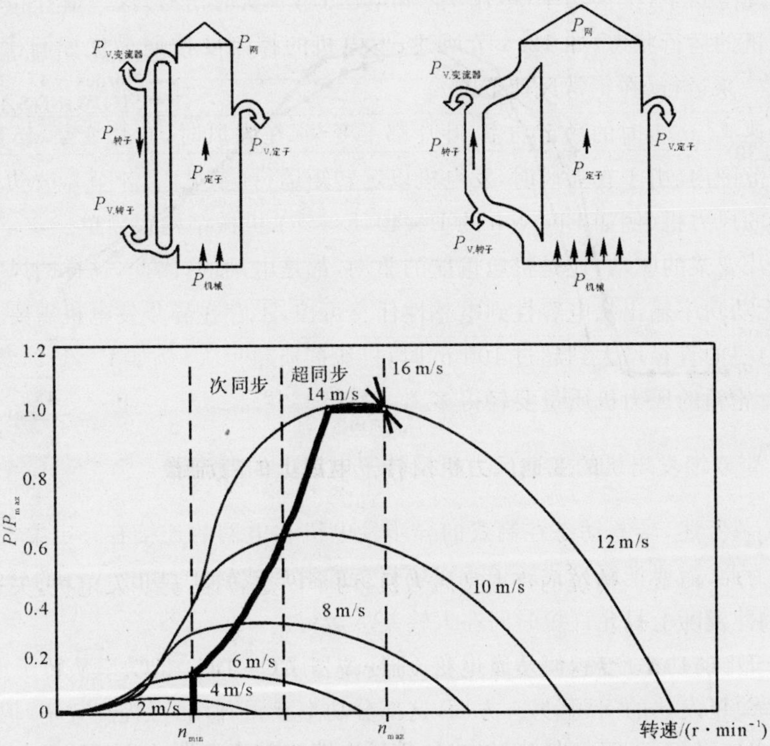

图 13.10　发电机在次同步和超同步运行时,定子和转子中功率的分流

13.1.5　三种风力机的功率曲线和总效率 —— 简单比较

在图 13.11 和图 13.12 中将 3 种不同类型风力机的功率曲线和总功率系数表示在同一坐标图上。在总功率系数中包含了齿轮箱、发电机和变流器的效率。这些数据来自文献[11,15]。从图中可看出,因为风力机的直径不同,功率曲线明显不同。

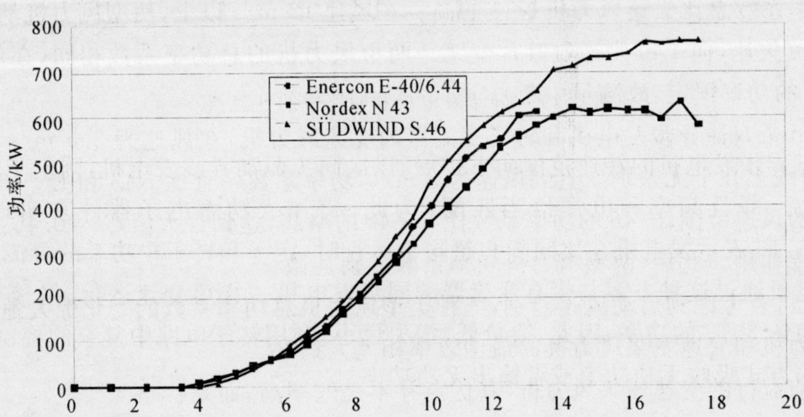

图 13.11　三种不同风力机的功率曲线

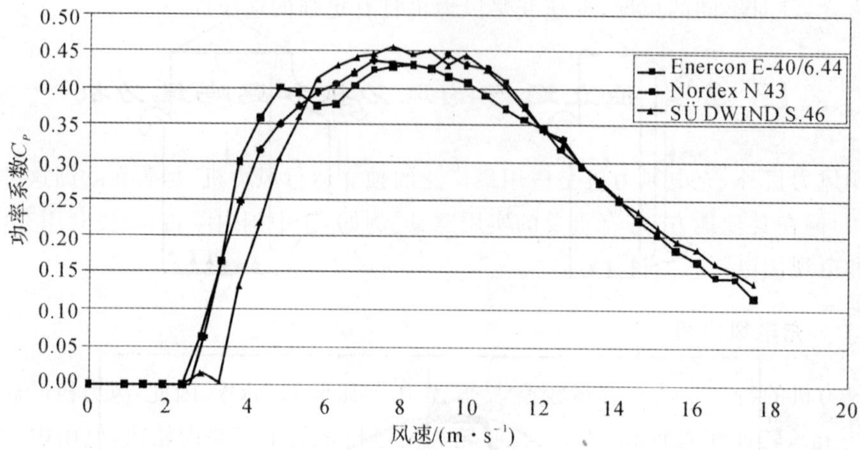

图 13.12　三种不同风力机的功率系数曲线

Nordex N43：

叶轮直径 $D=43$ m。传统的丹麦型风力机，两个固定转速，异步发电机，失速控制。

Enercon E－40/6.44：

叶轮直径 $D=44$ m。变速同步发电机，全变流器 AC－DC－AC。

Südwind S.46：

叶轮直径 $D=46$ m。变速异步发电机，转子电路中带变流器 AC－DC－AC。

从图 13.11 只能看到，直径大的风力机输出功率大。但在风速 5.5 m/s 处，三条曲线相交。

在图 13.12 中无量纲的总功率系数 C_P 表征得更为清晰。首先比较 Nordex 的丹麦型风力机和 Enercon 的变速风力机。在启动风速范围(3 m/s)，两型风力机的功率曲线几乎相同。此后，Nordex 失速型风力机两次达到最佳点，分别对应小发电机和大发电机的设计风速。在第一个最佳点(风速约为 5 m/s)，功率系数为 0.40，明显高于变速风力机的 0.35。E—40 风力机的全变流器明显降低了风力机的总效率(满负荷的 10%)。但在此风速之上，变速风力机 E—40 的功率系数总比失速风力机 N43 的高。在风速 12 m/s 以上，两型风力机都施行控制。N43 利用气流失速，而 E40 则通过叶片变桨。两型风力机的总功率系数相同(在风速 12 m/s 之后，E—40 的功率恒定，故测量中断)。

Südwind 带双馈异步发电机和转子变流器的变速风力机，在风速为 3.5 m/s 时才开始启动，在功率曲线上几乎无差别。直到风速为 6 m/s，功率系数一直比 N43 和 E—40 的低。在 6～9.5 m/s 的风速范围，S.46 的功率系数比 E—40 的略高，达到最大值 $C_P=0.45$。在强风区，功率控制发挥作用。此后，两型风力机功率系数差别甚微。

概括而言，若考虑到启动风速差别，三种类型风力机总功率系数的变化惊人地相似。传统的丹麦型风力机和变速变桨风力机的最佳效率相差大约 2%。

对于目前流行的变速变桨风力机，其优点并不是效率高，而是：

(1) 减小了飓风时的功率波动。

(2) 强风时，结构负荷明显降低。

(3) 可任意调节无功功率。

(4) 通过选择按钮，就可使叶尖速度和当地风速条件相匹配。

简而言之，针对不同的风况，变速变桨风力机具有更强的适应性。

13.2　独立运行的风力机和岛屿风力机

除泵用风力机外，充电风力机是应用最广泛的独立运行风力机。尽管在欧洲这种风力机已经很少应用，但在其他地方，却有重要的实用意义。例如，在中国内蒙古，牧民利用充电风力机，以供照明和电视用电。

13.2.1　充电风力机

充电风力机的特点是功率容量较小，一般为几十瓦至 1.5 kW。因此，风力机叶轮直径很小（0.5 ～ 3.0 m），转速相对较高。于是，在叶轮和发电机之间不需要齿轮箱，使用中等极数或者多极数（8 ～ 20 极）直驱同步发电机即可。

在选择叶型时，要注意，叶片雷诺数很低（$Re = ct/v < 100\,000$），可在参考文献[5,8]中找到适合于这一范围的叶型。

为确定充电风力机的稳态特性，对前面曾经运用过的交流电机等效电路进行扩展，其中包括闭路负载和整流器，如图 13.14(a) 所示。由此，可确定图 13.14(b) 所示的负载特性。在一个边界转速之下，发电机的电压要低于电池电压和整流器导通电压之和，此时，不能充电。高于这个转速，充电功率急剧增加，与 11.1 节所描述的加在同步发电机上的电阻型负载类似，如图 11.9 所示。

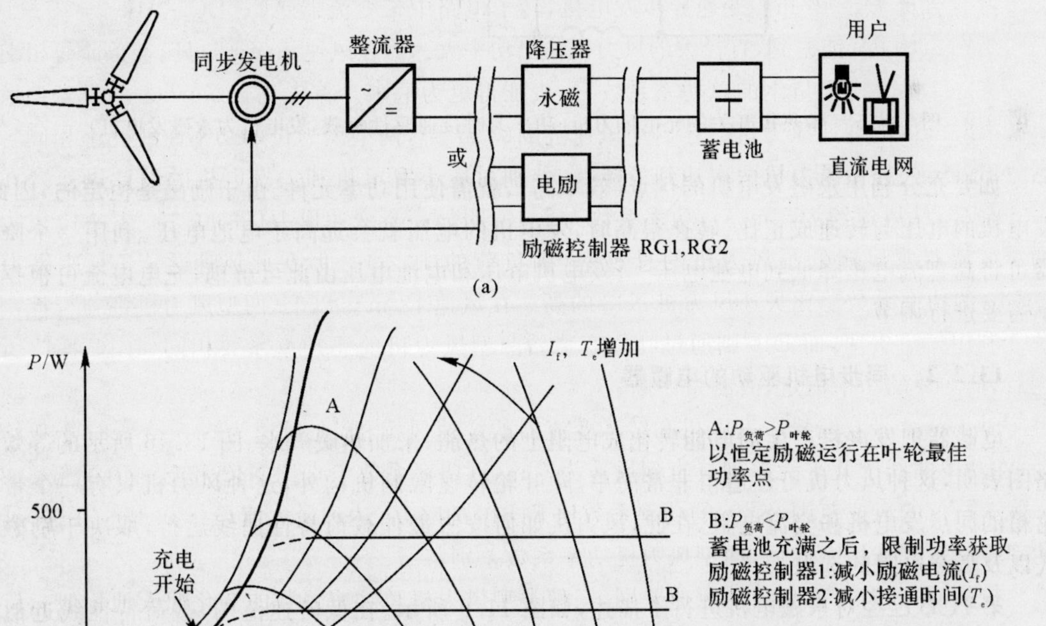

图 13.14　充电风力机

(a) 原理框图；RG1 控制器用于带励磁绕组（I_f）的发电机；RG2 控制器用于永磁电机（T_e）；(b) 负载特性线

如果充电风力机带恒定负载，就有两种运行工况。在小风速时，电池的绝大部分功率将被输出使用。这时，风力机工作在最佳功率点(A)。随着风速增加，或者负载减小，风力机提供的电能将超过负载的要求，故需限制(B)。

对于带励磁绕组的发电机，可通过调节励磁电流来实现这一调节目标。调节励磁电流，使发电机电压达到电池的极限电压，但不能超界，如图 13.14(b) 所示，充电将受到控制，风力机在高风速下，更多地运行在空载状态。如果叶轮是高速比叶轮，就需要限制转速。例如，第 12 章所述的叶轮俯仰，如图 12.19 所示。

对于带永磁发电机的小功率充电风力机，不必控制电池充电电流。在这种情况下，可用合适的发电机电感或者顺序接通的附加电感来粗略控制，如图 11.10 所示。对于电感元件，频率增加，电阻也增加($X_Z = \Omega L_{Zus}$，L_{Zus} 为电感)，于是充电电流受到限制。图 13.15 表示这种控制的原理电路图。如果选择蓄电池的容量比发电机的功率大得多，就不可能发生过充。

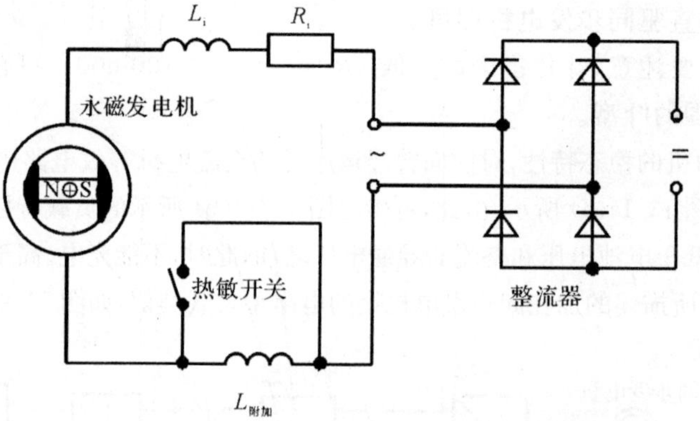

图 13.15　带热敏开关的充电风力机(功率大时接通感性负载，发电机为永磁发电机)

如要充分利用永磁发电机的优点(效率高)，就需使用功率元件。由于励磁是恒定的，因此，发电机的电压与转速成正比。转速很高时，发电机的电压就会远高于电池电压。利用一个降压器可将高直流电压降低到电池电压[4]。发电机电压和电池电压由此可解耦，充电电流可根据功率需要进行调节。

13.2.2　同步电机驱动的电暖器

电暖器把发电机产生的电能转化成电阻上的热能，来加热暖气水。图 13.16 所示的等效电路图表明，这种风力机可建造得非常简单。除叶轮转速限制机构外，这种风力机只有一个带齿轮箱的同步发电机和交流电阻。在此，风力机如何按照最佳载荷特性曲线运行，取决于励磁方式以及负载电阻的选取。

第 11 章已经对永磁电机进行了描述，如图 11.9 所示。在低转速范围，载荷特性线近似按照二次方增加。达到额定转矩之后，增幅减缓；功率很大时，趋近一个最大值。由风力机产生的功率在一个较大的范围能获得很好的利用，如图 13.16 中的曲线 a 所示。

经常可以观察到，与永磁发电机连接的风力机在高风速时才开始升速。其原因是永磁发电机转子上产生“磁歇”；另外，在升速范围，依据负载特性产生的功率相对较高。其中第一个因素，可通过适当的发电机设计和制造来避免；第二个因素，可在升速时把发电机和负载电阻断开来克服。

对于自励同步发电机，不出现这样的问题。因为只有当超过某一最小转速时，发电机才开始自励，其负载特性线要比永磁发电机的负载特性线陡峭。因为励磁电流来自于定子电压，而定子电压与转速相关。负载特性曲线的精确变化最终由所采用的控制器来确定，基本上如图 13.16 中的曲线 b 所示。

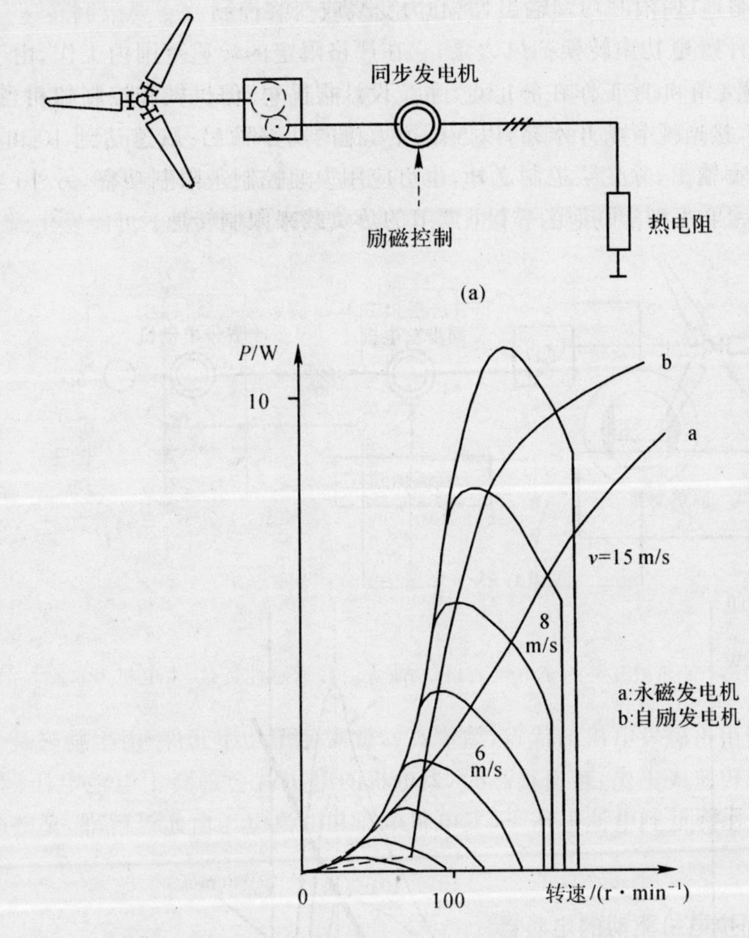

图 13.16　取暖用的风力机(由离心力变桨限制转速)

(a) 风力机框图；(b) 负载特性曲线

13.2.3　带电功率转换的风力泵

带电功率转换的风力泵，虽然效率较低，但与直接机械驱动的风力泵相比具有优势。例如，风力机要运行在风况好的地方，而水井却在另外一个地点，这时只能把风功率转化成电功率驱动水泵。再如，多级深井泵(多级离心泵)用电功率驱动要比机械式驱动容易得多。

在此，进一步可分为自由转速的风力泵(见图 13.17)和准定转速风力泵(见图 13.18)。自由转速风力泵在高风速时通过叶片变桨来限制转速。为确定运行特性，可从熟悉的同步发电机等效电路图出发。可对稳态异步电动机的等效电路进行扩充(见图 11.22)。在此得到岛屿运行的同步发电机特性，而异步电动机看做感性负载。然而，异步发电机的参数一定程度上与转速有关。图 13.17 表示带自励同步发电机的变转速风力泵的负载特性。它分为 4 个运行区域：

(1) 空转，只有轴承摩擦和齿轮摩擦消耗功率。

(2) 发电机输出电压，水泵只是搅水，转速还未达到水泵扬程所需要的转速。

(3) 泵水，风力机运行在最大功率附近。

(4) 转速限制，以便限制功率输出，离心力变桨或变桨控制。

图 13.18 表示带电功率转换的风力泵，它在严格限定的转速范围内工作。由于转速范围很窄，所以电机和离心泵始终工作在额定点。系统设计很简单，但机械和控制却相当复杂。

风速变化时，接通或者断开水泵，以匹配风力机的功率输出。风速达到 10 m/s 之后，快速变桨保证恒定功率输出。除变桨控制之外，也可应用失速控制来限制功率。另外，当风力机功率超过允许的最大泵功率时，可接通一个可调节的热负载来限制转速。

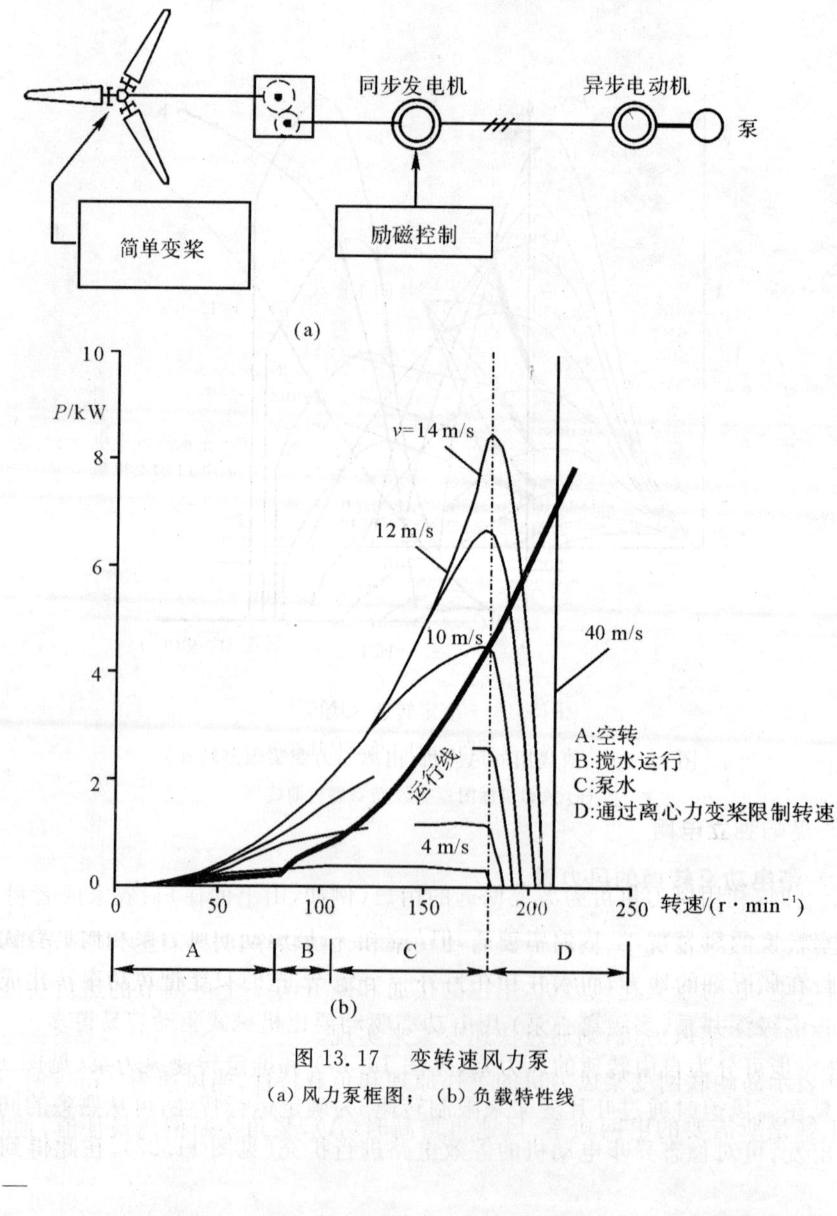

图 13.17 变转速风力泵

(a) 风力泵框图； (b) 负载特性线

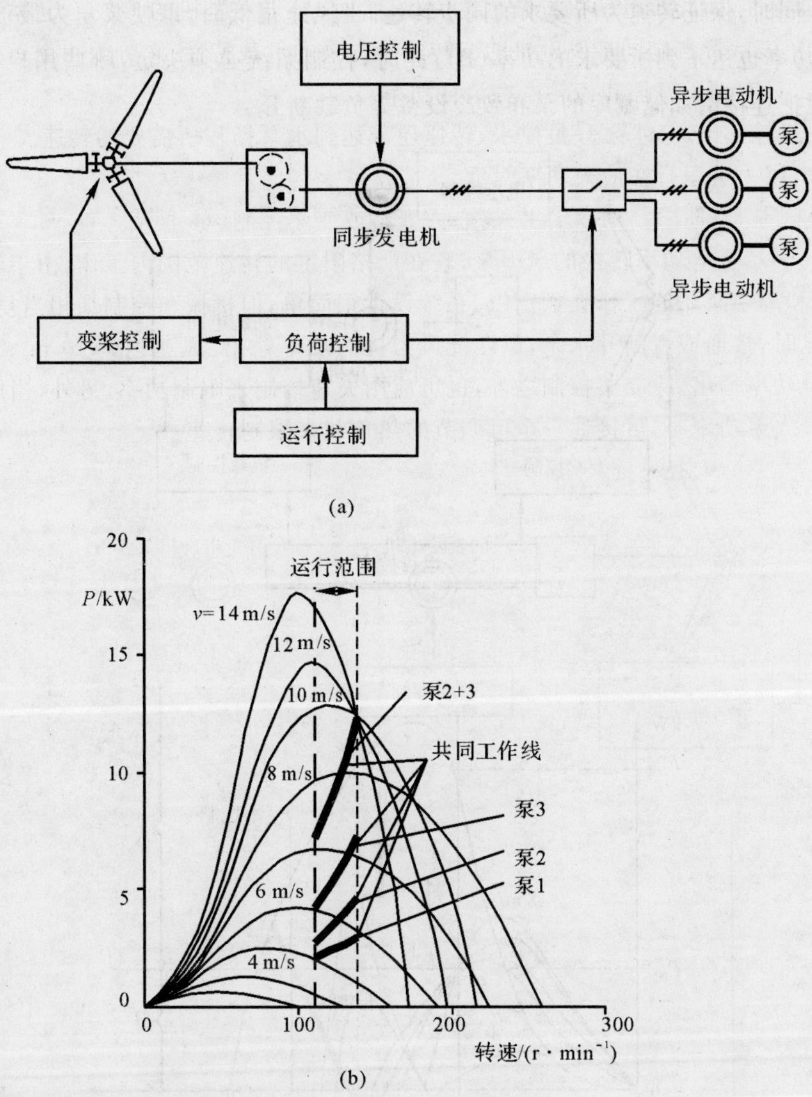

图 13.18　准定转速风力泵

(a) 风力泵框图；(b) 负载特性线

13.2.4　岛屿独立电网

通过一个电网，利用风力机可为岛上偏远的用户(例如，山上的住户、农家或者村庄)提供恒频恒压的电源。在这种情况下，同时需要有功功率和无功功率，另外，还必须调节电压，因此，必需要用同步发电机。对于失速风力机，用户的接通和断开与一个可调节的热负荷匹配，由此来保证恒频。而对于变桨风力机，则通过快速变桨来实现。

图 13.19 表示岛屿联网变桨风力机的工作原理和负载特性。当风速为 5 m/s 时，最佳桨角对应的功率正好是所需要的电网功率。风速再增高时(A)，桨角不断偏离最佳值，使风力机功

率输出恒定，同时，保证转速为所要求的同步转速。当风速很低时，即使桨角为最佳桨角，风力机所提供的功率也达不到所要求的功率(B)，此时，控制系统必须决定，哪些用户可以事先断开。可以考虑把连接诸如储藏库的泵和致冷设备等负载断开。

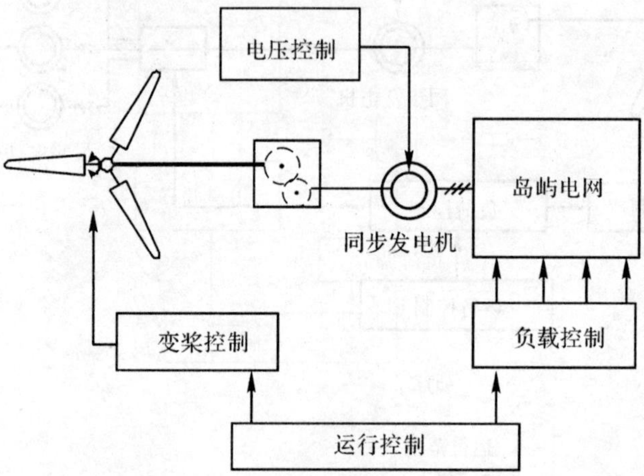

(a)

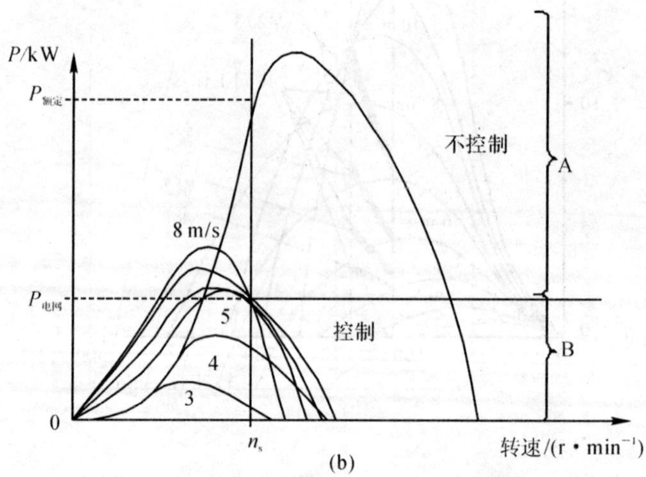

(b)

图 13.19　岛屿联网风力机的变桨控制和用户调节

(a) 原理框图；(b) 负载特性线

图 13.20 描述的是岛屿联网失速型风力机。主要区别是风速较高时，很大一部分功率要转化成热功率(A)。优点是可获得额外的热功率，另外，风力机结构简单可靠。在低风速范围，风力机功率同样达不到所要求的功率，同样需要断开部分负载(B)。

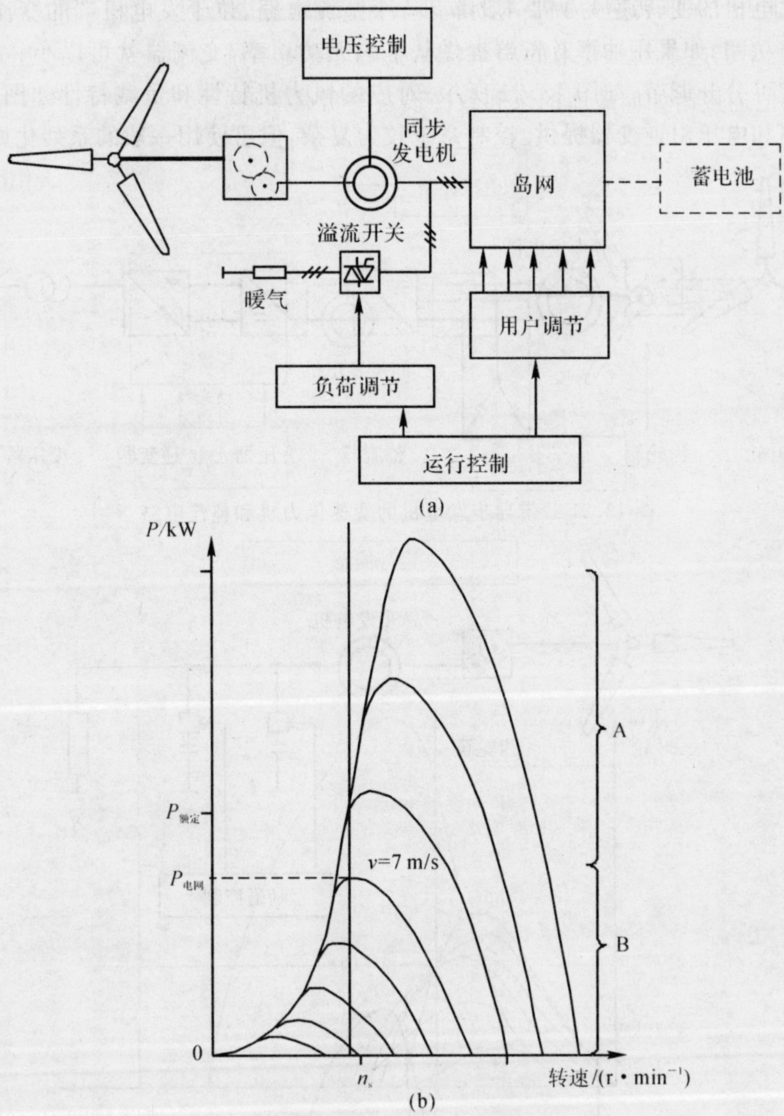

图 13.20　岛屿并网失速型风力机和负载控制

(a) 原理框图；(b) 负载特性线

13.2.5　岛屿并网运行的异步发电机

如果一台异步发电机并网，它的运行也需要从电网获取无功功率。这对于岛屿运行是不可能的。所需要的无功功率必需从功率补偿器或者从复杂的大功率电路获得。

功率补偿器提供与电压频率和电压平方相关的无功功率。改变其中一个参数，补偿器提供的无功功率就会发生改变。以这种方式运行的转速范围受到极度限制。为此，带异步发电机的风力机需要的无功功率必需要利用多个可切换的功率补偿器来提供。这样，才能运行失速型风力机(见图 13.21 和图 13.22)。一般来说，这种系统结构较为复杂。因此，尽管异步发电机便宜，但失速型风力机至今未成为岛屿并网风力机。

带异步发电机的变转速风力机一般都有一个整流电路。位于发电机端的变流器为异步发电机提供无功功率。如果用功率补偿器提供基本的无功功率，变流器就可以小一些，有功功率和无功功率就可分开调节，如图 13.21 所示。对应的风力机特性和负载特性如图 13.10 所示。岛网端的频率和电压由逆变器提供。控制系统较为复杂，但可使用一般的系列化风力机。

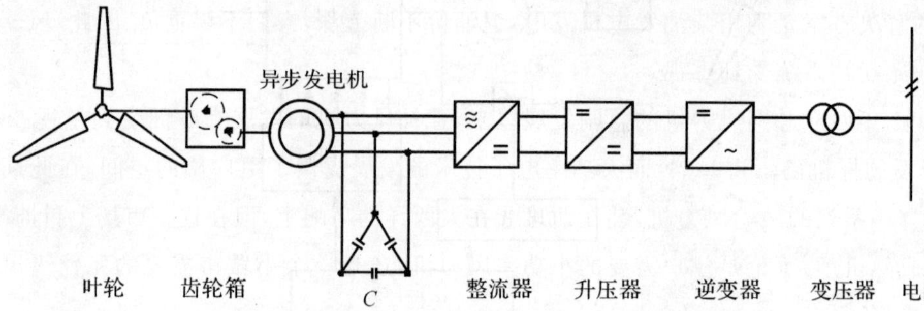

图 13.21　带异步发电机的变速风力机和整流电路

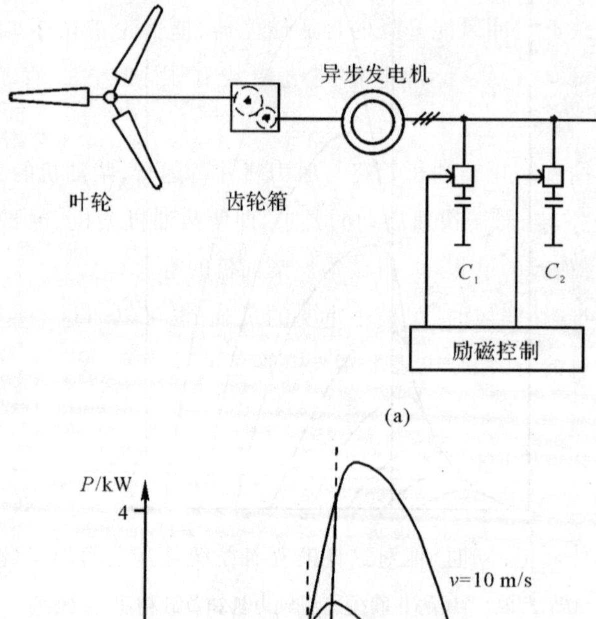

图 13.22　岛屿供热风力机(无功功率由功率补偿器提供)

13.3　互补风力机

在密集居住的大城市之外，世界各地还会有很多小城市、村庄和住户，没有可靠的电力供应。传统的解决方案是利用柴油发电机发电，但油价不断上涨，人们不堪重负。因此，风-柴互补系统和风-光互补系统受到重视。

自 1991 年西欧并网风力机的急剧发展以来，互补风力机的发展在欧洲受到忽视。20 世纪 80 年代研发的样机已不再时兴，而大功率电子技术的发展提供了更广阔的空间。在此期间，虽然在希腊有一系列的试验风力机，装在西班牙在大西洋的岛屿上，但在这一市场上目前缺乏经过考核的成熟机型。不论是住户需要的小功率风力机，还是一个小城市需要的兆瓦级风力机，皆缺乏新机型。

虽然带同步发电机的变速风力机原则上是可用的，但互补风力机的运行和控制与并网风力机则完全不同。另外，还缺乏缓冲风能升降的合适储能器。惯性轮正在逐步被用做短时储能器（ENERCON[6]，URENCO）。尽管蓄电池充电次数有限，但它一直都被用做长时存储器[4,8,14]。

短时存储器和甩负荷控制防止柴油机始终与风力机并行运行。柴油机的喷嘴快速关小，在 5% ～ 10% 的额定负荷下空转。对于快速启动的要求，即使柴油机关机，也要利用一个电热器加热冷却水。由此减小冷启动时的磨损，可明显延长柴油机的寿命。

负载控制方案并不困难，在弱风时，甩掉不重要的负载。也可以通过一定的负载控制达到用户自愿选择是否用电的目的。在用户电表上用光电管显示：

绿色：便宜的风电。

黄色：中等价格的风-柴混合电。

红色：价格高的柴油电。

于是用户可以自己决定用什么电。同时，他对这样的互补系统逐步会有所了解。

图 13.23 表示在 Brava 岛上风-柴互补系统 24 h 供电情况。岛上居民约 4 000 人。风力机设计功率为 120 kW。风电占有量相当高，部分时间里超过 50%。对于这个小型互补系统，甩负荷调节还是靠人工完成的。图 13.24 表示系统的运行控制方案。在电量需求小的时候，则给饮用水池泵水（$H = 435$ m）[12]。

在 Brava 岛上，尽管风电所占比例很高，但柴油发电机始终在运行。因为使用的是传统的丹麦型风力机，所以它需要无功功率。如果一个风-柴互补系统完全脱开柴油机而靠风力机发电，那么互补系统的结构和控制要复杂得多。

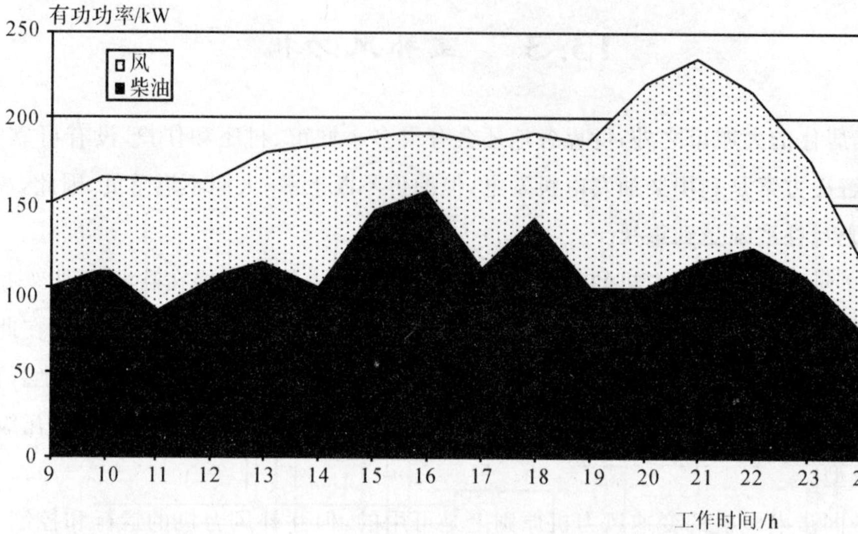

图 13.23 Brava 岛上一个小型风-柴互补系统的负载分布[12]

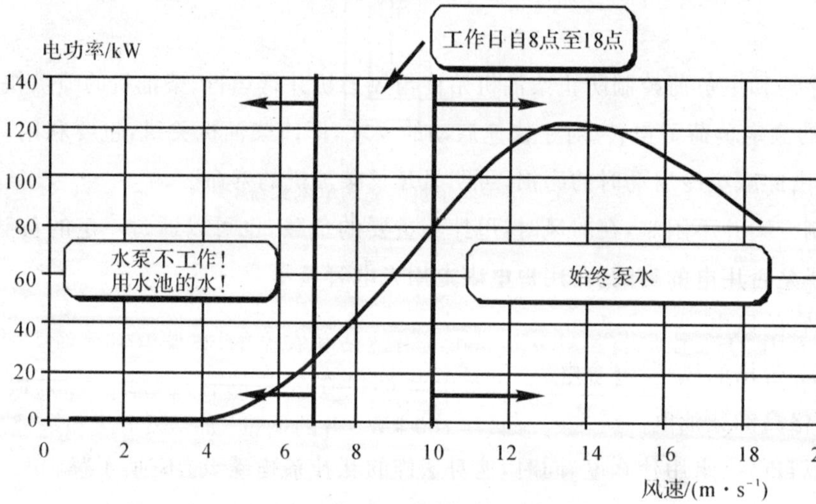

图 13.24 互补系统运行的人工调节[12]

13.3.1 带惯性轮储能器的风-柴互补系统

E30 风力机(250 kW)以直流形式发电,直流电由逆变器转换成交流电,并接入电网,如图 13.25 所示。只要风电在用电需求之内,柴油发电机就一直运行,并接网。此时,不论是惯性轮储能器还是主同步机都不工作。

如果风电功率超过用电量,惯性储能器就开始运转增速(1.5 t,转速为 1 500 ~ 3 300 r/min),可储存 5 kW·h 的电量,短时能提供 200 kW 的功率。电网运行接替了主同步机,柴油发电机关闭。由惯性储能器和蓄电池来平滑风电的波动。电源品质(频率和电压)非常高[13],但系统相对比较复杂。

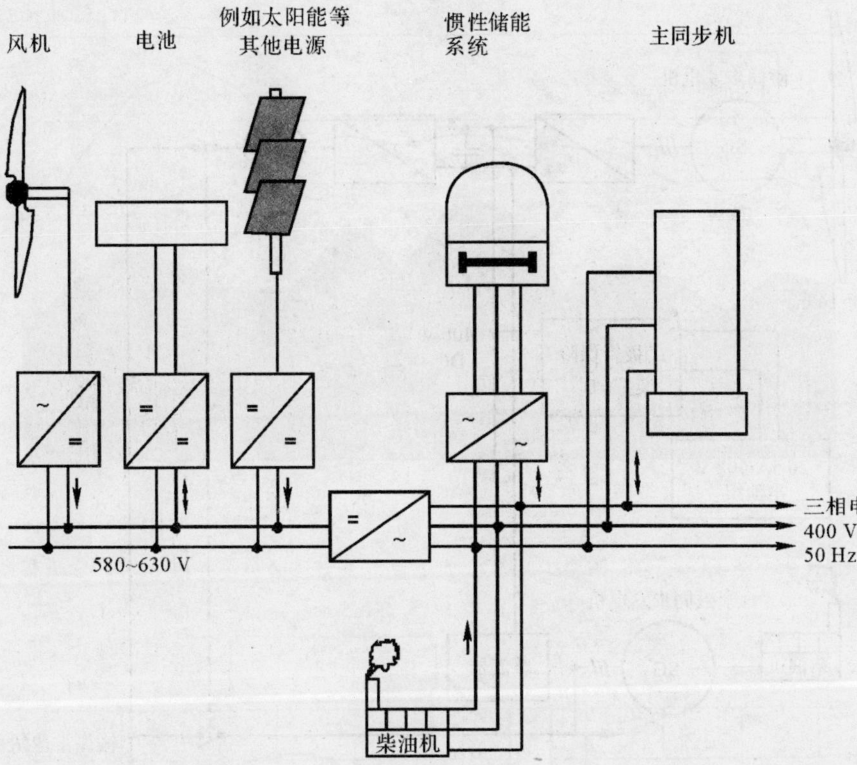

图 13.25　带主同步机的岛屿电网系统[13]

13.3.2　带公共直流母线的风-柴互补系统

图 13.26 描述的是用于芬兰 Meerbusen 岛雷达站和农家的风-柴互补系统[10]。带 30 kW 永磁发电机的风力机以及柴油发电机和蓄电池都接在公共的直流母线上。直流被变换成 400 V 的交流，并接入交流线路。蓄电池储存 100 kW · h 的电量。如果风力机和电池出现故障，或者较长时间没有风，柴油发电机就通过旁路直接接入交流电路，而不通过变流器。

13.3.3　风-光-柴互补系统（小型电网）

图 13.27 表示若干个再生能源构成的小型电网。所有电源都工作在公共的交流母线上。

13.3.4　总结

功率从几个千瓦到 1 000 kW 的互补风力机目前还有很大发展空间。油价的不断上涨和能源的持续短缺，远离电网地区的供电问题愈加困难。因此，研发各种方案的互补风力机很有必要，也有前景。

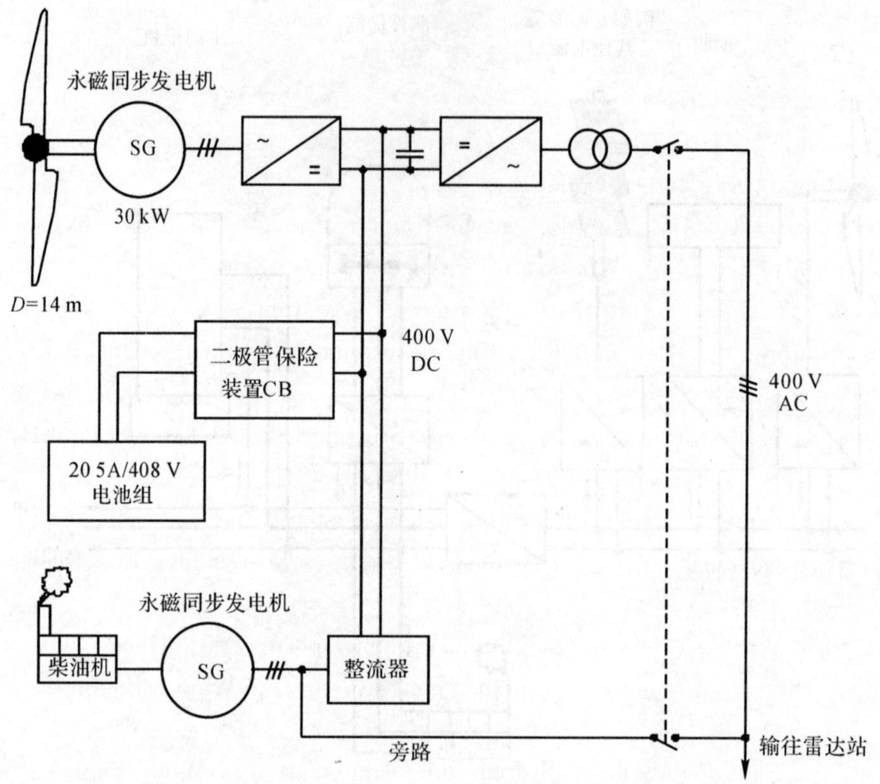

图 13.26　用于芬兰 Osmussaare 岛(雷达站)的风-柴互补系统[10]

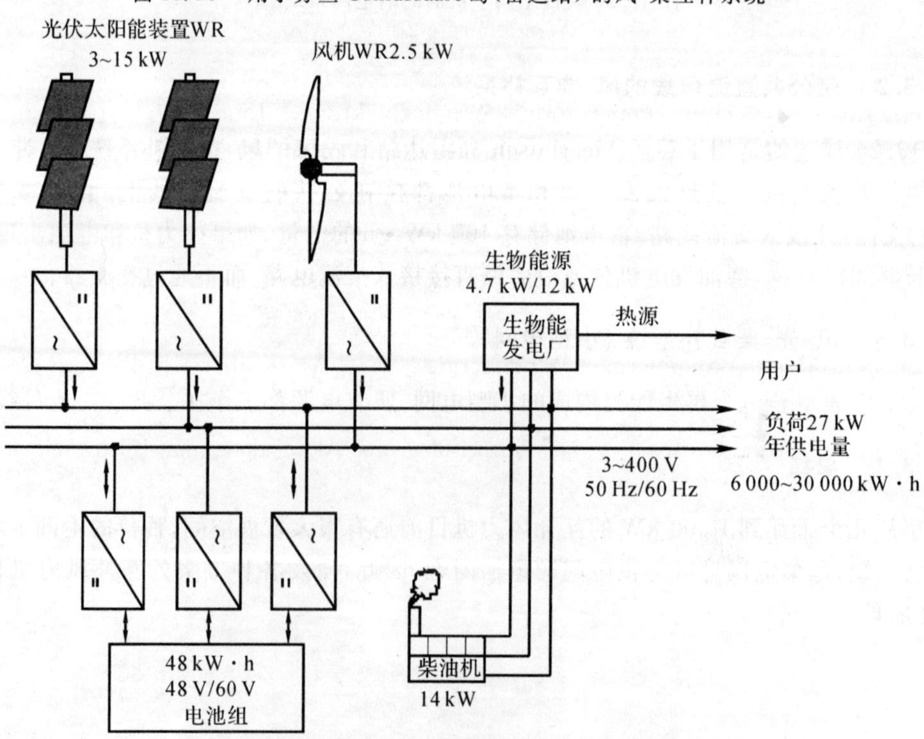

图 13.27　多个电源构成的小型电网[7]

参 考 文 献

［1］ Dietrich W. Drehzahlvariables Generatorsystem für Windkraftanlagen mittlerer Leistung[D]. Berlin：TU Berlin，1990.

［2］ Schörner J. Stand und Entwicklungsrichtung des Antriebsstranges von Windkraftanlagen[J]. Windkraftjournal，2001(6)：38-48.

［3］ Alstom. Technische Information[R]. [S. l.]：Alstom，c2004.

［4］ Quaschning V. Regenerative Energiesysteme[M]. 3rd ed. [S. l.]：Hanser Verlag，2003.

［5］ Heier S. Windkraftanlagen[M]. 3rd ed. Stuttgart：B. G. Teubner GmbH，2003.

［6］ ENERCON. Technische Information Inselsystem[R]. [S. l.]：ENERCON，2001.

［7］ SMA. Technische Information Sunny Island System Kit[R]. [S. l.]：SMA，2003.

［8］ Cruz-Cruz I. Seminario Internacional de Energias Sustenables[R]. Puerto Natales：[s. n.]，2003.

［9］ Akkmatov V，Nielsen A H，et al. Variable-speed wind turbines with multi-pole synchronous permanent magnet generators[J]. Wind Engineering，2003，27(6)：531-548.

［10］ Ruin S. New Wind-Diesel System on Osmussaare[J]. Wind Engineering，2003，27(1)：53-58.

［11］ Bundesverband Windenergie. Windenergie 2002 — Marktübersicht BWE[R]. [S. l.]：BWE，2002.

［12］ Jargstorf B. "High Penetration" Windprojekte — Eine Alternative zu Wind/Diesel-Sytemen，DEWEK[C]. Wilhelmshaven：DEWEK，1996.

［13］ ENERCON. Technische Information Stand Alone System[R]. [S. l.]：ENERCON，2003.

［14］ ENERCON. Technische Information Battery test for stand alone application[R]. [S. l.]：ENERCON，2002.

［15］ Bundesverband Windenergie. Windenergie 2000 — Marktübersicht BWE[R]. [S. l.]：BWE，2000.

［16］ Hacker G. Wind ins Netz — Netzeinspeisung und Akkuladung mit Kleinwindrädern[M]. Georgen：[s. n.]，2003.

［17］ Gasch R，Twele J. Windkraftanlagen[M]. 5th ed. Wiesbaden：Teuber，2007.

［18］ Gasch R，Twele J. Wind Power Plants[M]. Berlin：Solarpraxis，2002.

第14章　风力发电机组在联合电网上的运行

现代风力机主要用于并网发电。随着风电场装机规模的不断增大，保证风力发电机组在电网上安全稳定运行已成为突出的问题。一方面，提出了对上网风力发电机组技术装备和运行方式的要求；另一方面，对联合电网的运行也产生影响。几年前，风力发电机组装机容量与电网容量相比还非常小，故这种影响尚可忽略。但随着风电的发展，风电量占电网电量的比例不断提高，因此，风电的并网在技术上和经济上都面临挑战。在德国，风场并网发电规模较大，发展的时间也较长，积累了较丰富的经验和数据，也建立了较完善的接网规范。因此，本章以德国的情况为基础，介绍风力发电机组在电网上的运行，以供借鉴。

本章从联合电网的角度出发，描述风力发电机组并网和在网上运行的问题，并且阐明电网和风力发电机组的界面，以便从电网可容性的视角来分析前面两章介绍的各种风力发电机组的优缺点。

14.1　联合电网

14.1.1　联合电网的结构

德国的联合电网是欧洲同步联合电网的一部分，如图14.1所示。欧洲同步联合电网是协调输电的联盟，因此，必须在全欧洲范围贯彻统一的输电规范(英国称为 Grid Codes)。但联合电网首先要满足几十年前由分散供电网络结构所提出的要求。分散供电网中分布着不集中的配电站和大型发电厂。

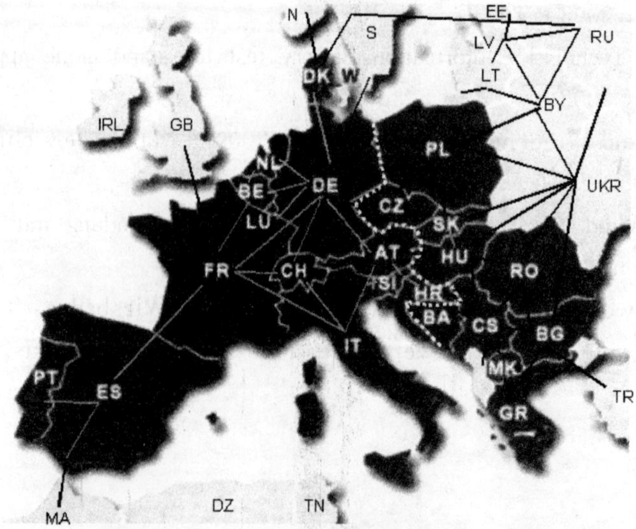

图14.1　欧洲联合电网(灰线为欧洲大陆盟国的联合电网，黑线为和邻国电网的连接)

要保证分散的风电场向弱电网供电以及国家间自由交易电量，就要求把联合电网从配电网改造成能进行大量电量交易的输电网。如果风电装机容量很小，则对电网运行的影响可不予考虑。然而，在 2004 年底，德国风电装机容量达到了约 16 630 MW。这对于最大电网负荷为 75 000 MW，最小负荷为 35 000 MW，总容量为 110 000 MW 的常规电网来说，已产生了明显的影响。图 14.2 说明，2003 年在弱负荷时，风电功率已占到约 1/3。

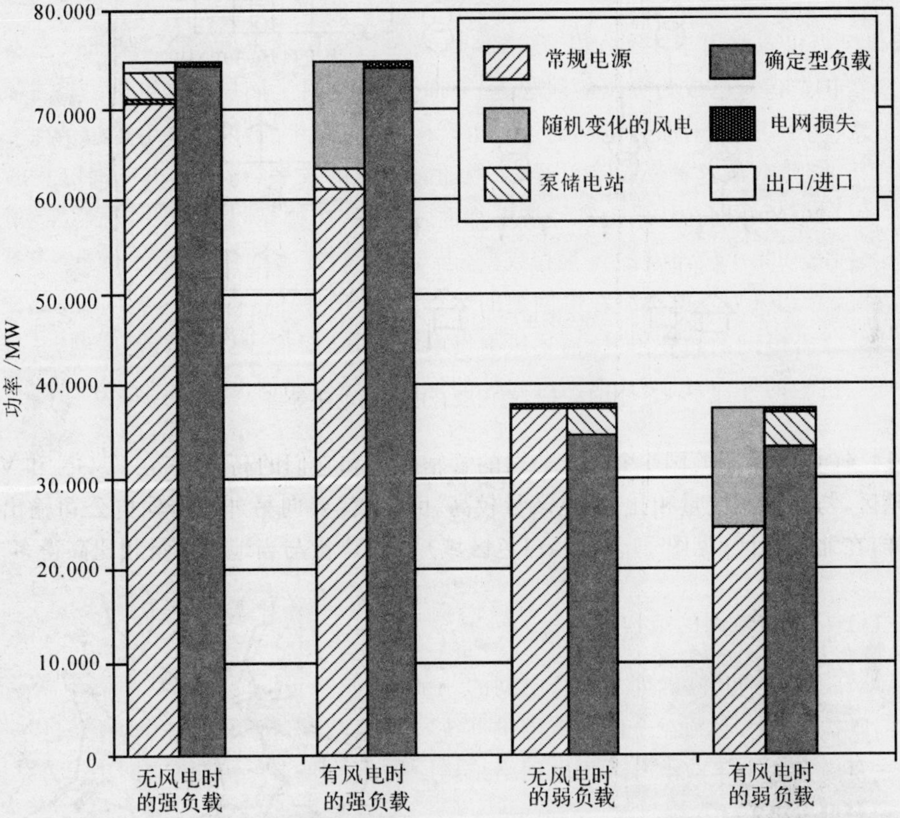

图 14.2　德国 2003 年有风电和无风电时电源、负荷、损失和其他功率交换量[3]

在德国个别地区，风电份额还要高一些。例如，在德国北部地区，风电装机容量已经超过了电网的最小负荷量。若风电量进一步增加，例如近海风场，则电网的功率容量必须增大。由于结构老化以及要改造成国际化的输电网，现存电网的扩容和增强必不可少，而且很迫切。在一些国家，电网最大负荷大部分出现在冬季，而在南部国家由于使用越来越多的空调，最大电网负荷有时也出现在夏季[2]。

图 14.3 显示了联合电网的电压等级以及风电功率的一般并网形式。一般情况下，电量由输电网(380 kV 和 220 kV) 经过配电网供给用户。风电场越大，并网电压越高，运行越经济。电网的运行是根据电压等级和区域划分的，但在其他欧洲国家不是这种情况。在德国共有 4 个输电大公司、约 700 个地区和区域配电公司以及供应商。

根据风电装机功率所要求的电压等级，要向相应的电网公司提出并网申请(参见第 15 章)。

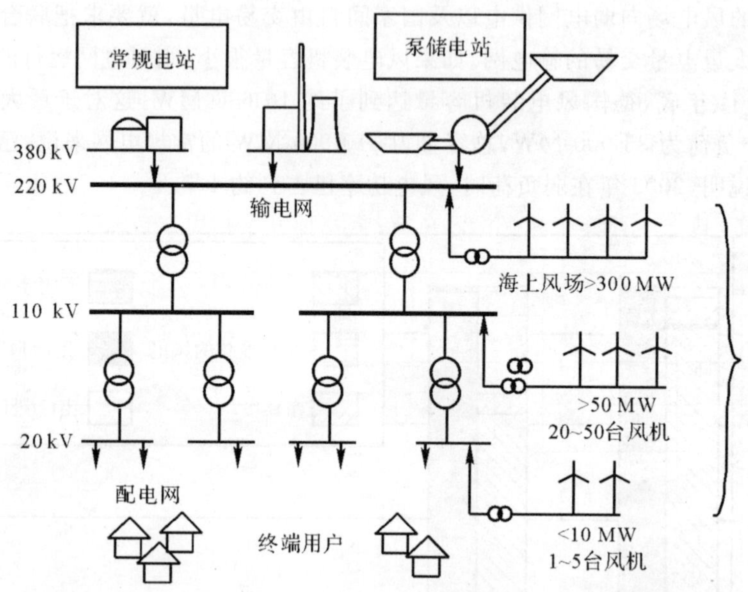

图 14.3　德国联合电网的电压等级

图 14.4(a) 显示了德国 4 个输电公司的管辖区域和它们的高压网。在 E. ON 和 Vattenfall 公司的辖区，与终端用电量相比，风电产量较高。因此，就要向另外两个输电公司输出(维持平衡)。同样，在北部地区(见图 14.4(b)，白色区域) 风电产量与当地用电量相比高得多。

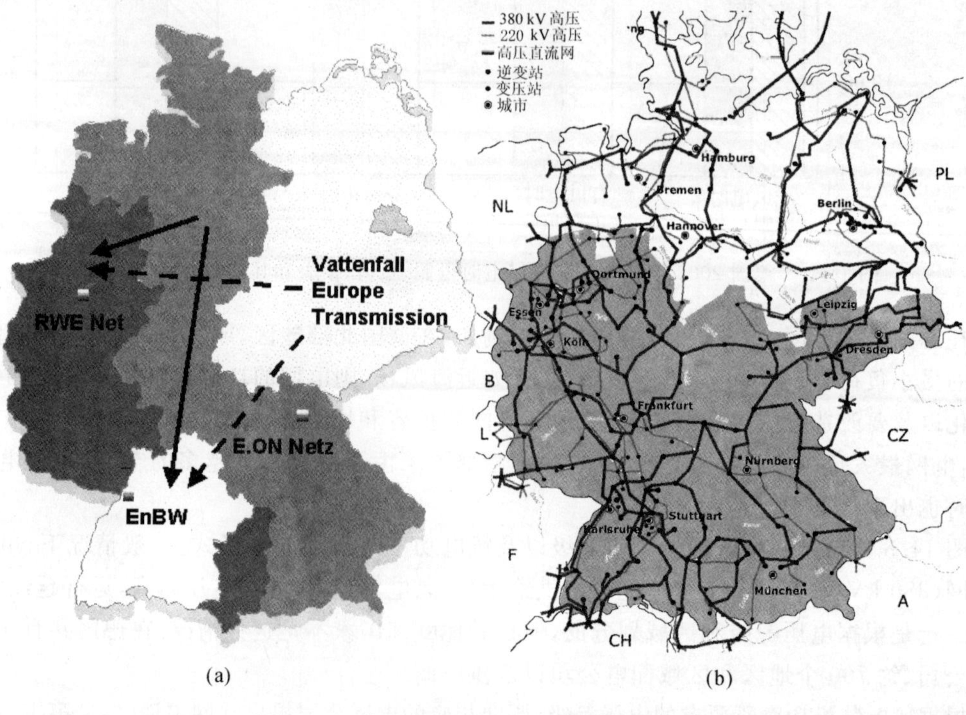

图 14.4　德国 4 个输电大公司和高压网[2,4]

14.1.2　电网运行

各个辖区电网运行的首要目标是保证上网电量与波动的负荷相匹配。这些辖区就是 4 个输电公司的电网区域范围。根据合同的约定和以往的经验数据，各个辖区次日的运行计划要提前 24 h 给出预报。与之相对应，输电公司给出发电量和售电量计划。图 14.5 表示了某一辖区两种类型的负荷分布，其中一种分布为工作日负荷；另一种分布是周末负荷。

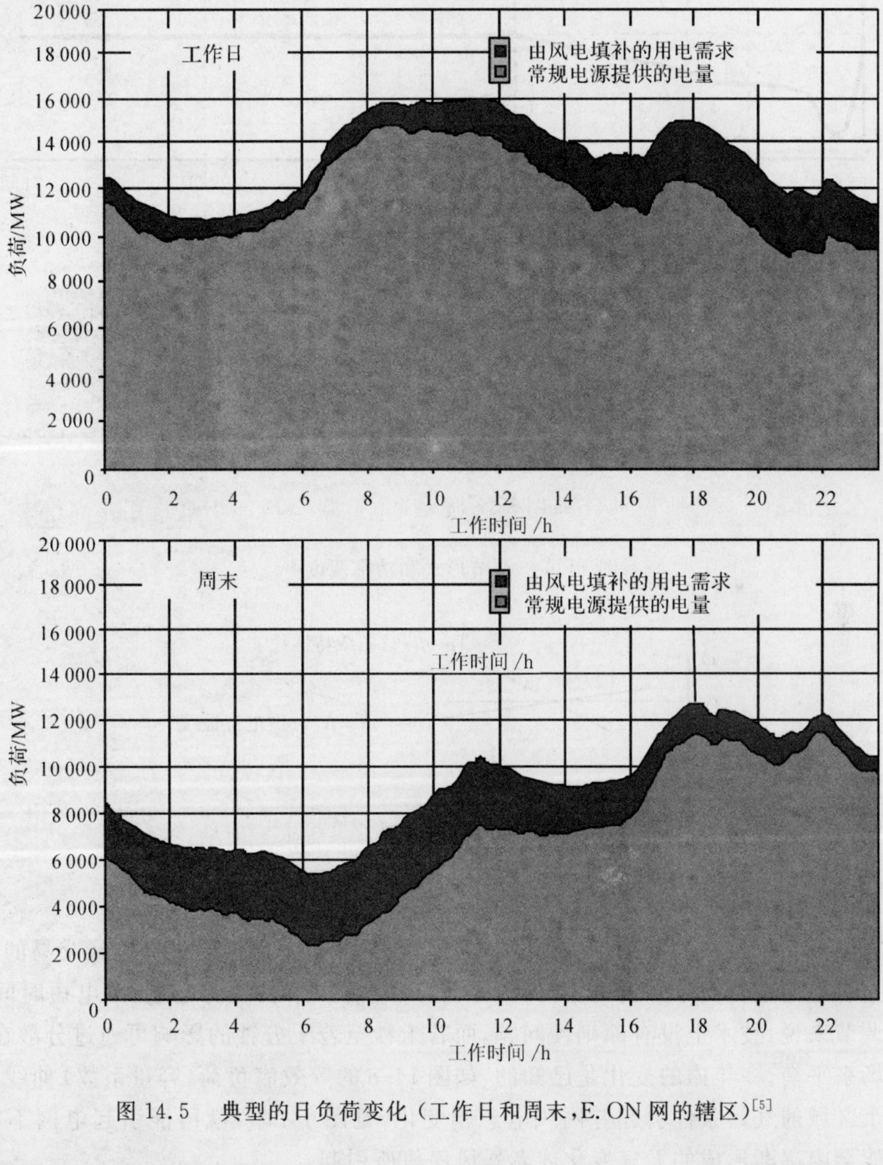

图 14.5　典型的日负荷变化（工作日和周末，E. ON 网的辖区）[5]

电网管理的任务就是把所谓的辖区边界总量控制为零。其含义是，保持耗电（包括出口）电量与发电（包括进口）电量之间的差额为零。这一任务通过发电量的调配和辖区之间的平衡来完成。为此，每天使用前一天预定的储备功率。鉴于费用的考虑，预定的储备电量应尽可能少。但预报的负荷和实际的负荷总存在偏差，因此，为维持瞬态平衡，必须要有调节电量。由图 14.6 可见，所需要的平衡功率按时间长短分为一次调节和二次调节。一次调节是由发电系统转动质量的惯性产生的。发电机和汽轮机以轻微的转速波动来补偿由负荷引起的频率和电压变化，如图 14.6 和图 14.7 所示。二次调节在若干分钟内实现（见图 14.6），通过快速可调的发电站，例如燃气轮机发电系统或水轮发电系统（泵储电站）来完成。当今，估算的功率调节需求在互联网上公布。在辖区内有所谓的结算组织（其中一部分由很多供电商组成）。它按 15 min 的平均值对平衡调节功率进行结算。

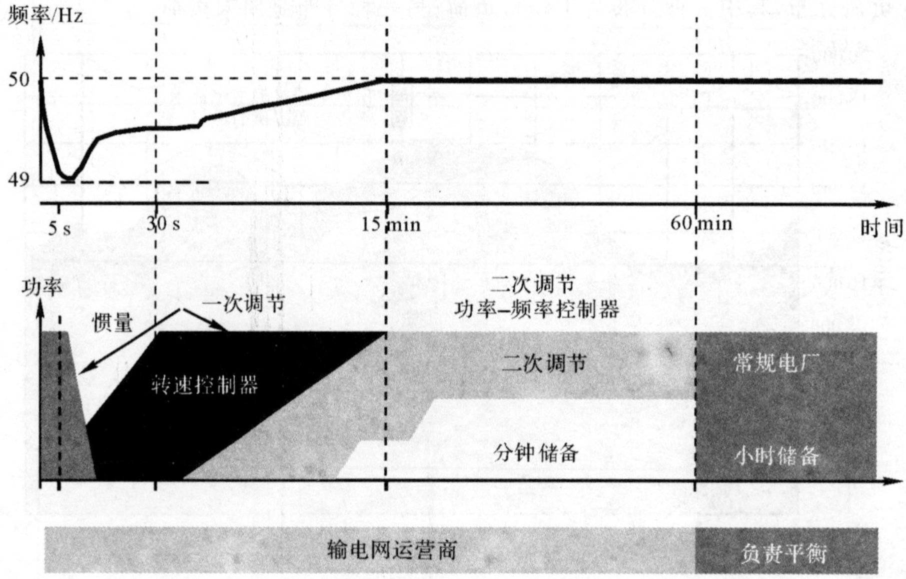

图 14.6　调节形式和功率调度[6]

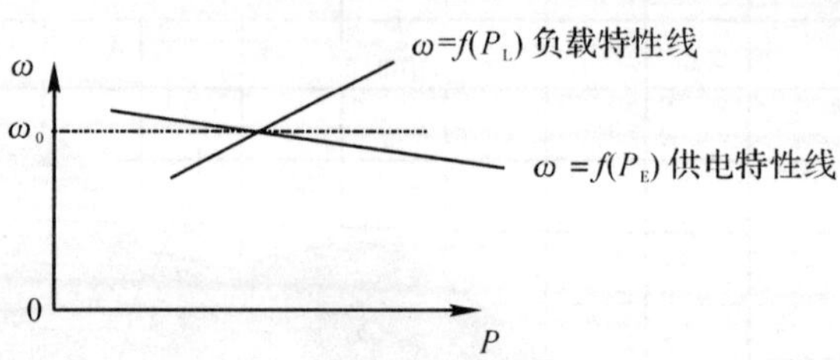

图 14.7　电网供电和耗电特性线[7]

对所需储备功率预报的准确性受到两方面因素的影响。一方面是由于电量交易的自由化，电网上输送有电网运营商未知的电量；另一方面，风电场并入波动的电量。风电短时间的波动对于一次调节来说，技术上没有原则性问题，而若干秒至若干分钟的影响可通过分散在不同区域的风电场来平衡。一年内的变化是已知的，如图 14.8 的等效满负荷（容量系数）曲线所示。如果由于整个区域的气候条件引起并网风电急剧变化（见图 14.9），就可能引起电网不稳定。这种事件可能会由逐渐形成的天气变化或者暴风停机所引起。

为此，近年来电网公司运用有效的预测方法，以便能更好地预报并网风电的变化[8]。图 14.10 表示预报的并网风电和实际并网风电的比较。预报的结果（提前 24 h，d＋1）和实际并网风电量的偏差为 ±10％。还可以通过短时的修正大幅改进，但由于规定了 24 h 的预报期，故短时修正还未能实现。

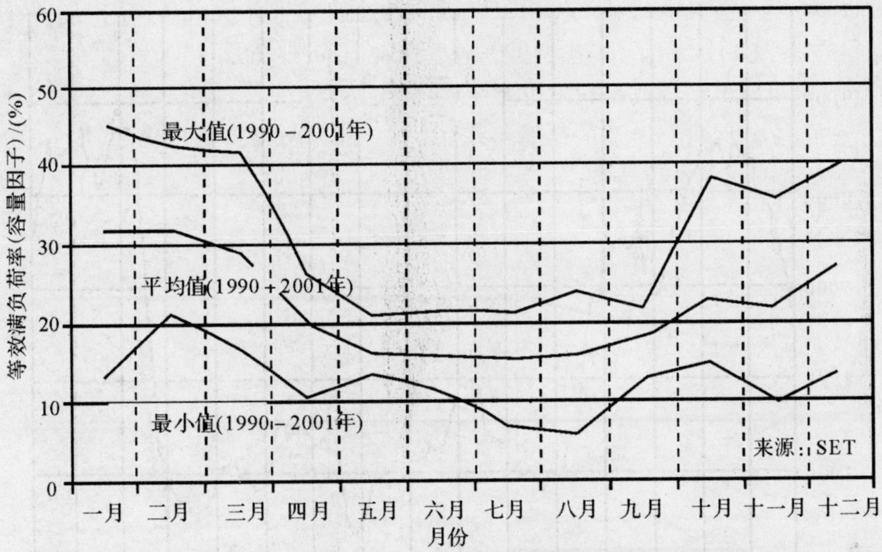

图 14.8　一年的风电变化[9]

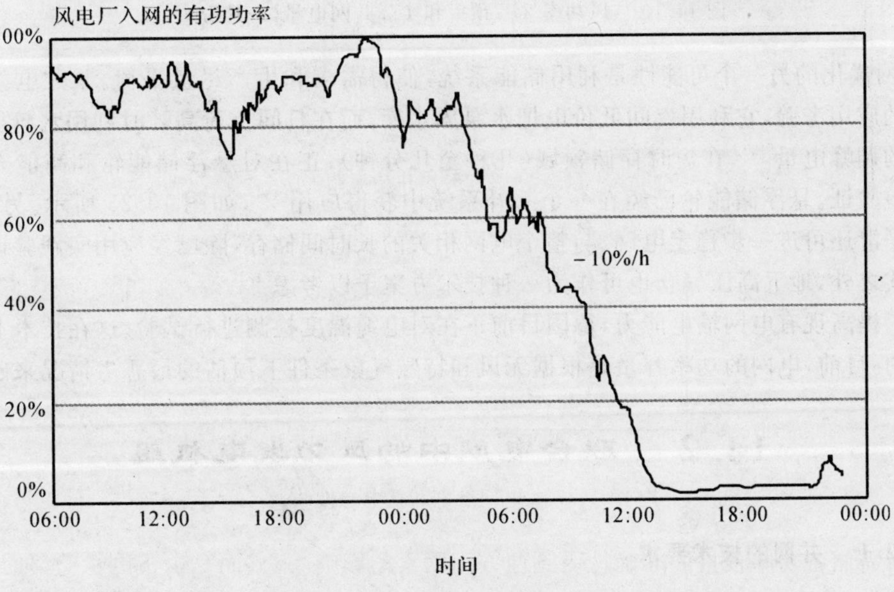

图 14.9　并网风电量急剧减少[10]

协调电网运行和较大量风电并网的另一个措施是风力发电管理。这是 2003 年开始适用的并网条件规定中所要求的[11]。根据电网负荷的状况，对风电场的运行提出要求。例如电网负荷很小时，通过功率曲线的节流，风电场将减小并网电量。同样，当预报次日风况很好时，理论上可按节流的方式运行电网，为风场群电量并网准备储量[8]。由于还未能保证提供风力波动所要求的调节功率，上述的电网管理方案在实际中还未得以实现。

把电网负荷纳入到电网的控制机制中可形成完全不同的调节模式。例如，为降低负荷高峰，可使诸如冷冻库这样的大用户（其运行时段无关紧要）在高峰时断电。

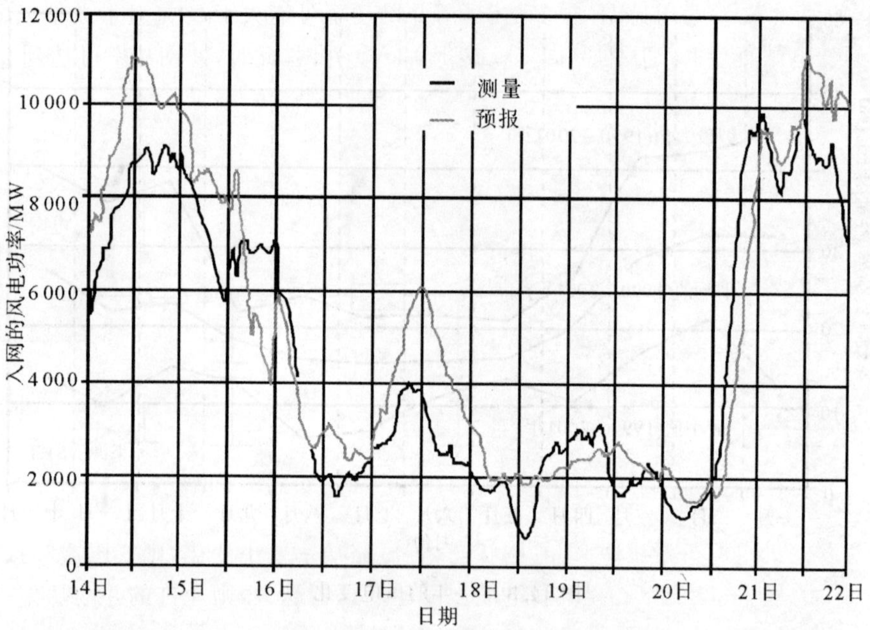

图 14.10　风功率 24h 预报和实际并网电量(一月份)[8]

电网优化的另一个可能性是利用储能系统,使得需求和生产尽量平衡。泵贮电站经过了几十年的应用考验,它利用夜间低价电把水泵入水库,而在日间负荷高峰时利用水轮机发电提供高价的调峰电量[12]。在短时存储领域(几秒至几分钟),正在对悬浮储能轮和高能充电电容进行实验验证。悬浮储能轮已经在一个互补系统中获得应用[13],如图 13.25 所示。另外,通过对风电平滑还可进一步稳定电网。与整个电网相关的长时间储存,除已经应用实践验证的泵贮电站形式之外,地下高压气仓也可作为一种技术方案予以考虑[12]。

为了提高现有电网输电能力,德国目前正在对电缆温度检测进行试验。这在技术上是较容易实现的。目前,电网的功率容量是根据无风和特殊气象条件下预估的最恶劣情况来确定的。

14.2　联合电网中的风力发电机组

14.2.1　并网的技术要求

图 14.11 表示风力发电机组和中压网连接的典型等效电路图。第一个节点是变压器前的连接点。变压器把电压升高。通过 20 kV 的电缆接到第二个节点。第二个节点与电网联接,并且给出并网功率的计量。并网功率由第二节点的短路功率和包括风力发电机组变压器在内的接网电缆的特性所决定。图 14.11 描述了确定接网功率所需的相关量。在德国,中压电网(20kV)允许的最大并网功率是电网短路功率 S_K 的 2%,即

$$P_{\max} = 0.02 S_K$$

$$S_K = U_N^2 / Z_K$$

$$Z_K = (R^2 + X^2)^{0.5}$$

式中,U_N 为额定电压;Z_K 是电压源和第二节点的短路阻抗。阻抗 Z_K 由电阻 R 和阻抗 $X = \omega L$

确定。其中 ω 为频率，L 为电感。在很多情况下，并网功率可能大于 2%。对于大型风电场，它可通过自己的变电站直接和高压网(110 kV 或 380 kV) 并网。此时，并网功率可达到 20%，甚至更多。

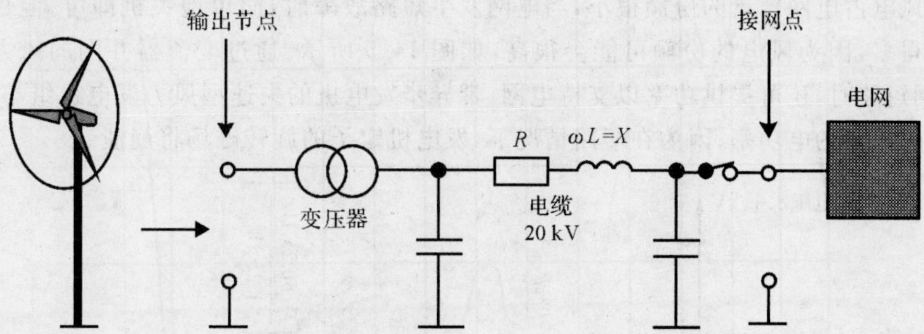

图 14.11　中压电网并网风力发电机组的等效电路

在风力发电机组运行过程中，即并网状态，若短路功率发生变化，则变压器和接网电缆的特性将受到风力发电机组自身的影响。电缆截面和变压器越大，则允许的并网功率就越大，但费用增加。可通过对并网系统进行优化来精确地计算[7,14]。

并网所需的装置如下：

(1) 变压器，调整电压。

(2) 电网分离器和定向开关。

(3) 测量和显示仪表。

(4) 滤波器。

自 2003 年开始，德国实行了新的并网规范。与过去的规范相比，当电网出现故障时不是采用关停风力发电机组的方式，而是要求风力发电机组为电网提供支持[11,15,16]。在此只讨论了整个风场的并网特性，未涉及单台风力发电机组的并网。单台风力发电机组的并网可采用不同的实现方式。

现行并网规范的指标包括以下几点：

(1) 风电场的接入。

(2) 无功功率的输出 / 吸收。

(3) 有功功率的输出。

(4) 电网干扰时的特性。

对于风电场的接入，规定风电场启动接入电流不能超过并网容量对应电流的 1.2 倍。在某些情况下，风力发电机组要逐台按顺序并网。

对于无功功率，要求风力发电机组在输出有功功率时的功率因数在 0.975(电感式) 和 0.975(电容式) 之间可调。根据电网的状态，通过电网公司给出的指示信号来进行功率因数的调节。在此，风电场的电缆和变压器要考虑在内。

对于有功功率，有如下 3 项要求：

(1) 最大掉压有功功率梯度为每分钟并网容量的 10%。这可通过风电场中风力发电机组的关机控制顺序来保证。

(2) 在电网关键的负荷状态，短暂地限制或者切断功率。

(3) 电压和频率范围的关系如图 14.12 所示。在允许的频率范围(47.5 ~ 51.5 Hz)之外，风力发电机组必须立刻关机。在频率范围 50.25 ~ 51.5 Hz 内，随着频率升高应限制风电场的有功功率。

过去风电占电网容量的份额很小，当电网发生短路故障时，简单地关机即可。但目前的规定要复杂得多，因为风电的份额可能会很高，如图 14.5 所示。通过变流器并网的风力发电机组，在电网短路时，还可提供功率以支持电网。带异步发电机的失速型风力发电机组与之相反，不能提供短路时的电功率；因为在短路情况下，发电机定子的旋转磁场将崩溃。

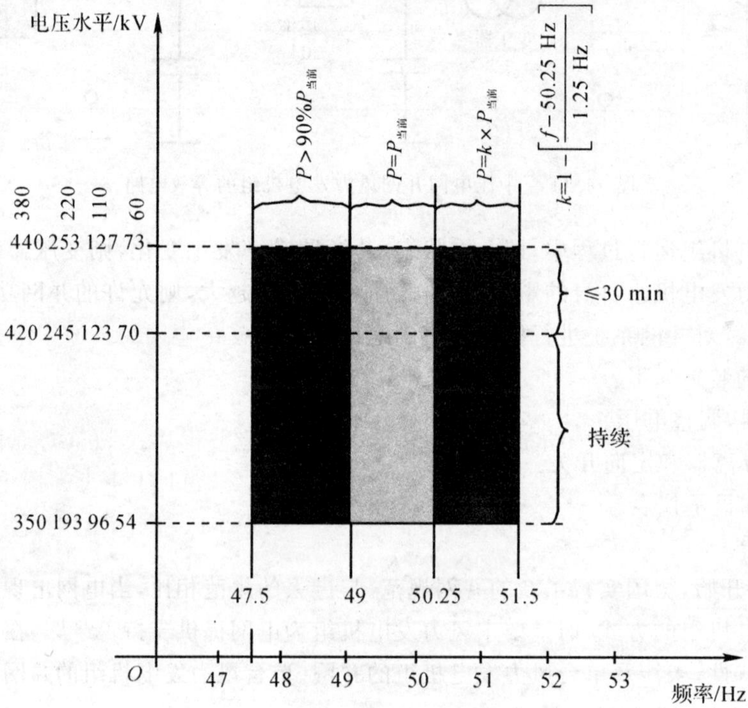

图 14.12　规定的电压和频率范围[11]

在户外电缆上容易发生电网的短暂短路，例如，积雪搭接两相电缆；飞鸟接触两根电线；树枝掉落，搭接电缆等。在这种情况下，自动断/接开关立刻响应，断开电网，然后检查 1 ~ 2 s，确认电网正常运行是否可恢复，因为干扰往往在很短时间就消失了。若电网恢复正常运行，则风力发电机组也必须立刻恢复供电。为此，针对电网干扰要执行如下的规定：

(1) 在电网短路期间(网压 > 60 kV)，但最大不超过 3 s，尽可能大地提供视在电流。这只适用于干扰引起的短路情况，并且并网节点处的电压在运行电压 U_0 的 15% ~ 60% 之间。

(2) 当电网出现干扰时，如果并网节点处的电压幅值仍在图 14.13 所示的电压变化界值之上，就不允许风力发电机组脱网。关于风力发电机组能够满足上述并网要求的相应证明，需由风力发电机组制造商提供。这个证明要以正确的测量为基础，并通过模拟计算来补充。

此外，关于检查并网规范执行情况的规定也将颁布[15,16]。

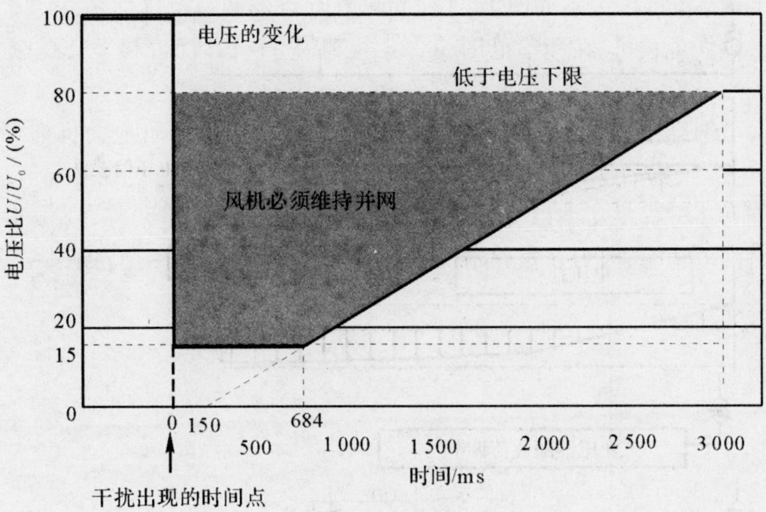

图 14.13　风力发电机组的低压穿越特性要求[11]

14.2.2　电网运行和风力发电机组运行的相互影响——电网的反馈作用和电网的耐受性

电网的反馈作用是指所有导致电压幅值、电压和电流波形以及频率出现偏差的影响因素。电流和电压间的相位偏移不属于电网反馈作用，因为它不是上述 4 个判据中的量。根据干扰的频率和作用时间以及对电流和电压的影响，表 14.1 列出了不同的电网反馈作用。

表 14.1　电网的影响、频率范围和原因[17]

参数	周期性	非周期性	频率范围	原因
谐波	√		>50 Hz	非线性
超次谐波	√	—	>50 Hz，$\neq 50k$ Hz(k 为整数)	用户
次谐波	√		<50 Hz	开关过程
电压波动	√	√	<0.01 Hz	功率变化
闪变	√	√	0.005～35 Hz	
瞬态	—	√	>50 Hz	开关过程
电压突降	—	√	<50 Hz	电网故障
断电	—	√	<50 Hz	
电压不对称	—	—	—	负荷非对称

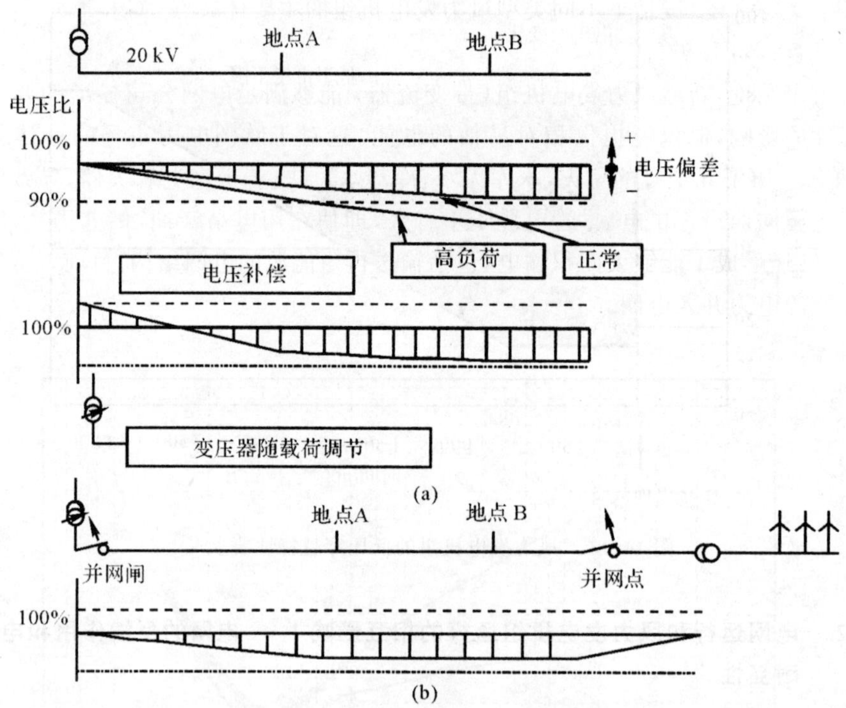

图 14.14 正常负荷和高负荷地点户外电缆上的电压

(a) 通过变压器电压变化补偿网电压(无风力发电机组); (b) 风电并网,不需补偿

图 14.14(a) 表示正常负荷和高负荷地点户外电缆上的电压。为了使电压维持在允许的公差范围内(＋5％至－10％的额定电压),在高负荷的地点,有必要使变压器的并网电压升高以进行电压补偿,如图14.14(a) 所示。然而如果通过并网风力发电机组提供附加功率,有时会使功率过剩,如图 14.14(b) 所示。

风力发电机组在联合电网上运行的另一个问题是所谓的“闪变”。它通过低频电压波动可使灯光亮度发生波动,特别是在 8 ～ 9 Hz 的频率范围,人眼可感受到扰动的“闪烁”,如图 14.15 所示。对于风力发电机组,定义了一个“闪变” 系数,与风力发电机组其他数据一起用作为电网承受能力的度量(不同风力发电机组的比较参见文献[19])。对于失速风力发电机组,“闪变” 系数 C 经常要比变桨风力发电机组的高,并且随着相位角发生变化,如相应的检验报告所述。

14.2.3 不同类型风力发电机组在电网中的运行特性

第 13 章中所介绍的不同类型风力发电机组对应着不同的电网耐受性,所关注的问题是风力发电机组的运行对电网有什么影响,是吸收无功功率还是提供无功功率,这在前面已经描述过。带异步发电机的失速型风力发电机组本质上要吸收无功功率,这需要电网提供。虽然可用电容组补偿的方式减小无功功率的需求(见第 13 章),但不能消除。如果有新的风力发电机组并网,电网公司就要根据负荷情况求出入网风力发电机组的功率因数,即无功功率与有功功率之比,确保能够调节,如图 14.16 所示。当今,带有变流器的风力发电机组能够满足这一要求。对于带异步发电机的失速型风力发电机组,则需加装功率调节器来实现这一任务(例如,

Alstom 的 PCS)。表 14.2 概括了不同类型风力发电机组的主要优缺点。关于高次谐波的问题请参阅文献[7,14,17,18,20]。

最后可得出结论,新型风力发电机组(带变流器)能够满足电网公司提出的要求,虽然受到风力瞬态性的影响,但仍能提供相对易估的电能。这对于欧洲电力市场的一体化很重要。2005 年西班牙经历了几个月的旱灾,水库无水,冷却水短缺,若干家电厂关停,导致电力紧缺。此时德国和法国向西班牙供电。尽管电缆千里有余,即使在用电高峰期,供电仍然经济、可靠。在欧洲内部,已经形成了能够大面积输电,包括输送再生能源的电网结构。目前,已经开始试验把北非再生能源电力并入电网。

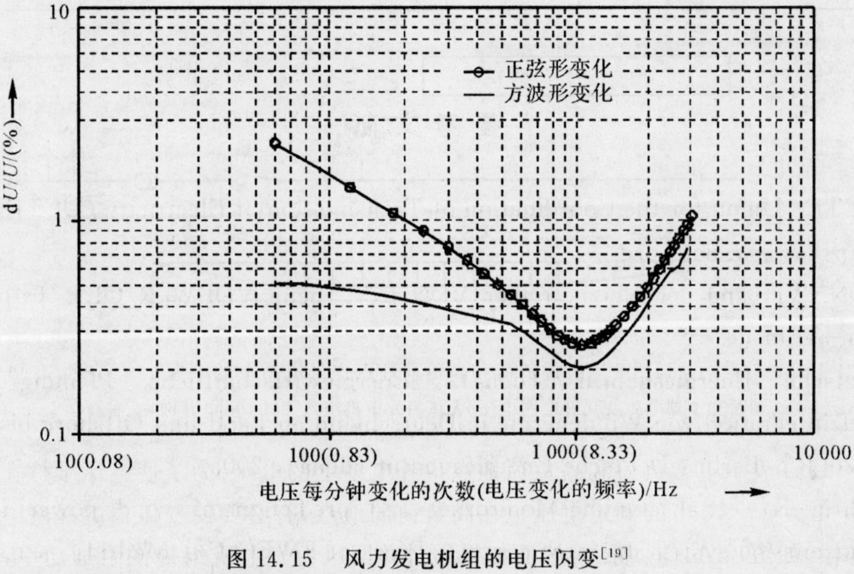

图 14.15　风力发电机组的电压闪变[19]

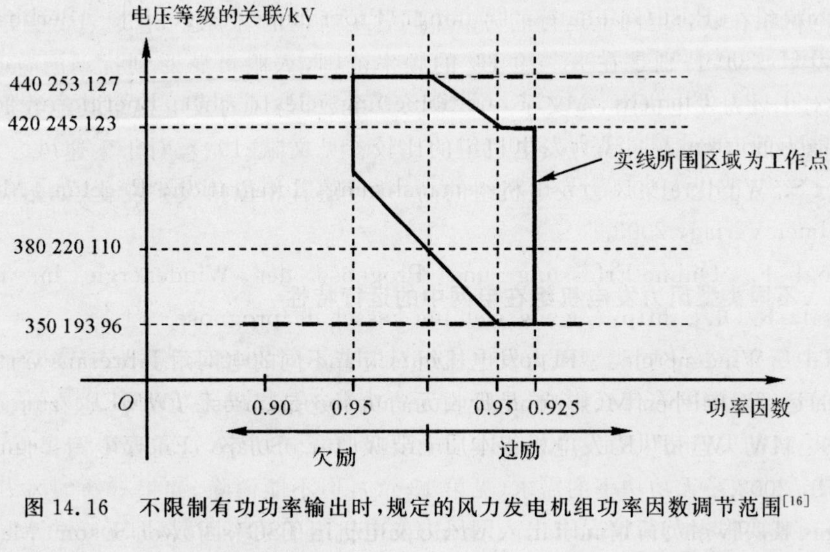

图 14.16　不限制有功功率输出时,规定的风力发电机组功率因数调节范围[16]

表 14.2 不同类型风力发电机组的并网特点[17,19]

发电机类型	异步	异步，变转差	异步，双馈	同步
转速	恒定	弱变	变化	变化
接网形式	直接	直接	变流器	变流器
无功功率	必需	必需	可调	可调
接网瞬时功率(额定功率)/(%)	约 130 ～ 150	约 105 ～ 110	约 105 ～ 110	约 100 ～ 105
闪变	大	中	中	小
谐波	无关	存在	存在	无关

参 考 文 献

[1] UCTE. Union for the Coordination of Transmission of Electricity (UCTE)[R/OL]. http://www.ucte.org.

[2] VDN. Verband der Netzbetreiber VDN e.V. beim VDEW[R/OL]. http://www.vdn-berlin.de.

[3] Deutsche Energieagentur (dena). Energiewirtschaftliche Planung für die Netzintegration von Windenergie in Deutschland an Land und Offshore bis zum Jahr 2020[R]. Berlin: Deutsche Energieagentur (dena), 2005.

[4] Rohrig K, et al. Online-Monitoring and prediction of wind power in german transmission system operator centres, Proc. of EWEC[C]. Madrid: [s.n.], 2003.

[5] Ensslin C. Large-Scale Integration of Wind Power, in "Grid-connected Wind Turbines", Post-Graduate Training Programme 2003[R]. Berlin: InWEnt gGmbH, 2003.

[6] Beck H P, Clemens M. Konditionierung elektrischer Energie in dezentralen Netzabschnitten[J]. Heft, 2004(5).

[7] Heier S. Windkraftanlagen — Systemauslegung, Integration, Regelung[M]. [S.l.]: Teubner Verlag, 2003.

[8] Schlögl F. Online-Erfassung und Prognose der Windenergie im praktischen Einsatz[R/OL]. http://www.iset.uni-kassel.de/prognose.

[9] ISET. Windenergie Report Deutschland 2002, Jahresauswertung des "Wissenschaftlichen Mess- und Evaluierungsprogramms" (WMEP) zum Breitentest "250 MW Wind"[R]. Kassel: Institut für Solare Energieversorgungstechnik ISET, 2002.

[10] Burges K, Twele J. Wind farms participating in TSO's Power System Management, Deutsche Windenergie Konferenz(DEWEK)[C]. Wilhelmshaven: [s.n.], 2004.

[11] Santjer F, Klosse R. Die neuen ergänzenden Netzanschlussregeln von E.ON Netz

GmbH[J]. DEWI-Magazin，2003，22(2).

[12] Franken M，Janzing B，Lönker O. Sächsisches Wunderwerk；Schnell aufladen，schnell einspeisen，Zukunftsspeicher[J]. Neue Energie，2005(4).

[13] ENERCON. Firmenprospekt E33[R]. [S. l.]：ENERCON，2005.

[14] Ackermann T. Wind Power in Power Systems[M]. Stockholm：John Wiley & Sons Ltd.，2005.

[15] VDN. Verband der Netzbetreiber VDN e. V. beim VDEW. EEG-Erzeugungsanlagen am Hoch-und Höchstspannungsnetz[R/OL]. http://www. vdn－berlin. de.

[16] E ON Netz GmbH. Netzanschlussregeln[R]. [S. l.]：E ON Netz GmbH，2003.

[17] Schulz D. Netzrückwirkungen－Theorie，Simulation. Messung und Bewertung[M]. Berlin：VDE Verlag，2004.

[18] Schulz D. Untersuchung der Netzrückwirkungen durch netzgekoppelte Photo-voltaik-und Windkraftanlagen[D]. Berlin：Dissertation an der Technischen Universität Berlin，2002.

[19] Bundesverband WindEnergie e. V.，BWE Service GmbH（Hrsg.）. Windenergie 2005，Marktübersicht[R]. Berlin：BWE，2005.

[20] Quaschning V. Regenerative Energiesysteme[M]. [S. l.]：Carl Hanser Verlag，2003.

[21] Gasch R，Twele J. Windkraftanlagen[M]. 5th ed. Wiesbaden：Teuber，2007.

[22] Gasch R，Twele J. Wind Power Plants[M]. Berlin：Solarpraxis，2002.

第 15 章　风场规划、运行和经济性分析

本章将介绍风电项目实施的工作步骤与内容——规划、立项、建设与运行。在项目实施的每一阶段都要考虑技术方面、法规方面和经济方面的诸多因素。由于德国风电业发展时间较长，法规较为完善，积累的实践经验和数据都较丰富，故本章列举了一系列德国风电业的实例和数据。在实际应用中，我们虽然不能完全照搬它，但它仍可作为风场规划、运行和经济性分析的借鉴和参考。

15.1　风电场的规划与立项

图 15.1 系统地表示了风电项目从规划、实施直至运行的整个流程。在正式启动和投入之前，首先要澄清所选风场的可行性。

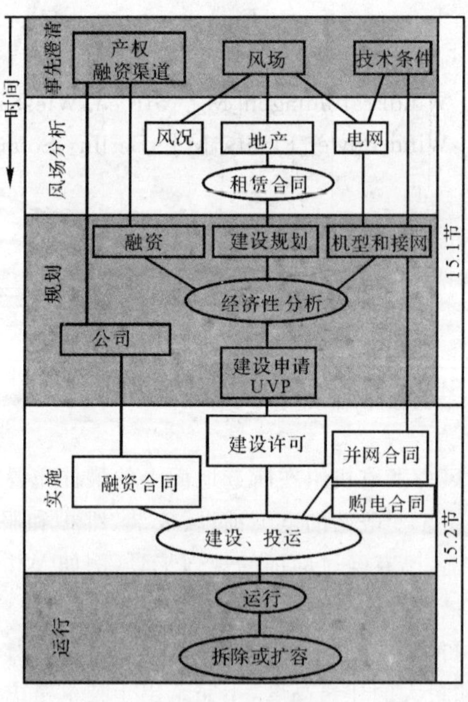

图 15.1　风电项目实施的流程图

15.1.1　规划中的技术因素

1. 风况的评估

风况的评估对于风场的选择非常重要。前面已多次强调，若风速减小 10%，风功率将减少 30%。第一步，除对可获得的气象数据进行评估外，要勘察所选风场的地形、地貌、表面粗糙度

以及周边环境。第二步，要精确勘测诸如树木、邻近风力发电机组等障碍物。此时找一个有经验的专业人员来做这些工作是必要的。由他提出进一步精准确定风能储量的步骤和方法。在第 5 章曾经介绍了风场评估的不同方法。根据风场条件和当地可用风数据的质量及测风站的位置，决定是否需要自己测风，用什么方法测风。判断标准在 5.3 节已经介绍。

2. 装机容量及发电量的估计

若要确定安装多少风力发电机组，单机容量多大，除要考虑可用的面积外，接网条件是一个关键因素。为此，应尽早询问当地的电网公司，了解可能的上网功率、最近的接网距离以及接网电压(参见第 14 章)。对于装机容量较大的风场(＞ 20 MW)，有必要建设自己的变电站。根据风场可用面积和上网条件，就可估计风力发电机组的数量和单机容量。这是预测发电量的基础。

在风场规划中，根据每一个方向上风速的分布函数和所选风力发电机组的功率曲线按照方位确定发电量(见图 5.24 和图 5.26)。这对于最优微观选址和减小风力发电机组之间相互影响很重要。这将在风场风力发电机组布局时进行，如图 15.2 所示。

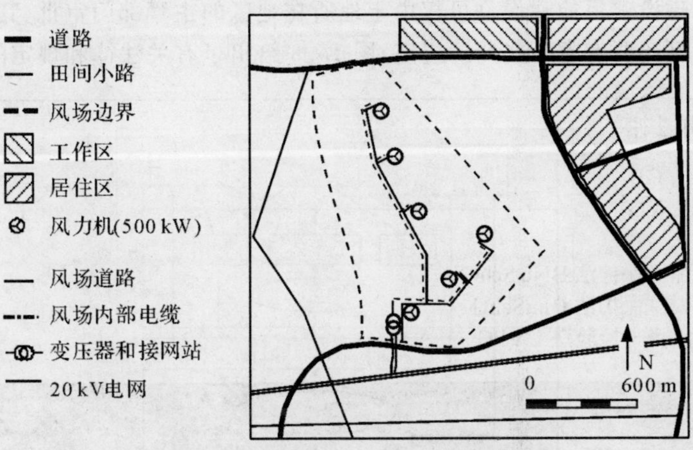

图 15.2　根据基础设施条件规划的风场

3. 风场的布局设计

在风场布局中，要确定风力发电机组在所选地面上的最佳布置，优先原则是整个风场获得发电量最大。但风力发电机组至变电站的电缆铺设、安装、维护和服务车的道路建设等对风力发电机组布置都有影响。目前，已有经过验证的规划工具(例如 WinPro，Windfarmer 等软件)，可快捷、有效地完成风场的最佳设计。

在风场的布局设计中可能还会出现其他的限制，例如，距森林的距离、自然保护区等。另外，还有一些先决条件，例如最大的建筑高度，不完全出于技术考虑，而是由法规或者公众的利益所决定。

在申请建设许可之前，最好知道这些限制，以免中途修改计划。

4. 地域条件

首先要了解土地的所有权归属，签署土地租赁合同或至少签订一个协议。了解地域条件是第一步要做的工作，目的是保证项目的落实。要澄清风力发电机组是否可安全吊装，安装、维护和维修的设备是否可达，铺设多长的电缆等。要对如下 4 个方面的条件予以落实：

(1) 地基:为确保每台风力发电机组的地基安全可靠,有必要进行地质勘测,以便确定基础地质的最小承载能力。由此确定风力发电机组基础的结构形式。一般情况下为平面地基,或者根据需要,建桩式地基(松软地质)。

(2) 风场的可达性:检查风力发电机组运输的可能性和道路的可达性以及吊车安装的现场位置。风力发电机组部件(例如塔架、叶片等)的运输可能会受到森林、桥梁、电网线、交通牌、铁路、天线、水利设施等障碍物的阻挡。

(3) 接网的可能性:勘测接网的地点和条件(例如,接网电压)。简单情况下,直接从风场铺设电缆到并网点。有时,要把电缆铺设到附近的变电站。此处要有电网容量或者要有自己的变电箱。对于大型的风电场,一般要建自己的变电站,实现高压并网。

(4) 接网:要检查电缆铺设形式和路线的技术问题和经济性。对于很长的线路,要有环境评估。

15.1.2 建设许可

在德国,风电建设项目的建设许可权由土地所在地区的主管部门审批。其中不仅要考虑联邦的有关法律,而且还要考虑所在州的规定。图 15.3 给出了有关法律和规定的目录。

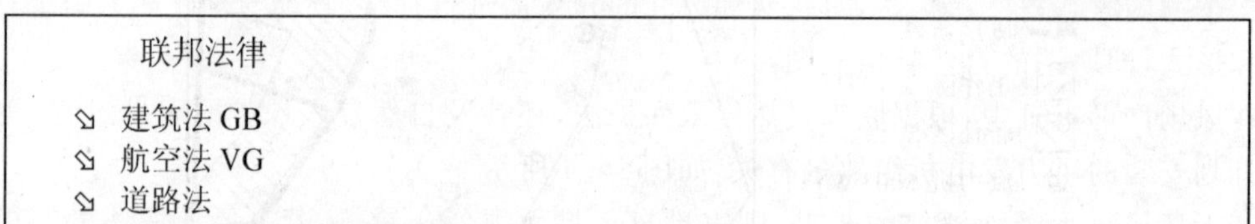

图 15.3 有关风电项目审批的法律和规定目录(德国)

自从 1998 年德国建筑法修订之后,根据其中的第 35 条,建风场具有优先权。自此之后,大部分的地区都安排出合适的区域,根据所享有的许可审批权,积极评估地区的规划。风场位置若在安排的区域之内,则建设许可的审批没有任何障碍;但若在安排的区域之外,则原则上不予审批。

德国航空法还有一些限制。在机场建筑保护区内，航空管理部门的批准是建设许可的前提。除此之外，当建筑高度超过一定限制时，也需要航空部门的审批。原则上，当风力发电机组高度（轮毂高度加叶轮半径）超过 100 m 时，就要装警示灯，并且叶片要涂成红白相间的颜色（红／白／红）。夜晚，机舱顶上的警示灯为红色；白天，在机场附近则要求警示灯为白色。

德国道路法规定了建筑物到联邦高速公路、国道、州道以及城市环线的距离，以及禁止建筑和限制建筑的条件。在限建的范围内，风场建设要获得道路主管部门的批准。在禁建范围内，个别情况下会有例外批准。

关于自然保护方面的审批，由审批部门根据联邦自然保护法决定。要考虑自然保护的重要性和自然风光的保护。虽然风电建设项目有建设优先权，但要和环保主管部门达成一致。这意味着，环保部门要参与项目的审批，即环评。

因为安装风力发电机组是对自然和风光的介入，只有当以下的条件满足时才能获得许可：

(1) 与地区规划和布局的目标一致。

(2) 避免对环境产生明显和持续的负面影响。

(3) 通过合适的措施可保持平衡。

根据德国联邦自然保护法，对自然和风光的介入需进行补偿。必须通过评估来确定补偿的规模和形式，即所谓的自然补偿蓝图。

在风场许可审批中，根据联邦自然侵入保护法，还涉及自然侵入保护的审批过程。审批过程与计划安装的风力发电机组数量有关，如图 15.4 所示。

若无环境可承受性评估的要求，则审批过程将无须公众参与。若需要评估环境的可承受性，则需要官方正式的许可权审批过程来审批。这意味着，申请材料将在当地的报纸上公布 1 个月，从公布开始至结束后的 14 天内，任何人都可提出反对意见。对提出的意见要安排一次协商。对这一次协商的准备，审批部门要征求所涉及的相关专业部门（自然保护、水、建筑视线等）的意见。如果满足了所有的许可条件，就可得到环评许可，其中也包含建设许可。

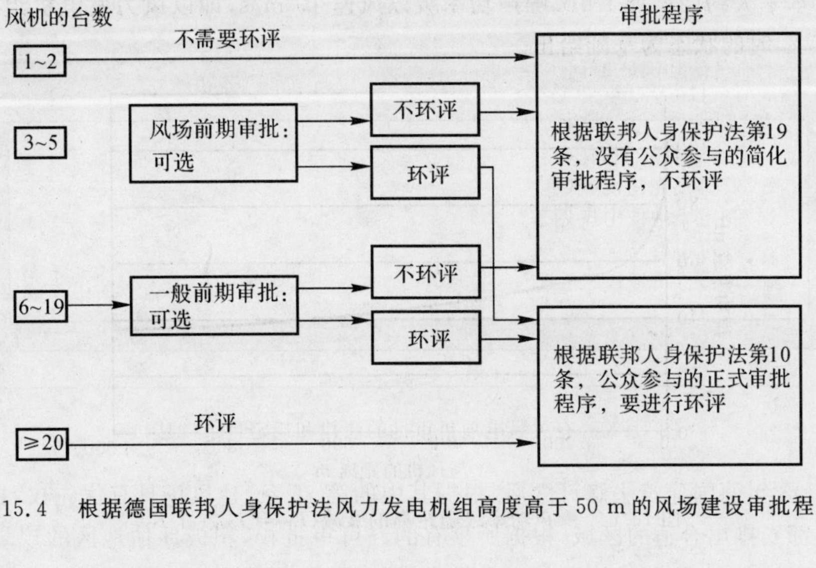

图 15.4　根据德国联邦人身保护法风力发电机组高度高于 50 m 的风场建设审批程序

1. 风力发电机组的生态影响

要评估安装和运行风力发电机组对自然生态的影响是否可以接受。在一定的情况下，对动物和植物的保护要进行进一步的评估。首先要评估对鸟巢和鸟间歇地的保护。

对于 3 ～ 19 台风力发电机组的风场，没有硬性规定，要评估环境的可承受性。大部分情况下，主管部门首先考察，在法规的标准下，是否会出现对环境的负面影响。若是这样，就要求进行环评。如果达到必须要进行环评的规模，则要对生物群、植物和动物进行分类评估，例如，蝙蝠、幼鸟、候鸟等，对地貌风光景象也要进行评估。

所要的申请材料中最重要的部分是关于风力发电机组对人和环境影响的证明。其中包括：动物分类，动物和植物保护的详细内容，噪声评估，阴影评估，文物保护。

2. 风力发电机组的噪声

依据在风力发电机组上的噪声测量来预测噪声的影响。噪声测量一般按照 IEC61400－11 进行。它给出具体机型的噪声水平和噪声谱，其中噪声谱包含音调噪声和低频噪声。在距声源 R 的某一点上噪声辐射可由如下公式来估计[1]：

$$L_P = L_{WKA} - 10\lg(2\pi R^2) - \alpha R + K \tag{15.1}$$

式中，L_{WKA} 为声源的声功率级（风力发电机组的机舱），单位为 dB；R 为离声源的距离，单位为 m；α 为吸音系数，单位为 dB/m；K 为音调噪声和冲击噪声补偿，单位为 dB。

吸音系数 α 取决于地面条件，在 0 ～ 1 间取值。音调噪声和冲击噪声的补偿由规范总体给出，典型情况取 1 ～ 2 dB。

声功率级以对数形式给出。增加 3.01 dB，可感觉到的声强要增加 2 倍。音调噪声和冲击噪声特别容易感受到。它主要由齿轮箱、发电机或者变流器产生。可由有资质的研究机构测量确定，并用音调噪声和冲击噪声补偿系数 K 来表达。

利用式(15.1)可计算噪声功率级随距离的衰减。图 15.5 表示 1.5 MW 风力发电机组的一个实例。机舱高度声源功率级为 105 dB，其中包含音调噪声和冲击噪声的补偿。

风力发电机组噪声的辐射不是常数，而是与当时的功率和风速密切相关的。风速增加 1 m/s，噪声水平大约会增加 1 dB。噪声功率级以风速 10 m/s，即以风力发电机组功率达到额定功率的 95% 时的状态为基础给出。

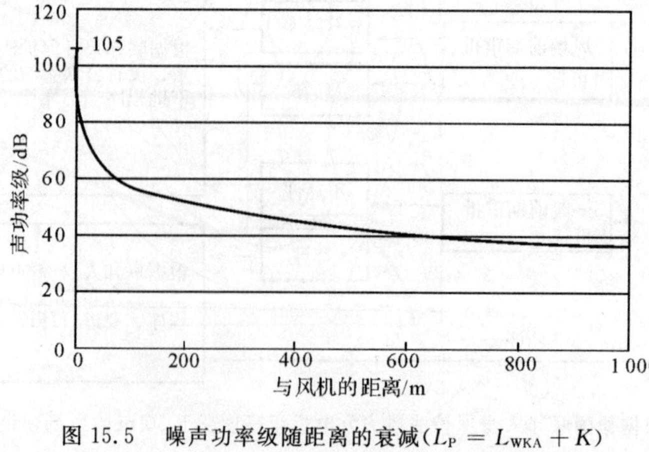

图 15.5　噪声功率级随距离的衰减($L_P = L_{WKA} + K$)

噪声的辐射在所有方向上并不均匀。叶轮侧边、前面和后面噪声不一样。这在测量和规划中都要加以考虑。

根据法律规定，受侵扰点的最大噪声功率级不能超过允许限制值，如表 15.1 所示。

表 15.1　允许的噪声水平 —— 噪声防护指南给出的值

	白天 /dB	夜晚 /dB
工业区	70	70
手工业区	65	50
市中心、村庄、混杂区	60	45
居住区、花园小区	55	40
纯居住区	50	35
疗养区、医院、护理中心	45	35

在风电项目立项时，要计算出计划风场的等声级图，即声功率相同的线，并且画出来。多个风力发电机组噪声的叠加产生总的噪声功率级，如图 15.6 所示。在此，要考虑已经存在的噪声，检查不超过限制值所需要的距离、最大允许的附加噪声以及空间最小的距离。以这种方式，分析噪声敏感区域和噪声水平，根据分析结果，改变风力发电机组布置的位置或者重新选择风力发电机组。

如果产生的噪声水平受到周围居民的质疑，就必须要由专业监督机构重新测量。对于风力发电机组运行商，特殊情况下可以采取降噪运行，即使得风力发电机组的切向速度减小。例如夜晚，在某些风向上，变桨变速风力发电机组可通过变桨来实现。对于定桨风力发电机组，技术上无法实现。严重情况下，运行商可能会被迫夜间停机。长此以往，将造成很大的发电量损失。因此，要特别重视精准的噪声预测，要留有足够的降噪距离。

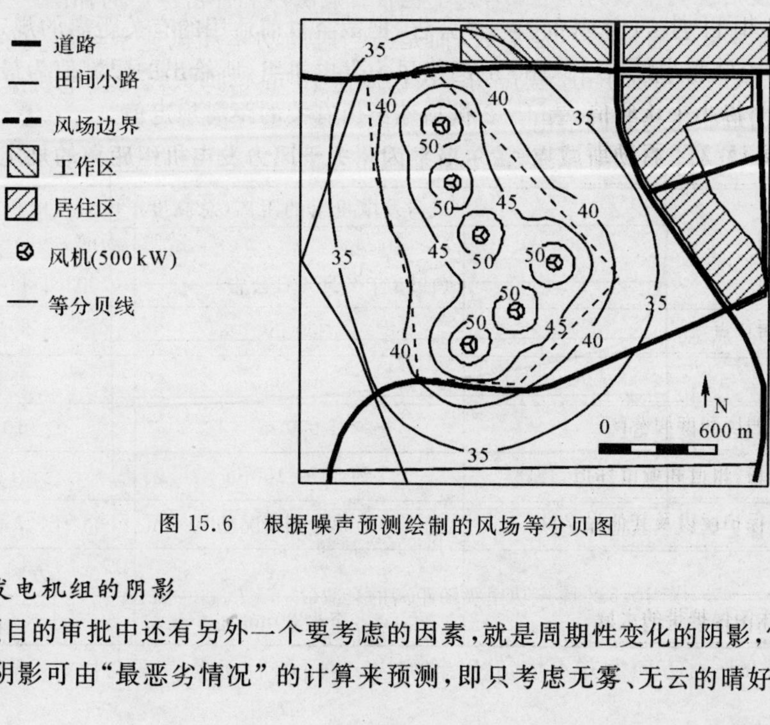

图 15.6　根据噪声预测绘制的风场等分贝图

3. 风力发电机组的阴影

在风电项目的审批中还有另外一个要考虑的因素，就是周期性变化的阴影，它可由旋转的叶轮所产生。阴影可由“最恶劣情况”的计算来预测，即只考虑无雾、无云的晴好天气。根据所选风场的日照路线、轮毂高度和叶轮直径进行计算。图 15.7 给出了一个风场中两台风力发电机组阴影预测的实例。对于所涉及到的民居，法律给出的最大允许阴影持续时间为每年 30 h，每天最多 30 min。如果超过这个限制值，就要在风力发电机组上安装一个特殊的传感器，当检测到这一运行条件出现时，便自动停机。这种运行条件包括晴天、太阳相应的位置、风力发电机组运行的风速和风向。

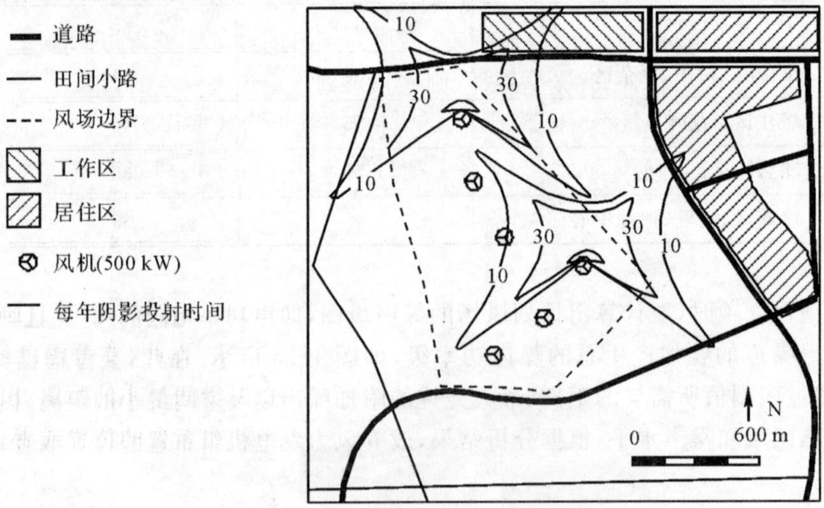

图 15.7　风场风力发电机组阴影等时线(h/ 年)

4. 其他限制

除上述按照联邦法规审批的内容外，在德国，各个州还有自己的规定和公告。在此，不妨以德国北部石勒斯威克-霍尔斯泰因州(Schleswig-Holstein) 的规定为例。石勒斯威克-霍尔斯泰因州政府 2003 年 11 月 25 日颁布了一个公告，把截至目前适用的有关距离的规定扩展到总高度 h(轮毂高度＋叶轮半径) 大于 100 m 的新风力发电机组。所给出的限制值为最小距离，在进行区域规划时不得小于这些值。表 15.2 概括地给出有关的距离规定值。

表 15.2　石勒斯威克-霍尔斯泰因州关于风力发电机组距离的规定

涉及的区域类型	风力发电机组的距离(总高度 $h<100$ m)(1995 年 7 月 4 日公告)	风力发电机组的距离(总高度 $h\geqslant 100$ m)(2003 年 11 月 25 日公告)
单独的住户和居住点	300 m	$3.5\times h$
村庄	500 m	$5\times h$
城市居住区、度假区和度假营区	1 000 m	$10\times h$
联邦高速路、国道、州道和城市环道、铁路	约 50～100 m	$1\times h$
国家公园、自然保护区以及其他保护区	至少 200 m，个别情况至 500 m	$4\times h-200$ m
森林区	200 m	方圆 200 m
一级水域和有休闲保护带的水域	至少 50 m	$1\times h-50$ m

在德国，区域规划是土地布局、建设的指导文件。它的控制作用体现在，安排风电建设的优先区域和预留区域。在风电优先区域，与风能无关的占地建设项目不予批准。乡镇的土地面积使用计划把这些区域具体成形。乡镇部门可以通过场地置换把计划中剩余的土地用做他途，因为在这些地方安装风力发电机组可能会损害公众利益。

15.1.3　经济性分析

在规划和立项阶段（图 15.1 的规划阶段）就应对项目的经济性进行初步预测，即从经济性角度出发，评估项目的可行性。若无经济性，则停止规划以避免进一步的投入。经济性评估重要的指标是风资源和期望的投资成本。从文献[2]可以查到平均数据作为一个粗略估计。每一个项目投资成本的构成都有所不同。从 500 多个项目的统计分析[2]得到如下的投资成本分配，如图 15.8 所示。

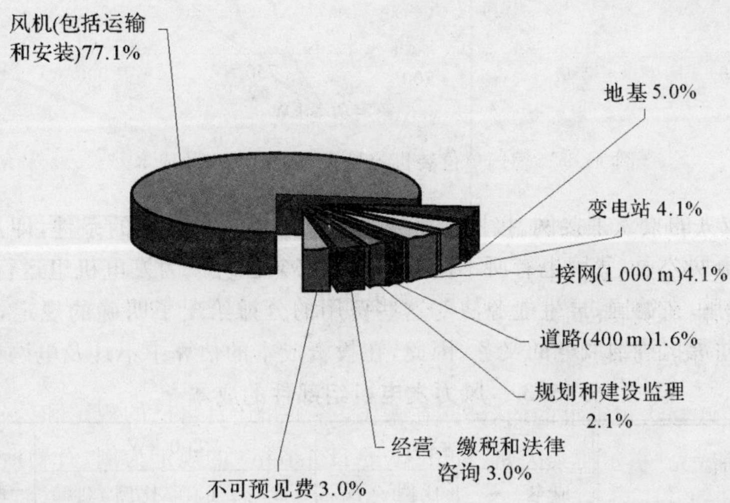

图 15.8　德国单台风力发电机组项目投资成本的构成比例

投资的主要成本是风力发电机组。原则上，这部分投资包括运输和安装，因为运输和安装属于风力发电机组制造商的服务范围。风力发电机组的单位功率比价随风力发电机组容量增大而降低，如图 15.9 所示。另外，随着并网风力发电机组的系列化生产，成本不断降低。成本最明显的降低发生在 20 世纪 90 年代初，其时 500 kW 风力发电机组获得大规模生产。尽管装机容量逐年提高，但由于单机容量快速增大（见图 1.1），直至 2001 年也再未出现那样的成本降低。从 1990—2005 年，风力发电机组成本总共降低约 50%。

风力发电机组制造成本的构成与风力发电机组的类型（失速或变桨）和单机容量有关。表 15.3 给出成本的一般构成。总体而言，具有如下的趋势：

(1) 单机容量增大，成本中叶片所占的费用增大。

(2) 变桨变速风力发电机组的发电机和控制系统所占的成本比例高。

风力发电机组的价格中还包含研发费用、收益、质保、运输和安装费用。

图 15.8 中描述的所有其他投资成本均与风场有关。项目的大小、地质特性、接网距离以及具体的风力发电机组类型和风场都使得投资成本相差较大。

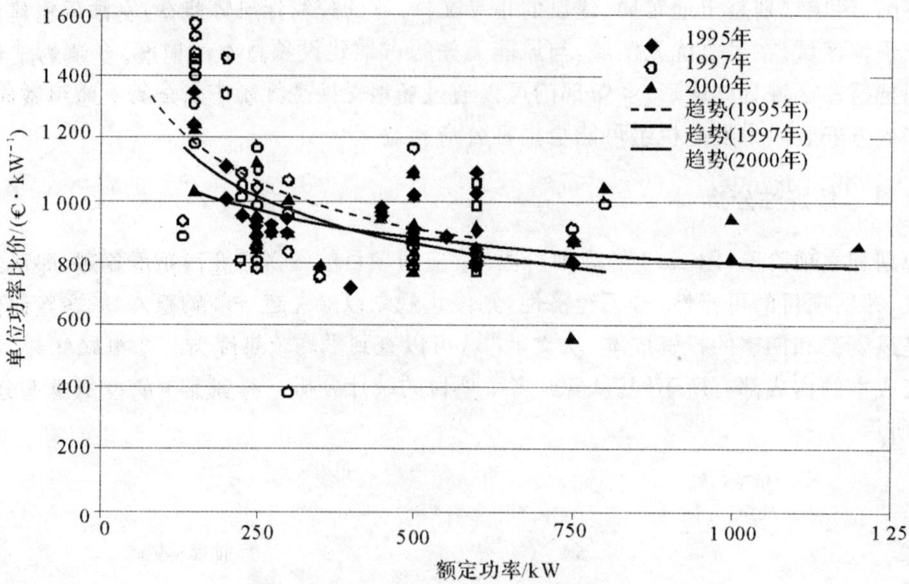

图 15.9 德国单位装机容量风力发电机组的成本[3]

另外一个较大的投入是接网。接网成本很大程度上取决于当地的条件，即离网的距离；同时，针对不同的电网公司，费用也有所不同。原则上，必须区分风力发电机组运行商接网的费用和弱网扩容的费用。在德国，再生能源法对这些费用的分摊给出了明确的规定，电网公司承担电网扩容费用，并承担接纳风电的义务。因此，在投资成本的估算中不计及电网扩容的费用。

表 15.3 风力发电机组部件的成本[4, 5]

部件	600 kW		1 200 kW		成本比例
	成本 / €	比例 /(%)	成本 / €	比例 /(%)	一般比例 /(%)
齿轮箱带联轴器	80 400	21.8	115 000	18.1	10 ~ 25
叶片	63 800	17.3	150 000	23.6	15 ~ 25
塔架(包括刷漆)	58 000	15.7	150 000	23.6	12 ~ 25
发电机 / 控制系统	43 800	11.9	65 000	10.2	10 ~ 20
机架和偏航步进电机	31 600	8.6	35 000	5.5	5 ~ 10
轮毂和主轴	29 000	7.9	40 000	6.3	5 ~ 10
机舱罩	16 600	4.5	18 000	2.8	2 ~ 5
电缆和传感器	13 400	3.6	18 000	2.8	2 ~ 5
液压系统	11 600	3.1	15 000	2.4	2 ~ 5
偏航系统	8 700	2.4	10 000	1.6	1 ~ 3
组装	11 600	3.1	20 000	3.2	2 ~ 5
总计	368 500	100.0	636 000	100.0	
平均值	614 € /kW		530 € /kW		
总价格还包括：研发、风险、质保、运输、安装和利润					

地基也要花费一定的费用。对于平面地基，费用约为 70 ～ 100 €/kW，与所立风力发电机组的轮毂高度有关。如果对规划的风场地质评估表明，地基承载能力不足，就需要采取特殊措施(例如桩式地基)，于是，成本就会明显高于常规的地基。

运输成本取决于当地条件和风场的规模。所需要的运载能力和产生的费用主要由安装所要的吊车吨位和风力发电机组的容量确定。要区分运输、吊装风力发电机组的费用和随后运行维护时运载的费用。风力发电机组在运行中可能需要维修，吊车应能抵达。

规划、审批以及组建业主联合会、融资等所谓的“软投资”在德国约达到项目投资的3% ～ 6%。

作为不同项目比较的指标，可用单位功率的投资成本

$$SIK_{\mathrm{L}} = \text{总投资} / \text{装机容量}\ (€/\mathrm{kW}) \tag{15.2}$$

来表达，但这个指标不能说明风场的电量收益。所以，用另一个指标来度量，即年发电量投资额

$$SIK_{\mathrm{E}} = \text{总投资} / \text{年发电量}\ (€/\mathrm{kW \cdot h}) \tag{15.3}$$

在德国，单位功率投资成本约为 $SIK_{\mathrm{L}} = 1.100$ €/kW，而年发电量投资额则在 $SIK_{\mathrm{E}} = 0.50 \sim 0.75$ €/(kW · h)[6]。

融资也是经济性评估的重要指标。表 15.4 给出了 2000 年 7 月贷款条件下一台 1.5 MW 风力发电机组的融资比例。

在德国，融资银行要求项目实施方要有一定额度的自有资金，其余资金可向德国发展银行和德国平等银行申请低息贷款。根据风场的质量和投资商的支付能力，所要求的自有资金有所变化。若风况较差、支付能力较弱，则需增加自有资金。

计算一年的收入和支出，得到接网售电的销售收入。收支计算以预测的年发电量和再生能源法规定的并网电价为基础。但应考虑 10% ～ 15% 的折扣。一方面计及风电量预测的不准确性；另一方面，考虑风况每年都有所波动(见图 5.17)。资本的运作取决于融资条件。每年的运行费用还要估算在内。图 15.10 表示运行费用的构成。

在德国某些联邦州，风力发电机组的拆除在建设项目的审批中已经成为项目许可的条件。

维修和维护费用也值得关注。根据经验[2,6]，第一个 10 年期间，每年维修和维护费用占风力发电机组成本的 2.5%；第二个 10 年，占 4%。这些费用主要是由磨损引起的部件更换所产生的，如图 15.11 所示。近年来，对于新装的风力发电机组，流行的做法是和制造商签订长期的一揽子维护合同(包括可利用率的保证)。虽然费用较高，但业主的技术风险降低，保险费用减少[3]。

表 15.4　风电项目融资计划：1.5 MW 风力发电机组(2000 年 7 月的贷款条件)

自有资金	52.3 万€	所占比例	30%
融资	发展银行重建项目贷款	平等银行的环境项目贷款	
利息	5.25%	4.25%	
期限	10	10	
最高可贷额	50%	25%	
付清率	100%	96%	
付息不还本的年数	2	2	
贷款数额	87.2 万€	34.9 万€	
占总投资的比例	50%	20%	

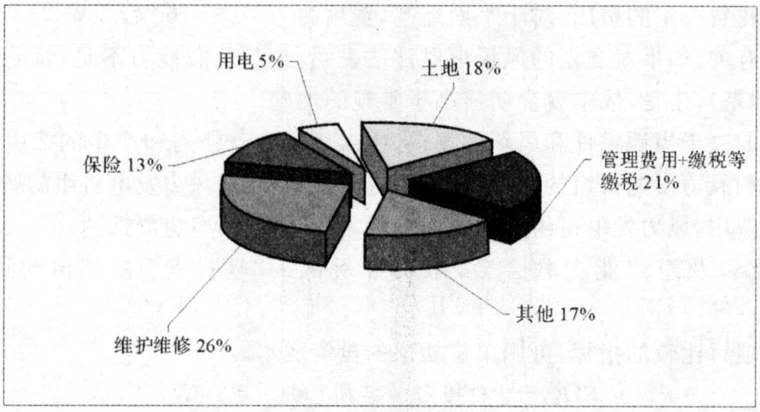

图 15.10　风场运行成本的构成（陆地风场）[2]

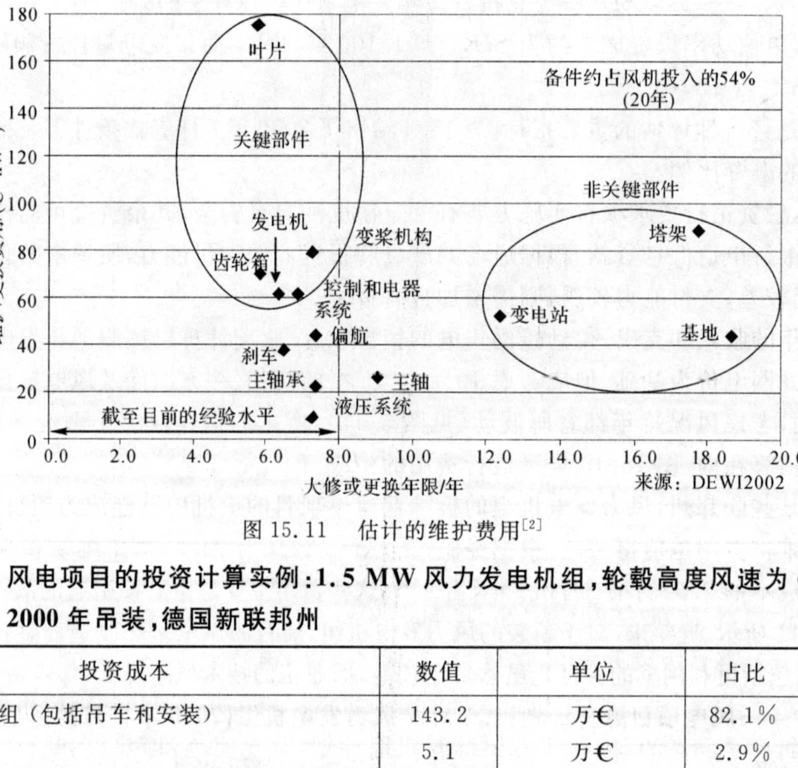

图 15.11　估计的维护费用[2]

表 15.5　风电项目的投资计算实例：1.5 MW 风力发电机组，轮毂高度风速为 6.4 m/s，2000 年吊装，德国新联邦州

投资成本		数值	单位	占比
风力发电机组（包括吊车和安装）		143.2	万€	82.1%
地基		5.1	万€	2.9%
运输	(400 m)	1.5	万€	0.9%
变电站		7.7	万€	4.4%
接网	(1000 m)	7.7	万€	4.4%
规划和建设监理		3.1	万€	1.8%
租地	(租用)	0	万€	0.0%
不可预见费		3.1	万€	1.8%
管理 / 税务咨询		3.1	万€	1.8%
合计		174.4	万€	100%
融资			(见表 15.4)	

续表

年收入		数值	单位		
轮毂高度的风速		6.37	m/s		
计算的年发电量		3074	MW·h/年		
风力发电机组可用率		98%			
实际年发电量		3013	MW·h/年		
标准发电量		3288	MW·h/年	91.6%	风场
并网保护电价和定价上网时间	截至 2018 年 9 月	0.091	€/(kW·h)	18 年	
保护期外的电价和时间	保护期外	0.062	€/(kW·h)	2 年	
并网电价	平均电价	0.088	€/(kW·h)	20 年	
年并网收益	平均值	26.54	万€/年		
每年的支出		数值	单位	占比	
还贷	(本和利息)	15.8	万€/年	63.8%	
维护		0.77	万€/年	3.1%	
保险	(风力发电机组，风力发电机组成本的 0.6%)	0.92	万€/年	3.7%	
保险	(BMU，年发电量的 0.9%)	0.26	万€/年	1.0%	
用电/通讯		0.15	万€/年	0.6%	
土地租金		0.77	万€/年	3.1%	
管理	投资的 1.0%	1.74	万€/年	7.0%	
拆除/维修	投资的 2.0%	3.48	万€/年	14.0%	
不可预见费	投资的 0.5%	0.87	万€/年	3.5%	
合计		24.75	万€/年	100%	
计算的年利润		数值	单位		
年收入	均值	26.54	万€/年		
年支出	计算值	24.75	万€/年		
收益		1.79	万€/年		

根据测量和评估的结果[7]，小于 500 kW 的风力发电机组年运行费用约为 35 €/(kW·年)，兆瓦级风力发电机组约为 15 €/(kW·年)。

表 15.5 给出了一个风力发电机组头 10 年的经济性分析，并计算出税前的年利润。根据经济性分析，投资商是满意的。接着就需要继续跟踪计划，直至实施，即建设和投产，如图 15.1 所示。

15.2　建设和运行

现在讨论项目流程图 15.1 中的实施阶段。进入实施阶段后，所有规划的步骤已全部完成，并已获得项目建设许可。首先开始修筑道路，铺设电缆，建筑地基。风力发电机组制造商将根据合同把风力发电机组运抵现场并安装。工作结束后，进入投运和试运行，接着风力发电机组就进入长期运行阶段。运行的头两年一般为质保期，制造商负责维护和修理。

自此之后，风力发电机组就全部交付业主，进入业主完全负责的运行阶段。

计划的20年运行时间之后,风力发电机组就将拆除。另外一个选择是,在20年寿命之前用大功率的新风力发电机组更换旧风力发电机组,获得更高的发电量,即所谓的"扩容"。

风电项目的融资和法规与技术紧密关联。技术是投资商融资的手段,是和银行谈判的基础。业主公司组织资金的投入和回流。银行和保险公司评估项目的风险时,风力发电机组的价格和发电量很重要。发电量代表着收益。运行风力发电机组的最高目标显然是安全可靠,发电量最大。

15.2.1 建设和运行中的技术问题

风电场中风力发电机组的具体类型和布局在规划阶段已经落实(见图15.2)。为此,需制订建设计划。在风场建设和吊装风力发电机组过程中,风场运行主管人员的工作就开始了。此后,他们要负责解决风场运行中所有的技术问题。以下7个步骤是项目实施的必要环节。

1. 风力发电机组的运输和吊装

到这个阶段,所有的建设计划已经开始实施。在德国,一个风电场的建设期约为3～6个月。

运输风力发电机组到一个偏远地区,并在此安装,这并非易事。在我国或者在印度吊车吨位和道路的承载能力可能会是项目建设的限制因素,这在风场技术和经济可行性论证时应该加以考虑。

如果道路和地基已经建好,吊车周围活动的空间也已现成,则着手运输风力发电机组。对于制造商来说,各个部件准时到货很重要。一般用大型载重车来运输风力发电机组。惯常的做法是,塔架、机舱和叶片先后运到现场。这是因为这些部件来自不同的公司,而且要按照顺序安装。重型运载车只能夜间行驶。在规划运输时,要事先考虑道路的转弯半径、桥梁的高度以及其他狭窄通道。

设计师要注意,塔架的每一段不宜太重。特别是最底部的一段,直径最大,塔壁最厚。塔架每一段的长度尽量不要超过22 m,以保证载重车还有机动性,并且不需要申请配备开路车的特殊运输许可,不需要封锁道路,如图15.12所示。

兆瓦级叶片的运输同样很关键。在德国中部山地,通过弯道或局部地段可能会有问题。大部分情况下,可用一辆载重车运输3个35～40 m长的叶片(至2 MW的风力发电机组)。再大的叶片只能单个运输,因为不仅长度受限,叶片最大宽度也受限。高度超过3.5 m一般很难通过路桥(标准桥高4.0～4.2 m)。例如,运输ENERCON E－112 (4.5 MW,叶片最大宽度为5.8 m)的叶片,采取了特殊的运输方式。叶片固定在载重车上一个特殊的装夹机构上,通过桥下时,装夹机构使叶片放平,通过之后,再使叶片立起来。

机舱的运输关键是吨位。机舱的尺寸大小取决于传动系统的结构形式(参见4.2节)。例如Nordex N－80型2 MW风力发电机组的机舱尺寸为10 m×3 m×3 m(长×宽×高)。

风力发电机组的吊装取决于天气。一般希望在小风速下吊装。一方面,避免部件相互碰撞(例如叶轮和塔架);另一方面,防止吊车倾翻。除风压产生的载荷之外,塔架(未装机舱)上出现的周期性涡流(卡尔曼涡街)会使安装过程中难于精准定位,可能会消耗很多时间。

吊车的使用时间很重要,因为价格很高。一般总是使用一台主吊和一台副吊,如图15.13和图4.54所示。对于2 MW的风力发电机组,所需要的吊车要能够把70 t的部件吊高100 m,这样的吊车额定吨位为500 t(见表15.6)。

上述的吊装过程是有限制的。对于 3 ～ 5 MW 的风力发电机组，不论是载重车的运输，还是吊车的容量，都受到限制。唯一的解决方案是把机舱中的部件分开吊装，然后在塔顶组装。

图 15.12　塔段的运输[8]

图 15.13　叶片的吊装[9]

表 15.6　移动吊车的参数(带有望远镜、桁架式吊臂)[10]

风力发电机组大小 /kW	无叶片机舱质量 /t	轮毂高度 /m	最大装卸质量	最大吊装高度 /m	吊车自身质量 /t	吊车轴数
300	15	50	18 t/8 m	56	60/50	5
600	20	70	25 t/25 m	76	72/87.5	6
1000	40	80	43 t/18 m	84	84/100	7
1500	50	90	65 t/22 m	94	96/165	8
2000	70	100	73 t/20 m	104	96/160*	8

* 吊车需要牵引车运输。

吊装时，首先安装塔架。根据结构不同，所需的安装时间也不同。100 段的混泥土塔架需要若干天安装。现场浇注的混泥土塔架需要若干星期才能完成，如图 4.53 所示。3 ～ 5 段锥形塔筒构成的钢筒塔架安装需要 1 ～ 2 d 完成。

塔架安装之后，吊装机舱。根据不同的制造商，承力机架、传动系统以及机舱罩作为一个机舱整体吊装，也可能分成若干个部件分别吊装。作为后者，叶轮单独吊装，即在地面把叶片安装在轮毂上。然后把叶轮和轮毂整体起吊，与主轴法兰盘用螺栓连接如图 15.13 所示。另外一种安装方案是，轮毂和主轴连接，并随机舱吊装。然后起吊单个叶片和轮毂连接。由此，初装就基本完成，从外部看，风力发电机组安装似乎已经就绪。实际上，到首次运行，还需要若干天时间，安装各种设备和连接导线、电缆。

根据再生能源法，对于这台风力发电机组所适合的固定上网电价就从第一次并网开始算起。因为每年价格都降低，因此，在当年就使风力发电机组并网非常重要，以便保证享受当年的价格。这就解释了尽管气候不好，但下半年装机量仍然很高的原因。

2. 投产和交付

在开始发电和最终向业主交付期间可能还要几个星期的时间。业主或者将来的运行主管要对风力发电机组进行验收，或者委托第三方对风力发电机组进行验收。要检验风力发电机组及其安装是否符合合同要求，功能是否全部正常。按照如下的步骤进行检验：

(1) 在制造商监督下试运行，设置参数以匹配风场。

(2) 检查，由制造商消缺。

(3) 交付和接收，质保期开始。

在消除各种“小毛病”(例如叶轮不平衡) 并且设置控制参数与风场匹配后，风力发电机组就正式投产，并交付给业主。习惯上，业主会委托独立的评估师检查和澄清，合同规定的指标是否达到，这包括风力发电机组本身的技术状态以及辅助设施，例如，飞机飞行安全标识、灭火器、噪声控制运行曲线等，必须满足建设许可中规定的条款。

3. 风力发电机组的运行

风力发电机组应以尽量高的可利用率至少运行 20 年。运行技术主管负责风力发电机组运行的技术监督。质保期过后，若无全维护合同，则业主承担运行的所有风险以及维护和维修的费用。

风力发电机组安全可靠的运行要靠对所有机械部件和电器部件及其功能的定期检查来保证。除此之外，还要检查上下风力发电机组的安全措施(电缆、箍带、电梯、急救箱等) 以及所有可能构成危险的细节，例如，防火、影响环境的物质、机器裂纹等。

德国规定，每 2 ～ 4 年需委托独立评估师对风力发电机组进行检查。检查周期取决于机器容量以及是否签订维护合同。目的是避免对环境造成不良影响，特别是避免对机上和机下人员的安全造成危险，至少可把风险控制在一个能接受的范围。

风力发电机组的可利用率和发电量高低在检查中并不重要。当然，这对于业主是最重要的指标。为此，经常对风力发电机组进行“基于状态” 的检验。对风力发电机组的所有部件进行检查，确定是否存在缺陷、损伤或者失效。首先检查轴承和齿轮箱。根据检查的结果和评估师的建议，业主做出决定，是否进行维护或者更换部件(例如发电机上的轴承)。

另一种方案是与制造商签订全维护合同，制造商提供一揽子维护和维修服务。即使在这种情况下，运行技术主管也要提出高利用率和高发电量下的可靠运行要求。运行主管要负责如下几方面的监督：

(1) 质保期内的生产运行。

(2) 合同中规定的质保过渡(2 或 3 年)。

(3) 质保期之后的生产运行。

(4) 维护和维修。

(5) 检查和运行控制。

4. 维护和服务（维修）

所需要的维护和维护周期在每一台风力发电机组的维护手册中都有说明。所有轴承都要润滑，所有机械部件、电器部件以及控制系统都要进行维护。小型维修要及时进行。维护之后，运行主管得到一个维护记录。

业主虽然承担运行的责任，但技术方面的任务经常由第三方运行主管来承担。这要求不仅要掌握风力发电机组方面丰富的知识，而且还要与经营管理者、外部伙伴（如风力发电机组制造商、服务公司、电网公司、评估师以及政府部门）有密切的联系。运行主管的任务是：

(1) 收集和处理所有技术信息（合同、说明书、电路图等）。

(2) 远程监测风力发电机组的运行（电表上表示的发电量、状态标示以及运行数据）。

(3) 定期巡查风力发电机组和风场。

(4) 维护和维修工作的组织和管理。

(5) 定期出具运行报告（发电量、可利用率、技术状态、故障和维修）。

(6) 风力发电机组运行的改进和优化，以提高可利用率和发电量。

5. 运行数据的采集和状态监测

风力发电机组自动运行，通过内部的控制和运行管理计算机来控制。只有出现运行故障时，才会与运行主管或者制造商进行通信。由风力发电机组发出一个传真报告或者 SMS 消息，技术服务人员对此做出反应。

另外，风力发电机组记存此刻的运行数据。这些数据包括风速、风向、转速、功率、多个点的温度以及其他运行参数。可用系统控制和数据采集（SCADA）软件读取这些数据，运行主管以此为基础分析风力发电机组的状态，并采取必要的措施。

图 15.14 表示 6 个月的功率数据和机舱上测得的风速。10 min 的平均功率按照风速级标出，形成每个风速级下的发电量（参见 5.3 节）。为了和实测数据比较，把实测风速带入制造商给出的功率曲线算出发电量。与风频分布一样，理论功率曲线和实际的功率曲线是有差别的。这也反映了风场的品质和风力发电机组运行的质量。

风力发电机组运行数据给出了效率指标。故障统计和趋势分析将会指出某些部件上的问题所在。装备一套额外的状态监测系统（CMS）可以改进事故的预防。在运行过程中，首先通过振动测量评估轴承和齿轮箱的状态，避免后续损伤造成机器破坏，可计划一个恰当的时间更换出问题的部件（例如，剩余的运行时间，或者在好风季来临之前更换）。这一方案要比定期短时测量和评估好得多。

6. 风力发电机组的保险

任何保险都涉及风险和谁承担风险的问题。在安装和交付之前，制造商承担所有风险。质保期过后，业主承担风险。在项目所有阶段，从制造、运输一直到长年运行，都存在着风险。日常的运行可能受到不可预见事件的限制，或者中断。在运行阶段，要针对机器损坏和外部破坏（火灾、雷击等）为风力发电机组办理保险。

除此之外，建议办理风力发电机组运行中断保险，承担风力发电机组中断发电保险。这也是融资银行所要求的，以便可靠还贷。实践表明，对于一个事故（例如雷击或者发电机损坏）导致的长时间停机，保险赔偿费相当高。一个很小的故障（例如轴承发热），若未及时发现，可能会造成很严重的后续破坏(例如机舱起火)。

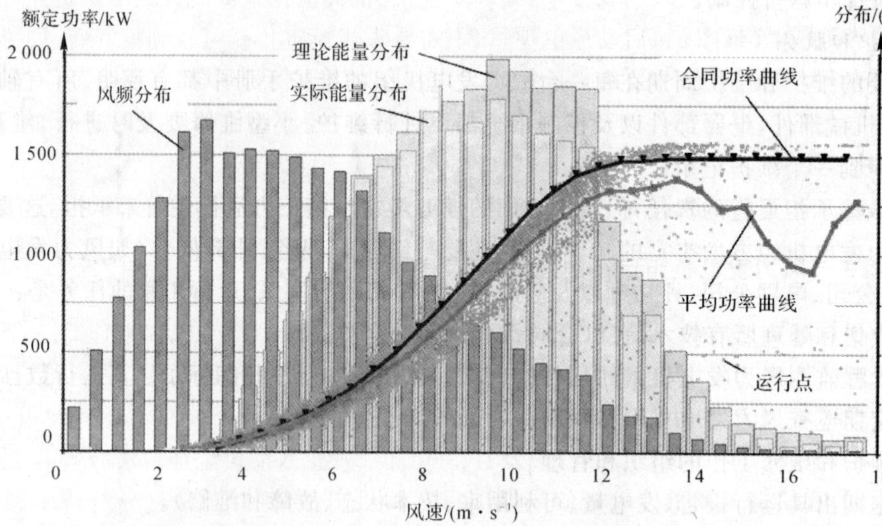

图 15.14　某风力发电机组的运行数据[11]

第三种保险是赔偿保险,即第三者责任保险。当风力发电机组对某人造成伤害或者某物损坏,则保险公司承担责任。风力发电机组上掉落下的零件、冰块或者火星(例如,造成农田着火)可能会造成这类事故。

不能保险的内容是运行磨损、第三者造成的风力发电机组损坏、疏忽大意的安装以及战争和核事故造成的破坏。

7. 风力发电机组的拆除或者扩容

20年运行时间结束后,必须拆除风力发电机组(见图 15.1)。相对于拆除来说,用大容量风力发电机组更换小风力发电机组这种扩容方案更为经济。拆除或者扩容,在项目初期的合同中应该加以考虑,应仔细考量并选择一种方案。

新的风力发电机组容量更大,噪声更小,效率也更高,因此,在原有的风场上进行扩容,带来新的技术进展,通过更高的机器利用率和发电量,使风能利用效率更高、更经济。另外,维护维修成本可能也低。用数目少的大风力发电机组替代数目较多的小风力发电机组也会减小对自然风光的影响。扩容的经济性是首先要考虑的因素。经常在20年运行之后实施,也可能在20年结束之前完成,这由经济性估算来确定。

15.2.2　法规事项(德国情况)

为实施风电项目和风场的运行,需要成立一个公司(见图 15.1)。风场的运行就成为一个小型企业的业务。

小型项目,参与人员较少,以民权团体的形式来实施。这很容易组织,除过报税之外,没有什么复杂手续(最少的资金、工商登记)。这意味着,所有参加的人员以他们全部个人财产为这个团体担保。在所得税申报时对所有利润和亏损进行结算。

投资商大部分是个人,他们把资金投到项目上,这种民权团体形式并不是风场的运行有限责任公司。一般风场运行组织为有限责任公司。有限责任公司负责风场运行,个人投资商作为股东在公司中占股，并且提供所需要的资金。民权团体的优点是可以和公司联合。股东根据所占的比例每年获得分配的红利或亏损，并且要报税。他们依据投资的比例承担责任。

如果当地或者一个区域启动风电项目，不需要大规模宣传就可找到投资商。如果需要的投资额度很大，大部分情况下，要跨地区招商。为此，原则上要发行基金，并用基金广告做宣传。基金广告中宣传的内容应符合例行的标准（例如，IDW4，经济评估师协会质量标准），并且要有经济评估师的证明。

其他进一步涉及的法规事项（股东的权利和义务等）在运行公司的章程和合同中规定。

15.2.3　风力发电机组运行的经济性（德国情况）

如果项目融资已解决，项目已经实施，则在运行中还会产生费用（参见 15.1.3 节）。这些费用要从售电收入中扣除。收入项为按照再生能源法签订的并网合同所规定的定价售电收入，有效期为 20 年[12]。如果没有一个长期固定电价的规定，这样高投资项目的经济性很难保证。并网法的制定（StrEG，1991—2000 年）以及自 2000 年 4 月生效的再生能源法（EEG）是投资环境的国际范例。它使得风场条件较好的风电项目有利可图。再生能源法区分对待不同的风场品质，以避免过分有利于风况好的海岸风场，而不利于风况相对较差的内陆风场。关于再生能源法的详细内容请参阅文献[8，12]。

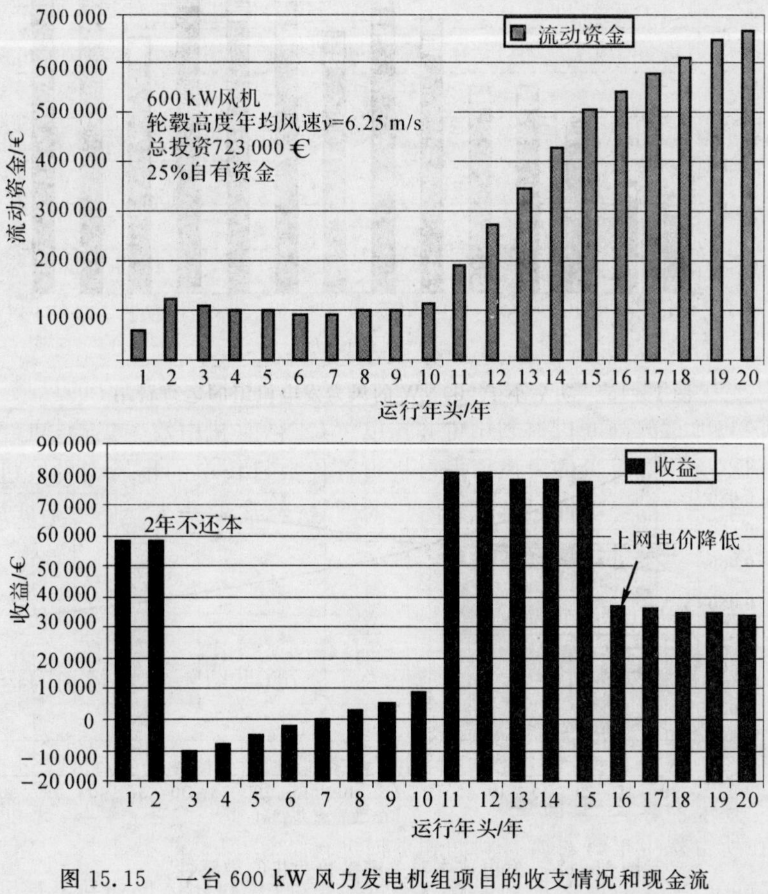

图 15.15　一台 600 kW 风力发电机组项目的收支情况和现金流

每年都要有收支年终结算。除此之外，项目的经营情况，即偿付能力非常关键。不利的情况下，潜伏着破产的风险。若无偿付能力，经济上项目就算失败了。原则上，头10年除支付运行费用之外，大部分支出为还贷(本、息)，约占总支出的2/3。

图15.15表示一个风电项目的收支情况。开始还贷时，能留2年只付息不还本，非常有助于增强支付能力。在发展银行和平等银行(KfW und DtA)的特殊信贷计划中可得到这样的贷款，可渡过弱风年度的欠收。应避免向投资商过快地回报(分红利)，以便留有足够的维修资金和项目结束时的拆除资金。20年运行期间，一般较好的项目累积分红达到200%～300%。

每年的税赋评估取决于盈亏结算。这与还贷能力评估不同，要考虑利息、本金以及每年的折旧。由于折旧费要计税，头几年可能会出现亏损的结果。当然，对于目前适用的16年折旧期限，折旧费计税的影响很小。

如15.1.3节所述，每年的运行费用主要是由维修、维护和保险所产生。随着运行年限，这些费用会发生变化(见图15.16)，并且与风力发电机组的容量有关。

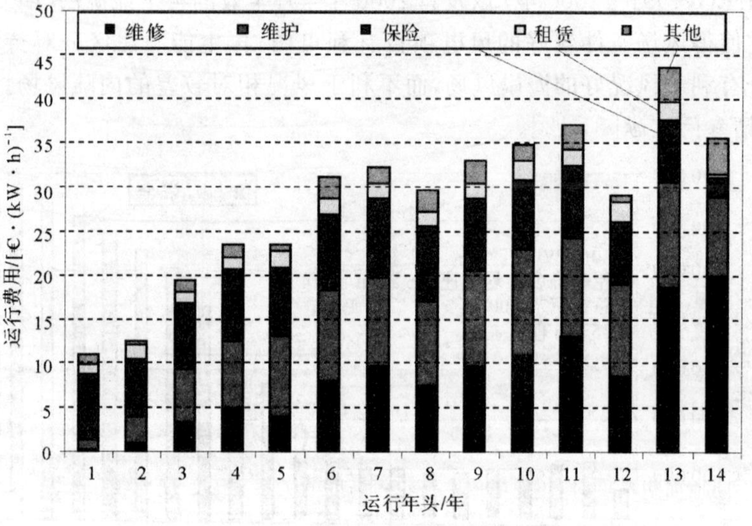

图15.16 功率小于500 kW的风力发电机组的运行费用[7]

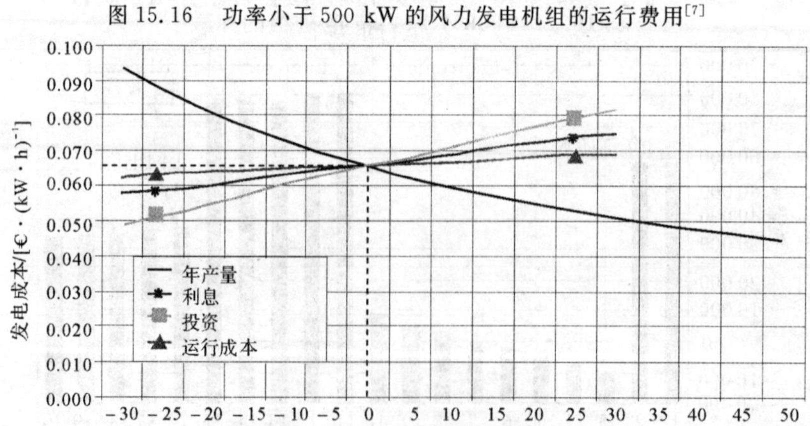

图15.17 发电成本对关键参数变化的敏感性[13]

对于第二个10年的运行，所积累的经验还不充分，因此，以估计为准[2]。要考虑适度通胀

造成 的运行成本增加。

图 15.17 概括地描述了重要参数的变化对发电成本的影响。由图可见，运行成本对发电成本影响很小。由于融资比例高(75%)，利率水平和投资费用的额度是很重要的因素。然而，最重要的影响因素毫无疑问是风况。这是因为发电量与风速的三次方成正比，风速增加 10%，发电量增加 30%。图 15.17 所示的例子中，发电成本将从 0.065 € /(kW · h) 降到 0.050 € /(kW · h)。

15.2.4　轮毂高度和风力发电机组类型对发电量的影响

根据风场的风况选择合适的风力发电机组类型，以便尽可能增加发电量。首先根据当地风场的风切变(与地面粗糙度相关的风速垂直分布) 选择最经济的轮毂高度。图 15.18 表示 600kW 风力发电机组最经济的轮毂高度与地面粗糙度的关系。

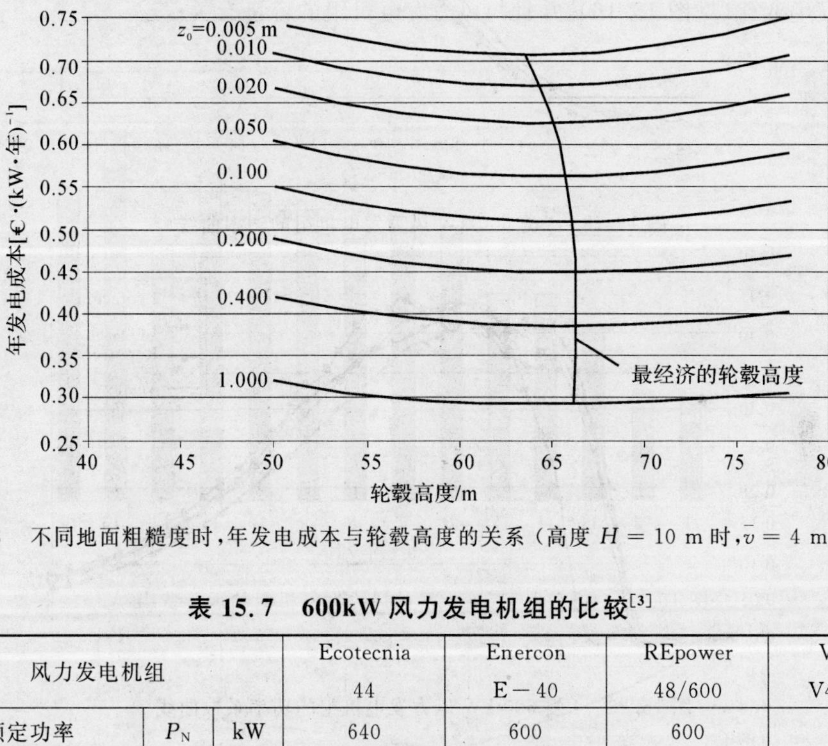

图 15.18　不同地面粗糙度时，年发电成本与轮毂高度的关系 (高度 $H = 10$ m 时，$\bar{v} = 4$ m/s，$k = 2$)

表 15.7　600kW 风力发电机组的比较[3]

风力发电机组			Ecotecnia 44	Enercon E－40	REpower 48/600	Vestas V47/660
额定功率	P_N	kW	640	600	600	660
功率控制	—	—	失速	变桨	失速	变桨
叶轮直径	D	m	44	44	48.4	47.0
轮毂高度	H	m	65	65	65	65
叶轮面积	A	m^2	1 520.5	1 520.5	1 839.8	1 734.9
单位面积的功率	—	W/m^2	420.9	394.6	326.1	380.4
额定风速	v_N	m/s	14.0	12.5	13.0	15.0
设计风速	v_{opt}	m/s	8.0	9.5	7.5	8.0
额定风速 / 设计风速	v_N/v_{opt}	—	1.75	1.32	1.73	1.88

风力发电机组的功率曲线对年发电量也有影响。下面的比较将给出明确的结果。在不同风况下，对表 15.7 所列的 4 种 600 kW 级风力发电机组进行比较。图 15.19 和图 15.20 表示这 4 种风力发电机组的功率曲线和功率系数曲线。很明显，Ecotecnia 44 风力发电机组为高风速风力发电机组。它的单位面积功率最高，达到 421 W/m^2。Repower 48/600 风力发电机组的叶轮直径最大，代表适合一般风速的内陆风力发电机组。

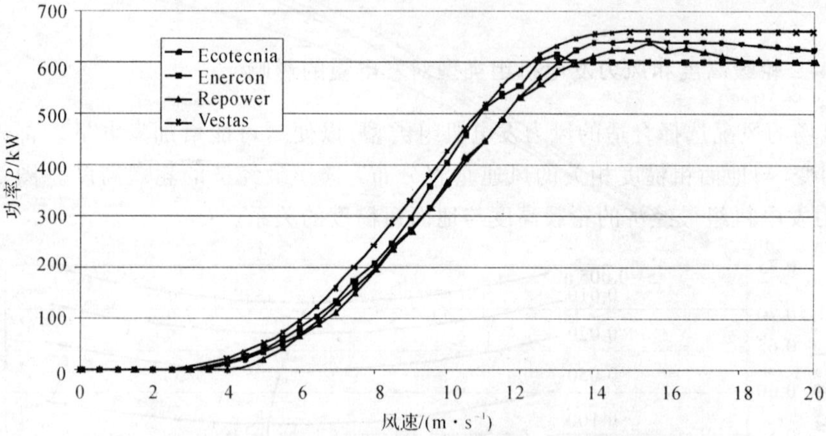

图 15.19　4 类 600 kW 风力发电机组的功率曲线

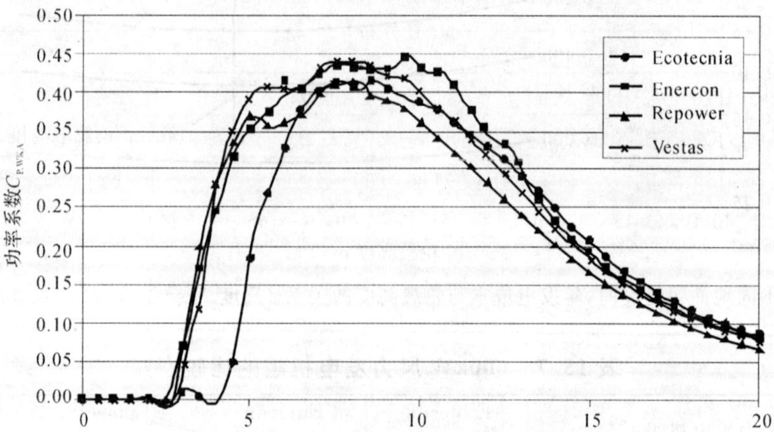

图 15.20　4 类 600 kW 风力发电机组的功率系数曲线

图 15.21 表示在不同风速下 4 种风力发电机组的单位面积年发电量。风频分布为 $k=2$ 的 Weibull 分布。

正如所估计的，高设计风速风力发电机组（Ecotecnia，失速型风力发电机组）在高平均风速时，单位面积年发电量最大。但缺点是，在低风速时其功率系数低。Repower 风力发电机组与其他失速风力发电机组相比在低风速时较好。但这一优点在风频分布较宽（$k=1.5$）的风场表现不出来。功率系数曲线有两个峰值的失速型设计对应发电机极对数切换，由于切换滞后，缺点明显。

虽然额定功率和额定风速都高（高风速设计），由于高平均风速时的功率系数低，因此，Vestas 风力发电机组的单位面积年发电量比 Ecotecnia 风力发电机组少；但在较低平均风速下（低于 10 m/s），Vestas 风力发电机组的功率系数高。Enercon 的变速风力发电机组功率系数曲线具有较宽的马鞍形，使得平均风速 4 ～ 7 m/s 的范围发电量最高。

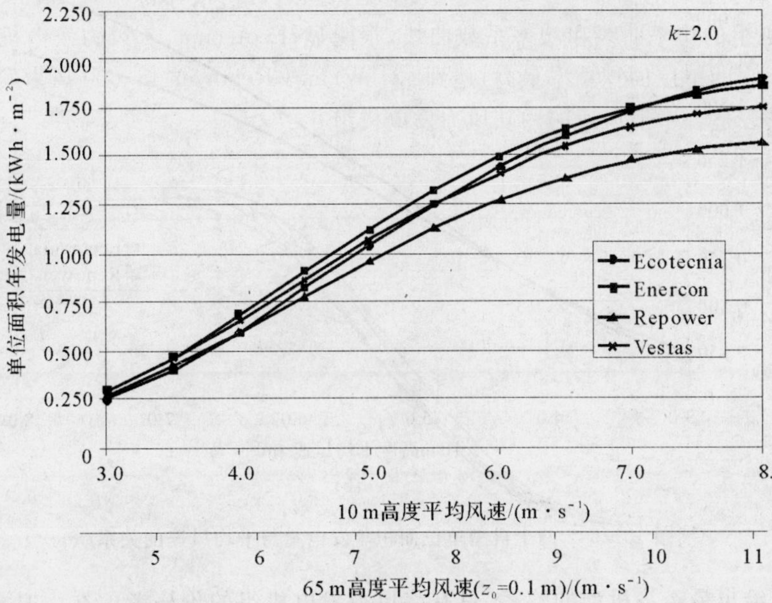

图 15.21　4 种不同风力发电机组单位面积年发电量(横坐标为 10 m 高度平均风速，风频分布为 $k = 2$ 的 Weibull 分布)

风况(Weibull 分布中的形状因子 k)对最合适机型的选择有一定影响。图 15.22 表示风况对两种失速型风力发电机组的影响。湍流度高($k = 1.5$)时，Ecotecnia 的高设计风速风力发电机组在整个风速范围都更为合适；而在较为均匀的风况($k = 2.5$)下，Repower 的风力发电机组在低风速范围有优势。

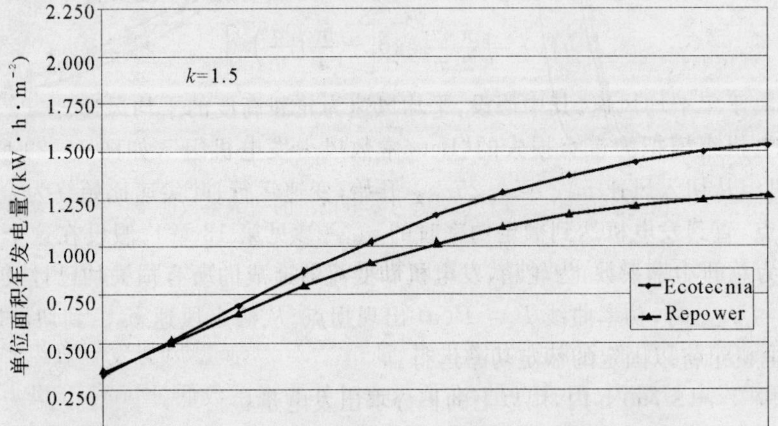

(a)

图 15.22　两个机型单位面积年发电量与平均风速的关系

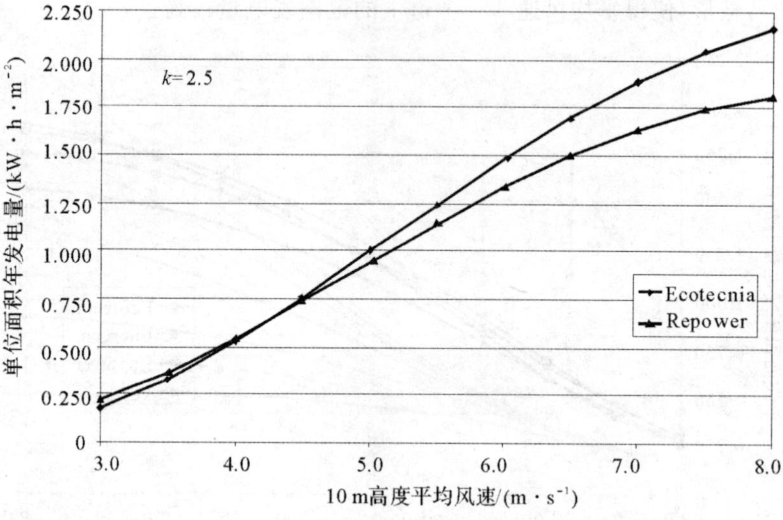

(b)

续图 15.22　两个机型单位面积年发电量与平均风速的关系

在此并未给出最经济机型的答案。只有将风力发电机组的价格考虑在内时，才能得到结果。单位面积年发电量的考量对叶轮直径大的风力发电机组不利。但大叶轮风力发电机组在某些情况下，每度发电量的成本最低。在图 15.22 中，较高风速下实际年发电量(度)的差别很小。

15.2.5　利用理想风力发电机组对年发电量的一般估计

若未知风力发电机组的功率曲线，可利用如下的理论假设给出年发电量的估计。简单起见，我们假设，风场的风况符合瑞利分布，参见 5.2.4 节。瑞利分布适合于德国北部的平坦地带，也适合于南美洲的 Patagonia。它是 $k = 2$ 时 Weibull 分布的特例。瑞利分布的表达式为

$$h(v) = \frac{\pi}{2}\,\frac{v}{\bar{v}^2}\exp\left[-\frac{\pi}{4}\left(\frac{v}{\bar{v}}\right)^2\right] \tag{15.4}$$

瑞利分布只取决于年平均风速。其中假设，平均风速为轮毂高度的平均风速。

把风力发电机组模拟为带有损失的"Betz 常数风力发电机组"，如图 15.23 所示。这意味着，风力发电机组从切入风速 $v_{切入} = 0.25v_{额定}$ 开始，变速运行，叶尖速比始终为 λ_{opt}，即始终工作在最佳效率点，直到发电机达到额定功率时的 $v_{额定}$(参见第 13 章)。假设在这个风速范围内 $C_P = 0.41$ 作为总的功率系数，齿轮箱、发电机和变流器造成的所有损失均已计及在内。

在风速 $v = v_{额定}$ 时，功率曲线 $P = P(v)$ 出现拐点。从额定风速 $v_{额定}$ 到切出风速 $v_{切出} = 2v_{额定}$，风力发电机组将以固定的额定功率运行。

在时间范围 $T = 8\ 760$ h 内，用以下的积分求出发电量：

$$E = T\int_0^{\infty} h(v,\bar{v})P(v)\mathrm{d}v \tag{15.5}$$

式中带入单位面积，即 $1/\mathrm{m}^2$，就可得到如图 15.23 所示的单位面积年发电量与额定风速 $v_{额定}$(风力发电机组)和年平均风速(风场)的关系。由图可见，合理的设计约为 $v_{额定} = 2\bar{v}$，即为年平均风速的 2 倍(实际情况下一般为 $v_{额定} = 11 \sim 15$ m/s)。如果额定风速提高，就意味着用较大的发电机，年发电量并未提高多少。

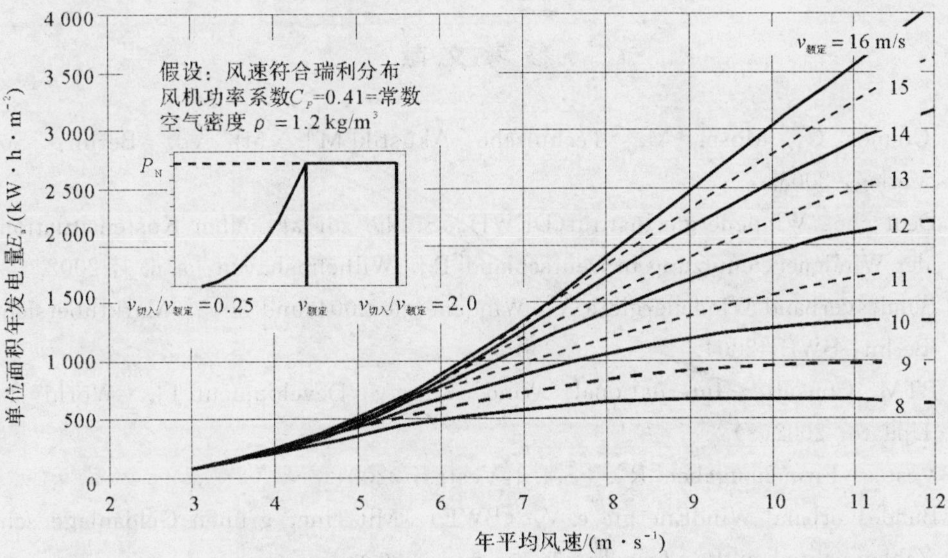

图 15.23　单位面积年发电量与轮毂高度平均风速的关系

图 15.24 表示得更为明确。其中由很多偏载小时数产生的年发电量换算成等效满负荷小时数。等效满负荷率(载荷容量系数)为年发电量除以额定功率与年小时数的乘积。图 15.24 描述了等效满负荷率与风速比 $v_{额定}/\bar{v}$ 的关系。

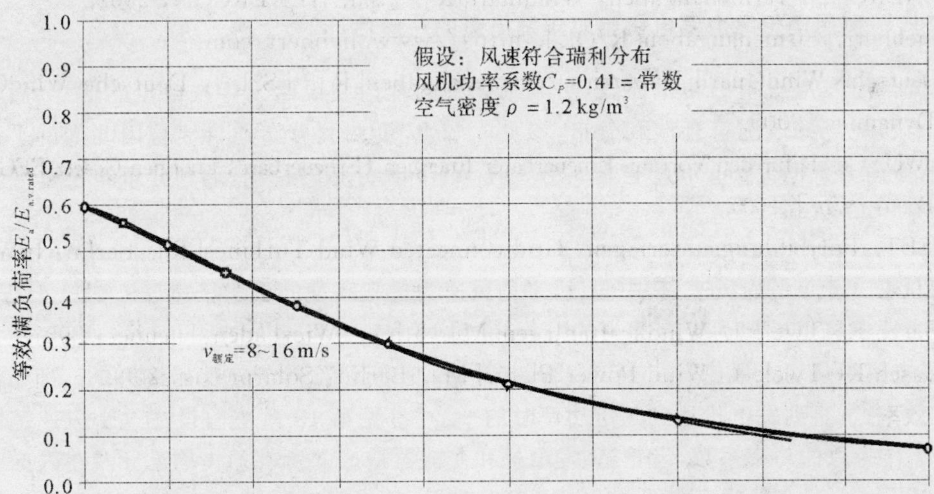

图 15.24　等效满负荷小时数与风力发电机组设计的关系

额定风速为 $v_{额定}=1.5\bar{v}$ 的小发电机设计方案，等效满负荷率可达到 40%，但由于额定功率低，较高风速时，功率曲线不遵循 $P\sim v^3$ 的关系，造成功率损失。实际中一般所取的设计值为 $v_{额定}=1.6\sim2\bar{v}$，原则上风力发电机组丢失的功率很少。由于较高风速出现的概率相对较小，若等效满负荷率降低到 20%，即发电机大部分时间运行在偏载状态下。

参 考 文 献

[1] Cremer C, Möser M. Technische Akustik[M]. 5th ed. Berlin: Springer Verlag, 2003.

[2] Deutsches Windenergie-Institut(DEWI). Studie zur aktuellen Kostensituation 2002 der Windenergienutzung in Deutschland[R]. Wilhelmshaven:[s. n.], 2002.

[3] Bundesverband Windenergie e. V. Windenergie 2004 und 2005, Marktübersicht[R]. Berlin: BWE, 2004.

[4] BTM Consult. International Wind Energy Development[J]. World Market Update, 2002(3).

[5] Vestas. Firmenangaben[R]. [S. l.]:Vestas, c2001.

[6] Bundesverband WindEnergie e. V. (BWE). Mit einer grünen Geldanlage schwarze Zahlen schreiben[R]. Osnabrück: [s. n.], 2002.

[7] Hahn B, ISET. Zuverlässigkeit, Wartung und Betriebskosten von Windkraftanlagen — Auswertungen des wissenschaftlichen Mess- und Evaluierungsprogramms(WMEP)[R]. Kassel: [s. n.], 2003.

[8] Bundesverband WindEnergie(BWE)[R/OL]. http://www. wind — energie. de.

[9] ENERCON. Firmenangaben, Windblatt[R]. [S. l.]:ENERCON, 2002.

[10] Liebherr. Firmenangaben[R/OL]. http://www. liebherr. com.

[11] Deutsche WindGuard Dynamics. Firmenangaben[R]. [S. l.]: Deutsche WindGuard Dynamics, 2005.

[12] BWU. Gesetz für den Vorrang Erneuerbarer Energien (Erneuerbares-Energien-Gesetz-EEG)[R]. Bonn: [s. n.], 2000.

[13] ISET. Fortbildungsunterlagen, Grid-connected Wind Turbines[R]. Berlin: InWEnt, 2004.

[14] Gasch R, Twele J. Windkraftanlagen[M]. 5th ed. Wiesbaden: Teuber, 2007.

[15] Gasch R, Twele J. Wind Power Plants[M]. Berlin: Solarpraxis, 2002.